Bibliographia Coleopterologica.

Springer-Science+Business Media, B.V.
1912

☞ Ich erwerbe <u>Entomologische Arbeiten</u> für meinen <u>Verlag</u> und bitte um Ihre Angebote. Für mein <u>Antiquariat</u> kaufe und tausche ich Ihre eigenen Werke und Doubletten. — Auch alle hier nicht aufgeführten entomologischen Bücher usw. kann ich meist sofort liefern oder in kurzer Frist besorgen. Verlangen Sie meine Cataloge über die anderen Insekten-Ordnungen.

☞ J'achète ou j'accepte en <u>échange</u> vos publications ou vos doubles — Je me charge de fournir de suite ou au plus vite chaque ouvrage et mémoire entomologique qui ne se trouve pas dans mon Catalogue. — Demandez mes catalogues sur les autres ordres d'Insectes.

☞ Entomological works of every kind are <u>bought</u> or <u>exchanged</u>. — Also every book and paper not mentioned here will be supplied at once or within short time. Ask for my catalogues of the other orders of Insects.

Telegr.-Adresse: Buchhandlung Junk, Berlin.
Telephon: Amt Steinplatz 1276.
Postscheck-Conto: Berlin Nr. 411.
Bank-Conto: Nationalbank für Deutschland.
English Cheques and Postal Orders accepted.

☞ Bestellungen **direkt an mich!**
☞ Forward your orders **directly to me!**
☞ Envoyez vos commandes **directement à moi!**

Editores et Autores operis: Coleopterorum Catalogus auspiciis et auxilio W. Junk editus a S. Schenkling.

K. Ahlwarth.
M. Bernhauer.
H. Bickhardt.
F. Borchmann.
E. Csiki.
K. W. v. Dalla Torre.
H. Gebien.
R. Gestro.
J. J. E. Gillet.
M. Hagedorn.
P. Kuhnt.
A. Léveillé †.
S. Schenkling.
W. Junk.
E. Olivier.
P. Pape.
M. Pic.
C. Ritsema Cz.
G. van Roon.
A. Schmidt.
H. v. Schönfeldt.
J. Weise.

ISBN 978-94-017-6471-1   ISBN 978-94-017-6615-9 (eBook)
DOI 10.1007/978-94-017-6615-9

Softcover reprint of the hardcover 1st edition 1912

Die Coleopterologische Literatur.

Im folgenden Kataloge gebe ich (in der Art der 1909 von mir publizierten „Bibliographia Botanica") ein Verzeichnis der coleopterologischen Literatur, soweit es sich um Zeitschriften, Bücher und Abhandlungen handelt, die noch heute wissenschaftlich von Bedeutung sind. Es werden in dieser Zusammenstellung, welche in Bezug auf bibliographische Vollständigkeit von keiner gleichartigen bisher existierenden ubertroffen werden dürfte, wohl wenige erwähnenswerte Bücher oder Journale fehlen. Aber in dieser ungeheuren Fülle sich insofern zurechtzufinden, als man die Publikationen kennen lernt, die für einen bestimmten Zweck die bestgeeigneten sind, ist eine Aufgabe, deren Schwierigkeit in der Coleopterologie nicht weniger empfunden wird als in irgendeiner anderen Wissenschaft, welche eine internationale Literatur hat. Zumal der Bibliothekar und der Buchhändler, die Ratschläge bibliographischer Art geben sollen, sind oft in Verlegenheit. Ich werde hier versuchen, die häufigsten Fragen zu beantworten.

Für den Deutschen Anfänger, welcher die Tiere seiner Sammlung bestimmen will, gilt — außer den ganz elementaren Werken von Bau (siehe Nr. 213), Fricken (siehe Nr. 1220), Rebau (siehe Nr. 2782), C. Schenklings Taschenbuch (siehe Nr. 3163), Wünsche (siehe Nr. 3883) und ähnlichen — als weitaus bestes Buch das von Calwer (siehe Nr. 519). Dieses behandelt nur die europäischen Spezies; es erscheint jetzt in neuer Auflage, aber auch die früheren Auflagen, die allerdings z. Zt. vergriffen sind, leisten fast die gleichen Dienste. (Ein Teil der Tafeln ist übrigens auch von Jacobson, Nr. 1719, benutzt.) Ein neuer sehr brauchbarer Behelf sind auch die Kuhntschen Bestimmungstabellen (Seite 146), von denen jetzt die erste Wieferung herausgekommen ist und welche sämtliche Käfer Deutschlands und Deutsch-Österreichs — nebst instruktiven Zeichnungen — enthalten (während Calwer nur die wichtigsten anführt); sie bestimmen alle Arten, welche in dem sehr vollständigen Verzeichnis von Schilsky (Nr. 3184) stehen. Sehr wichtig, auch für den schon Vorgeschritteneren, wird Reitters Fauna Germanica (Nr. 2970), von welcher soeben der dritte Band herausgekommen ist. Dieses in ungeheurer Auflage zu billigem Preise erscheinende Buch enthält in monographischer Darstellung sämtliche Käfer Deutschlands im weiteren Sinne, kurze Beschreibungen und Bestimmungstabellen, und wird, sobald es in fünf Bänden vollständig sein wird, ca. 200 chromolithographische Tafeln haben. Es berücksichtigt auch stark Varietäten. Als Behelf speziell für die Biologie der deutschen Käfer sei noch ein anderes Werk von C. Schenkling (Nr. 3161) erwähnt. — Daneben mögen dem Anfänger noch einige andere allgemein entomologische Bücher dienen, z. B. die immer noch brauchbare A. Karschsche Insektenwelt (Nr. 1845), die auf kleinstem Raum alles Wissenswerte über Insekten bringt, dann Kolbes Lehrbuch (Nr. 1951), rein morphologisch und sehr gut, ferner der vergriffene Schlechtendal-Wünsche (Nr. 3207), systematisch, immer noch geschätzt, und endlich auch das allgemein zoologische Lehrbuch von Leunis (Nr. 2224), das in systematischer Beziehung einzig in seiner Fülle ist. Müllers Terminologie (Nr. 2466) enthält Erklärungen aller technischen Ausdrücke. S. Schenklings leider ganz vergriffener und einer Neuauflage sehr würdiger Nomenclator (Nr. 3165) ist die beste Etymologie, die existiert; Glaser (Nr. 1377) ist weniger gut.

Für den Mitteleuropaeischen Coleopterologen, der tiefer in die Wissenschaft vorgedrungen ist, kommt als weitaus bestes Bestimmungswerk das von Ganglbauer (Nr. 1270) in Betracht, eine vollständige und ausführliche Beschreibung aller Arten, auch der Larven, mit vielen Originalabbildungen. Leider aber ist das schöne Buch seit langem ein Fragment und das Erscheinen einer Fortsetzung recht fraglich. Wer also nicht gerade Spezialist für die Gruppen ist, welche die bisher erschienenen Bände enthalten, muß sich an ein ebenfalls ganz großartiges, wenn auch schon etwas altes, leider ganz vergriffenes Buch, das ebenfalls Wiener Provenienz ist, halten, an das von Redtenbacher (Nr. 2792). Dessen erste Auflage umfaßt lediglich die Fauna des Erzherzogtums Unterösterreich, in der zweiten immer noch sehr geschätzten sind auch die deutschen, nicht in Österreich vorkommenden Spezies aufgenommen, sowie auch alle anderen europäischen Gattungen mit Beschreibung je einer Art. Die letzte Auflage endlich enthält 1326 europäische Gattungen mit mehr als 6200 Arten, wovon ca. 4500 auf Unterösterreich, ca. 1500 auf Deutschland, der Rest auf das übrige Europa entfallen. Wichtig sind auch die beiden faunistischen Werke von Seidlitz (Nr. 3307 und 3311), die nicht nur alle Tiere Siebenbürgens und der Ostseeprovinzen enthalten, sondern deren Faunenbezirk durchaus nicht scharf begrenzt ist und weit in die Nachbargebiete hinübergreift, so daß sich die beiden Bücher inhaltlich in Schlesien treffen; sehr geschätzt sind besonders die in beiden enthaltenen Bestimmungstabellen. Auch die von Seidlitz allerdings recht langsam fortgesetzte, von Erichson begonnene Naturgeschichte (Nr. 936), durchweg von Autoritäten bearbeitet und Beschreibungen aller deutschen Arten enthaltend, ist unerläßlich; selbst die ersten Bände, die so billig geworden sind, können noch nicht als veraltet betrachtet werden. Letzteres kann aber von der Bachschen Käferfauna (Nr. 107) nicht gesagt werden, auch nicht von dem Gutfleischschen (Nr. 1460) einst sehr geschätzten und hoch im Preis stehenden Buche. Hingegen ist das in monographischer Form herausgegebene, allerdings immer noch im Erscheinen begriffene Küstersche Europäer-Werk (Nr. 2069), das von Schilsky fortgesetzt wird, mit Recht beliebt, zumal es auch Neubeschreibungen enthält. — Ebenfalls über den Rahmen des Verbreitungsbezirkes, dem sie gewidmet sind, hinaus sind für den deutschen Coleopterologen von Interesse: Gerhardts Neuauflage von Letzners Schlesischem Katalog (Nr. 2222) mit vielen Fundorten, und der sehr genaue und vorzügliche Nassauische Katalog von Heyden (Nr. 1589).

Für den vorgeschrittenen Interessenten in Palaearctischen Tieren sind unerläßlich die unter dem Namen „Reittersche Bestimmungstabellen" herausgekommenen

65 Hefte (Nr. 305), die außer analytischen Tabellen auch Neubeschreibungen enthalten und deren Faunengebiete übrigens sehr verschiedene sind (siehe z. B. die des 19. und 20. Heftes); hoffentlich bleibt das schöne Werk nicht ein Torso. Für die gleiche Kategorie von Coleopterologen ist der weltbekannte Reittersche Palaearktenkatalog (Nr. 571) geschrieben, der Synonyme und Literatur enthält und von welchem nur die letzte Auflage (die sich die zweite nennt, in Wirklichkeit aber die fünfte ist) wertvoll ist.

Zur streng-wissenschaftlichen, systematischen Literatur zählen die folgenden großen Reihen: Die bis zum jeweiligen Erscheinungsdatum bekannten Genera der ganzen Erde werden einzig und allein in dem — wenigstens mit kolorierten Tafeln — immer seltener werdenden Werke von Lacordaire (Nr. 2102), das von Chapuis vollendet ist, beschrieben. Ebenfalls die Genera, aber nur die europäischen, behandelt ein zweites französisches Werk, das die doppelte Zahl (sehr schöner) Tafeln hat, das von Jacquelin du Val et Fairmaire (Nr. 1781). Ein sehr großes Unternehmen, das gar sämtliche bis heute bekannten Insekten-Genera umfassen will, in den letzten Lieferungen aber auch die Spezies stärker berücksichtigt, ist das von Wytsman herausgegebene (Nr. 1311). Ebenfalls ein Riesenunternehmen, das sämtliche Spezies beschreiben wollte, ist das zu Anfang des 19. Jahrhunderts von Dejean begonnene (Nr. 788), das er aber über den fünften Band nicht hinausbrachte, während ein sechster noch von Aubé hinzugefügt wurde, so daß ungefähr der zehnte Teil dessen, was beabsichtigt war, erschienen ist; die fünf Bände von Dejean sind das größte existierende Werk über Carabiciden, der Band von Aubé ist wichtig für die Wasserkäfer. Auch eine weitere französische Publikation, die des alten Olivier (Nr. 2545), gehört hierher, mit ihren prächtigen handkolorierten Tafeln, die aber doch einen höheren Wert als den eines bloßen Abbildungswerkes besitzt und in systematischer Reihenfolge monographische Gattungsbeschreibungen aller Käfer bringt. — Einer immer steigenden Schätzung erfreut sich das alte Burmeistersche Handbuch (Nr. 500), das neben Hemipteren, Orthopteren und Neuropteren noch die Lamellicornier — diese in vier starken Bänden — umfaßt; jede Art wird beschrieben, viele Neubeschreibungen. Letzteres gilt auch von dem immer noch geschätzten Handbuch von Hope (Nr. 1634), das außerdem noch hübsche Abbildungen hat. — Erwähnt sei an dieser Stelle noch das Fundamentalwerk von Comstock-Needham (Nr. 724), auf welchem die moderne Auffassung des Flügelgeäders basiert ist, und das die Redtenbachersche s. Zt. ebenfalls epochemachende Abhandlung (Nr. 2785) überholt hat. Ein anderes amerikanisches Werk über den gleichen Gegenstand, das von Woodworth (Nr. 3882) wird weniger geschätzt; die systematisch ebenfalls wichtigen weiblichen Geschlechtsorgane der Käfer werden von Stein (Nr. 3454) behandelt, die männlichen von Bordas (Nr. 382). Ein großes allgemein entomologisches Werk über diesen Gegenstand hat Peytoureau geschrieben.

Einen Katalog aller bekannten Spezies mit Synonymen, Literatur und Vaterlandsangaben brachten zuerst in staunenswerter Arbeit Gemminger und Harold (Nr. 1306). Dieser Katalog vorzüglich mit den — sehr schwer zusammenzubringenden — Supplementen (Nr. 1309) ist heute noch das unentbehrliche Handwerkszeug des Systematikers und des ernsthaften Sammlers, trotzdem er naturgemäß veraltet, überdies auch in seinem letzten Bande, der den Index enthält, vergriffen ist. Um ihn zu ersetzen, erscheint jetzt unser „Coleopterorum Catalogus", über welchen alles Nähere auf S. 23—25 zu finden ist. Während der ganze Gemminger-Haroldsche

Katalog 77 000 Spezies kennt, umfassen die bisher in unerreichter Schnelligkeit erschienenen 38 Lieferungen des neuen Coleopterorum Catalogus allein schon ca. 40 000 Spezies. Mehr Manuskript, als im Interesse der Finanzen der Subskribenten hintereinander gedruckt werden könnte, liegt bereits vor, und da vor allem auch für die schwierigste Gruppe, die der Rüsselkäfer, ein Bearbeiter gefunden ist, dessen Tätigkeit sogar schon weit vorgeschritten ist, muß jeder Zweifel schwinden, daß binnen wenigen Jahren dieses größte Unternehmen auf dem Gebiete der naturwissenschaftlichen Spezial-Literatur abgeschlossen sein wird. Von großen Abteilungen erscheinen im Januar 1912 die Cerambycinen, denen dann die Melolonthinen folgen werden; die Tenebrioniden sind vollständig, die Staphyliniden, deren Schluß-Manuskript vorliegt, werden es binnen wenigen Monaten sein. Dieses Riesenwerk ist unentbehrlich nicht nur für jede größere Bibliothek, sondern auch für jeden ernsten Coleopterologen — für diesen zum mindestens jene Bände, die seine Spezialgruppe enthalten — endlich für alle jene Coleopterologen, für die ein Werk über die Fauna ihres Heimat- oder Sammel-Landes nicht existiert, — und in eben genannter Lage befinden sich fast alle Entomologen außerhalb des Paläarktischen Gebietes und Nord-Amerikas.

Von großen wichtigen Publikationen allgemein systematischer Richtung seien noch erwähnt die folgenden „Gesammelten Werke": Die Etudes von Motschoulsky (Nr. 2448) mit ihren vielen Neubeschreibungen, notwendig und sehr selten; die Opuscules von Mulsant (Nr. 2476), die Schmetterlinge und Käfer hauptsächlich Frankreichs enthalten und auch wegen ihrer vielen Beschreibungen neuer Arten wesentlich sind; die hervorragenden C. G. Thomsonschen Opuscula (Nr. 3546); auch die verschiedenen Publikationen von J. Thomson (Nr. 3550—3562) mit ihren schönen Tafeln sind (speziell für Cerambyciden- und Cicindeliden-Forscher) von Interesse, ebenso die leider durch neue Zusammenstellungen noch nicht ersetzte alte Kompaniearbeit dreier Autoritäten über die Käfer des Britischen Museums (Nr. 3845).

Über die Nomenklaturbewegung in der systematischen beschreibenden Naturwissenschaft und der durch sie verursachten strengen Durchführung des Prioritätsprinzipes habe ich ausführlich in meiner Festschrift „Linné und seine Bedeutung für die Bibliographie" berichtet. Auch auf die Entomologie und daher auch auf deren Literatur hat diese Zurückführung der Namen auf den ersten binären Benenner einen großen Einfluß gehabt. Ich nannte schon in obiger Festschrift, nachdem ich über die große und immer steigende Bedeutung der Editio X des Systema Naturae von Linné (Nr. 2264), der Grundlage der binären Nomenklatur für den Zoologen, gesprochen hatte, als entomologisches Beispiel für die ungeheure Bewertung der ersten binären Schriften nach Linné die jetzt so hoch bezahlte Dissertation von Poda über die Insekten des Grazer Museums, vermutlich des ersten Buches, in dem zwei Jahre nach dem Erscheinen der Editio XII die Linnésche Nomenklatur für Insekten acceptiert und weiter verwandt wurde. Auch über De Geers Mémoires (Nr. 1297) mit ihren Beschreibungen von mehr als 1500 Insektenarten und ihrem ungewöhnlich hohen Preis, ebenfalls lediglich eine Folge des Umstandes, daß die Bände 2—6 Neubenennungen nach Linnés Nomenklatur bringen, berichtete ich an gleicher Stelle. Sogar auf deren Übersetzung (Nr. 1298) strahlt dieser Einfluß aus. Die durch ihre Beziehung zu Linné zum teuersten Werke der Entomologie gewordenen Clerckschen Icones, über die ich ebenfalls dort schrieb, seien hier, da dieser kleine Atlas trotz seines Titels rein lepidopterologisch ist, nur erwähnt. Besonderes Interesse hat weiter seit der Zeit des Erscheinens meiner Festschrift erweckt Geoffroys Histoire (Nr. 1312), von welchem Werke es sich herausgestellt hat, daß die erste 1762 (anonym) resp. 1764 erschienene Auflage nicht binär, aber die zweite — 1799 herausgekommene — binär ist. Es schwebt nun die interessante Streitfrage, ob die in erster Auflage von Geoffroy aufgestellten Gattungsnamen, die natürlich auch in die zweite hinübergenommen worden sind, das Prioritätsrecht beanspruchen dürfen auch gegenüber den in der Periode von 1762—1799 erfolgten Andersbenennungen. — Ebenfalls aus Nomenklaturgründen haben eine erheblich höhere Bewertung und eine große Preissteigerung erfahren die meisten Werke von Fabricius (Nr. 975), von welchen ich mit einiger Mühe eine vollständige Sammlung zusammengebracht habe.

Für Käferlarven kommen die beiden französischen Werke von Chapuis-Candèze (Nr. 609) und von Perris (Nr. 2642) in Betracht, beide alt, aber die einzigen ihrer Art. Für die Europäer allein existiert der Rupertsbergersche Katalog (Nr. 3042 und 3043), der in zwei Bänden herausgekommen ist, aber in seinen Vorräten ebenfalls zu Ende geht. Schwer wissenschaftlich, jedoch grundlegend für die Metamorphose der Coleopteren sind die Schiödteschen Larvenbeschreibungen (Nr. 3196) mit ihren herrlichen Kupfertafeln. Auch die Käferlarvenbeschreibungen von Xambeu (Nr. 3884) sind wichtig.

Weiter ist von biologischer Literatur zu erwähnen die grundlegende Reihe des alten Fabre (Nr. 969) und speziell für die so interessanten Beziehungen der Ameisengäste die Arbeiten der Weltautorität Wasmann (Nr. 3677—3695). Eine höhere Einschätzung erfährt jetzt (wenngleich das Werk im Verhältnis zu seinem Umfange immer noch sehr billig ist) die Originalausgabe der Mémoires von Réaumur (Nr. 2779), die als erste wissenschaftliche biologische Untersuchungen enthalten. Ungleich höher noch geschätzt ist ganz besonders in den letzten Jahren das ungefähr gleich umfangreiche und fast gleichzeitige Werk von Rösel v. Rosenhof (Nr. 3017), das vollständig kaum noch vorkommt, auch biologische Originalbeobachtungen, von prächtigen Abbildungen begleitet, enthält.

Die neuerdings aufgeblühte ökonomische Entomologie kennt kein Spezialwerk über schädliche Käfer. Diese sind beschrieben (außer in botanischen Zeitschriften und Werken) z. B. — um nur einige deutsche Bücher zu nennen — in den entomologischen Werken von Altum (Nr. 40), Eckstein (Nr. 878), Ferrant (Nr. 1146), Henschel (Nr. 1575), Judeich-Nitsche (Nr. 1834), Kaltenbach (Nr. 1834), Nüsslin (Nr. 2522), Ratzeburg (Nr. 2769, 2774, 2776), Schmidt-Göbel (Nr. 3229), E. Taschenberg (Nr. 3535), — dann in der Zeitschrift Redia (Nr. 2784) und hauptsächlich in verschiedenen amerikanischen Regierungs-Publikationen (Nr. 53, 493—495, 1577, 2268, 2989) und drei amerikanischen Journalen — dem eingegangenen Insect Life (Nr. 1706), dem Journal of economic Entomology (Nr. 1831), und dem Pomona College Journal of Entomology (Nr. 2695), — wie denn überhaupt in den Vereinigten Staaten das Studium der schädlichen Insekten am intensivsten gepflegt wird. Näheres über dieses große Gebiet siehe meinen sehr vollständigen Katalog: Plantarum Pathologia.

Über die exotischen Käfer — ein häufiges Desideratum — gibt es kein Werk, das im Range des Schmetterlingsbuches von Hewitson und selbst in dem des Atlanten von Staudinger-Schatz stehen würde. Heyne hat zwar ein dann von O. Taschenberg fortgesetztes schön ausgestattetes Buch (Nr. 1611) begonnen; dieses ist aber nur in einigen Familien gut, sonst ungleichartig, da es, um zur Vollendung gebracht zu werden, am Schlusse stark gekürzt werden mußte.

Die Entomologie (und in dieser namentlich die Lepidopterologie und dann die Coleopterologie) ist reich an schönen Abbildungswerken, von denen in alphabetischer Anordnung die wichstigsten allgemein-entomologischen und coleopterologischen genannt werden mögen: Castelnaus Histoire (Nr. 564), veraltet, nicht teuer; desselben Autors monographische Sammlung (Nr. 565), wichtig für Buprestiden und Cetoniden; Curtis (Nr. 760 und 761), von welchem die schönen Tafeln der Originalausgabe höher geschätzt werden; Dejeans Iconographie (Nr. 789) mit prächtigen Tafeln der europäischen Carabiciden; Donovan (Nr. 847) mit. vielen Originalabbildungen und seine Epitome (Nr. 849) mit prachtvollen Exoten, sowie seine — hier nicht angeführten — Chinesischen und Indischen Insekten; Drurys Exotenwerk (Nr. 850), das ebenfalls in der Originalausgabe einen höheren Wert als in der Westwoodschen Neuausgabe (Nr. 851) besitzt; Jablonsky-Herbst (Nr. 1714) mit vielen Exoten, dessen 10. Band speziell geschätzt wird; Palisot (Nr. 2580), der merkwürdigerweise aus zwei weit getrennten tropischen Gebieten abbildet, aber auch viel Neubeschreibungen bringt; Stephens (Nr. 3457), neben Curtis und Donovan der dritte Iconograph englischer Insekten; endlich der vorzügliche Pflanzen- und Insektenmaler Sturm in seiner relativ sehr billigen deutschen Käferfauna (Nr. 3503) und den nicht nur an Trefflichkeit, sondern auch an Zahl unerreichten Tafeln von Heft 1—109 der Panzerschen Fauna (Nr. 2582; deren im Handel viel seltenere Fortsetzung ist von Herrich-Schäffer gemalt). Gut sind auch die Tafeln in den beiden Werken von Voet (Nr 3638 und 3640) und die in Waterhouses Aid (Nr. 3709), das willkürlich ausgewählte Arten enthält, und endlich die in den drei Werken von Westwood (Nr. 3803, 3808, 3824).

Die faunistische Literatur der Coleopterologie ist sehr umfangreich und hat auch viele Werke, die kleineren Bezirken gewidmet sind. Von größeren Publikationen sind von der paläarktischen Fauna, die naturgemäß am besten durchgearbeitet ist, die wichtigsten allgemeinen bereits oben genannt. Die europäischen Länder mit Ausnahme von Deutschland und Österreich haben in der Hauptsache noch die folgenden faunistischen Werke:

Für den französischen Coleopterologen sind als Elementarbücher oder als Faunenwerke seines Heimatlandes die von Acloque (Nr. 11) und von Fairmaire (Nr. 1006) zu empfehlen. Gute Bestimmungstabellen ähnlich unseren Kuhnt'schen gibt Fauconnet (Nr. 1057). Für Vorgeschrittenere kommt dann der Käferteil aus Chenus ungewöhnlich reichhaltiger, durch gute Holzschnitte illustrierter Encyclopaedie (Nr. 673) hinzu, in welcher manche Familien ganz vorzüglich bearbeitet sind und welche ganz allgemein ist, also keine faunistischen Grenzen hat, auch Exoten abbildet. Die Käfer Frankreichs in vollständiger Beschreibung und sehr ausführlich gibt Mulsants großes Werk (Nr. 2485), das weit über Frankreichs Grenzen von Bedeutung ist und auch dauernd im Werte steigt. Fauvels Faune (Nr. 1118) ist sehr gut, ähnlich wie der unten genannte Bedel, aber wie dieser auch nicht vollständig. Girards — eines der tüchtigsten Entomologen — allgemeines Insektenbuch (Nr. 1376) berücksichtigt weniger die Systematik; sehr gut, vorzugsweise anatomisch, ist Henneguy (Nr. 1572). Latreilles Histoire (Nr. 2147), Lacordaires Introduction (Nr. 2096) sind veraltet. Für die gesamte Coleopterenfauna von Frankreich kommen noch in Betracht die des Seine-Departements von Bedel (Nr. 246), eine der besten

Faunen, aber nicht vollständig; Boisduval-Lacordaire (Nr. 370), veraltet; Mocquerys (Nr. 2411). Andere Departements behandeln die Bestimmungstabellen von Houlbert und Monnot (Nr. 1690—1692), die Werke von Péneau (Nr. 2623), von Peragallo (Nr. 2624) und von Viturat (Nr. 3637).

Das Hauptwerk der großbritannischen Fauna ist das von Fowler (Nr. 1211), von welchem auch eine kleinere Ausgabe existiert. Elementar sind die Bücher von Cox (Nr. 739), Janson (Nr. 1797), Rye (Nr. 3047), Spry-Shuckard (Nr. 3448). Nicht übergangen darf bei einer Würdigung der englischen Literatur das immer noch wertvolle, nicht veraltete, allgemein entomologische Werk Westwoods, die Introduction (Nr. 3800), werden, das auch eine Zahl von Larvenabbildungen bringt.

Die anderen europäischen Faunen: Finnland hat die beiden Werke von C. R. und J. Sahlberg (Nr. 3050 und 3055); Holland außer seiner Tijdschrift (Nr. 3572) das Buch von Everts (N. 958), das beste alle Spezies beschreibende, und die drei sämtliche Insekten umfassenden von Herklots (Nr. 1578), Oudemans (Nr. 2578, modern und gut) und Snellen v. Vollenhoven (Nr. 3407); Italien hat außer seinen beiden Zeitschriften (Nr. 497 und 3001) das gute elementare Buch von Griffini (Nr. 1421), das sich wohl an Calwer anlehnt, die Käferabteilung aus O. G. und A. Costas Neapolitanischer Fauna (Nr. 736), viele Neubeschreibungen enthaltend, dann ein vorzügliches allgemein entomologisches Werk, das allerdings ins Stocken geraten zu sein scheint, das von A. Berlese (Nr. 281), eine Anatomie der Insekten hat Camerano geschrieben; für Portugal ist das Werk von Paulino d'Oliveira (Nr. 2617) das einzige, die von der neuen Regierung bedauerlicherweise unterbrochene Broteria (Nr. 478) war auch entomologisch wichtig; für Rußland existiert außer den Horae (Nr. 1646), der Revue (Nr. 2981) und einer Polnischen Zeitschrift das Käferbuch von Jacobson (Nr. 1719), die sehr seltene und teuere Fischer von Waldheimsche Entomographia (Nr. 1159) mit vielen Neubeschreibungen, Hochhuths Kiewer Katalog (Nr. 1622), der alte von Krynicki (Nr. 2058) und Lindemann (Nr. 2253); Scandinavien hat eine große Literatur: Außer den beiden Gesellschaftsschriften (Nr. 907 u. 908) und der Naturhistorisk Tidskrift (Nr. 2495) gibt es den ausführlichen Katalog von Grill (Nr. 1425), den kleinen von Siebke (Nr. 3384), das klassische Werk von Gyllenhal (Nr. 1461), Möllers mehr elementares Buch (Nr. 2421), das alte unvollendet gebliebene Werk von Schiödte (Nr. 3187), dann — das großartigste und beste von allen — das von C. G. Thomson (Nr. 3545) und dessen kleine Coleopterenfauna (Nr. 3547), und die lappländische Fauna von Zetterstedt (Nr. 3901), die allerdings hauptsächlich die anderen Insektenordnungen behandelt, auch die Abhandlungen von Sparre-Schneider (Nr. 3231—3239) sind erwähnenswert; die Schweiz hat außer ihrer Gesellschafts-Publikation (Nr. 2407) die Walliser Fauna von Favre-Bugnion (Nr. 1130), den alten Heer (Nr. 1553), den noch älteren Schellenberg (Nr. 3158), die Fauna von Stierlin-Gautard (Nr. 3189), das selten vollständig vorkommende Abbildungswerk von Labram-Imhoff (Nr. 2094) und — als das beste — das neue Buch von Stierlin (Nr. 3487), das aber noch nicht vollendet ist, obgleich mehr erschienen sein dürfte, als in dem folgenden Katalog verzeichnet; Spanien: Cuni-Martorells Catalonische (Nr. 758) und Ramburs Andalusische Fauna (Nr. 2764), Graells Katalog zweier Familien (Nr. 1407), Heydens (Nr. 1535) und Waltls — sehr seltene — Süd-Spanische Reise; Tirol: Das Werk des alten Gredler (Nr. 1416) mit vielen Fundorten und — speziell mit allen Nachträgen (Nr. 1417) — sehr gesucht, und der lokale Katalog von Halbherr (Nr. 1482); die

Türkei mit den Balkanstaaten behandelt Apfelbeck (Nr. 61), allerdings sind erst die Caraboiden erschienen; Ungarn hat außer seiner Zeitschrift (Nr. 3039) die gute und neue, aber leider magyarisch geschriebene Fauna von Csiki (Nr. 752), von welcher inzwischen 6 Hefte erschienen sind.

Das palaearktische Asien ist besonders in seinen westlichen Gebieten in die europaeischen Kataloge mit hineinbezogen worden. So enthält der Reittersche Katalog (Nr. 571) den Kaukasus und Armenien; für dieses Gebiet ist auch Schneider-Leder (Nr. 3241) wegen seiner vielen Neubeschreibungen, und das alte, immer noch geschätzte Werk von Ménétriès (Nr. 2392) wichtig. Eine komplette Fauna von Transkaukasien gibt Faldermann (Nr. 1053). Auch dessen Käfer von Persien und Armenien (Nr. 1051) sind trotz ihres Alters immer noch geschätzt, ebenso die nur wenig jüngeren Neubeschreibungen von Reiche-Saulcy (Nr. 2851). Auch Motschoulskys alter Katalog (Nr. 3625) ist noch wichtig, übrigens auch bibliographisch interessant, weil er versehentlich unter dem noch dazu falsch gedruckten Vornamen des Autors veröffentlicht worden war. Gleichen Wert besitzen auch desselben Autors Sibirische Publikationen, die eine allerdings nur die Carabiciden katalogisierend (Nr. 2444), die andere die Sammelergebnisse von Schrencks Reisen im Osten enthaltend (Nr. 2455). Für den Westen Sibiriens von Wichtigkeit ist der Geblersche Insektenkatalog, der im Anhang zu Ledebours Reise erschien. Für Sibirien ist auch die Middendorffsche Reise, in welcher die Käfer von Erichson bearbeitet wurden (Nr. 2400), von Bedeutung. Ebenfalls bloß den Osten Sibiriens behandelt Solsky (Nr. 3426), der auch die Käfer von Fedtschenkos Reise durch Turkestan bestimmt hat (Nr. 3430), die beiden Werke besonders wichtig für das palaearktische Asien. Sibirien und ein Teil von Zentralasien ist von Heyden (Nr. 1593) vorzüglich katalogisiert. Für Japan hat Matsumura (Nr. 2375) einen großen Insektenkatalog herausgegeben, von welchem meines Wissens erst ein Band erschienen ist. Die von Nawa herausgegebene Zeitschrift Insect World (Abonnementspreis 10 Mk.) ist für diese Fauna unerläßlich. Von großem Werte sind auch die Sharpschen Abhandlungen (Nr. 3342—3374).

Nord-Afrika hat in dem Bedelschen Katalog (Nr. 256) mit vorzüglichen Angaben über Fundorte ein allerdings nicht abgeschlossenes Verzeichnis. Auch der palaearktische Katalog von Marseul (Nr. 2363) ist für die Mittelmeerländer, speziell für Nordafrika, sehr wichtig. Für Algier hat in der großen Landesdurchforschung (Exploration scientifique) H. Lucas die Käfer in prächtigen Tafeln abgebildet und viele Neubeschreibungen gegeben (Nr. 2284). Für dieses Gebiet kommt auch stark der von Erichson bearbeitete Anhang (Nr. 3657) zu den M. Wagnerschen Reisen und Fairmaire-Coquerels Coléoptères de Barbarie (Nr. 1045) in Betracht. Aegypten hat einen jungen entomologischen Verein, der ein Bulletin herausgibt (Abonnement jährlich 12 Mk.) Das alte schöne Werk von Klug (Nr. 1925) beschäftigt sich mit der Fauna dieses Landes und Arabiens. Die von Savigny Audouin und Geoffroy-Saint-Hilaire gearbeitete Zoologie der Resultate des Napoleonischen Feldzuges nach Ägypten (Nr. 806) enthält viel über Insekten.

Die Aethiopische Region (das tropische und südliche Afrika mit Inseln) erfreut sich infolge der Kolonialbewegung jetzt eines stark gesteigerten wissenschaftlichen Interesses. Das hervorragendste Werk ist hier das prächtige Buch von Péringuey über die südafrikanische Fauna (Nr. 2631), vollständig monographisch gearbeitet mit sehr schönen Tafeln. Gleich wichtig sind auch desselben Verfassers: Contributions

(Nr. 2629). Über dieselbe Gegend gibt es noch die beiden alten Werke von Boheman (Nr. 357) und Fahraeus (Nr. 983), welche die Ausbeute des Missionars Wahlberg, der an 10 Jahre dort lebte, bearbeiteten. Das allgemein entomologische Werk von Distant (Nr. 828) mit schönen Tafeln ist im Erscheinen begriffen, die Reiseergebnisse von Delegorgues Expedition (Nr. 790) sind erwähnenswert. Macleay hat in dem großen Faunenwerk von Smith die Käfer behandelt (Nr. 2318), ist aber über die Cetoniiden nicht hinausgekommen. Die coleopterologischen Ergebnisse der Ruwenzori-Expedition (Nr. 1488) sind von Arrow und Gahan bearbeitet. Für das tropische Afrika ist die neue Publikation des Entomol. Research Committee (Nr. 496) wichtig. Ost-Afrika hat in Kolbe (Nr. 1961) einen vorzüglichen Katalog, der auch Neubeschreibungen enthält. Neue Arthropoden von Deckens Reise werden von Gerstaecker (Nr. 1337) beschrieben. Hinzu kommt noch das allerdings alte Werk von G. Bertoloni (Nr. 304) über Mozambique, dessen Fauna auch von Peters (Nr. 2645) untersucht wurde. Die französische Kolonie Madagaskar wird in großzügiger Weise von Grandidier (Nr. 2065 und 37) behandelt, von dessen von Kunckel und von Alluaud verfaßtem Coleopteren-Teile allerdings erst der Anfang erschienen ist. Fairmaires Matériaux (Nr. 1040) enthalten viele neue Spezies dieser Insel, auch Klug (Nr. 1926) und Vinson (Nr. 3630) ist für deren Fauna wichtig. Viel ärmer ist die Literatur über West-Afrika mit Ausnahme der vorgelagerten allerdings zum Teil zur palaearktischen Region gezogenen Inselgruppen, die von Wollaston (Nr. 3866—3881) in einer Reihe vorzüglicher Werke erschöpfend behandelt werden; auch die Sammelergebnisse von Barker-Webb in den Kanarischen Inseln, die von Brullé u. a. bearbeitet wurden, sind erwähnenswert. Sonst kommt für West-Afrika nur noch Kolbe (Nr. 1942) und G. Quedenfeldt (Nr. 2738) in Betracht.

Für die Nearktische Region (das gemäßigte und arktische Nordamerika — die faunistisch in Frage kommenden Zeitschriften siehe S. XII — ist grundlegend, trotzdem nicht mehr neu, Leconte and Horns Classification (Nr. 2180), der nordamerikanische „Redtenbacher" oder „Ganglbauer", leider jetzt fast unauffindbar. Weniger geschätzt ist die von Leconte allein verfaßte erste Auflage (Nr. 2170). Henshaws List (Nr. 1576) ist neuer und sehr brauchbar, das dritte Supplement umfaßt überdies auch die beiden ersten; auch für Kaufzwecke ist das Werk wichtig, da die amerikanischen Händler ihre Angebote nach dieser Liste numerieren. Ein neues und sehr gutes Werk ist das von Kellogg (Nr. 1856). Für die kanadische Fauna existiert das seltene umfangreiche Werk von Provancher (Nr. 2720). Speziell mit Rücksicht auf die nordamerikanische Fauna — wenigstens in ihrem allerdings gegen die Biologie und Morphologie zurückstehenden systematischen Teile — sind gearbeitet die Bücher der beiden Comstocks (Nr. 723), von Folsom (Nr. 1204) und Packards Textbook. Endlich mehr historisch wichtig sind die Schriften des Begründers der wissenschaftlichen Entomologie in Nordamerika, die von Th. Say, welche, in drei Bänden 1824—1828 erschienen, außerordentlich selten sind und 1859 von Leconte wieder herausgegeben wurden (Nr. 3104).

Die Neotropische Region (Süd- und Central-Amerika, Westindien): Für die centralamerikanische Fauna existiert der Käferteil aus dem umfangreichsten der neueren zoologischen Werke, der — leider recht teuren — „Biologia Centrali-Americana" (Nr. 329), der neben prächtigen Tafeln einen Katalog aller Arten mit genauen Fundorten und Neubeschreibungen enthält. Bedauerlicherweise scheint das coleopterologische Riesenmaterial der Mission Scientifique au Mexique, deren andere Abteilungen so prächtig sind, noch nicht veröffentlicht zu sein. Grundlegend bleibt also immer noch für Mexiko der alte Katalog von Chevrolat (Nr. 676), der viele neue Arten beschreibt, während dessen Cubanischer Katalog (Nr. 688) weniger Wert hat. Für die allgemeine Fauna dieser Insel existiert Ramon de la Sagras seltene Historia fisica de Cuba, deren erste Hälfte des siebenten Bandes, der überdies niemals einzeln im Handel vorkommt, aus der Feder von Jacquelin du Val die Käfer enthält; Fleutiaux und Sallé geben eine Liste der Käfer der Antillen-Insel Guadeloupe (Nr. 1201). Ferner die zwei allgemein zoologischen Bände von Poey (Nr. 2694) über Cuba. Die von Simon (Nr. 3338) herausgegebene Publikation über die von Venezuela heimgebrachten Käfersammlungen ist wichtig. Von Süd-Amerika ist Chile am besten durchforscht. Die schöne Landesbeschreibung — der obigen von Ramon de la Sagra vergleichbar — von Gay (Nr. 1284), in welcher Solier, Blanchard und Spinola in zwei Bänden, die aber ebenfalls nicht einzeln vorkommen, die Käfer unter Hinzufügung vieler Neubeschreibungen behandeln. Für die chilenische Fauna ist immer noch unentbehrlich die alte Fairmairesche Révision (Nr. 993), und der neue Katalog von F. Philippi (Nr. 2661). Endlich ist für Süd-Amerika charakteristisch eine ungewöhnlich große Zahl von wissenschaftlichen Reisen, von welchen Insekten nach Hause gebracht wurden: Der von Perty bestimmte entomologische — jetzt sehr seltene und teure — Teil der Forschungsresultate der Brasilianischen Reise von Spix und Martius, Osculatis Amazonas-Expedition, Latreilles Insekten der größten Südamerikanischen Reise, der von Humboldt und Bonpland (Nr. 1698), der faunistische Band III von R. Schomburgks Reisen in Britisch-Guiana, die von Doering u. a. verfaßte Zoologie der Rio-Negro-Expedition, der von H. Lucas geschriebene entomologische Teil der Castelnauschen Reise, die von Blanchard und Brullé bearbeitete entomologische Abteilung der D'Orbignyschen Reise, die Reiseergebnisse der Mission au Cap Horn (Nr. 1017), die der Magalhaes Expedition (Nr. 928), die von Kirsch beschriebenen Resultate von Stübels Reise (Nr. 1918) sowie übrigens auch dessen Peruanische Fauna (Nr. 1915). Wichtig sind die sehr guten Bates- und Sharpschen Contributions (Nr. 174—176, 3348), die allerdings nur wenige Familien umfassen. Das größtenteils ökonomische Entomologista Brasileiro (Nr. 909a) ist eingegangen. Ohaus (Nr. 2530—2542) hat viel über Süd-Amerika publiziert. Ein unentbehrlicher Katalog für Argentinien, von welchem bisher drei Teile erschienen sind (aber die andern sind bereits in Vorbereitung), ist der von Bruch Nr. 483—485), von welchem Autor mir während der Niederschrift dieser Einleitung weitere wichtige Abhandlungen über Argentinische Coleopteren zugehen. Auch der Periodico Zoologico (Nr. 2636) ist speziell der Fauna dieses Landes gewidmet.

Die Australische Region (Australien, Oceanien, Celebes): Neben den weiter unten zu nennenden Publikationen der Vereine von Hawaii (Nr. 2711) und New South Wales (Nr. 3593) und den viele Neubeschreibungen auch aus dieser Region enthaltenden Resultaten der Astrolabe- (Nr. 3941), der Novara- (Nr. 2793) und der Erebus and Terror-Reise (Nr. 3844), den Reiseergebnissen der Horn-Expedition (Nr. 3445) und Willeys Zoological Results (Nr. 3862), sind die Abhandlungen von Lea (Nr. 2150—2155), Sloane (Nr. 3396—3399) und die sehr wichtigen in der Linnean Society und Royal Society von New South Wales erschienenen Arbeiten von Blackburn (Nr. 333) und dessen Käferfauna der Hawaiischen Inseln (Nr. 341) zu nennen. Im Erscheinen begriffen ist die umfangreiche Fauna dieser Inseln von Sharp u. a. (Nr. 3377). Das große zusammenfassende Werk von Froggatt (Nr. 1232) ist — wie die modernen Werke von Comstock, Folsom, Maxwell-Lefroy und ähnliche — in erster Linie biologisch und morphologisch. Sehr wichtig sind die beiden Schriften von Heller (Nr. 1562 und 1563). Nächst Hawaii ist aus dieser Region Neu-Seeland coleopterologisch am besten durchgearbeitet, über welches das große systematische Werk von Broun (Nr. 479) und Hudsons brauchbares Manual (Nr. 1696) existiert, daneben wieder des fleißigen Sharp viele Neubeschreibungen enthaltende Abhandlung (Nr. 3370). Der Mc Coysche Prodromus über die Fauna von Victoria (Nr. 2310) enthält nicht viel über Coleopteren. In dem großen Leidener Werke „Neu Guinea" sind die Käfer von W. Horn u. a. (Nr. 1687) bearbeitet. Für Neu-Caledonien kommt Montrouzier (Nr. 2428) und Abhandlungen von Fauvel in Betracht, für Tasmanien Erichson (Nr. 933).

Die Orientalische Region (Indien, Süd-China, Philippinen) hat als Hauptwerk die Fauna of British India (Nr. 1059), ein Buch in großem Stil mit vollständigen Beschreibungen, von welchem in recht rascher Folge schon drei Bände erschienen sind. Die Insekten, die Hügel in Kaschmir und im Himalaya sammelte, wurden von Kollar und L. Redtenbacher beschrieben. Die Indian Museum Notes (Nr. 1705) sind unentbehrlich. Maxwell-Lefroy (Nr. 2381) ist vorzüglich morphologisch und entwickelungsgeschichtlich. Über Ceylon gibt es einen alten Katalog von Motschoulsky (Nr. 2454), über Burma das Fragment gebliebene Werk von Schmidt-Göbel (Nr. 3227) und die Reiseergebnisse der Feaschen Reise, von verschiedenen Autoren bearbeitet, z. B. von Gestro (Nr. 1352—1359). Die „Contributions à la Faune Indo-Chinoise" (Nr. 726) bringen Neubeschreibungen aus der Feder vieler Spezialisten. Ritsemas ziemlich umfangreiches Werk (Nr. 2994) enthält die Vethschen Reiseergebnisse aus Sumatra. Für Java gibt es die seltene und alte Arbeit von Macleay (Nr. 2316). Wallaces berühmter Malayischer Archipel (Nr. 3662) ist allgemein naturwissenschaftlich. Das Philippine Journal (Nr. 2664) enthält manches über Insekten.

Wer sich über die Fortschritte der Coleopterologie auf dem Laufenden erhalten will, muß die Sharpsche Insektenabteilung aus dem bloß der Systematik gewidmeten Zoological Record consultieren, daneben die jetzt von Seidlitz herausgegebenen Berichte (Nr. 279), die ausführlicher als jener sind, die Varietäten umfassen und vor allem auch Biologie berücksichtigen. Eine recht vollständige Übersicht über den Inhalt der laufenden Zeitschriftenliteratur bietet die billige, „Entomologische Literaturblätter" genannte Monatsschrift (Nr. 903). Der Besitz der besten naturwissenschaftlichen Bibliographie, der leider bloß bis 1862 reichenden Hagenschen. (Nr. 1477), ist unerläßlich, deren unter Nr. 318 verzeichnete Nachträge von O. Taschenberg wesentlich. Wertlos aber, trotz ihres großen Umfanges, ist die Bibliographie von Percheron (Nr. 2627). Literarische Seltenheiten speziell auf entomologischem Gebiete werden in meinen Rara historico-naturalia (Nr. 2765) beschrieben und deren Collation sorgfältig angegeben, weshalb sie alle Kritiken als für den Bibliophilen wichtig bezeichnen. — Auch über mein Entomologen-Adreßbuch (Nr. 1836) als unerläßlichen Behelf speziell für Tausch liegen äußerst günstige Beurteilungen der Fachpresse vor.

An Zeitschriften kommen für den Coleopterologen hauptsächlich in Betracht die Publicationen der großen entomologischen Vereine: die Annales der belgischen Gesellschaft (Nr. 48, Abonnement jährlich Mk. 18.—) und die

Mémoires desselben Vereins (Nr. 2391, jährlich circa Mk. 6.—), die Annales der französischen Gesellschaft (Nr. 49, Abonnement jährlich Mk. 24.— mit dem Bulletin), die Zeitschrift der Deutschen Entomologischen Gesellschaft (Nr. 811, Preis pro Heft von 3 bis 6 Mk.), die des Berliner Vereins (Nr. 282, Preis pro Heft ca. Mk. 5.—, enthalten sehr wenig über Coleopteren, Fusionsbestrebungen mit der „Deutschen" sind übrigens im Gange), die Englischen Transactions (Nr. 3589, Preis der Hefte verschieden), das Bulletino des Italienischen Vereins (Nr. 497, Abonnement jährlich Mk. 12.—), die Horae der Russischen Gesellschaft (Nr. 1646, Preis pro Band ca. Mk. 30.—), die Tidskrift des Schwedischen Vereins (Nr. 907, Abonnement jährlich Mk. 9.—), allerdings mehr lepidopterologisch, die Mitteilungen der Schweizerischen Gesellschaft (Nr. 2407, Preis pro Heft ca. Mk. 3.—), die alte Zeitung des Stettiner Vereins (Nr. 3463, Abonnement jährlich Mk. 12.—), die Tijdschrift des Holländischen Vereins (Nr. 3572, Abonnement jährlich Mk. 16.—). Daneben von den Amerikanischen, die naturgemäß vorzugsweise die Landesfauna behandeln, die Publication des Canadischen Vereins (Nr. 521, Abonnement jährlich Mk. 7.—), das Journal der New Yorker Gesellschaft (Nr. 1832, Abonnement jährlich Mk. 12.—), die Washingtoner Proceedings (Nr. 2714, Abonnement jährlich Mk. 15.—), die Psyche des Cambridge Club — ganz vorzüglich — (Nr. 2721, Abonnement jährlich Mk. 9.—), die in Philadelphia erscheinenden Transactions der American Entomological Society (Nr. 3592, Abonnement jährlich Mk. 22.—) mit ihren Vorläufern, den Proceedings (Nr. 2712), die in Columbus veröffentlichten Annals der Entomological Society of America (Abonnement jährlich Mk. 20.—), dann für die Australier die Gesellschaft von Hawaii (Nr. 2711, Preis pro Band Mk. 10.—).

Weiter kommen für Abonnement in Betracht: Die rein coleopterologische Abeille (Nr. 1, Preis pro Band Mk. 10.—), von der allerdings immer erst im Verlaufe von Jahren ein Bändchen zusammenkommt, die Coleopterologische Rundschau (Abonnement jährlich Mk. 6.—), von der die erste Nummer mit vielen Neubeschreibungen soeben erschienen ist, die Deutsche Entomologische National-Bibliothek (Nr. 810), die sich seit 1912 in die — sehr wichtigen — monatlichen „Entomologischen Mitteilungen" verwandelt hat, welche vom „Verein zur Förderung des Deutschen Entomologischen Museums" an Mitglieder für 7 Mk. jährlich abgegeben werden, die Echange von Pic (Abonnement jährlich Mk. 8.—), für Coleopterologen sehr wichtig, die Entomological News (Nr. 899, Abonnementspreis Mk. 12.—), vorzüglich redigiert, mit vielen Neubeschreibungen, die Entomologischen Blätter (Nr. 900, Abonnement jährlich Mk. 6.—), rein coleopterologisch und trotz des Untertitels nicht ausschließlich biologisch, die Publikationen des kleinen Kopenhagener Vereins (Nr. 908, pro Bd. ca. Mk. 20.—), hauptsächlich über dänische Käfer, der Entomologist (Nr. 909, Abonnement jährlich Mk. 6.50) und das ihm ähnliche Entomologist's Monthly Magazine (Nr. 912, Abonnement jährlich Mk. 6.—), der Entomologist's Record (Nr. 913, Abonnement jährlich Mk. 7.50), dessen Weitererscheinen allerdings durch den Tod des Herausgebers in Frage gestellt ist, Frélon (Nr. 1216, Abonnement jährlich Mk. 8.—), der mit dem laufenden Bande sein Erscheinen einstellen wird und viele Neubeschreibungen speziell den Curculioniden-Forschern brachte, die neue Zeitschrift Insecta (Nr. 1707, Abonnement jährlich Mk. 18.—), die Bartheschen Miscellanea Entomologica (Nr. 2404, Abonnement jährlich Mk. 6.—), die Münchener

Coleopterologische Zeitschrift (Nr. 2487, pro Band Mk. 12.—), unerläßlich für den Coleopterologen, Fortsetzung soll demnächst erscheinen, die Rothschildschen Novitates Zoologicae (Abonnement jährlich Mk. 30.—), allerdings mehr lepidopterologisch, die Fauvelsche Revue (Nr. 2979, Abonnement jährl. Mk. 12.—), hauptsächlich für Staphyliniden-Sammler, die vorzügliche, auch von der Russischen Entomologischen Gesellschaft herausg. Revue Russe d'Entomologie (Nr. 2981, Abonnement jährlich Mk. 12.—), die Revue des kleinen Vereins in Namur (Abonnement jährlich Mk. 7.—), das Zentralorgan der Italienischen Coleopterologen: die Rivista (Nr. 3001, Abonnement jährlich Mk. 8.—), das Zentralorgan der Ungarn: die Rovartani Lapok (Nr. 3039, Abonnement jährl. Mk. 8.—), die Verhandlungen der Zoologisch-Botanischen Gesellschaft (Nr. 3616, Abonnement jährlich Mk. 20.—) mit sehr wichtigen Abhandlungen von Bernhauer, Ganglbauer und vielen anderen (nur aus diesem Grunde sei diese Publikation aus der Fülle der allgemein-zoologischen, die auch viel über Entomologie bringen, herausgehoben), die Wiener Entomologische Zeitung (Nr. 3858, Abonnement jährlich Mk. 9.—), unentbehrlich für Sammler von Palaearkten, die kleine Zeitschrift des Schlesischen Vereins (Nr. 3898, Preis pro Heft Mk. 1.—, die ihren Namen jetzt in „Jahreshefte" verwandelt hat), wichtig für die Landesfauna, die Zeitschrift für Insektenbiologie (Nr. 3899, Abonnement jährlich Mk. 14.—), von Interesse für Forscher auf morphologischem und biologischem Gebiete. — Endlich enthalten manchmal nicht unwichtige entomologische, vorzüglich allerdings lepidopterologische Arbeiten die in der Hauptsache dem Tausch- und Kaufverkehr dienenden deutschen Blätter: Die Frankfurter Entomologische Zeitschrift mit der „Fauna Exotica" (Abonnement jährlich Mk. 8—), die Gubener Internationale Entomologische Zeitschrift (Nr. 906, Abonnement jährlich Mk. 6.—), die Stuttgarter Entomologische Rundschau mit der „Insektenbörse" und der „Societas Entomologica" (Abonnement jährlich Mk. 6.—).

Von Zeitschriften, die erloschen sind, kommen für den Coleopterologen in Betracht: Die 4 Bände des American Entomologist, die 7 Jahrgänge Bulletin der Brooklyn Entomological Society, die Cistula (Nr. 704), die viel über Coleopterologie enthält und immer wertvoll bleibt, der Coléoptériste (Nr. 718), weniger wichtig, die Coleopterologischen Hefte (Nr. 720), die Entomologica Americana (Nr. 896), das Entomological Magazine (Nr. 877) mit Neubeschreibungen, die Entomologischen Nachrichten (Nr. 905), die speziell unter der Redaktion von Karsch wertvoll waren, das alte Fuessly's Archiv (Nr. 1239) — übrigens auch dessen Magazin und Neues Magazin — mit Neubeschreibungen, die beiden Germarschen Zeitschriften (Nr. 1326 und 1331) ebenfalls mit Neubeschreibungen, Illigers Magazin (Nr. 1701), die Indian Museum Notes (Nr. 1705), rein entomologisch, das Journal of Entomology (Nr. 1830), weniger wichtig, die Linnaea Entomologica (Nr. 2263) mit den Abhandlungen von Suffrian, die Mitteilungen des Münchener Entomologischen Vereins (Nr. 2406), die Naturhistorisk Tidskrift (Nr. 2495, in welcher u. a. die schon genannten grundlegenden, entwicklungsgeschichtlichen Arbeiten von Schiödte) mit ihren von Kroyer herausgegebenen Vorläufern, der North American Entomologist (Nr. 2518), weniger wichtig, der fast rein coleopterologische Nunquam otiosus von Schaufuss (Nr. 3123), die Petites Nouvelles Entomologiques (Nr. 2647) mit vielen Neubeschreibungen, Practical Entomologist (Nr. 2705), die Philadelphia Proceedings (Nr. 2712), die alte ganz vorzügliche, leider wegen ihrer ungeheuren Seltenheit sehr teuere **Silbermannsche Revue** (Nr. 2960), die beiden Bände der **New South Wales Transactions** (Nr. 3593) mit vielen wertvollen **Macleay**schen Neubeschreibungen, Band 1 fast in ganzer Auflage verbrannt, die **Wiener Entomologische Monatsschrift** (Nr. 3857), allerdings mehr lepidopterologisch. —

Sehr groß ist die Zahl der **Monographien** einzelner Familien und Gruppen und die Arbeiten über deren geographische Verbreitung. Diese interessante Literatur aufzuführen, mangelt der Raum. Es sei auf den folgenden Katalog selbst verwiesen und vor allem auf die erschöpfenden Literaturangaben in meinem neuen **Coleopterorum Catalogus** resp. — soweit dieser noch nicht erschienen — im alten **Gemminger-Harold** und dessen Supplementen. Als Besonderheit sei nur erwähnt, daß die Coleopterologie in den Curculioniden die artenreichste Familie der ganzen Tierwelt (ca. 7500 Arten) besitzt, so daß schon um 1840 **Schönherr** ein sechzehnbändiges Werk (Nr. 3253) über diese Familie schreiben konnte.

Was ich in obigem versucht habe, eine Würdigung der hervorragendsten coleopterologischen und — soweit für den Coleopterologen von besonderer Wichtigkeit — der allgemein entomologischen Werke und Zeitschriften zu geben, ist natürlich ein ohne Lücken und Irrtümer nicht durchführbares Wagnis. In einer so riesigen Literatur (als Anhalt sei gegeben, daß nach meiner Schätzung der Anschaffungspreis einer Bibliothek der hauptsächlich für den Coleopterologen wichtigen Bücher und Periodica ca. Mk. 30000.— und das Jahresabonnement auf die wichtigsten Zeitschriften ca. Mk. 500.— kosten würde) eine Jeden befriedigende Auswahl zu treffen, ist unmöglich. Ich erbitte mir im voraus Ihre Nachsicht und vor allem aber auch neben Ihrem Urteil über das Geleistete Richtigstellungen und Nachträge für eine künftige Neuauflage. **Wilhelm Junk.**

Liste der Bibliotheken | List of the Libraries

die ich erworben habe: | which I have bought:

Liste des Bibliothèques

que j'ai acquises:

G. Agassiz-Lausanne (Lepidoptera), **G. Baroni**-Firenze (Insecta), **A. Becker**-Sarepta (Insecta), Prof. **A. N. Berlese**-Sassari (Insecta noxia), **v. Bidder**-Eisenach (Coleoptera), **G. Breddin**-Halle (Hemiptera), **W. Giebeler**-Montabaur (Coleoptera), **W. von Hedemann**-Kopenhagen (Lepidoptera), **E. Heyne**-Leipzig (Insecta), **F. W. Konow**-Teschendorf (Hymenoptera, Doubletten), Staatsrat **F. Th. Köppen**-St. Petersburg (Insecta), **M. Kossmann**-Liegnitz (Coleoptera), Prof. **G. Kraatz**-Berlin (Entomolog. Zeitschriften), Forstrat **A. Mühl**-Frankfurt a. O. (Coleoptera), Freiherr **E. von Oertzen**-Charlottenburg (Coleoptera), **J. Palm**-Ried (Diptera), Dr. **W. Paulcke**-Freiburg (Coleoptera), Prof. **E. Pokorny**-Troppau (Diptera), Dr. **M. Régimbart**-Evreux (Coleoptera), **G. de Rossi**-Kettwig (Coleoptera), **C. A. W. Schnuse**-Arosa (Diptera), Oberst **A. Schultze**-Detmold (Coleoptera), **A. Srnka**-Prag (Coleoptera), **F. M. van der Wulp**-Haag (Diptera).

———•••———

Entomologischer Verlag von W. Junk, Berlin

Coleopterorum Catalogus. Auxilio et auspiciis W. Junk editus a S. Schenkling. Pars 1—38 (quantum prodiit). Berolini 1910—11. 8. (M. 294.30.) 195.90

Siehe No. 721 u. 3916.

Lepidopterorum Catalogus. Editus a Ch. Aurivillius et H. Wagner. Pars 1—4 (quantum prodiit). Berolini 1911. 8. (M. 5.35.) 3.55

Siehe No. 2209 u. 3988.

Disqué. Verzeichn. d. Kleinschmetterl. d. Pfalz. 1906. .... 2.—

Siehe No. 3954.

Entomologische Monatsblätter. Hrsg. v. Kraatz. 2 Jahrgänge. 1876—80. (M. 10.) 2.50

Siehe No. 904.

ℳ

Hartmann. Die Kleinschmetterlinge Europas. 1880. (M. 4.20.) 2.50
Siehe No. 3971.

Holmgren. Termiten-Studien. I. (M. 10.50.) 5.—
Siehe No. 3975.

Hormuzaki. Die Schmetterlinge der Bukowina. 2 Thle. (in 6 Abtheilgn.). 1897—99. M. color. Karte. 7.—

Jacobs. Diptères du 'Belgica'. 1906. 2.50
Voir No. 3977.

Junk, W. Entomologen-Adreßbuch. 1905. Lnb. (M. 5.) 3.—
Siehe No. 1836.

— Bibliographia Coleopterologica. 1912. Lnb. 1.—
Siehe No. 1835.

Koenig. Avifauna Spitzbergensis (Coleopt. v. Bernhauer u. Daniel). 1911. 4. Cart. 180.—
Siehe No. 1983 u. 1984.

Konow. Zusammenstellung d. Chalastogastra. 2 Bde. 1901—8. 6.—
Siehe No. 3983.

Landrock. Beitrag z. Dipteren-Fauna Mährens. 3 Thle. 1907—10. 8. 67 p. 2.50

Linnaeus. — Linneo en España. Centenario 1707—1907. Zaragoza 1907. 530 p. av. 30 portraits et pl. (2 color.) 8.—

Macquart. Diptères exotiques. Vol. I, partie 1; II (2 parties). 1838 à 42. av. 69 planches. 36.—

Mitteilungen aus d. Entomolog. Gesellschaft zu Halle a. S. 2 Hefte. 1909—11. 3.—
Siehe No. 2405.

Mitterberger. Verzeichn. d. in Salzburg beobacht. Mikrolepidopteren. 1909. 10.—
Siehe No. 4002.

Pictet et Saussure. Iconographie de Sauterelles vertes. 1892. 2.50
Voir No. 4024.

Prochnow. Die Lautapparate d. Insekten. 1908. 5.—
Siehe No. 2717.

— Reactionen auf Temperatur-Reize. 1908. 2.50
Siehe No. 2718.

— Der Erklärungswert d. Darwinismus u. Neo-Lamarckismus. 1909. 1.50
Siehe No. 2719.

Ribbe. Anleit. z. Sammeln v. tropischen Schmetterl. 1907. 1.50
Siehe No. 4027.

Schultze. Generis Ceutorrhynchi species novae. 1902. 1.50
Siehe No. 3266.

Stierlin. Coleopt. v. Schaffhausen. 2 Thle. 1905. 2.—
Siehe No. 3488.

Zeitschrift f. Hymenopterologie u. Dipterologie. 8 Bde. 1901—08. (M. 80.) 45.—
Siehe No. 4065.

1 **Abeille.** Journal d'Entomologie. Publié p. Marseul et Bedel. 31 vols. Paris *M*
1864 à 1905. 8. (fr. 660.)   180.—
   Journal uniquement consacré à l'étude des Coléoptères de l'ancien monde. Beaucoup
   de volumes dépareillés en magasin.
2 — — Vol. I à VII. Paris 1864 à 1871. 8.   35.—
3 **Abeille de Perrin.** 7 mém. s. Coléopt. nouv. 1867 à 1901. 8. 92 p.   2.50
4 — Études s. l. Coléoptères Cavernicoles. Marseille 1872. 8. 41 p.   1.50
5 — Monogr. d. Cisides Europ. et circumméditerr. (Paris, Abeille) 1877. 8. 100 p.   4.—
6 — Contr. à la Faune coléoptérol. d'Europe et d. pays vois. (Paris, Soc. Ent.)
   1881. 8. 32 p.   1.—
7 — Priorité absolue ou proscription? (Paris, Soc. Ent.) 1886. 8. 10 p.   1.—
8 — Ét. s. l. Malachides. (Caen, Rev. Ent.) 1890. 8. 21 p.   1.—
9 — Malachides d'Europe et pays voisins. (Paris, Soc. Ent.) 1891. 8. 442 p.
   av. 3 pl. dont 2 color.   10.—
   Epuisé.
10 — Malachides rec. au Cap de Bonne-Espérance. (Caen, Rev. Ent.) 1900.
   8. 15 p.   1.50
11 **Acloque.** Faune de France: Coléopt. Paris 1896. 8. 466 p. av. 1052 fig.   6.—
12 **African Coleoptera.** 30 pap. by Arrow, Aurivillius, Bedel, Borre, Casey,
   Felsche, Kolbe, Marseul, Pic, Raffray, Weise, Wollaston and o. 1860—1909.
   8. 207 p. w. 3 pl. (1 colour.)   15.—
13 **Agassiz, L.** Bibliographia Zoologiae et Geologiae. Ed. by Strickland. 4 vol.
   Lond. 1848—54. 8. (4 £) Cloth.   13.—
14 — The classif. of Insects from embryolog. data. (Wash., Smiths. Inst.) 1850.
   4. 28 p. w. pl.   1.50
15 **Ahlwarth.** Coleopterorum Catalogus. Pars 21: Gyrinidae. Berolini 1910. 8.
   42 p.   4.—
   Subscriptionspreis für Abnehmer des ganzen 'Coleopterorum Catalogus' (siehe No. 721)
   M. 2.70.
16 **Ahrens.** Beitr. z. Kenntn. deutscher Käfer (Gyrini). Halle 1812. 8. 50 p. m. 2
   color. Tfln.   1.50
17 **Alessandrini.** Sui Coleotteri d. prov. di Roma: Carabidae. I. (Roma) 1899.
   8. 61 p. c. fig.   2.—
18 **Allard.** Catal. complém. d. div. espèc. d'Altises de l'Europe et du Nord
   de l'Afrique. (Paris, Soc. Ent.) 1861. 8. 42 p.   1.—
19 — Notes p. s. à la classif. du g. Sitones. (Paris, Soc. Ent.) 1864. 8. 54 p.   1.—
20 — Monogr. d. Alticides. (Paris, Abeille) 1866. 8. 340 p.   6.—
21 — Mélanges Entomolog. (Brux., Soc. Ent.) 1868. 8. 42 p.   1.—
22 — Révis. du g. Asida. (Paris, Abeille) 1869. 8. 146 p.   2.—
23 — Descr. de qu. Coléopt. nouv. (Paris) 1870. 8. 11 p. — Lithograph.   2.—
24 — Monogr. d. esp. du g. Erodius. (Paris, Mag. Zool.) 1873. 8. 113 p.   5.—
25 — Révis. d. Helopides. (Berne, Ent. Ges.) 1877. 8. 255 p.   5.—
26 — Essai de classific. de Blapsides de l'ancien monde. 4 parties. (Paris, Soc.
   Ent.) 1880 à 82. 8. 200 p. av. 125 fig.   5.—
27 — Classif. d. Adesmides et d. Mégagénides. (Paris, Soc. Ent.) 1885. 8. 54 p.   1.50
28 — Synops. d. Galerucines à corselet sillonné transversal. I. (Paris, Soc. Ent.)
   1888. 8. 28 p.   1.—
29 — S. l. Galérucides. (Brux., Soc. Ent.) 1889. 8. 22 p.   1.—
30 — S. l. Phytophages. (Brux., Soc. Ent.) 1889. 8. 16 p.   1.—
31 — Galérucides et Alticides de l'Indo-Chine. (Paris, Soc. Ent.) 1889. 8. 10 p.   1.—

32 Allen, Blunno and o. Insect and Fungus Diseases of Fruit-trees and their $\mathscr{M}$
remedies. Sydney 1902. 8. 89 p. w. 10 pl. and many fig. 4.—
33 Allgemeine Zeitschrift (früher: Illustr. Wochenschrift) f. Entomologie. Hrsg.
v. Schröder. 9 Bde. Neudamm u. Husum 1896—1905. 8. m. Tfln. (M. 108.) 30.—
    Vom 10. Bande ab heisst das Journal: „Zeitschrift für wissenschaftliche Insekten-
biologie". — Siehe No. 3899.
34 Alluaud. Coléopt. rec. aux Açores p. Guerne. (Paris, Soc. Zool.) 1891. 8.
11 p. 1.—
35 — Voyage dans le territ. d'Assinie Coléopt. (Paris, Soc. Ent.) 1892. 8. 16 p. 1.—
36 — Descr. de Carabiqu. nouv. de Madagascar. (Paris, Soc. Ent) 1897. 8. 17 p. 1.—
37 — Liste d. Coléopt. de la région Malgache (Madagascar). Paris (Grandidier,
Madagasc.) 1900. 4. 517 p. 35.—
38 Alluaud et Pic. Cicindélides de Madagascar. Anthicides de Manille. 2 mém.
(Paris, Soc. Ent.) 1902. 8. 12 p. av. 6 fig. 1.—
39 Altum. Forst-Zoologie. 3 Bde. (4 Thle.) Berl. 1872—75. 8. m. viel. Fig.
(M. 35.) Hfzbde. 13.—
40 — — 2. (letzte) Aufl. Berl. 1876—82. 8. m. 6 Tfln. u. viel. Fig. (M. 41.) 26.—
41 — — Bd. III: Insecten. 2 Thle. Berl. 1874. 8. 713 p. m. Fig. (M. 16.) Lnb. 6.—
42 — — Bd. III: Insecten. 2. Aufl. 2 Thle. Berl. 1881—82. 8. 749 p. m. Fig.
(M. 16.) Cart. 9.—
43 Amelang. Ueb. Käferkultus. (Berl., Ent. Z.) 1887. 8. 10 p. 1.—
44 Amérique du Sud. 25 mém. s. la Faune Coléoptérolog. p. Baer, C. Berg,
Candèze, Fauvel, Fleutiaux, Harold, Heller, Jacoby, Leuthner, Sallé et autres.
1857 à 1908. 8. 200 p. av. pl. 10.—
45 Ancey. Relation entomolog. d'un voyage en Syrie. Av. descr. d. insectes
nouv. p. Marseul. (Paris, Abeille) 1869. 8. 70 p. 2.50
46 — Contr. à la faune de l'Afrique orient. Descr. de Coléopt. nouveaux. II.
(Palermo, Natur. Sicil.) 1882. 4. 12 p. 1.—
47 Annales des Sciences Naturelles. Zoologie. Publ. p. Milne-Edwards. Séries III
à VI. 80 vols. Paris 1844 à 1885. 8. av. beauc. de pl. color. et noires.
(fr. 1000.) 500.—
48 Annales de la Société Entomologique Belge. Vol. 1 à 51, av. table génér.
Brux. 1857 à 1908. 8. av. beauc. de pl. color. et noires. 320.—
    Journal principalement coléoptérologique. — Voir aussi no. 2391.
49 Annales de la Société Entomologique de France. Vol. 1 à 71: Années 1832
à 1902, avec suppléments et tables générales. Paris. 8. avec grand nombre
de pl. color. et noires. D.-rel. veau et en fascicules. 1100.—
    Série complète avec les 11 premiers volumes qui sont très-rares. Surtout les années
1832 à 34 sont presqu' introuvables.
50 — — Série II. Vol. 1 à 3. Paris 1843 à 1845. 8. D.-rel. veau. 30.—
51 Annales de la Société Linnéenne de Lyon. Années 1845 à 1846, 1859 à 66,
1872, 76, 77, 1899 à 1901. Lyon. 8. av. plchs. color.
    Beaucoup de mémoires entomolog. Chaque année se vend séparément.
52 Annandale and Horn. Annot. List of the Asiatic Cicindelinae in the Indian Museum. Calc. 1909. 4. 35 p. w. pl. 2.—
53 Annual Report of the U. S. Entomolog. Commission. 5 vols. Wash. 1878—
1890. 8. w. 185 pl. and 18 maps, partly colour. Cloth. 60.—
    Vol. I and IV separately at M. 12.— See also nr. 493—495.
54 Anslijn, N. System. Beschrijv. d. Insekten. 2 Tle. (soviel erschien.) Leyden
1824—29. 8. 246 p. m. 38 color. Tfln. 25.—
    Die Tafeln dieses kaum bekannten Werkes — nicht im Hagen — bilden vorzüglich
Coleopt. und die anderen kleinen Insektenordnungen ab.
55 d'Antessanty. Descr. d. Cryptocéphales de l'Aube. (Troyes, Soc. Sc.) 1885.
8. 25 p. 1.—
56 Apfelbeck. Ber. üb. e. Entomol. Exped. nach Bulgarien u. Ostrumelien.
(Wien, Mitth. Bosn.) 1894. 4. 10 p. 1.—
57 — Fauna Insectorum (Coleopt.) Balcanica. 3 partes. (Wien, Mitth. Bosn.)
1894—97. 4. 73 p. m. Tfl. 2.—
58 — Monogr. Bearbeit. d. zwölfstreif. Otiorrhynchus-Arten. (Wien, Mitth. Bosn.)
1895. 4. 34 p. m. 2 Tfln. 1.50

W. Junk, Berlin, W. 15.

59 **Apfelbeck.** Entomol. Forschungsreise nach d. Türkei u. Griechenland.   *ℳ*
(Wien, Mitth. Bosn.) 1901. 4. 22 p.   1.—
60 — Krit. Abhdlgn. üb. Europ. Otiorrhynchus-Arten. (Wien, Z. b. G.) 1901. 8.
11 p.   1.—
61 — Die Käfer-Fauna d. Balkan-Halbinsel. Bd. I (soviel erschien.): Caraboidea.
Berl. 1903. 8. 431 p. (M. 18.)
62 **Aquatic Coleoptera.** 12 pap. by Borre, Le Conte, Severin, Zaitzev and o.
1854—1907. 8. 88 p.   4.—
63 **Archiv** für Biontologie. Hrsg. v. d. Gesellsch. Naturforsch. Freunde zu Berlin.
Bd. I. (3 Hefte.) Berlin 1906. 4. m. 28 Tfln. (M. 32.)   20.—
64 **Archiv** f. Naturgeschichte. Hrsg. v. Troschel. Jahrg. 38—53. Berl. 1872—87.
8. m. viel. Tfln. (M. 773.) Gbdn. u. brosch. — Gutes Exempl.   80.—
    Zoologisch.
65 **Archiv** für Zoologie u. Zootomie. Hrsg. v. Wiedemann. Bd. I—IV. Berlin u.
Braunschw. 1800—04. 8. m. 15 Tfln. Hfzb.   10.—
Archives Entomologiques — voir no. 3550.
66 **Arnold.** Grammoptera bicarinata. (Petrop., Horae) 1868. 8. 2 p. et tab. col.   1.—
67 **Arribálzaga.** Estafilinos (Staphylin.) de Buenos Aires. 3 parties. Buenos
Aires (Ac. Cordoba) 1884. 8. 390 p.   7.—
    Aussi parties dépareillées en magasin.
68 **Arrow.** On sexual Dimorphism in the Rutelid Parastasia. (Lond., Ent. Soc.)
1899. 8. 21 p. w. pl.   1.50
69 — On sexual Dimorphism in Rutelidae. (Lond., Ent. S.) 1899. 8. 15 p.   1.—
70 — 7 pap. on Rutelidae. 1899—1908. 8. 41 p.   2.50
71 — On Pleurostict Lamellicorns fr. Grenada. (Lond, Ent. S.) 1900. 8. 8 p.   1.—
72 — The g. Hyliota (Cucujidae.) (Lond., Ent. S.) 1901. 8. 9 p.   1.—
73 -- The Carabid g. Pheropsophus. (Lond., Ent. S.) 1901. 8. 16 p. w. colour. pl.   1.50
74 — Dynastidae fr. tropic. America. (Lond., Ann. & Mag.) 1902. 8. 11 p.   1.—
75 — Rutel. and Melolonth. fr. Mashonaland. (Lond., Ann. & Mag.) 1902. 8.
13 p.   1.—
76 — On Laparostict Lamellicorn. of Grenada. (Lond., Ent. S.) 1903. 8. 12 p.   1.—
77 — Sound-production in Lamellicorn. (Lond., Ent. S.) 1904. 8. 42 p. w. pl.   1.50
78 — Contrib. to the classif. of the Passalidae. (Lond., Ent. S.) 1906. 8. 30 p.   1.50
79 — Lamellicorn. fr. Portug. W. Africa. (Lond., Ann. & Mag.) 1906. 8. 10 p.   1.—
80 — Some new Lamellicorn. fr. the Indian Empire. 2 parts. (Lond., Ann. & Mag.)
1907. 8. 42 p.   2.—
81 — Contrib. to the classificat. of the Dynastidae. (Lond., Ent. S.) 1908. 8.
38 p.   1.50
82 — Characters and relationships of the less known groups of Lamellicorn.
(Lond., Ent. S.) 1909. 8. 29 p.   1.50
83 — The Coleopt. of Brit. India. Lamellicornia. Vol. I (all pub'd.): Cetoniinae
and Dynastinae. Lond. 1910. 8. 336 p. w. 2 colour. pl. Cloth.   10.—
84 — Coleopterorum Catalogus: Troginae, Dynastinae, Passalidae.
    In Vorbereitung. — In preparation. — En préparation. — Vide nr. 721.
85 **Asiatic Coleoptera.** 30 pap. by Arrow, Baly, Belon, Blanford, Boileau,
Candèze, Faust, Gorham, Harold, Semenow, Severin, Weise and o. 1852—
1910. 8 and 4. 260 p.   12.—
86 **Atkinson, E. T.** Coleopt. of the Himalayan districts of N. W. provinces.
(Allahabad, Gazett.) 1876. 48 p. — Interleaved and with very many manuscr.
additions by the author. Half bd. calf.   8.—
87 — Catal. of the Carabidae of the Orient. region. (Calc., Asiat. Soc.) 1890.
8. 126 p. Half bd. calf.   6.—
    Interleaved, with many manuscr. additions.
88 — Catal. of the Dytiscidae of the Oriental region. (Calc., Asiat. S.) 1891. 8.
164 p.   3.—
89 **Atlas** d'Entomologie forestière. Nancy 1869. 8. 34 planches (en partie color.)
av. texte descript. D.-rel. veau.   8.—
90 **Aubé.** Pselaphiorum Monographia et révis. d. Psélaphiens. Paris 1833. 8.
160 p. av. 17 pl.   7.—
91 — Révis. d. Psélaphiens. (Paris, Soc. Ent.) 1844. 8. 88 p. av. pl.   3.—

M

92 **Aubé.** 6 mém. s. espèces nouv. de Coléopt. 1861 à 66. 8. 27 p.   2.—
93 — Laboulbène. Notice nécrolog. (Paris, S. Ent.) 1869. 8. 12 p.   1.—
94 **Audouin.** Histoire d. Insectes nuisibles à la Vigne et particul. de la Pyrale. Paris 1842. 4. av. atlas de 23 pl. color. D.-rel. veau.   60.—
     Epuisé et rare.
95 **Audoin et Brullé.** Descr. des esp. nouv. ou peu connues d. Cicindelètes. (Paris, Arch. Mus.) 1839. 4. 28 p. av. 3 pl. color. Toile.   5.—
96 **Augustin.** Wegweiser f. Käfersammler. 2. (letzte) verm. Aufl. Hamb. 1886. 8. 236 p. m. 360 Fig. (M. 3.)   2.—
97 **Aurivillius.** Insektlifvet i Arktiska Länder. Stockh. 1884. 8. 57 p.   1.—
98 — Revisio monogr. Microceridarum et Protomantinarum. (Stockh., Ac.) 1887. 4. 87 p. et 10 tab. (M. 9.50.)   5.—
99 — Arrhenophagus, ett nytt slägte. Brachyceriden-Gattg. Theates u. ihre Arten. 2 Abhdl. (Stockh., Ent. T.) 1888. 8. 11 p. m. 2 Tfln.   1.50
100 — Verzeichn. der v. Meinert in Venezuela ges. Cerambyciden. (Stockh.,Ak.) 1900. 8. 13 p.   1.—
101 — Neue oder wenig bek. Longicornia. VIII. IX. (Stockh., Ark. Z.) 1907. 8. 55 p. m. Tfl.   1.50
102 — Neue Longicornia v. Bennigsen gesamm. (Berl. D. Ent. Z.) 1908. 8. 14 p. m. Tfl.   1.—
103 — Coleopterorum Catalogus: Cerambycinae.
     In Vorbereitung. — In preparation. — En préparation. — Vide nr. 721.
104 **Australian Coleoptera.** 5 pap. by. Blackburn, S. Schenkling and o. 1859 —1897. 8. and 4. 21 p.   2.—
105 **Babington.** On cert. sp. of the g. Dromius. (Lond., Ent. Soc.) 1836. 8. 9 p. w. col. pl.   1.50
106 — On Haliplus ferrugin. (Lond., Ent. S.) 1836. 8. 4 p. w. col. pl.   1.50
107 **Bach.** Käferfauna f. Nord- u. Mittel-Deutschland, bes. d. preußisch. Rheinlande. 4 Bde. Cobl. 1851—67. 8. (M. 27.70.)   10.—
     Auch einzelne Bände vorhanden.
108 — Wunder d. Insektenwelt. 5. Aufl. v. Brockhausen. Paderb. 1907. 8. 264 p. m. 59 Fig. (M. 3.20.)   2.50
109 **Bachmetjew.** Experiment. entomolog. Studien. 2 Bde. Leipz. u. Sophia 1901—07. 8. 1258 p. m. 25 Tfln. (M. 24.)   15.—
     Jeder Band auch einzeln.
110 **Bagnall.** The Longicornia of the Derwent Valley. Derwent 1905. 8. 12 p.   1.—
111 — New and rare local Beetles. I. III. IV. Newcastle 1905—06. 8. 18 p.   1.50
112 **Ballion.** Verzeichn. der in der Wolga-Ural. Fauna beob. Wasserkäfer. (Moskau, Bull.) 1855. 8. 18 p.   1.—
113 — Ueb. ein. Käfer-Arten. (Moskau, Bull.) 1869. 8. 11 p.   1.—
114 — Eine Centurie neuer Russ. Käfer. (Mosk., Bull.) 1870. 8. 25 p.   1.—
115 — Catal. Coleopt. v. Gemminger u. Harold. (Mosk., Bull.) 1871. 8. 24 p.   1.—
116 — Verzeichn. der im Kreise v. Kuldsha gesamm. Käfer. (Mosk., Bull.) 1878. 8. 147 p.   2.—
117 — Ueb. ein Russ. Blaps-Arten. III. (Mosk., Bull.) 1888. 8. 11 p.   1.—
118 **Ballowitz.** Z. Kenntn. d. Samenkörper d. Arthropoden. Leipz. 1894. 8. 32 p. m. 2 Tfln.   1.—
119 — Die Doppelspermatozoen d. Dyticiden. (Leipz., Z. wiss. Z.) 1895. 8. 43 p. m. 5 Tfln. (2 col.)   5.—
120 **Baly.** Monograph of the Austral. spec. of Chrysomela, Phyllocharis and allied gen. 2 parts. (Lond., Ent. Soc.) 1855—56. 8. 40 p. w. colour. pl.   2.50
121 — Descr. of new Chrysomelidae. (Lond., Ent. S.) 1857. 8. 16 p. w. col. pl.   1.50
122 — Catal. of Hispidae in the Brit. Museum. Part. I. (all pub'd.) Lond. 1858. 8. 182 p. w. 9 pl. Cloth. (6 s.)   4.—
123 — Descr. of new genera and spec. of Phytophaga. 8 pap. (Lond.) 1859—78. 8. 108 p.   3.—
124 — Descr. of some new Sagra. (Lond., Ent. S.) 1860. 8. 25 p. w. pl.   1.50
125 — Descr. of new Eumolpidae. (Lond., Journ. Ent.) 1860. 8. 14 p. w. pl.   1.50

<table>
<tr><td>126</td><td>Baly. Descr. of uncharacter. genera and spec. of Phytophaga. (Lond., Ent. S.) 1864. 8. 21 p.</td><td>M
1.—</td></tr>
</table>

126 **Baly.** Descr. of uncharacter. genera and spec. of Phytophaga. (Lond., Ent. S.) 1864. 8. 21 p.   *M* 1.—

127 — Descr. of new gen. and spec. of Phytophaga. 2 parts. (Lond., Ent. S.) 1865. 8. 40 p.   2.—

128 — Phytophaga Malayana; revis. of the Phytophag. Beetles of the Malay Archipel. (Lond., Ent. Soc.) 1865—67. 8. 300 p. w. 6 pl. (17 s.)   12.—

129 — New genera and spec. of Gallerucidae. (Lond., Ent. S.) 1866. 8. 8 p.   1.—

130 — Descr. of new Hispidae. (Lond., Ent. S.) 1869. 8. 20 p.   1.—

131 — Descr. of new gen. and spec. of Australian Phytophaga. (Lond., Ent. S.) 1871. 8. 20 p.   1.50

132 — Descr. of new Cassididae. (Lond., Ent. S.) 1872. 8. 14 p.   1.—

133 — Catal. of the Phytophaga of Japan. 2 parts. (Lond., Ent. S.) 1873—74. 8. 88 p.   3.50

134 — Descr. of new genera and spec. of Halticinae. 4 parts. (Lond., Ent. S.) 1876—77. 8. 108 p.   3.—

135 — New Phytophagous Coleopt. fr. Australia, S. America, Kashgar, Assam. 5 pap. (Sydn.) 1876—79. 8. 68 p.   3.—

136 — Descr. of new gen. and spec. of Cryptocephalidae. 2 parts. (Lond., Ent. S.) 1877. 8. 36 p.   1.50

137 — Descr. of Australian Phytophaga. 2 pap. (Lond.) 1877—78. 8. 44 p.   1.50

138 — Descr. of new Eumolpidae. 2 pap. (Lond.) 1877—78. 8. 40 p.   1.50

139 — Descr. of new South American Eumolpidae. (Lond., Ent. S.) 1878. 8. 18 p.   1.—

140 — Different. charact. of some spec. of Chrysomela. (Lond., Ent. S.) 1879. 8. 28 p. w. pl.   1.50

141 — Descr. of Chrysomelidae and Galerucidae fr. Peru. (Lond., Ent. S.) 1879. 8. 25 p.   1.50

142 — Descr. of uncharacter. Eumolpidae. (Lond., Ent. S.) 1881. 8. 16 p.   1.—

143 — Descr. of new Galerucidae. 2 parts. (Lond., Ent. S.) 1881—86. 8. 23 p.   1.50

144 — The Colombian spec. of the g. Diabrotica. 2 parts. (Lond., Linn. Soc.) 1885—86. 8. 46 p.   1.50

145 — Descr. of a new genus and of some new spec. of Galerucinae. (Lond., Linn. S.) 1886. 8. 27 p.   1.—

146 — Descr. of uncharacter. spec. of Diabrotica. (Lond., Ent. S.) 1886. 8. 13 p.   1.—

147 — Descr. of new Galerucidae. — F o w l e r. Small collect. of Languriidae fr. Assam. 2 pap. (Lond., Ent. S.) 1886. 8. 17 p.   1.—

148 — List of the Hispidae coll. in Burmah and Tenasserim. (Genova, Mus.) 1888. 8. 14 p.   1.—

149 — Descr. of some genera and spec. of Galerucinae. (Lond., Linn. S.) 1888. 8. 32 p.   1.—

150 — On Aulacophora and allied genera. (Lond., Ent. S.) 1889. 8. 14 p.   1.—

151 — On the South Americ. spec. of Diabrotica. Part I (all pub.). (Lond., Ent. S.) 1890. 8. 86 p.   2.50

152 — Phytophaga coll. by the 2. Yarkand Mission. (Calcutta) 1892. 4. 12 p.   1.50

153 **Baly and Champion.** Hispidae and Cassididae (Phytophaga) Centrali-Americanae. Lond. (Biol. C.-Amer.) 1882—92. 4. 259 p. w. 13 colour. pl.   80.—
     Part of volume VI of 'Biologia Centrali-Americana'. (see nr. 329).

154 **Baly and Gahan.** On the S. American spec. of Diabrotica. 2 parts. (Lond., Ent. S.) 1890—91. 8. 144 p.   5.—

155 **Baly and Pascoe.** New gen. and spec. of Coleopt. 2 pap. (Lond., Journ. Ent.) 1860. 8. 42 p. w. 3 pl.   2.—

156 **Banks, C. S.** Noxious Insects of the Philippine Islands. Manila 1904. 8. w. 52 pl.   10.—

157 — New Philippine Insects. (Manila, Journ. Sc.) 1906. 8. 10 p. w. 11 pl.   3.—

158 **Banks, N.** List of works on N. Americ. Entomology. (Wash., Dept. Agric.) 1900. 8. 95 p.   1.—

159 — Directions for collect. and preserv. Insects. (Wash., Mus.) 1909. 8. 138 p. w. pl. and 108 fig.   2.—

6

160 **Baer.** Catal. d. Coléopt. d. îles Philippines. (Paris, Soc. Ent.) 1886. 8. *M*
104 p.   1.50
161 **Barbey.** Die Bostrichiden Central-Europas. Genf 1901. 4. 126 p. m. 18 Tfln.
Cart. (M. 16.)   14.—
162 — Les Scolytides de l'Europe Centrale. Genève 1901. fol. 127 p. av. 18 pl.
Cart. (fr. 20.)   14.—
163 **Bargagli.** Materiali p. la fauna Coleotterol. d. Sardegna. (Firenze, Soc. Ent.)
1870—73. 8 111 p.   4.50
164 — Escursioni entomol. in Italia. 3 mem. (Firenze, Soc. Ent.) 1870—75. 8.
48 p.   1.50
165 — Coleotteri di Sardegna. (Firenze, S. Ent.) 1874. 8. 13 p.   1.—
166 — La Flora d. Altiche in Europa. 3 part. (Firenze, Soc. Ent.) 1878. 8.
53 p. c. tab.   2.—
167 — Rassegna biolog. di Rincofori Europei. Firenze 1883—87. 8. 424 p.   9.—
168 **Bates, F.** Descript. of new genera and spec. of Heteromera. 2 parts.
(Lond., Ent. Soc.) 1868. 8. 40 p. w. 2 pl.   2.—
169 — Descr. of new Tenebrionidae fr. Australia, Caledonia, Norfolk Isl. and
Madagasc. 3 pap. (Lond., Ent. S.) 1872—79. 8. 82 p.   3.—
170 — Notes on Heteromera. 9 parts. (Lond., Ent. Mag.) 1872—73. 8. 40 p.   2.50
171 — Descr. of new Heteromera fr. New Zealand and New Caledonia. (Lond.,
Ann. & M.) 1874. 8. 13 p.   1.—
172 — Notes on the Adeliinae. (Lond., Ent. Mag) 1879. 8. 12 p.   1.—
173 — Revis. of the Pelidnotinae. (Lond., Ent. Soc.) 1904. 8. 28 p.   1.—
174 **Bates, H. W.** Contrib. to an Insect Fauna of the Amazon Valley.
Coleoptera Longicornes. Part I: Lamiaires. (Lond., Ann. & Mag.) 1861—66.
8. 255 p.   7.—
175 — — Prionides. (Lond , Ent. Soc.) 1869. 8. 22 p.   1.50
176 — — Cerambycidae. (Lond., Ent. S.) 1870. 8. 148 p.   6.—
— — Staphylinidae. — see nr. 3348.
177 — The Naturalist on the River Amazons. 2 vols. Lond. 1863. 8. 789 p.
w. map and 7 pl. Cloth.   25.—
     The rare (and best) first edition of the famous book. — See: Rara Historico-
Naturalia, ed. J u n k , p. 51.
178 — Naturforscher am Amazonenstrom. Leipz. 1866. 8. 424 p. m. 8 Tfln. Cart. 25.—
     Sehr selten u. gesucht.
179 — On the spec. of Agra of the Amazon region. (Lond., Ent. S.) 1865. 8.
30 p. w. pl.   1.50
180 — On a coll. of Coleopt. fr. Formosa. (Lond., Zool. S.) 1866. 8. 17 p.   1.—
181 — New genera and spec. of Longicorn Coleopt. fr. S. America. 9 parts.
(Lond., Ent. Mag.) 1867—81. 8. 32 p.   2.50
182 — 9 pap. on new Coleopt. 1868—77. 8. 50 p.   3.—
183 — New spec. of Cicindelidae and Carabidae. 3 pap. (Lond., Ent. Mag.)
1869—74. 8. 17 p.   1.50
184 — On the Longicorn. of Chontales, Nicaragua. 2 parts. (Lond., Ent. S.) 1872
—1874. 8. 94 p.   3.50
185 — 12 pap. on new Coleopt., mostly Cicindelidae. (Lond.) 1872—89. 86 p.
— Manuscript.   2.—
186 — On the Longicorn. of tropic. America. (Lond., Ann. & Mag.) 1873. 8.
42 p.   2.—
187 — Descr. of new Geodephaga fr. China. (Lond., Ent. S.) 1873. 8. 12 p.   1.—
188 — On the Longicorn. of Japan. (Lond., Ann. & Mag.) 1873. 8. 39 p.   2.—
189 — On the Geodephag. Coleopt. of Japan. 3 parts. (Lond., Ent. Soc.)
1873—83. 8. 197 p. w. 2 pl. (1 colour.) and map.   10.—
190 — On the Coleopt. collect. on Duke-of-York Isl., New Ireland and New
Britain. (Lond., Zool. S.) 1877. 8. 9 p. w. 2 colour. pl.   3.—
191 — — With black plates.   1.50
192 — On new Geodephag. fr. Centr. America. (Lond., Zool. S.) 1878. 8. 23 p. 1.—
193 — Revis. of the Aerénicides and Amphionychides of trop. America. (Lond.,
Ann. & Mag.) 1881. 8. 37 p.   1.50
194 — Longicorn Beetles of Japan. (Lond., Linn. S.) 1884. 8. 52 p. w. 2 pl.   1.50

195 **Bates, H. W.** Coleopt. Pectinicornia and Lamellicornia Centrali-Americana. ℳ
Lond. (Biol.) 1886—90. 4. 444 p. w. 24 colour. pl. 120.—
196 — — Part II. 52 p., the plate wanting. 6.—
197 — On a coll. of Coleopt. fr. Korea. (Lond., Zool. S.) 1888. 8. 17 p. 1.—
198 — Carabidae de l'Indo-Chine. (Paris, Soc. Ent.) 1889. 8. 26 p. 1.—
199 — On some Carabidae fr. Burma. (Genova, Mus.) 1889. 8. 12 p. 1.—
200 — On new Carabidae coll. in Kashmir and Baltistan. (Lond., Zool. S.) lo
8. 10 p. 1.—
201 — On new genera and sp. of Coleopt. fr. Mount Kinibalu, N. Borneo. (Lond.,
Zool. S.) 1889. 8. 13 p. 1.—
202 — On some Coleopt. coll. by Bonny in the Aruwimi Valley (Centr. Africa).
(Lond., Zool. S.) 1890. 8. 14 p. 1.—
203 — Addit. to the Cicindelidae fauna of Mexico. (Lond., Ent. Soc.) 1890. 8.
18 p. w. colour. pl. 1.50
204 — Addit. to the Carabideous fauna of Mexico. (Lond., Ent. Soc.) 1891. 8.
56 p. w. 2 colour. pl. 3.50
205 — Additions to the Longicornia of Mexico and Centr. America. (Lond.,
Ent. Soc.) 1892. 8. 42 p. w. 3 colour. pl. 3.50
206 — List of the Carabidae coll. by Fea in Burma. (Genova, Mus.) 1892. 8.
164 p. 5.—
207 **Bates, Baly, Janson and Sharp.** Coleopt. of the 2. Yarkand Mission.
Calc. 1890. 4. 79 p. w. 2 pl. 3.50
208 **Bates and Sharp.** Coleopt. Longicornia (Bruchides) Centrali-Americana.
Lond. (Biologia) 1879—86. 4. 538 p. w. 26 colour. pl. 140.—
209 — Coleopt. Adephaga Centrali-Americana. 2 vols. Lond. (Biologia) 1881—
1887. 4. 1166 p. w. 32 colour. pl. 250.—
210 **Bates, Wallace and Moore.** Coleopt. and Lepidopt. coll. at Formosa.
(Lond., Zool. S.) 1866. 8. 27 p. 1.50
211 **Bates and Westwood.** Habits of the g. Megacephala. (Lond., Ent. Soc.)
1852. 8. 10 p. w. colour. pl. 1.50
212 **Bateson, W.** On the colourvariat. of a Beetle of the fam. Chrysomelidae.
(Lond., Zool. S.) 1895. 8. 11 p. w. colour. pl. 1.—
213 **Bau.** Handbuch f. Insektensammler. II: Die Käfer. Beschr. aller in Deutschl.,
Oesterr.-Ung. u. der Schweiz vork. Coleopt. Magdeb. 1888. 8. 498 p. m.
144 Fig. (M. 6.) 4.50
214 — Der Käfersammler. 5. Aufl. Stuttg. 1904. 8. 112 p. m. 188 Fig. 1.—
215 **Baudi di Selve.** Staphylinor. fam. nova vel min. cognita. (Berl., Ent. Z.)
1857. 8. 19 p. 1.—
216 — Coleopt. in Cypro et Asia minore a Truqui congreg. 5 partes. (Berol.,
Ent. Z.) 1864—73. 8. 180 p. 5.—
217 — Specie Ital. di Scotodipnus. (Firenze, Soc. Ent.) 1871. 8. 11 p. 1.—
218 — Europae circummediterran. Faunae Coleopt. species, quae Dejean consign.
7 partes. (Berol., Ent. Z.) 1871—78. 8. 347 p. 5.—
219 — Tenebrioniti d. collezioni Italiani. 11 parti. (Firenze, Soc. Ent.) 1874—77.
8. 273 p. 8.—
220 — Catal. d. Tenebrioniti Europ. d. Museo di Genova. 2 parti. (Genova, Mus.)
1874—75. 8. 47 p. 2.—
221 — Generis Helopis spec. (Berol., Ent. Z.) 1876. 8. 14 p. 1.—
222 — Eteromeri d. Museo Zoolog. di Torino. Torino 1877. 8. 163 p. 4.—
223 — Heteromerum species ex Aegypto, Syria et Arabia. (Berol., Ent. Z.) 1881.
8. 24 p. 1.50
224 — Mylabridum seu Bruchidum Europ. recensitio. 3 partes. (Berol., Ent. Z.)
1886—90. 8. 91 p. 3.—
225 — Catal. d. Coleotteri d. Piemonte. Torino (Acc. Agric.) 1889. 8. 226 p.
Cart. 6.—
226 — Lista dei Pselafidi e Scidmenidi Ital. Carabus Morbillosus. 2 mem.
(Palermo, Natur.) 1889. 4. 11 p. 1.—
227 **Baudi e Truqui.** Studi Entomologici. 2 fascic. (i soli pubblic.): Stafilini,
Blapsites. Torino 1848. 8. 376 p. c. 17 tav. 25.—

8

M

228 **Beauregard.** Les Insectes Vésicants. Paris 1890. 8. 550 p. av. 19 pl. (fr. 25.) 17.—
229 **Bechstein u. Scharfenberg.** Naturgesch. aller schädl. Forstinsekten. Mit Nachtr. 3 Thle. Leipz. 1804—5. 4. m. 13 color. Tfln. (M. 26.) 9.—
230 — — 2. Aufl. Thl. I: Allg. Forstkerfkunde. Gotha 1829. 8. 136 p. Cart. 2.—
231 **Becker, A.** Verzeichn. d. um Sarepta vork. Käfer. (Mosk., Soc. Nat.) 1861. 8. 26 p. 1.—
232 — Reise in d. Kirgisensteppe, nach Astrachan u. an d. Casp. Meer. (Mosk., Soc. Nat.) 1866. 8. 45 p. 1.50
233 — Reise nach d. Kaukasus. (Mosk., Soc. Nat.) 1868. 8. 43 p. 1.—
234 — Reise nach Derbent. (Mosk., Soc. Nat.) 1869. 8. 30 p. 1.—
235 — Ueb. mehr. Käfer u. Fliegen am Salzsee Baskuntschakskoje u. Elton, Astrachan. (Mosk., Soc. Nat.) 1872. 8. 23 p. 1.—
236 — Reise nach Baku, Lencoran, Derbent, Madschalis. (Mosk., Soc. Nat.) 1873. 8. 30 p. 1.—
237 — Reise nach d. Schneebergen d. südl. Daghestan. (Mosk., Soc. Nat.) 1874. 8. 22 p. 1.—
238 — Reise nach dem Magi Dagh, Schalbus Dagh u. Basardjusi. (Mosk., Soc. Nat.) 1875. 8. 22 p. 1.—
239 — Reise n. Krasnowodsk u. Daghest. (Mosk., Soc. Nat.) 1878. 8. 18 p. 1.—
240 — Reise nach d. südl. Daguestan. (Mosk., Soc. Nat.) 1882. 8. 20 p. 1.—
241 — Reise nach Achal-Teke. (Mosk., Soc. Nat.) 1885. 8. 12 p. 1.—
242 **Bedel.** Monogr. d. Erotyliens d'Europe, du Nord de l'Afrique et de l'Asie occident. Paris (Abeille) 1869. 8. 50 p. 1.50
243 — Révis. du g. Aulacochilus. Av. Supplém. (Paris, Soc. Ent.) 1870. 8. 22 p. 1.—
244 — Révis. d. Brachycérides du bassin de Méditerranée. (Paris, Soc. Ent.) 1874. 8. 94 p. av. pl. 2.—
245 — Not. p. s. à la Nomenclature d. Coléopt. (Paris, Soc. Ent.) 1878. 8. 16 p. 1.—
246 — Faune d. Coléopt. du bassin de la Seine. Vol. I, V, VI (tout ce qui a paru). (Paris, Soc. Ent.) 1881 à 1901. 8. av. 2 pl. 23.—
247 — — Vol. I: Carnivora et Palpic. 1881. 384 p. av. pl. 10.—
248 — — Vol. V: Phytophaga. 1890—1901. 423 p. 8.—
249 — — Vol. VI: Rhynchophora. 1888. 444 p. av. pl. 7.—
250 — Essai s. l. Erotylidae. I: Triplotoma, (Gênes, Mus.) 1882. 8. 10 p. av. pl. color. 1.—
251 — Synopsis du g. Liosoma. (Caen, Revue) 1884. 8. 10 p. 1.—
252 — Coléopt. du Nord de l'Afrique. Partie I. (tout ce qui a paru). (Paris, S. Ent.) 1889. 8. 16 p. 1.—
253 — Excursions coléoptérol. dans l'arrondiss. d'Avallon. (Paris, Soc. Ent.) 1890. 8. 17 p. 1.—
254 — Supplém. au catal. d. Coléopt. de l'Yonne. (Paris, S. Ent.) 1891. 8. 18 p. 1.—
255 — Synopsis d. grands Hydrophiles. (Paris, Rev. Ent.) 1892. 8. 18 p. 1.—
256 — Catal. rais. d. Coléopt. du Nord de l'Afrique. Partie I (tout ce qui a paru). (Paris, Soc. Ent.) 1895 à 1900. 8. 11.—
257 — — Cicindelidae et Carab. (Paris, Abeille) 1895 à 99. 8. 200 p. 4.—
258 — Catal. rais. d. Coléopt. de la Tunisie. I (tout ce qui a paru): Cicindél. — Staphylin. Paris 1900. 8. 135 p. 3.50
259 **Beguin-Billecocq.** Diagn. d'espèces nouv. d'Apionidae de la rég. Malgache. (Paris, S. Ent.) 1905. 8. 26 p. 1.50
260 **Behrens.** Mater. z. e. Monogr. der Curculionidengruppe Pachyrrhynchidae. (Stett., Ent. Z.) 1887. 8. 47 p. 1.50
261 **Beling.** Beitr. z. Metamorph. d. Elateriden. 3 Thle. (Berl., D. Ent. Z.) 1883—84. 8. 104 p. 3.—
262 **Bell u. Kokujew.** Verzeichn. . . in d. Umgeg. v. Jaroslaw aufgef. Käfer. Mit 2 Nachträgen. (Mosk., Bull.) 1869—80. 8. 54 p. 2.—
263 **Belon.** Coléoptères de France: Lathridiens. 3 parties. Paris 1881 à 89. 8. 11.—
    Vol. 31 de l'ouvrage de Mulsant (voir no. 2485).
264 — Liste des Lathridiides décr. postér. au catal. de Munich. 2 parties. (Brux. et Caen) 1886 à 1898. 8. 18 p. 2.—
265 — Nouv. contrib. à l'étude d. Lathridiens. (Brux., S. Ent.) 1895. 8. 31 p. 1.—
266 — Classificat. d. Lathridiidae, av. catal. de toutes les espèces du globe. (Caen, Rev. Ent.) 1897. 8. 117 p. 3.—

W. Junk, Berlin, W. 15.

267 **Belon.** A propos d. trav. récents s. l. Lathridiidae. (Caen, Revue Ent.) 1900. 8. 48 p. — 1.50

268 — Lathridiidae (e: Genera Insector.). Brux. 1902. 4. 40 p. av. pl. — 10.—
Epuisé.

269 **Belon, Bourgeois, Sallé et a.** 5 mém. s. l. Coléopt. du Venezuela. (Paris et Brux.) 1853 à 99. 8. 38 p. — 1.50

270 **Benderitter.** Genera d. Cicindélides du globe. Rouen 1895. 8. 21 p. — 1.50

271 **Berg, C.** Entomolog. aus d. Indianergeb. d. Pampa. (Stett., Ent. Z.) 1881. 8. 37 p. — 1.50

272 — Insectos de la Expedic. al Rio Negro. (B. Aires) 1883. fol. 39 p. av. pl. — 2.—

273 — 40 Coleopt. nova Argentina. Bonar. (Univ.) 1889. 8. 55 p. — 1.50

274 **Bergé, A.** Énumerat. d. Cétonides décr. depuis la publ. d. Catalogues de Gemminger et Harold. (Brux., Soc. Ent.) 1885. 8. 51 p. — 3.—

275 — Couleurs métall. chez. l. Coléopt. (Brux., S. Ent.) 1887. 8. 11 p. — 1.—

276 **Berge, F.** Käferbuch. Stuttg. 1844. 4. 268 p. m. 36 color. Tfln. (M. 15.) Cart. — 5.—
Eine spätere Auflage ist nicht erschienen.

277 — Taschenbuch f. Käfer- u. Schmetterlingssammler. Stuttg. 1850. 8. 369 p. m. 2 Tfln. — 1.—

278 **Bergsoe.** Oldenborrens Naturhistorie. Kjöbenh. 1862. 8. 87 p. — 1.50

279 **Berichte** üb. d. wissenschaftl. Leistungen im Geb. d. Entomologie währ. d. J. 1838—98. Hrsg. v. Erichson, Schaum, Gerstaecker, Brauer u. Bertkau. 61 Tle. Berlin 1840—99. 8. (M. 558.) — 220.—
Auch die Fortsetzung zu ermässigtem Preise.

280 — — Bericht währ. d. J. 1838 (Anfang) —1881. Berl. 8. — 60.—

281 **Berlese, A.** Gli Insetti, organizzaz., sviluppo, abitudini e rapporto c. uomo. Vol. I. (tutto pubbl.) Milano 1909. 4. 1066 p. c. 10 tav. in parte color. e 1292 fig. — 38.—

282 **Berliner Entomologische Zeitschrift.** Hrsg. v. d. Entomolog. Verein zu Berlin. Bd. 1—52: Jahrg. 1857—1907. Berl. 8. m. sehr viel. z. Thl. color. Tfln. (M. 1250.) — 250.—
Fast alle Bände auch einzeln. — Von Jahrg. 1—18: 1857—74 war der Titel: Berliner Entomolog. Zeitschr.; von 19—24: 1875—80 hiess sie: Deutsche Entomolog. Zeitschr.; von 25 ab teilte sie sich und erschien als „Berliner" und „Deutsche" (siehe Nr. 811). Letztere gliederte sich 1889 wieder in eine hauptsächlich Coleopterologische Abteilung, die in Berlin unter altem Titel weiter erscheint, und in eine Lepidopterologische, die als „Deutsche Entomolog. Zeitschr. Lepidopterolog. Hefte" in Dresden von der Gesellschaft Iris als Fortsetzung des im Jahre 1884 von dieser begründeten „Correspondenzblatt" herausgegeben wird.

283 **Bernhardt.** Die Käfer. 5. Aufl. Halle. 8. 140 p. m. 5 color. Tfln. Cart. — 1.—

284 **Bernhauer.** Neue Staphyliniden d. palaearct. Fauna. 14 Thle. (Wien, Z. b. G.) 1898—1908. 8. 125 p. — 6.—

285 — Die Staphyl.-Gatt. Leptusa. (Wien, Z. b. G.) 1900. 8. 34 p. — 1.—

286 — Neue Staphyliniden aus Centralasien. (Wien, Z. b. G.) 1901. 8. 10 p. — 1.—

287 — Die Staphylinid. d. palaearkt. Fauna. (Bestimmungs-Tabelle d. Europ. Staphylinidae, Aleocharini). 2 Thle. (Wien, Z. b. G.) 1901—7. 8. 276 p. — 2.50
Ist „Bestimmungstabelle d. Europ. Coleopt." Heft 43.

288 — Z. Staphyliniden-Fauna v. Ceylon. (Berl., D. Ent. Z.) 1902. 8. 29 p. — 1.50

289 — Die Staphylin.-Tribus Leptochirina. (Berlin, D. Ent. Z.) 1903. 8. 48 p. — 1.50

290 — Z. Staphylin.-Fauna v. Ostindien. (Stett., Ent. Z.) 1903. 8. 16 p. — 1.—

291 — Neue exot. Staphyliniden. (Wien, Z. b. G.) 1904. 8. 21 p. — 1.—

292 — Neue exot. Staphyliniden. (Berl., D. Ent. Z.) 1905. 8. 13 p. — 1.—

293 — Neue Staphyliniden aus Südamerika. 2 Thle. (Berl., D. Ent. Z. u. Wien, Z. b. G.) 1905—6. 8. 39 p. — 1.50

294 — Neue Aleocharinen aus Nordamerika. 4 Thle. (Berl., D. Ent. Z.) 1905—9. 8. 60 p. — 2.50

295 — Staphylinidae Südwestaustraliens. Jena 1908. 8. 68 p. m. 10 Tfln. (M. 12.)

296 **Bernhauer et Schubert.** Coleopterorum Catalogus. Pars 19 et 29: Staphylinidae I, II. Berolini 1910—11. 8. 194 p. — 17.85
Subscriptionspreis für Abnehmer des ganzen „Coleopterorum Calalogus" (siehe Nr. 721) M. 11.90.

W. Junk, Berlin, W. 15.

M

297 **Bertolini, S.** I Carabici d. Trentino. Venez. (Ist.) 1867. 8. 74 p.   2.—
298 — S. Coleott. d. valle di Sole. (Firenze, S. Ent.) 1872. 8. 10 p.   1.—
299 — Catal. sinonim. e topogr. d. Coleotteri d'Italia. 5 parti. (Firenze, Soc. Ent.)
1872—76. 8. 236 p.   4.—
300 — Contrib. alla fauna Trentina d. Coleotteri. (Fir., S. Ent.) 1891. 8. 49 p.   1.50
301 — — Supplemento (Firenze, S. Ent.) 1899. 8. 36 p.   1.—
302 — Catal. d. Coleotteri d'Italia. Siena 1904. 8. 144 p.   3.—
303 — L u i g i o n i. Coleotteri d. Lazio, notati ed omessi n. Catalogo d. Coleotteri
d. Bertolini. (Camerino, Riv. Col.). 1905. 8. 26 p.   1.50
304 **Bertoloni, G.** Coleotteri d. Mozambico. 3 parti. (Bologna, Acc.) 1852—57.
4. c. 4 tav.   10.—
305 **Bestimmungs-Tabellen** d. Europaeischen Coleopteren v. Reitter, Weise,
Ganglbauer, Stierlin, J. Schmidt, Seidlitz u. a. Heft 1—65 (soviel erschien.)
in 70 Theilen. Wien, Brünn, Paskau u. a. 1881—1908. 8. m. 18 Tfln.   160.—

Näheres über diese Reihe siehe: Rara Historico-Naturalia, ed. J u n k, p. 30—32, sowie unter den Einzel-Aufnahmen eines jeden Heftes in diesem Cataloge. Bezüglich
der ersten Auflagen von Heft 1—3 (den einzigen, die in zwei Auflagen erschienen sind)
siehe No. 2875, 3750 u. 2877. — Heft 2, 4—16, 24, 31 sind vergriffen; vollständige Exemplare
kommen selten vor.

Heft I: R e i t t e r, Cucujidae, Telmatophilidae, Tritomidae, Mycetaeidae, Endomychidae, Lyctidae und Sphindidae. 2. Aufl. Moedling 1885. 45 p. M. 1 50. [Die 1. Aufl.,
30 p., erschien 1880 in den 'Verhandl. d. Zoolog.-Botan. Gesellschaft in Wien'. Preis
M. 1.] — II: W e i s e, Coccinellidae. 2. Aufl. Moedling 1885. 83 p. [Die 1. Aufl.
69 p., erschien 1879 in der 'Zeitschr. f. Entomol.', Breslau. Preis M. 2.50.] — III: R e i t t e r,
Scaphidiidae, Lathrididae und Dermestidae. 2. Aufl. Moedling 1887. 75 p. M. 2.50.
[Die 1. Aufl., 54 p., erschien 1880 in den 'Verhandl. d. Zoolog.-Bot. Gesellschaft in
Wien'. Preis M. 1.50.] — IV: R e i t t e r, Cistelidae, Georyssidae und Thorictidae.
(Wien, Zool.-Bot. Ges.) 1881. 30 p. m. Tfl. M. 2. — IVa: G a n g l b a u e r, Oede-
meridae. (Wien, Zool.-Bot. Ges.) 1881. 20 p. M. 2. — V: R e i t t e r, Paussidae, Clavi-
geridae, Pselaphidae u. Scydmaenidae. (Wien, Zool.-Bot. Ges.) 1881. 150 p. m. Tfl.
M. 4. — VI: R e i t t e r, Colydiidae, Rhysodidae, Trogositidae. (Brünn, Nat. Ver.)
1881. 37 p. M. 2. — VII: G a n g l b a u e r, Cerambycidae. I. (Wien, Zool.-Bot. Ges.)
1881. 78 p. m. Tfl. — VIII: G a n g l b a u e r, Cerambycidae. II. (Wien, Zool.-Bot.
Ges.) 1883. 150 p. (Preis von VII u. VIII M. 12.) — IX: S t i e r l i n, Curculionidae.
(Theil I.) (Bern, Ent. Ges.) 1883. 243 p. M. 8. — X: R e i t t e r, Nachtrag zu dem
V. Theile: Clavigeridae, Pselaphidae und Scydmaenidae. (Wien, Zool.-Bot. Ges.)
1884. 36 p. M. 2. — XI: R e i t t e r, Bruchidae (Ptinidae). (Brünn, Nat. Ver.) 1883.
29 p. M. 2. — XII: R e i t t e r, Necrophaga. (Brünn, Nat. Ver.) 1884. 122 p. M. 5. —
XIII: S t i e r l i n, Rüsselkäfer (Curculionidae). Theil II: Brachyderidae. (In 2 Theilen.)
(Bern, Ent. Ges.) 1885. 102 p. M. 5. — XIV: J. S c h m i d t, Histeridae. (Berl., Ent.
Z.) 1885. 53 p. M. 3. — XV: S e i d l i t z, Dytiscidae und Gyrinidae. (Brünn, Nat.
Ver.) 1886. 134 p. M. 4. — XVI: R e i t t e r, Erotylidae und Cryptophagidae.
(Brünn, Nat. Ver.) 1887. 54 p. M. 3. — XVII: F l a c h, Phalacridae. (Brünn, Nat.
Ver.) 1888. 26 p. mit Tfl. M. 1.50. — XVIII: F l a c h, Trichopterygidae. (Wien, Zool.-
Bot. Ges.) 1889. 52 p. mit 5 Tfln. M. 3. — XIX: K u w e r t, Hydrophiliden Europas,
Westindiens und Nordafrikas. (Theil I.] (Brünn, Nat. Ver.) 1889. 119 p. M. 3. —
XX: K u w e r t, Hydrophiliden Europas, Westasiens und Nordamerikas. (Theil II.)
(Brünn, Nat. Ver.) 1889. 170 p. M. 3.50. — XXI: K u w e r t, Parniden Europas, der
Mittelmeerfauna. (Wien, Zool.-Bot. Ges.) 1890. 40 p. M. 1.50. — XXII: K u w e r t, Hetero-
ceren. (Wien, Zool.-Bot. Ges.) 1890. 32 p. M. 1.50 — XXIII: W. H o r n u. R o e s c h k e,
Monogr. d. palaearktischen Cicindelen. Berl. 1891. 208 p. m. 6 Tfln. M. 7. — XXIV:
R e i t t e r, Lucaniden u. coprophage Lamellicornen. 2 Theile. (Brünn, Nat. Ver.)
1891—92. 122 u. 109 p. M. 8. — XXV: R e i t t e r, Unechte Pimeliden. (Brünn, Nat.
Ver.) 1892. 50 p. M. 1.50. — XXVI: Z o u f a l, Bostrychidae. (Wien, Ent. Zeit.) 1894.
12 p. M. 1. — XXVII: R e i t t e r, Nitidulidae. Theil 1: G. Epuraea. (Brünn, Nat. Ver.)
1893. 18 p. M. 1. — XXVIII: R e i t t e r, Cleriden. (Brünn, Nat. Ver.) 1893. 52 p.
M. 2. — XXIX: R e i t t e r, Cantharidae. Theil 1: Drilini. (Wien, Ent. Zeit.) 1894.
8 p. M. 1. — XXX: P r o c h á z k a, Cantharidae. Theil 2: Rev. d. Gatt. Danacaea.
(Brünn, Nat. Ver.) 1894. 28 p. m. Tfl. M. 2. — XXXI: R e i t t e r, Borkenkäfer (Scoly-
tidae). (Brünn, Nat. Ver.) 1894. 61 p. M. 3. — XXXII: R e i t t e r, Meloidae. Theil 1:
Meloini. (Wien, Ent. Zeit.) 1895. 13 p. M. 1. — XXXIII: R e i t t e r, Curculionidae.
Theil III: Coryssomerini u. Baridiini. (Wien, Ent. Zeit.) 1895. 32 p. M. 1.50. —
XXXIV, Theil 1: R e i t t e r, Carabidae. Abtheil. I: Carabini. (Brünn, Nat. Ver.) 1895.
163 p. — XXXIV, Theil 2: R e i t t e r, Anh. z. Bestimm.-Tabelle d. Carabini. (Wien,
Ent. Zeit.) 1897. 15 p. (Preis von XXXIV Thl. 1 u. 2: M. 6.) — XXXV: P. M e y e r:
Curculionidae. Theil IV: Cryptorrhynchiden. (Wien, Ent. Zeit.) 1896. 56 p. M. 2.
— XXXVI: E s c h e r i c h, Meloidae. Theil II: Zonitidae. (Brünn, Nat. Ver.) 1896.
38 p. M. 2. — XXXVII: R e i t t e r, Curculionidae. Theil V: Cossonini u. Calandrini.
(Brünn, Nat. Ver.) 1898. 20 p. M. 1. — XXXVIII: R e i t t e r, Melolonthidae. Theil II:
Dynastini, Euchirini, Pachypodini, Cetonini, Valgini u. Trichiini. (Brünn, Nat. Ver.)
1898. 93 p. M. 3.50. [Melolonthidae Theil I ist in Heft XXIV enthalten.] — XXXIX:
F l e i s c h e r, Carabidae. Abtheil. II: Scaritini. Paskau 1899. 38 p. M. 1.50. —
XL: M. u. Th. P i c, Hylophilidae. Paskau 1900. 21 p. M. 1. — XLI: R e i t t e r, Cara-
bidae. Abtheil. III: Harpalini u. Licinini. (Brünn, Nat. Ver.) 1899. 125 p. M. 4. —

LXII: Reitter, Tenebrionidae. Abtheilungen: Tentyrini u. Adelostomini. (Brünn,
Nat. Ver.) 1900. 116 p. M. 3. — XLIII, Theil 1: Bernhauer, Staphylinidae. I: Aleo-
charini. (Theil I.) (Wien, Zool.-Bot. Ges.) 1901. 78 p. — XLIII, Theil 2: Staphylinidae. I:
Aleocharini. (Theil II.) (Wien, Zool.-Bot. Ges.) 1902. 198 p. (Preis von XLIII Theil 1 u.
2: M. 2.50.) — XLIV: Petri, Curculionidae. Theil VI: Hyperini. (Hermannstadt, Ver.
Nat.) 1901. 42 p. M. 1.50. — XLV: Reitter, Curculionidae. Theil VII: Tropiphorini
u. Alophini. (Wien, Ent. Zeit.) 1901. 14 p. M. 1. — XLVI: Reitter, Monotomidae
(Genus Monotoma). (Wien, Ent. Zeit.) 1901. 7 p. M. 1. — XLVII: Reitter, Byrrhidae
(Anobiidae) u. Coidae. (Brünn, Nat. Ver.) 1901. 64 p. M. 2. — XLVIII: Reitter,
Curculionidae. Theil VIII: Tanymecini. 1. Hälfte. (Wien, Ent. Zeit.) 1903. 21 p. M. 1.
— XLIX: H. Krauss, Cantharidae. Theil III: G. Malachius. Paskau 1902. 33 p. M. 1.50.
— L: Reitter, Melolonthidae. Theil III: Pachydemini, Sericini u. Melolonthini. (Brünn,
Nat. Ver.) 1901. 211 p. M. 6.50. — LI: Reitter, Melolonthidae. Theil IV (Schluss):
Rutelini, Hoplini u. Glaphyrini. (Brünn, Nat. Ver.) 1902. 131 p. M. 4.50. — LII: Reitter,
Curculionidae. Theil IX: G. Sitona u. Mesagroicus. (Wien, Ent. Zeit.) 1903. 44 p.
M. 1.50. — LIII: Reitter, Tenebrionidae. Theil III: Lachnogyini, Akidini, Pedinini,
Opatrini u. Trachyscelini. (Brünn, Nat. Ver.) 1903. 165 p. M. 5. — LIV: Reitter,
Curculionidae. Theil X: G. Cionus. (Wien, Ent. Zeit.) 1904. 18 p. M. 1. — LV: Petri,
Curculionidae. Theil XI: G. Lixus. (Wien, Ent. Zeit.) 1904—05. 62 p. M. 2. — LVI:
Reitter, Elateridae. Theil I: Elaterini subtribus Athouina. (Brünn, Nat. Ver.)
1904. 122 p. M. 3.50. — LVII: Reitter, Alleculidae. Theil I: Omophlini. (Brünn,
Nat. Ver.) 1906. 61 p. M. 2. — LVIII: Reitter, Curculionidae. Theil XII: Die mit
Ptochus verwandt. Genera. (Brünn, Nat. Ver.) 1906. 49 p. M. 1.50. — LIX: Reitter,
Curculionidae. Theil XIII: Mecinini (Gymnetrini). M. 1.50. (Brünn, Nat. Ver.) 1907.
46 p. M. 1.50. — LX: Petri, Curculionidae. Theil XIV: G. Larinus u. Verwandte.
(Brünn, Nat. Ver.) 1907. 96 p. M. 2.50. — LXI: Formanek, Curculionidae. Theil XV:
G. Trachyphloeus. (Wien, Ent. Zeit.) 1907. 71 p. M. 2. — LXII: Flach, Curculionidae.
Theil XVI: G. Strophosomus. (Brünn, Nat. Ver.) 1907. 30 p. m. Tfl. M. 1.50. —
LXIII: Fleischer, Anisotomidae, Tribus Liodini. (Brünn, Nat. Ver.) 1908. 63 p. m.
Tfl. M. 2.50. — LXIV: Reitter, Staphylinidae. Theil II: Othiini u. Xantholini. (Brünn,
Nat. Ver.) 1908. 27 p. M. 1. — LXV: Reitter, Carabidae, Tribus Pogonini. (Brünn,
Nat. Ver.) 1908. 11 p. M. 1.

   In den Sonderabdrücken sind beigefügt zu Heft V die Tafeln 6 u. 7 des Bandes 25
der „Deutschen Entomolog. Zeitschrift" (gehörig zu der Abhandlung Reitters „Neue
u. seltene Coleopteren, siehe No. 2931), zu Heft XX die Tafeln 1—4 des Bandes 31 der
„Deutschen Entomolog. Zeitschrift" (gehörig zu der Abhandlung Kuwerts „Uebersicht d. Europ. Ochthebius-Arten", siehe No. 2075).

Von französischen Übersetzungen fingen an zu erscheinen, kamen aber über
10 Hefte nicht hinaus:

Tableaux analyt. (ou synopt.) p. déterm. l. Coléopt. d'Europe.

306 Fleischer. Scaritini. Trad. p. Carret. (Narbonne, Misc. Ent.) 1908. 8.
     34 p.   1.50
     Traduction d'une partie du fasc. XXXIX.

307 Reitter, Lathridiidae. Trad. p. Des Gozis. (Paris, Abeille) 1881. 8. 120 p. 1.50
     Traduction du fasc. III.

308 — Paussides, Clavigérides, Pselaphides et Scydmaenides. Trad. p. Le-
     prieur. (Paris, Abeille) 1883. 8. 216 p.   5.—
     Traduction du fasc. V.

309 — Cucujidae, Telmatophil., Tritomidae, Mycetaeid., Endomych., Lyctidae
     et Sphindid. Trad. p. Guillebeau. (Lyon, Echange) 1886. 8. 34 p.   2.50
     Traduction du fasc. I.

310 — Nécrophages. Trad. p. Olivier. (Moulins, Rev. Bourb.) 1890. 8. 120 p.   5.—
     Traduction du fasc. XII.

311 — Colydiides, Rhysodides, Trogositides. Trad. p. Olivier. (Moulins, Rev.
     Bourb.) 1891. 8. 43 p.   2.50
     Traduction du fasc. VI.

312 — Erotylides et Cryptophagides. Trad. p. Leprieur. (Paris, Coléoptér.)
     1892. 8. 42 p.   3.—
     Traduction du fasc. XVI.

313 Schmidt, J. Histeridae (Paris, Coléopt.) 8. 16 p.   1.50
     Traduction d'une partie du fasc. XIV.

314 Seidlitz. Dytiscides et Gyrinides. Trad. p. Leprieur. (Paris, Coléopt.)
     1891. 8. 16 p.   1.50
     Traduction d'une partie du fasc. XV.

315 Stierlin. Curculionidae. Trad. p. Marchal. (Narbonne, Misc. Ent.) 1894
     à 1896. 8. 56 p.   5.—
     Traduction du commencement du fasc. IX.

316 **Beutenmüller.** On some Beetles fr. the Black Mountains. (N. York, Mus.)
     1903. 8. 9 p. w. 2 pl.   1.—

12

317 **Beuthin.** Ueb. d. Varietäten v. Cicindela campestris. 7 Thle. (Berlin, Ent.   *M*
Nachr.) 1889—90. 8. 20 p.   1.50
    Bibliographia Coleopterologica — vide no. 1835.
318 **Bibliotheca historico-naturalis (Zoologiae)** v. Engelmann, Carus und
O. Taschenberg. Leipz. 1846—1910. 8. (M. 170.)   110.—
    Inhalt. I: Bibliographie d. Jahre 1700—1846 v. Engelmann. 794 p. (M. 11.) M. 3.50.
    — II: Bibliographie d. J. 1846—60 v. Carus u. Engelmann. 2 Bde. 2180 p. (M. 33.)
    M. 13. — III: Bibliographie d. J. 1861—80 v. O. Taschenberg. Liefg. 1—18 (soviel
    erschienen). 1887—1910. (M. 126.) M. 96.
319 **Bickhardt.** 11 Abhandl. üb. Coleopt. 1904—09. 8.   2.—
320 — Coleopt. Ergebn. ein. Reise nach Korsika. (Gub., Ent. Z.) 1906. 8. 19 p.   1.—
321 — Z. Kenntn. d. Histeriden. 3 Thle. (Nürnb., Ent. Bl.) 1908—09. 8. 29 p.   1.50
322 — Excursion nach d. innersten Korsika. (Gub., Ent. Z.) 1910. 8. 21 p. m.
Karte u. Tfl.   1.—
323 — Coleopterorum Catalogus. Pars 24: Histeridae. Berolini 1910. 8. 137 p.   12.85
    Subscriptionspreis für Abnehmer d. ganzen „Coleopterorum Catalogus“ (siehe No. 721)
    M. 8.60.
324 — Verzeichn. d. Spezialisten f. Coleopt. (Berl., Ent. Bl.) 1911. 8. 20 p.   1.—
325 **Bielz.** Siebenbürgens Käferfauna. Hermannst. 1887. 8. 90 p.   2.—
326 — System. Verzeichn. d. Käfer Siebenbürgens. 8. 27 p.   1.—
327 **Billberg.** Monogr. Mylabridum. Holm. 1814. 8. 79 p. et 7 tab.   6.—
328 **Binet.** Nerv. centre of Flight in Coleopt. (Lond.) 1893. 8. 15 p.   1.—
329 **Biologia Centrali-Americana.** Ed. by Godman. Coleoptera. Lond. 1879—
1911. 4. w. 344 mostly colour. pl. — As far as published till end of 1911. 2000.—
    Contents see below. The continuation of the volumes and parts not yet finished
    will be supplied. (The buyer is obliged to take it).
    Vol. I: Adephaga, by H. W. Bates and Sharp. 2 vols. 1881—87. 1166 p. w. 32 co-
    lour. pl. M. 250. — Vol. II, part 1: Pselaphidae, Silphidae, Histeridae,
    Scaphididae, Nitidulidae etc., by Sharp, Matthews and Lewis. 1887—1905. 729 p.
    w. 19 pl. M. 110. — Vol. I (II) part 2: Pectinicornia and Lamellicornia, by H. W.
    Bates. 1886—90. 444 p. w. 24 colour. pl. M. 120. — Vol. III: Serricornia and
    Malacodermata, by Waterhouse, G. Horn, Champion and Gorham. 2 vols. 1880
    —1897. 1090 p. w. 40 colour. pl. M. 250. — Vol. IV, parts 1 and 2: Heteromera,
    by Champion. 2 vols. 1884—93. 1070 p. w. 44 colour. pl. M. 260. — Vol. IV, parts
    3—7: Rhynchophora, Curculionidae, by Sharp, Champion, Blanford and Jordan.
    Published till now: Vol. IV, part 3: p. 1—240 w. 9 pl.; part 4: 758 p. w. 35 pl.; part 5:
    521 p. w. 23 pl.; part 6: 402 p. w. 14 pl.; part 7: 227 p. w. 9 pl. [The plates mostly
    coloured.] 1895—1911. M. 550. — Vol. V: Longicornia (Bruchides), by H. W.
    Bates and Sharp. 1879—86. 538 p. w. 26 colour. pl. M. 140. — Vol. VI: Phyto-
    phaga, by Jacoby, Baly and Champion. 2 vols. and supplem. 1880—92. 1283 p. w.
    56 colour. pl. M. 220. — Vol. VII: Erotylidae, Endomychidae and Coccinelli-
    dae, by Gorham. 1887—99. 288 p. w. 13 colour. pl. M. 90.
    See also nr. 153, 579.
330 **Biologia Coleopterorum.** 20 mém. p. Bickhardt, Chobaut, Escherich, Hetschko,
Kleine, Rupertsberger, S. Schenkling, Silvestri, Wasmann et a. 1874 à 1910.
8. 153 p. av. 4 pl.   8.—
331 **Biro.** Coleoptera collect. Chyzer. (Budap.) 1883. 8. 40 p.   1.50
332 **Birthler.** Ueb. Siebenbürg. Caraben. (Hermannst., Ver. Nat.) 1886. 8. 17 p.   1.—
333 **Bischoff-Ehinger.** Entomol. Reise von Vogogna n. Macugnaga. (Bern, Ent.
Ges.) 1867. 8. 23 p.   1.—
334 — Lebensw. u. Minierarb. d. Tomicus Cembrae. (Bern, Ent. Ges.) 1874. 8.
3 p. m. 2 Tfln.   1.—
335 — Stierlin. Necrolog. (Bern, Ent. G.) 1877. 8. 15 p. m. Portr.   1.—
336 **Bischoff-Ehinger u. Stierlin.** (Coleopt.) Reise in die italien. Hochgebirge
d. Piemonts. (Bern, Ent. Ges.) 1870. 8. 17 p.   1.—
337 **Blackburn.** Further notes on Austral. Coleoptera, (Sydney, Roy. Soc.)
1887. 8. 20 p.   2.50
338 — Notes on Australian Coleopt., w. descr. of new gen. and spec. 9 parts.
(Sydney, Linn. Soc.) 1888—91. 8. 440 p.   25.—
    Some parts also separately.
339 — Revis. of the g. Heteronyx, w. descr. of new spec. Parts 1, 2, 4, 5.
(Sydney, Linn. Soc.) 1888—90. 8. 156 p.   5.—
340 — Revis. of the g. Colpochila, Sericesthis and their allies. I. (Sydn., Linn.
S.) 1890. 8. 36 p.   2.—
341 **Blackburn and Sharp.** Coleoptera of the Hawaian Isl. (Dubl., Roy. S.)
1885. 4. 182 p. w. 2 pl.   7.—

W. Junk, Berlin, W. 15.

342 **Blaisdell.** Monogr. revis. of the Tenebrionide tribe Eleodiini inhab. the
U. S., Lower Calif. and adjac. Islands. Wash. (Mus.) 1909. 8. 535 p. w. 13 pl. *ℳ* 7.50

343 **Blanchard et Brullé.** Les Cicindéliens et Brachiniens rec. p. D'Orbigny
pend. s. voyage dans l'Amérique méridion. Paris 1834. fol. 10 p. av. 5 pl.
color. Toile. 13.—

344 **Blandford, W. F. H.** Report on the destruct. of Beer-Casks in India by
Xyleborus perfor. Lond. 1893. 8. 48 p. w. pl. 1.50

345 — The Scolyto-Platypini. (Lond., Ent. S.) 1893. 8. 18 p. w. pl. 1.—

346 — The Scolytidae of Japan. With Supplem. (Lond., Ent. S.) 1894. 8. 95 p. 5.—

347 — Descr. of new Scolytidae fr. the Indo-Malayan and Austro-Malayan
Regions. (Lond., Ent. Soc.) 1896. 8. 38 p. 1.—

348 — On some Orient. Scolytidae. (Lond., Ent. S.) 1898. 8. 8 p. 1.—

349 **Blessig.** Z. Kenntn. d. Heteromeren v. Australia felix. (Petersb., Horae)
1861. 8. 29 p. 1.—

350 —Z. Kenntn. d. Käferfauna Süd-Ost-Sibiriens. (Petersb., Horae) 1873. 8. 100 p.
m. 2 color. Tfln. 6.—

351 **Boas, J. E.** Oldenborrernes (Melolontha) optraeden og udbredelse i Danmark 1887—1903 (The Cockchafers in Denmark). Copenh. 1904. fol. w. 5
colour. maps. 6.—

352 **Bobretzky.** Bildg. des Blastoderms u. d. Keimblätter bei d. Insekten.
(Leipzig, Z. Zool.) 1878. 8. 21 p. m. Tfl. 1.50

353 **Bodemeyer.** Quer durch Klein-Asien. (M. Anhang: Coleopterologisches.)
Emmend. 1900. 8. 174 p. 2.50

354 **Bogdanow.** Biologie d. Dünger-Insekten. (Petersb., Ak.) 1896. 4. 50 p. m.
8 Tfln. — Russisch. 2.—

355 **Boheman.** Novae Coleopteror. species. (Mosqu., Soc.) 1829. 4. 33 p. 2.—

356 — Calodromus. (Stockh., Ac.) 1838. 8. 17 p. et 2 tab. 1.50

357 — Coleopt. Caffrariae a Wahlberg coll. 2 vol. (3 partes.) Holmiae 1848—57.
8. 1036 p. et 3 tab. 16.—
    Supplementum vide nr. 983.

358 — Monographia Cassididarum. Cum supplem. 4 vol. Holm. 1850—62. 8.
2017 p. et 7 tab. (M. 35.) 22.—

359 — Nomenclat. of Cassididae in the Brit. Museum. Lond. 1856. 8. 225 p. 3.50

360 — Coleopterorum species novae in America Oceania, India coll. (Freg. Eu-
genia's Resa). (Holmiae) 1859. 4. 298 p. et 2 tab. 13.—

361 — Coleopt. saml. af Wahlberg i S.-V.-Afrika. 2 Thle. (Stockh., Ak.) 1860. 8.
34 p. 1.50

362 — Spetsbergens Insekt-Fauna. (Stockh., Ak.) 1865. 8. 18 p. m. Tfl. 1.—

363 **Boieldieu.** Monogr. d. Ptiniores. 3 parties. (Paris, Soc. Ent.) 1856. 8. 107 p.
av. 5 pl. color. 7.—

364 — Descr. d'espèc. nouv. de Coléopt. (Paris, S. Ent.) 1859. 8. 22 p. av. pl.
color. 1.50

365 — Qu. Coléopt. nouv. d'Eubée et d. Baléares. (Paris, S. Ent.) 1865. 8. 8 p.
av. pl. color. 1.—

366 **Boileau.** Descr. et diagnoses de Lucanides nouv. 2 mém. Paris 1899. 8.
21 p. av. 9 fig. 1.50

367 — Descr. de Lucanides nouv. (Brux., S. Ent.) 1901. 8. 11 p. av. pl. 1.—

368 — S. quelques Lucanides du Musée de Bruxelles. I: Lucanides nouv. ou
peu connus. 2 mém. (Brux., Soc. Ent.) 1902. 8. 30 p. av. 2 pl. 1.50

369 **Boisduval.** Essai s. l'Entomologie Horticole. Paris 1867. 8. 664 p. av. 126 fig. 7.—
    Epuisé.

370 **Boisduval et Lacordaire.** Faune entomol. d. envir. de Paris. Vol. I. (seul
paru): Coléopt. Paris 1835. 12. 696 p. av. 3 pl. 5.—

371 **Bollettino** d. Laboratorio di Zoologia gener. ed agraria d. Scuola d'Agri-
colt. di Portici. Vol. I—IV. Port. 1907—10. 8. c. 7 tav. 60.—

372 **Bollettino** del Naturalista. Red. p. Brogi. Anno XXI—XXVI: 1901—06.
Siena. 8. (M. 36.) 14.—

373 **Bongardt.** Z. Kenntn. d. Leuchtorgane einheim. Lampyriden. Leipz. 1903.
8. 50 p. m. 3 Tfln. 1.50

W. Junk, Berlin, W. 15.

14

ℳ

374 **Bonhoure.** S. le Platypsyllus Castoris. (Paris, Soc. Ent.) 1884. 8. 8 p. av. pl. 1.—
375 **Bonvouloir.** Essai monogr. s. l. Throscides. Paris 1859. 8. 144 p. av. 5 pl. color. 4.—
376 — Descr. d. Throscides nouv. (Paris, S. Ent.) 1860. 8. 17 p. av. pl. color. 1.—
377 — Monogr. d. Eucnémides. (Paris, Soc. Ent.) 1870. 8. 907 p. av. 42 pl. (fr. 30.) D.-rel. veau. 8.—
378 **Borchmann.** Neue Afrikan. Lagriiden. (Berl., D. Ent.) 1909. 8. 21 p. 1.—
379 — Coleopterorum Catalogus. Pars 2: Nilionidae, Othniidae, Aegialitidae, Petriidae, Lagriidae. Berolini 1910. 8. 32 p. 3.—
    Subscriptionspreis für Abnehmer des ganzen „Coleopterorum Catalogus" (siehe No. 721): M 2.
380 — Coleopterorum Catalogus. Pars 3: Alleculidae. Berolini 1910. 8. 80 p. 7.50
    Subscriptionspreis für Abnehmer des ganzen „Coleopterorum Catalogus" (siehe No. 721) M. 5.
381 **Bordas.** Les glandes défensives ou anales d. Coléopt. (Mars., Fac. Sc.) 1899. 4. 45 p. av. 2 pl. 4.—
382 — S. l. organes reprod. mâles d. Coléopt. (Paris, Ann. Sc.) 1900. 8. 166 p av. 11 pl. 11.—
383 **Borre, A. Preudhomme de.** S. un nouv. genre d. Adéliides. (Brux., S. Ent.) 1868. 8. 7 p. av. pl. color. 1.—
384 — Consid. s. la classif. d. Cicindélètes. (Brux., Soc. Ent.) 1870. 8. 7 p. —.50
385 — 9 mém. s. Coléopt. nouv. (Brux., Soc. Ent.) 1873 à 86. 8. 40 p. 1.50
386 — S. l. Géotrupides de Belgique. (Brux., S. Ent.) 1874. 8. 10 p. 1.—
387 — S. l. Panagéides, Loricérides, Licinides, Chlaeniides et Broscides de Belgique. (Brux., Soc. Ent.) 1878. 8. 27 p. 1.—
388 — S. l. Féronides de Belgique. 2 parties. (Brux., Soc. Ent.) 1878 à 79. 8. 70 p. av. pl. color. 2.—
389 — Matériaux p. la Faune Coléopterol. de la Belgique. 31 centuries. (Brux., Soc. Ent.) 1881 à 92. 8. 13.—
390 — Liste d. Criocérides rec. au Brésil. (Brux., S. Ent.) 1881. 8. 15 p. 1.—
391 — Matériaux p. la Faune d. Coléopt. de Limbourg. 2 parties. Tongres 1882. 8. 78 p. 1.50
392 — Méloides de l'Europe centr. (Brux., Soc. Linn.) 1884. 8. 14 p. 1.—
393 — Liste d. Lamellicornes Laparostict. rec. au Brésil. (Brux., S. Ent.) 1886. 8. 18 p. 1.—
394 — Liste d. 457 esp. de Coléopt. Carnass. terrestres. 2 mém. (Brux., Soc. Ent.) 1886. 8. 17 p. 1.—
395 — Liste d. Lamellicornes Laparostictiques rec. d. le midi de la pénins. Hispan. (Brux., S. Ent.) 1886. 8. 23 p. 1.—
396 — Catal. d. Trogides décrits jusqu'à ce jour. (Supplém. au catalogue de Gemminger). (Brux., Soc. Ent.) 1886. 8. 29 p. av. carte color. 2.50
397 — L a m e e r e. Sur Preudh. de Borre. (Brux., S. Ent.) 1906. 8. 5 p. av. portr. 1.—
398 **Boucard.** Monogr. list of the g. Plusiotis of America. (Lond., Zool. Soc.) 1875. 8. 9 p. w. colour. pl. 1.50
399 — On some Plusiotis. (Lond., Zool. S.) 1878. 8. 4 p. w. colour. pl. 1.—
400 **Boucomont.** Geotrupinae (e: Genera Insector.). Brux. 1902. 4. 20 p. av. pl. color. 12.—
    Epuisé.
401 — S. l. Enoplotrupes et Geotrupes d'Asie. II. (Caen, Rev. Ent.) 1904. 8. 28 p. 1.—
402 — Coleopterorum Catalogus: Geotrupinae, Taurocerastinae.
    In Vorbereitung. — In preparation. — En préparation. — Vide nr. 721.
403 **Bourgeois.** Diagnoses de Lycides nouveaux. 6 parties. (Paris, Soc. Ent.) 1877 à 89. 8. 54 p. av. pl. color. 3 —
404 — Catal. d. Lycides rec. p. Steinheil en Colombie. Partie I (tout ce qui a paru). (Paris, S. Ent.) 1879. 8. 30 p. av. pl. color. 1.50
405 — S. l. Lycides d'Angola. (Lisboa, Journ. Sc.) 1880. 8. 19 p. 1.—
406 — Monogr. d. Lycides de l'ancien monde. Rouen 1882. 8. 5.—
407 — Lycides nouv. ou peu connus du Musée de Gênes. 2 parties. (Gênes, Mus.) 1883 à 1900. 8. 41 p. 2.—

W. Junk, Berlin, W. 15.

408 **Bourgeois.** S. le g. Dasytiscus. Esp. nouv. de Malacodermes. 2 mém. *M*
(Paris, S. Ent.) 1885. 8. 22 p. av. pl. color. 1.—
409 — S. qlq. Lycides du Brésil. (Paris, S. Ent.) 1886. 8. 16 p. 1.—
410 — Synopsis du g. Henicopus. (Paris, S. Ent.) 1888. 8. 30 p. av. pl. 1.50
411 — Lycides rec. p. Alluaud dans le territ. d'Assinie. (Paris, S. Ent.) 1889. 8.
10 p. 1.—
412 — Rhipidocer., Dascillid. et Malacoderm. de l'Indo-Chine. (Paris, Soc. Ent.)
1890. 8. 16 p. 1.—
413 — S. la distrib. géogr. d. Malacodermes. I: Lycides. (Paris, S. Ent.) 1891.
8. 28 p. av. carte color. 1.—
414 — Les Lycides du Muséum de Paris. 2 parties. (Paris, S. Ent.) 1901 à 05.
8. 40 p. 1.50
415 — Diagnoses de Lycides nouv. VIII. (Paris, S. Ent.) 1903. 8. 14 p. 1.—
416 **Bovie.** Les Coccinelles de Belgique. (Brux., S. Ent.) 1897. 8. 30 p. 1.—
417 — Catal. d. Anthribides. (Brux., S. Ent.) 1905. 8. 117 p. 4.—
418 — Catal. d. Curculionides de Belgique. (Brux., S. Ent.) 1906. 8. 34 p. 1.50
419 — Entominae (e: Genera Insectorum). Brux. 1908. 4. 7 p. av. pl. color. 3.—
420 — Cryptoderminae (e: Genera Insectorum). Brux. 1908. 4. 3 p. av. pl. color. 2.50
421 — Alcidinae (e: Genera Insectorum). Brux. 1908. 4. 11 p. av. pl. color. 4.—
422 — Laemosaccinae (e: Genera Insector.) Brux. 1909. 4. 6 p. av. pl. color. 4.—
423 — Gymnetrinae (e: Genera Insector.) Brux. 1909. 4. 20 p. av. 2 pl. (1 color.) 8.—
424 — Nanophyinae (e: Genera Insector.) Brux. 1909. 4. 14 p. av. pl. color. 4.50
425 — Brachycerinae (e: Genera Insector.) Brux. 1909. 4. 38 p. av. 3 pl. (2 color.) 13.—
426 **Böving.** Bidr. t. Kundsk. om Donaciin-Larvernes Naturhistorie. Kjöbenh.
1906. 8. 269 p. m. 7 Tfln. 8.—
427 — Natural hist. of the larvae of Donaciinae. Leips. 1910. 8. 112 p. w. 7 pl. 5.—
428 — Nye bidr. t. Carabernes udviklingshist. I. Kjöbenh. (Ent. Medd.) 1910. 8.
57 p. m. Tfl. 1.50
429 **Brancsik.** Die Käfer d. Steiermark. Graz 1871. 8. 114 p. (M. 4.) 2.—
430 **Brandes.** Ueb. Duftapparate b. Käfern. (Berl., Z. Nat.) 1899. 8. 8 p. 1.—
431 **Brandt, E.** Vergleich. anatom. Untersuch. üb. d. Nervensystem d. Coleopt.
Petersb. 1879. 8. 38 p. m. 3 Tfln. — Russisch. 2.50
432 **Brandt, J. F., et Erichson.** Monogr. gen. Meloes. (Ac. Leop.) 1831. 4.
42 p. et tab. color. 2.50
433 **Brandt, J. F., u. Ratzeburg.** Medizin. Zoologie. 2 Bde. Berl. 1829—33. 4.
560 p. m. 62 (statt 63) meist color. Tfln. 8.—
434 **Brauer.** Üb. d. Verwandl. d. Insekten. 2 Tle. (Wien, Z. b. G.) 1869—78. 8.
36 p. m. Tfl. 1.—
435 — Ueb. d. Verwandl. d. Meloiden. (Wien, Z. b. G.) 1887. 8. 10 p. 1.—
436 — Handlirsch. Nekrolog. (Wien, Z. b. G.) 1905. 8. 36 p. m. Portr. 1.—
437 **Breed.** Changes occurr. in the muscles of Thymalus marginicollis dur.
metamorphos. Cambr., Mass. 1903. 8. w. 7 pl. 6.—
438 **Breit.** Koleopterol. Sammelreise auf Mallorka. (Wien, Z. b. G.) 1909. 8.
22 p. 1.—
439 **de Brême.** Essai monograph. et iconograph. d. Cossyphides. 2 parties.
Paris 1842 à 46. 8. 104 p. av. 10 pl. color. (fr. 18.) 9.—
440 — Coléoptères nouv. Déc. I et II. (Paris, Soc. Ent.) 1844. 8. 20 p. av. 3 pl.
color. 1.50
441 **Bremi-Wolf.** Catalog d. Schweiz. Coleopt. Zürich 1856. 8. 84 p. 2.—
442 **Brendel and Wickham.** Pselaphidae of N. America. 2 parts. (Iowa City)
1890. 8. w. 7 pl. 9.—
443 **Brenske.** Ueb. Melolonthiden. 2 Thle. (Berl. u. Petersb.) 1886. 8. 25 p. 1.—
444 — Melolonthiden. 10 Abhdlgn. 1886—96. 8. 60 p. 2.—
445 — Melolonthiden aus Marocco, Algier, Tunis u. Tripolis. (Berl., Ent. Z.)
1889. 8. 10 p. 1.—
446 — Die Arten d. Gattg. Brahmina. (Berl., Ent. Z.) 1892. 8. 46 p. 1.50
447 — Neue Arten d. Gattg. Holotrichia. (Berl., Ent. Z.) 1892. 8. 34 p. 1.—
448 — Z. Kenntn. d. Gattgn. Lepidiota u. Leucopholis. (Berl., Ent. Z.) 1892. 8.
30 p. 1.—

M

449 **Brenske.** Melolonthiden v. Borneo. (Berl., Ent. Z.) 1893. 8. 12 p. 1.—
450 — Die Melolonthiden d. palaearct. u. oriental. Region im Naturhist. Mus. zu Brüssel. (Brüss., Soc. Ent.) 1894. 8. 87 p. 2.—
451 — Neue Melolonthid. aus Madagask., Afrika u. Asien. (Berlin, Ent. Z.) 1896. 8. 25 p. 1.50
452 — Neue Melolonthiden aus Africa u. Asien. (Stett. Ent. Z.) 1896. 8. 28 p. 1.50
453 — Melolonthidae du Bengale. (Brux., Soc. Ent.) 1896. 8. 15 p. 1.—
454 — Neue Gattgn. u. Arten d. Melolonthiden. (Stett., Ent. Z.) 1897. 8. 25 p. 1.—
455 — Ein. neue Melolonthiden. (Stett., Ent. Z.) 1898. 8. 13 p. 1.—
456 — Melolonthiden aus Afrika. (Stett., Ent. Z.) 1898. 8. 62 p. 2.—
457 — Melolonthiden v. Sumatra. (Brux., S. Ent.) 1900. 8. 15 p. 1.—
458 — Die Melolonthiden Ceylon's v. Horn gesamm. (Stett., Ent. Z.) 1900. 8. 21 p. 1.—
459 — Die Serica-Arten d. Erde. (Berl., Ent. Z.) 1902. 8. 632 p. m. Tfl. (M. 18.) 12.—
460 **Brenske u. Reitter.** Neuer Beitr. z. Käferfauna Griechenlands. (Berl., D. Ent. Z.) 1884. 8. 84 p. m. 2 Tfln. 1.50
461 **Brèthes.** Les Pinophilines Argentins. (B. Air., Mus.) 1902. 8. 14 p. av. pl. 1.—
462 **Briggs.** Life hist. of case bearers I: Chlamys plicata. Brooklyn. 1905. 8. 12 p. w. colour. pl. 1.50
463 **Brisout de Barneville.** Descr. de qu. Coléopt. nouv. (Paris, S. Ent.) 1860. 8. 12 p. 1.—
464 — Espèc. nouv. de Coléopt. français. (Paris, S. Ent.) 1861. 8. 10 p. 1.—
465 — Méth. dichotom. appl. aux Tychius de France. (Paris, S. Ent.) 1862. 8. 16 p. 1.—
466 — Monogr. du g. Gymnetron. (Paris, S. Ent.) 1862. 8. 44 p. 1.50
467 — Monogr. d. espèc. Europ. et Algér. du g. Bagous. 2 parties. (Paris, S. Ent.) 1863 à 65. 8. 42 p. 1.50
468 — Monogr. d. espèc. Europ. et Algér. du g. Acalles. (Paris, S. Ent.) 1864. 8. 42 p. 1.50
469 — Monogr. d. espèc. Europ. et Algér. du g. Orchestes. (Paris, Soc. Ent.) 1865. 8. 44 p. 1.50
470 — Coléopt. nouv. trouv. en Espagne. (Paris, S. Ent.) 1866. 8. 72 p. 1.50
471 — Monogr. d. espèc. Europ. et Algér. du g. Baridius. 2 parties. (Paris, S. Ent.) 1867. 8. 70 p. 2.—
472 — Monogr. du g. Nanophyes d'Europe et d'Algérie. (Paris, Abeille) 1869. 8. 48 p. 1.50
473 — Ceutorhynchus nouv. (Paris, Abeille) 1869. 8. 29 p. 1.—
474 — Essai monogr. du g. Agathidium. (Paris, S. Ent.) 1872. 8. 30 p. 1.—
475 — Synopse du g. Meligethes. (Paris, S. Ent.) 1872. 8. 36 p. 1.—
476 — Essai monogr. d. esp. d'Europe et Méditerr. du g. Corticaria. (Paris, S. Ent.) 1881. 8. 48 p. 1.50
477 **Brongniart, C.** Longicornes rapp. de l'Indo-Chine. (Paris, Nouv. Arch.) 1892. 4. 18 p. av. pl. color. 4.—
478 **Broteria.** Revista de Sciencias Naturaes do Collegio de S. Fiel. Réd. p. Tavares. Vol. I à V: Années 1902 à 1906. 8. avec beauc. de pl. (M. 52.) 42.—
Renfermant un nombre de mémoires sur l'Entomologie et la Botanique. — A partir du vol. VI la 'Broteria' est divisée en 3 parties: Zoologie, Botanique, Série populaire. — Elle a à présent cessé de paraître.
479 **Broun.** Manual of the New Zealand Coleopt. 7 parts. Wellingt. 1880—93. 8. 1504 p. 45.—
Out of print. Most parts also separately.
480 **Brown, J. C.** List of Coleopt. and Lepidopt. found in the Governm. of Olonetz, Russia. Edinb. 1884. 8. 39 p. 1.50
481 **Bruch.** Metamórf. y Biol. de Coleópt. Argentinos II. (La Plata, Mus.) 1906. 4. 10 p. av. 3 pl. 2.—
482 — Entomologisch-ethnogr. Objekte aus d. La Plata-Museum. (Berl., D. Ent. Z.) 1909. 8. 4 p. m. Tfl. 1.—
483 — Catál. sistem. de los Coleópt. de la Republ. Argentina I: Carabidae. (La Plata, Mus.) 1911. 4. 40 p. 2.—
484 — — IV: Lucanidae, Scarabaeidae, Passalidae. (La Plata, Mus.) 1911. 4. 47 pl. 2.—

485 **Bruch.** Catál. sistem. de los Coleópt. de la Republ. Argentina V: Bupresti- *M*
dae, Eucnem., Elateridae etc. (La Plata, Mus.) 1911. 4. 36 p.   2.—
486 **Brüggemann.** System. Verzeichn. d. in d. Geg. v. Bremen gefund. Käfer-
arten. (Brem., Nat. V.) 1872. 8. 84 p.   1.50
487 — Fundorte v. Käfern aus Oldenburg. (Brem., Nat. V.) 1878. 8. 18 p.   1.—
488 **Bruyant et Eusébio.** Monogr. d. Carabides et d. Cicindél. de l'Auvergne.
Paris 1902. 8. 260 p. av. 11 pl. (390 fig.)   9.50
489 **Buddeberg.** Lebensweise u. Entwickelgsgesch. ein. Nassauischer Käfer.
(Wiesb., Nat. V.) 1883. 8. 21 p. m. 2 Tfln.   1.50
490 — Z. Biolog. einheim. Käferarten. (Wiesb., Nat. V.) 1885. 8. 30 p.   1.—
491 **(Budgeon).** Acheta Domestica. Episodes of Insect Life. 3 series. New York
1851—52. 8. 1124 p. w. 3 pl. and many fig. Cloth.   15.—
492 **Bulletin** d'Insectologie Agricole. Journal de la Société centr. d'Agricult.
et d'Insectol. 14 années (tout ce qui a paru). Paris 1876 à 89. 8. av. fig.   75.—
     Très-rare. Beaucoup d'années dépareillées en magasin. — A partir de 1890 le
'Bulletin' a été fondu avec 'l'Apiculteur'.
493 **Bulletin** of the U. S. Entomological Commission. By Riley, Packard,
Thomas. 7 nrs. Wash. 1877—81. 8. w. 5 pl. and maps.   25.—
     See also nr. 53: Annual Report of the U. S. Ent. Commiss.
494 **Bulletin** of the U. S. Dept. of Agriculture, Division of Entomology. Series I.
33 nrs. Wash. 1883—93. 8. w. 41 pl.   75.—
495 — — New Series. 30 nrs., w. index by Banks. Wash. 1896—1901. 8. w.
many pl.   60.—
     Particulars on nr. 493—495 see: Rara Historico-Naturalia, ed. Junk, p. 29.
496 **Bulletin** of Entomological Research. Issued by the Ent. Research Committee
(Trop. Africa). Vol. I. Lond. 1910. 8. 377 p. w. 13 pl. and 6 maps.   14.—
497 **Bulletino** d. Società Entomologica Italiana. Anno 1—36: 1869—1905.
Firenze. 8. c. molte tav. color. e nere.   250.—
     Molti volumi esauriti.
498 **Buprestidae.** 13 mém. p. Bonvouloir, Borre, Deyrolle, Kerremans, Marseul,
Sémenow et autres. 1843 à 1907. 8. 129 p. av. 3 pl. color.   5.—
499 **Buquet.** Descr. de qu. Longicornes nouv. 2 mém. (Paris, S. Ent.) 1860.
8. 30 p. av. fig. color.   1.—
500 **Burmeister.** Handbuch d. Entomologie. 5 Bde. (in 8 Thln.) Berl. 1832—55.
8. m. 18 Tfln.   75.—
     Band I—III ist vergriffen. — Jetzt sehr selten geworden.
501 — — Bd. I: Allgem. Entomol. Berl. 1832. 8. 714 p. m. Atlas in-4. v. 16 color.
Tfln. Cart. (M. 13.50.)   8.—
502 — — Bd. IV Abt. 1: Coleoptera Lamellicornia Anthobia et Phyllophaga
systellochela. Berlin 1844. 8. 600 p.   8.—
503 — Anatom. observ. up. the larva of Calosoma sycoph. (Lond., Ent. S.) 1836.
8. 7 p. w. 2 pl.   1.—
504 — Longicornia Argentina. 2 Thle. (Stett., Ent. Z.) 1865—79. 8. 34 p.   1.50
505 — Buprestidae Argentinae. (Stett., Ent. Z.) 1872. 8. 21 p.   1.—
506 — Lamellicornia Argentina. 2 Thle. (Stett., Ent. Z.) 1873—74. 8. 27 p.   1.50
507 — Melanosoma Argentina. (Stett., Ent. Z.) 1875. 8. 44 p.   1.50
508 — Elaterina Argentina. (Stett., Ent. Z.) 1875. 8. 9 p. m. Tfl.   1.—
509 — Phytophaga Argentina. (Stett., Ent. Z.) 1876. 8. 16 p.   1.—
510 — Die Argentin. Arten d. Gattg. Trox Fabr. (Stett., Ent. Z.) 1876. 8. 28 p.   1.—
511 — Die Argentin. Aphodiaden. (Stett., Ent. Z.) 1877. 8. 14 p.   1.—
512 — Die Argentin. Canthariden. (Stett., Ent. Z.) 1881. 8. 16 p.   1.—
513 — Revis. d. Gattg. Eurysoma. (Stett., Ent. Z.) 1885. 8. 13 p. m. Tfl.   1.—
514 **Calwer.** Käferbuch. Stuttg. 1858. 8. 806 p. m. 49 color. Tfln. (M. 15.)   4.—
515 — — 2. Aufl. bearb. v. Jäger. 1869. 626 p. m. 49 color. Tfln. (M. 13.50.)
Gbdn.   5.—
516 — — 3. Aufl. 1877. 764 p. m. 50 color. Tfln. (M. 20.) Gbdn.   6.—
517 — — 4. Aufl. 1884. 667 p. m. 50 color. Tfln. (M. 20.) Gbdn.   10.—
518 — — 5. Aufl., bearb. v. Jäger u. Stierlin. 1893. 782 p. m. 50 color. Tfln.
Hfzb.   15.—

W. Junk, Berlin, W. 15.

18

519 **Calwer.** Käferbuch. 6. Aufl. v. Schaufuss. (Ca. 24 Lfrgn.) Stuttg. 1910 *M*
(u. folg.) m. 51 color. Tfln.
Preis jeder Liefg. M. 1. — Bisher erschienen Lieferung 1—19.
520 **Camerano.** La scelta sessuale ed i caratteri sess. second. nei Coleotteri.
Torino 1880. 8. c. 12 tav. 12.—
521 **Canadian Entomologist.** Ed. by Bethune. Vol. 1- 38: Year 1869—1906.
Toronto and London, Canada. 8. w. plates. 300.—
Now very rare, as many volumes are out of print.
522 **Candèze.** Monographie des Elatérides. 4 vol. Liége (Soc. Sc.) 1857 à
1863. 8. av. 25 pl. 60.—
523 — — Tome IV. Liége 1863. 8. 534 p. avec 11 pl. D.-rel. veau. 8.—
524 — Hist. d. Métamorphoses de qlqs. Coléopt. exot. (Liége, Soc. Sc.) 1861. 8.
88 p. av. 6 pl. 2.50
525 — Elatérides nouveaux. 7 fascic. Brux. 1863 à 1900. 8. 480 p. 28.—
En partie épuisé.
526 — — Fasc. I, IV à VII. Brux. 1865 à 1900. 8. 284 p. 12.—
527 — — Fasc. VII. (œuvre posthume). (Brux., Soc. Ent.) 1900. 8. 25 p. 1.50
528 — Révis. de la monogr. d. Elatérides. I. (seul paru). (Liége, Soc. Sc.) 1875.
8. 226 p. 4.50
529 — Liste d. Elatérides décrits postér. au catal. de Munich. (Brux., Soc. Ent.)
1880. 8. 29 p. av. carte color. 2.50
530 — Catal. méthod. d. Elatérides. Liége 1891. 8. 258 p. (M. 5.) 2.50
531 — Addit. aux Élatérides d. Indes orient. (Brux., S. Ent.) 1893. 8. 12 p. 1.—
532 — Les Élatérides de Madagascar. (Brux., S. Ent.) 1895. 8. 20 p. 1.50
533 — L a m e e r e, Notice s. Candèze. (Brux., S. Ent.) 1898. 8. 16 p. av. portr. 1.50
534 **Capiomont.** Révis. d. Hypérides. 2 parties. (Paris, Soc. Ent.) 1868. 8.
358 p. av. 6 pl. 4.50
535 **Capiomont et Leprieur.** Monographie d. Lixus. II à IV. (Paris, S. Ent.)
1875. 8. 74 p. 2.—
536 **Carabidae.** 25 mém. p. Apfelbeck, Bedel, Chaudoir, Chevrolat, Heyden,
Stierlin, Thomson et a. 1841 à 1909. 8. et 4. 190 p. av. 3 pl. 10.—
537 **Carpenter et Delaby.** Catal. d. Coléopt. du dép. de la Somme. 2. éd.
Amiens 1908. 8. 308 p. 4.—
538 **Carrière.** Üb. d. Sehapparate v. Arthropod. (Erl., Biol. C.) 1885. 8. 9 p. 1.—
539 — Üb. d. Sehorgane (d. Insekt.) (Leipz., Z. Anz.) 1886. 8. 6 p. 1.—
540 — Die Drüsen am 1. Hinterleibsringe d. Insektenembryonen. (Erl., Biol. C.)
1891. 8. 18 p. 1.—
541 **Carter, H. J.** On the g. Cardiothorax: w. descr. of new Australian
Coleopt. II. (Sydney, Linn. S.) 1906. 8. 26 p. w. pl. 2.—
542 — Revis. of the g. Seirotrana. (Sydn., Linn. S.) 1908. 8. 32 p. 2.—
543 — Rev. of the Austral. spec. of Adelium. (Sydn., Linn. S.) 1908. 8. 28 p.
w. pl. 2.50
544 — Notes on Austral. Coleopt. (Sydn., Linn. S.) 1909. 8. 38 p. av. 10 fig. 2.—
545 — Revis. of Sympetes and Helaeus. (Sydn., Linn. S.) 1910. 8. 58 p. 4.—
546 **Caruana Gatto.** Common Beetles of the Maltese Islands. Malta 1894.
8. 14 p. 1.50
547 — List of Coleopt. of the Maltese Islands. (Lond., Ent. S.) 1907. 8. 21 p. 1.50
548 **Carus u. Gerstaecker.** Handbuch d. Zoologie. 2 Bde. Leipz. 1863—75. 8.
1553 p. (M. 31.) Hfzb. 7.—
549 **Casey.** Revis. of the Cucujidae of Amer. North of Mexico. (Philad., Ent. S.)
1884. 8. 42 p. w. 5 pl. 4.50
550 — Contrib. to the Coleopterology of N. America. I. (Philad., Ent. S.) 1884.
8. 60 p. w. pl. 2.—
551 — New genera and spec. of Californ. Coleopt. (S. Franc., Ac.) 1885. 8. 54 p.
w. pl. 2.—
552 — Revis. of the Californ. spec. of Lithocharis. (S. Franc., Ac.) 1886. 8. 40 p. 1.50
553 — Descr. notices of N. Amer. Coleopt. I. (S. Franc., Ac.) 1887. 8. 108 p.
w. pl. 3.—
554 — On new N. Americ. Pselaphidae. (S. Franc., Ac.) 1887. 8. 28 p. w. pl. 1.50

W. Junk, Berlin, W. 15.

555 **Casey.** Review of the Amer. Corylophidae, Cryptophagidae, Tritomidae and *M*
Dermestidae. (New York, Ent. Soc.) 1900. 8. 122 p.   6.—
556 — Revis. of the Americ. Paederini. (St. Louis, Ac.) 1905. 8. 232 p.   6.—
557 — On the Aleocharinae and Xantholini of America. (St. Louis, Ac.) 1906.
8. 360 p.   7.—
558 — Revis. of the Amer. components of the Tenebrionid subfam. Tentyriinae.
(Wash., Ac.) 1907. 8. 241 p.   6.—
559 — Revis. of the Tenebrionid subfam. Coniontinae. (Wash., Ac.) 1908. 8.
116 p.   4.—
560 — Studies in the American Buprestidae. (Wash., Ac.) 1909. 8. 132 p.   4.50
561 — Memoirs of the Coleopt. 1: New spec. of Myrmedoniini. Lancast. 1910.
8. 206 p.   6.—
562 **Castello de Paiva.** Descr. de 2 Coleopt. de Camboja. Lisboa 1860. 8. 12 p.
av. pl. color.   1.50
563 **de Castelnau.** S. le g. Manticora. (Paris, Rev. Zool.) 1863. — Manuscr. de
19 p. in-4.   2.—
564 **de Castelnau (de Laporte), Blanchard, Brullé et Lucas.** Hist. nat. d.
Animaux Articulés. 4 vols. Paris 1840 à 51. 8. av. 200 pl. c o l o r i é e s.   50.—
       Vol. I. et II.: Coléoptères. Avec 100 pl. color.
565 **Castelnau (de Laporte) et Gory.** Hist. nat. et iconographie d. Coléopt.
par monographies séparés. (Carabiques, Clytus, Buprestis, Agrilus etc.). 7 vols.
dont 3 d'atlas. Y joint: Supplément aux Buprestides. Paris 1837 à 41. 8. av.
269 pl. color. D.-rel. veau.   450.—
       Très-rare.
566 **Catalogus Coleopterorum** Europae. Hrsg. v. Entomol. Verein in Stettin.
7. Aufl. Stettin 1858. 8. 119 p. Cart.   1.—
       Auch die 3. Aufl. (1849), 4. (1852), 5. (1855), 6. (1856) zu à M. —.50 vorrätig.
567 **Catalogus Coleopterorum** Europae. (Ed. I.) Auct. S t e i n. Berol. 1868. 8.
152 p. Cart.   —.50
568 — — Ed. II. Auct. S t e i n et W e i s e. Berol. 1877. 8. 213 p. (M. 4.) Cart.   1.—
569 — — Ed. III. (Coleopt. Europae et Caucasi.) Auct. H e y d e n, R e i t t e r et
W e i s e. Berol. 1883. 8. 228 p. (M. 6.) Hfzb.   1.50
570 — — Ed. IV. (Coleopt. Europ. Caucasi et Armeniae Rossicae.) Auct. H e y d e n,
R e i t t e r et W e i s e. Ed. R e i t t e r. Mödling 1891. 8. 428 p. (M. 8.)   4.—
571 — — Ed. II. (Coleopt. Europae, Caucasi et Armeniae Rossicae.) Auct. H e y d e n,
R e i t t e r et W e i s e. Ed. R e i t t e r. Paskau 1906. 8. 774 p. (M. 12.)   9.—
      Diese letzte Auflage ist eigentlich die 5., aber die 2. Auflage des oben an-
gegebenen Verbreitungsbezirks.
572 — — Ed. II. Einspaltige Ausgabe. (M. 18.)   14.—
573 **Catalogus Coleopterorum** Europae et confinium. (Paris, Abeille) 1867. 8. 143 p.   1.—
Catalogus Coleopterorum Europae. — Siehe auch: Marseul No. 2349 u.
2350, und Schaum No. 3142 u. 3143.
574 **Cavernicole Coleopt.** 13 Abhandl. üb. Höhlentiere v. Apfelbeck, Chobaut,
Reitter u. a. 1856—1905. 8. 72 p. m. 2 Tfln.   5.—
575 **Cecconi.** Danni alla Vite prod. d. Vesperus Luridus. Palermo 1901. 8.
18 p.   1.—
576 **Cetoniinae.** 8 Abhandl. v. Fiori, Moser u. a. 1865—1910. 8. 33 p.   2.—
577 **Champenois.** Synopsis d. espèces paléarct. du g. Clerus. (Paris, Abeille)
1900. 8. 46 p.   1.50
578 — Synopsis du g. Glaphyrus. (Paris, Abeille) 1903. 8. 15 p.   1.—
579 **Champion.** Coleopt. Malacodermata Centrali-Americana. Lond. (Biologia)
1880—86. 4. 384 p. w. 13 colour. pl.   95.—
      Part of volume III of the 'Biologia Centrali-Americana' (see nr. 329).
580 — Coleopt. Heteromera Centrali-Americana. 2 vol. Lond. (Biologia) 1884
—1893. 4. 1070 p. w. 44 colour. pl.   260.—
581 — On the Heteromera coll. in the Aruwimi Valley. (Lond., Zool. S.) 1890.
8. 10 p. w. colour. pl.   1.—
582 — List of the Heteromera coll. by Walker in the Straits of Gibraltar. (Lond.,
Ent. Soc.) 1891. 8. 27 p.   1.—
583 — Entomolog. excursion to Corsica. (Lond., Ent. S.) 1894. 8. 18 p.   1.—

20

584 **Champion.** On the Heteromera coll. in Australia and Tasmania by Walker. *M*
2 parts w. suppl. (Lond , Ent. S.) 1894—96 8. 125 p. w. 2 colour. pl. — 5.—
585 — List of Tenebrionidae supplement. to the "Munich Catalogue". (Brux.,
Soc. Ent.) 1895. 8. 264 p. — 6.—
586 — On the Heteromera of St. Vincent, Grenada, and the Grenadines. (Lond.,
Ent. Soc.) 1896. 8. 55 p. w. colour. pl. — 2.50
587 — On the Serricornia of St. Vincent, Grenada, and the Grenadines. (Lond.,
Ent. Soc.) 1897. 8. 16 p. — 1.—
588 — List of the Aegialitidae and Cistelidae supplem. to the "Munich Catal."
(Brux., Soc. Ent.) 1897. 8. 35 p. — 2.—
589 — List of the Cicindel., Carab. and Staphylin. coll. by Walker in the
Straits of Gibraltar. (Lond., Ent. S.) 1898. 8. 39 p. — 1.50
590 — List of the Clavicorn Coleopt. of St. Vincent, Grenada and the Grenadines.
(Lond., Ent. S.) 1898. 8. 20 p. — 1.—
591 — List of the Lagriidae, Othniidae, Nilionidae, Petriidae etc. suppl. to the
"Munich Catal." (Brux., Soc. Ent.) 1898. 8. 59 p. — 3.—
592 — List of the Cantharidae, supplem. to the "Munich Catal." (Brux., Soc.
Ent.) 1899. 8. 53 p. — 3.—
593 — List of the Rhipidophoridae and Oedemeridae, suppl. to the "Munich
Catal." (Brux., S. Ent.) 1899. 8. 23 p. — 1.50
594 — Sexual dimorphism in Buprestis sang. (Lond.. Ent. S.) 1901. 8. 6 p. w.
colour. pl. — 1.—
595 — Entomol. excurs. to Centr. Spain. 2 pap. (Lond., Ent. S.) 1902—03. 8.
33 p. — 1.50
596 **Champion and Chapman.** Observat. on some spec. of Orina. (Lond.,
Ent. S.) 1901. 8. 18 p. w. 2 pl. (1 colour.) — 1.50
597 — On the habits of Nanophyes durieni. (Lond., Ent. S.) 1903. 8. 6 p. w. col. pl. — 1.—
598 — Entomolog. excurs. to Moncayo, N. Spain. (Lond., Ent. S.) 1904. 8. 22 p.
w. 2 pl. (1 colour.) — 2.—
599 — Another entomol. excursion to Spain. (Lond., Ent. S.) 1905. 8. 18 p. w. pl. — 1.—
600 **Chapman.** Contr. to the life hist. of Orina (Chrysochloa) tristis, var. Smaragdina.
(Lond., Ent. Soc.) 1903. 8. 17 p. w. 2 pl. (1 colour.) — 1.50
601 **Chapuis.** Monogr. d. Platypides. Liége (Soc. Sc.) 1866. 8. 344 p. av.
24 pl. (fr. 25.) — 7.—
602 — Synopsis d. Scolytides. Liége (Soc. Sc.) 1869. 8. 61 p. — 2.—
603 — Hist. natur. d. Phytophages. 2 vols. Paris 1874. 8. av. 20 pl. — 16.—
604 — Hispides d. Philippines. (Brux., S. Ent.) 1876. 8. 14 p. — 1.—
605 — Synopsis du g. Paropsis. (Brux., S. Ent.) 1877. 8. 40 p. — 1.50
606 — Espèces inédites d. Hispides. 2 parties. (Brux., S. Ent.) 1877. 8. 46 p. — 1.50
607 — Cryptocéphalides inédits. 2 mém. 1877. 8. 24 p. — 1.—
608 — Phytophages Abyssiniens du Musée de Gênes. (Gênes, Mus.) 1879. 8.
27 p. — 1.50
— Genera d. Coléopt. — voir nr. 2102 et 2103.
609 **Chapuis et Candèze.** Catal. d. Larves d. Coléopt., av. descr. de plus.
espèces nouv. (Liége, Soc. Sc.) 1853. 8. 313 p. av. 9 pl. — 18.—
    Epuisé et rare.
610 **Chapuis et Eichhoff.** Scolytides rec. au Japon. (Brux., S. Ent.) 1875. 8.
10 p. — 1.—
611 **Chaudoir.** Genres nouv. et esp. nouv. de Carabiques. 2 parties (Moscou,
Bull.) 1837. 8. 66 p. — 1.50
612 — Tableau d'une nouv. subdiv. du g. Feronia. (Mosc., Bull.) 1838. 8. 32 p. — 1.—
613 — Descr. de qlqs. genres nouv. d. Carabiques. (Mosc., Bull.) 1842. 8. 26 p. — 1.—
614 — Catal. d. Carabiques rec. dans la prov. de Mazendéran. (Mosc., Bull.)
1842. 8. 31 p. — 1.50
615 — Genres nouv. d. Carabiques. (Mosc., Bull.) 1843. 8. 45 p. — 1.50
616 — Carabiques nouveaux. (Mosc., Bull.) 1843. 8. 121 p. — 3.—
617 — 3 mém. sur la fam. d. Carabiques. (Mosc., Bull.) 1844. 8. 65 p. — 1.50
618 — Notices entomol. s. Kiew. (Mosc., Bull.) 1845. 8. 55 p. — 1.—
619 — S. l. Stomides. (Mosc., Bull.) 1846. 8. 32 p. — 1.—

M

620 **Chaudoir.** S. le g. Agra. (Mosc., Bull. 1847. 8. 27 p. — 1.—
621 — Mém. s. la fam. d. Carabiques. Complet en 9 parties. (Mosc., Bull.) 1848 à 1857. 8. 815 p. — 15.—
622 — Supplém. à la faune d. Carabiques de la Russie. (Mosc., Bull.) 1850. 8. 145 p. — 2.50
623 — Matériaux p. s. à l'étude d. Cicindelètes et d. Carabiques. 3 parties. (Mosc., Bull.) 1860 à 62. 8. 201 p. — 5.—
624 — Révis. du g. Agra. 2 parties. (Paris, Soc. Ent.) 1861 à 66. 8. 60 p. — 1.50
625 — Descr. d. quelq. esp. nouv. d'Europe et de Syrie d. Cicindélètes et d. Carab. (Mosc., Bull.) 1861. 8. 13 p. — 1.—
626 — Espèces du g. Panagaeus. (Mosc., Bull.) 1861. 8. 26 p. — 1.—
627 — Descr. sommaires d'esp. nouv. de Cicindélètes et de Carab. 3 mém. (Paris, Rev. Zool.) 1862 à 69. 8. 48 p. — 2.—
628 — Monogr. du g. Platyderus. (Paris, S. Ent.) 1862. 8. 11 p. — 1.—
629 — Enumér. d. Cicindelètes et d. Carab. rec. dans la Russie mérid., la Finlande et la Sibérie. (Mosc., Bull.) 1863. 8. 32 p. — 1.50
630 — Monogr. du g. Collyris. (Paris, S. Ent.) 1864. 8. 54 p. av. 3 pl. (1 color.) — 2.50
631 — S. l. g. Dromica, Tricondyla et Collyris. (Paris, Rev. Zool.) 1864. 8. 19 p. — 1.—
632 — Catal. de sa collect. de Cicindélètes. Brux. 1865. 8. 64 p. — 1·50
633 — S. l. Féronies de l'Australie et de la Nouv.-Zélande. (Mosc., Bull.) 1865. 8. 48 p. — 1.50
634 — Monogr. du g. Platyderus. (Paris, S. Ent.) 1866. 8. 11 p. — 1.—
635 — Note monogr. s. le g. Omophron. (Paris, Rev. Zool.) 1868. 8. 64 p. — 1.50
636 — S. le g. Oxystomus. (Brux., S. Ent.) 1868. 8. 17 p. — 1.—
637 — Révis. d. Ozénides. (Brux., Soc. Ent.) 1868. 8. 34 p. — 1.—
638 — Révis. d. Trigonotomides. (Brux., Soc. Ent.) 1868. 8. 15 p. — 1.—
639 — Descr. de Cicindélètes et de Carab. nouv. (Paris, Rev. Zool.) 1869. 8. 28 p. — 1.—
640 — Espèces nouv. ou peu connus de Feronia d'Europe. (Paris, Abeille) 1869. 8. 42 p. — 1.—
641 — Essai monogr. s. le g. Abacetus. (Mosc., Bull.) 1869. 8. 56 p. — 1.50
642 — Descr. d. Calosoma nouv. (Paris, S. Ent.) 1869. 8. 12 p. — 1.—
643 — S. l. Coptodérides. (Brux., S. Ent.) 1869. 8. 93 p. — 2.—
644 — S. l. Thyréoptérides. (Brux., S. Ent.) 1869. 8. 50 p. — 2.—
645 — Monogr. d. Lébiides. 2 parties. (Mosc., Bull.) 1870 à 71. 8. 232 p. av. 3 pl. color. — 4.50
646 — Monogr. d. Graphiptérides. (Mosc., Bull.) 1870. 8. 57 p. — 1.50
647 — Essai monogr. s. l. Pogonides. (Brux., Soc. Ent.) 1871. 8. 61 p. — 1.50
648 — Essai monogr. s. l. Orthogoniens. (Brux., S. Ent) 1871. 8. 36 p. — 1.—
649 — S. qlqs. genres de Carabiques. (Mosc., Bull.) 1872. 8. 38 p. — 1.—
650 — Essai monogr. s. l. Drimostomides et l. Cratocérides. (Brux., S. Ent.) 1872. 8. 20 p. — 1.—
651 — Essai monogr. s. l. Orthogoniens. Brux. 1872. 8. 36 p. — 1.—
652 — Essai monogr. s. l. Drimostomides et les Cratocérides. (Brux., S. Ent.) 1872. 8. 24 p. — 1.—
653 — Monogr. d. Callidides. (Brux., S. Ent.) 1872. 8. 108 p. — 2.—
654 — Essai monogr. s. le g. Cymindis. (Berl., Ent. Z.) 1873. 8. 68 p. — 1.50
655 — Matér. p. s. à l'ét. des Feroniens. 2 parties. (Mosc., Bull.) 1873 à 74. 8. 66 p. — 2.50
656 — Monogr. du g. Poecilus. (Paris, Abeille) 1874. 8. 54 p. — 2.—
657 — Genres aberrants d. Cymindides. (Mosc., Bull.) 1875. 8. 61 p. — 2.—
658 — Monogr. d. Chléniens. (Gênes, Mus.) 1876. 8. 315 p. — 6.—
659 — Monogr. d. Siagonides. (Mosc., Bull.) 1876. 8. 64 p. — 1.50
660 — Etude monogr. d. Masoréïdes, d. Tetragonodérides et du g. Nematotarsus. (Mosc., Bull.) 1876. 8. 84 p. — 2.—
661 — Catal. d. Cicindélètes et des Carab., rec. par Raffray en Abyssinie. (Paris, Rev. Zool.) 1876. 8. 60 p. — 2.—
662 — Monogr. d. Brachynides. (Brux., S. Ent.) 1876. 8. 94 p. — 2.—

W. Junk, Berlin, W. 15.

663 **Chaudoir.** Note et addit. au mém. d. Reeds. les Carabiques du Chili. (Brux., S. Ent.) 1876. 8. 20 p.   *M* 1.—

664 — Genres nouv. et esp. inédites d. Carabiques. 2 parties. (Mosc., Bull.) 1877 à 1878. 8. 160 p.   3.50

665 — Révis. d. genres Onychopterygia, Dicranoncus et Colpodes. (Paris, Soc. Ent.) 1878. 8. 108 p.   2.—

666 — Essai monogr. s. l. Panagéides. (Brux., S. Ent.) 1878. 8. 104 p.   3.—

667 — Les Harpaliens d'Australie. (Gênes, Mus.) 1878. 8. 45 p.   1.50

668 — Enumér. d. Cicindélètes et d. Carab. rec. p. Raffray d. Zanzibar et Pemba. 3 parties. (Paris, Rev. Zool.) 1878. 8. 72 p.   3.—

669 — Monogr. d. Scaritides. 2 parties. (Brux., Soc. Ent.) 1879 à 80. 8. 185 p.   4.50

670 — Essai monogr. s. l. Morionides. (Mosc., Bull.) 1880. 8. 68 p.   2.—

671 — Monogr. d. Oodides. 2 parties. (Paris, S. Ent.) 1882 à 83. 8. 132 p.   3.—

672 **Chaudoir et Hochhuth.** Enumérat. d. Carabiques et Hydrocanthares du Caucase. Kiew 1846. 8. 268 p.   6.—

673 **Chenu.** Encyclopédie d'hist. natur.: Coléoptères. 3 vols. av. table méthod. Paris 1851 à 1861. 4. av. plus de 1800 fig.   13.—

674 — — Vol. I et II. Paris 1851. (fr. 12.) D.-rel. veau.   4.—

675 **Chevrolat.** 15 mém. s. d. Coléopt. surtout s. esp. nouv. 1834 à 77. 8. 128 p. av. 2 pl. color.   5.—

676 — Coléoptères du Mexique. 8 parties. Strasb. 1834 à 35. 8. 410 p.   7.50

677 — Coléopt. du Mexique (Cicindélètes). (Paris, Rev. Zool.) 1841. 8. 16 p. av. 5 pl. color.   4.—

678 — Descr. de 37 esp. nouv. d. Longicornes. 2 mém. (Paris, Rev. Zool.) 1855. 8. 19 p.   1.—

679 — Descr. de Longicornes du vieux Calabar (Afrique). 2 mém. (Paris, Rev. Zool.) 1856. 8. 50 p.   2.—

680 — Descr. de 7 Longicornes nouv. (Paris, Rev. Zool.) 1857. 8. 7 p. av. pl. color.   1.—

681 — Descr. de nouv. esp. de Coléopt. (Paris, S. Ent.) 1858. 8. 15 p. av. pl. color.   1.—

682 — Descr. de Clytus du Mexique. (Paris, S. Ent.) 1859. 8. 54 p. av. pl. color.   2.—

683 — Descr. de Clytides de l'anc. Colombie. (Paris, S. Ent.) 1861. 8. 12 p.   1.—

684 — Descr. de Clytides Améric. (Paris, S. Ent.) 1862. 8. 20 p.   1.—

685 — Révis. d. g. Eriphus et Mallosoma. (Paris, S. Ent.) 1862. 8. 17 p.   1.—

686 — Descr. d. Clytides du Brésil. (Paris, S. Ent.) 1862. 8. 19 p.   1.—

687 — Descr. de Dorcadion d'Espagne. (Berl., Ent. Z.) 1862. 8. 12 p.   1.—

688 — Coléopt. de l'île de Cuba. 8 parties. (Paris, S. Ent.) 1862 à 70. 8. 204 p.   5.—

689 — Monogr. du g. Rhinochenus. (Brux., S. Ent.) 1871. 8. 10 p.   1.—

690 — Descr. de 6 Coléopt. exot. (Brux., S. Ent.) 1871. 8. 4 p. av. pl. color.   1.—

691 — Coléopt. de Syrie. Rhysodides nouv. 2 mém. (Paris, S. Ent.) 1873. 8. 16 p.   1.—

692 — Révis. d. Cébrionides. 3 parties. (Paris, S. Ent.) 1874. 8. 128 p. av. pl. color.   3.—

693 — Descr. d. Coléopt. nouv. (Paris, S. Ent.) 1877. 8. 16 p. av. pl. color.   1.—

694 — Descr. de Curculionites nouv. (Paris, S. Ent.) 1880. 8. 10 p.   1.—

695 — Descr. d. nouv. Coléopt. (Paris, S. Ent.) 1883. 8. 16 p.   1.—

696 — Calandrides, nouv. genres et nouv. espèces. 3 parties. (Paris, S. Ent.) 1883 à 1885. 8. 68 p.   2.—

697 — Catal. des Curculionites. 104 p. in-8.   10.—
Manuscrit, jamais publié. 266 espèces sont énumérées.

698 **Chevrolat, Dupont et a.** Buprestides nouv. 18 pl. color. av. 29 p. de texte. (Paris.) 8.   3.—

699 **Chobaut.** Moeurs et métam. de Emenadia Flabell. (Paris, S. Ent.) 1891. 8. 10 p.   1.—

700 — Descr. de qu. esp. nouv. de Coléopt. Algériens. (Caen, Rev. Ent.) 1898. 8. 15 p.   1.—

701 — Coléopt. cavernicoles. 4 mém. Paris 1902 à 1904. 8. 11 p.   1.—

702 **Chyzer.** Coléopt. du Zemplén. Boudap. 1885. 8. 20 p. — En l. Hongroise.   1.—

703 **Cicindelidae.** 25 mém. p. Bedel, Chaudoir, Dokhtouroff, Fleutiaux, W. Horn, Jordan, Srnka et autres. 1838 à 1905. 8. et 4. 185 p. av. pl.   10.—

704 **Cistula Entomologica.** Ed. by Butler. Vol. I, II, III part 1—4 (all pub.). Lond. 1870—86. 8. w. pl.   55.—

705 **Clark, H.** Halticidae in the coll. of the Brit. Mus. I: Physapodes and Oedipodes. Lond. 1860. 8. 314 p. w. 10 pl.   6.—
706 — New East-Asiatic Haliplidae and Hydropor. (Lond., Ent.S.) 1863. 8. 12 p.   1.—
707 — On the g. Hydaticus. (Lond., Ent. S.) 1864. 8. 14 p. w. colour. pl.   1.50
708 — On the g. Schematiza. (Lond., Ent. S.) 1864. 8. 12 p.   1.—
709 — Descr. of new Phytophaga fr West. Australia. — Baly. Descr. of new
Phytophaga. 2 pap. (Lond., Ent. S.) 1865. 8. 35 p.   1.50
710 **Clasen.** Beitr. z. Käferfauna Mecklenburgs. I. Rost. 1845. 4. 34 p.   1.—
711 — Brauns. Nachtrag zu Clasen's Verzeichn. (Neubrand., Arch.) 1879. 8. 17 p.   1.—
712 **Claus.** Grundzüge der Zoologie. 4. (letzte) Aufl. 2 Bde. Marb. 1880—82.
8. 1354 p. (M. 20.) Hfzb.   4.50
Auch sämtliche früheren Auflagen, sowie solche des „Lehrbuch" vorhanden.
713 **Clavareau.** Catal. des Sagrides. (Brux., S. Ent.) 1900. 8. 14 p.   1.—
714 — Coleopterorum Catalogus: Chrysomelidae (excl. Hispinae et Cassidinae).
In Vorbereitung. — In preparation. — En préparation. — Vide nr. 721.
715 **Clément.** Prem. états du Scymnus min. (Paris, S. Ent.) 1880. 8. 6 p. av. pl.   1.—
716 **Clouët des Pesruches.** Monogr. du g. Eremazus. (Brux., S. Ent.) 1897. 8.
8 p.   1.—
717 — Essai monogr. s. le g. Rhyssemus. (Brux., S. Ent.) 1901. 8. 124 p. av. 6 pl.   5.—
718 Le **Coléoptériste.** Répert. s. l. Coléopt. de l'ancien monde. Publ. p. Chéron
et Chobaut. Nr. 1 à 15 (tout ce qui a paru). Paris 1890 à 91. 8. 250 p. av.
6 pl.   8.—
719 — — Nos. 10 à 15. Paris 1891. 8. 106 p. av. pl.   2.—
720 **Coleopterologische Hefte.** Herausg. v. Harold. 16 Hefte m. Regist. (alles
was erschien.) Münch. 1867—79. 8. m. color. Tfl. (M. 61.)   30.—
Vergriffen. Viele Hefte auch einzeln.
Coleopterologische Zeitschrift — siehe No. 2487.

721 **Coleopterorum Catalogus. Auxilio et auspiciis W. Junk editus
a S. Schenkling. Berolini 1910 (et sequ.). in-8 maj.**

Der „Catalogus" enthält in der Art des Gemminger-Haroldschen
Werkes — das jetzt veraltet und vergriffen ist — die Haupt-Literatur, die
Synonymen-, Varietäten- und Vaterlands-Angaben sämtlicher bekannter Co-
leopteren-Species der ganzen Erde. Er erscheint in Lieferungen — eine
jede eine abgeschlossene Familie oder Gruppe umfassend —, welche in
zwangloser Folge, fortlaufend numeriert, herausgegeben werden. Für alle
Gruppen sind schon die besten Specialisten an der Arbeit. Es ist alle
Aussicht vorhanden, dass das Unternehmen binnen wenigen Jahren abgeschlossen ist. Sobald das Werk vollständig sein wird, wird eine An-
weisung darüber gegeben werden, wie die Familien nach dem System zu
ordnen sind, und es werden Titelblätter für die einzelnen Bände gedruckt
werden. — Die Literatur über Biologie und Entwicklungs-
geschichte der Käfer, namentlich aller Schädlinge, wird
besonders sorgfältig registriert.

Eine jede Lieferung ist auch einzeln käuflich. Der Preis für den
Druckbogen beträgt Mk. 1.50. — Lieferung 1 wird gerne zur Ansicht gesandt.

Subskribenten auf das ganze Werk erhalten eine Ermässigung von einem Drittel, zahlen also für den Bogen
1 Mark.

Gemminger-Harold's 'Catalogus Coleopterorum' is more
than 30 years old and partly out of print. So it seems superfluous to
dwell upon the necessity of our enterprise. Our new "Catalogus"
quotes (in Latin Language) the names, synonyms, literature and geographical distribution of the species of Coleoptera of the whole world known
till now. It is published in parts, each part embracing one family or
group and thus being a complete work in itself. For all families the
leading specialists are at work. There is no doubt that the 'Catalogus'
will be complete in the course of a few years.

W. Junk, Berlin, W. 15.

The literature on the biology and development of beetles, chiefly of the injurious species, is listed with special care.

The 'Catalogus' is published in parts, every part to be sold separately. Price of the sheet (16 pages) 1 s. 6 d = 36 cents. — Part 1 will be forwarded postfree on approval.

For Subscribers to the whole work the price of a sheet is reduced to 1 s. = 24 cents.

☞ Le Catalogue de Gemminger-Harold a plus de 30 ans et est épuisé. Pour le remplacer notre 'Catalogus' va paraître. Nous ne croyons pas qu'il faut montrer sa nécessité. Le 'Catalogus' donne en langue latine les noms, les synonymes, la litérature et la distribution géographique des espèces des Coléoptères du monde connues jusqu'à ce jour. Il est publié en fascicules, dont chacun comprend une famille ou un groupe et est de cette manière un ouvrage complet. Nous avons trouvé pour chaque famille son spécialiste et nous sommes sûrs que l'ouvrage sera achevé en peu d'années.

La litérature sur la biologie et sur le développement des Coléoptères, surtout des espèces nuisibles, est mentionnée avec le plus grand soin.

Chaque fascicule est vendu séparément. Le prix pour la feuille (de 16 pages) est de fr. 1,90. — Le 1. fascicule est envoyé franco en communication.

Le prix de souscription à l'ouvrage complet est de fr.1,25 la feuille.

Bisher erschienen: Paru jusqu'à ce jour: Published till now:

Pars 1: R. Gestro, Rhysodidae. 1910. 11 p. M. 1 (Subscription: M. 0,65.)

„ 2: F. Borchmann, Nilionidae, Othniidae, Aegialitidae, Petriidae, Lagriidae. 1910. 32 p. M. 3 (Subscription: M. 2.)

„ 3: F. Borchmann, Alleculidae. 1910. 80 p. M. 7.50 (Subscription: M. 5.)

„ 4: M. Hagedorn, Ipidae. 1910. 134 p. M. 12.75 (Subscription: M. 8.50.)

„ 5: R. Gestro, Cupedidae, Paussidae. 1910. 31 p. M. 3 (Subscription: M. 2.)

„ 6: H. Wagner, Curculionidae: Apioninae. 1910. 80 p. M. 7.50 (Subscription: M. 5.)

„ 7: H. v. Schönfeldt, Brenthidae. 1910. 57 p. M. 5.25 (Subscription: M. 3.50.)

„ 8: G. van Roon, Lucanidae. 1910. 70 p. M. 6.50 (Subscript.: M. 4.35.)

„ 9: E. Olivier, Lampyridae. 1910. 68 p. M. 6.35 (Subscript.: M. 4.25.)

„ 10: E. Olivier, Rhagophtalmidae, Drilidae. 1910. 10 p. M. 1 (Subscription: M. —.65.)

„ 11: A. Léveillé, Temnochilidae. 1910. 40 p. M. 3.75 (Subscription: M. 2.50.)

„ 12: E. Csiki, Endomychidae. 1910. 68 p. M. 6.35 (Subscript.: M. 4.25.)

„ 13: E. Csiki, Scaphidiidae. 1910. 21 p. M. 2 (Subscription: M. 1.30.)

„ 14: M. Pic, Hylophilidae. 1910. 25 p. M. 2.40 (Subscription: M. 1.60.)

„ 15: H. Gebien, Tenebrionidae I. 1910. 166 p. M. 15.60 (Subscription: M. 10.40.)

„ 16: P. Pape, Brachyceridae. 1910. 36 p. M. 3.40 (Subscript.: M. 2.25.)

„ 17: Ph. Zaitzev, Dryopidae, Cyathoceridae, Georyssidae, Heteroceridae. 1910. 68 p. M. 6.35 (Subscription: M. 4.25.)

„ 18: E. Csiki, Platypsyllidae, Orthoperidae, Phaenocephalidae, Discolomidae, Sphaeriidae. 1910. 35 p. M. 3.30 (Subscription: M. 2.15.)

„ 19: M. Bernhauer et K. Schubert, Staphylinidae I. 1910. 86 p. M. 8.10 (Subscription: M. 5.40.)

W. Junk, Berlin, W. 15.

„ 20: A. Schmidt, Aphodiinae. 1910. 111 p. M. 10.50 (Subscript.: M. 7.)
„ 21: K. Ahlwarth, Gyrinidae. 1910. 42 p. M. 4 (Subscription: M. 2.70.)
„ 22: H. Gebien, Tenebrionidae II. 1910. 188 p. M. 17.70 (Subscription: M. 11.80.)
„ 23: S. Schenkling, Cleridae. 1910. 174 p. M. 16.35 (Subscription: M. 10.90.)
„ 24: H. Bickhardt, Histeridae. 1910. 137 p. M. 12.85 (Subscription: M. 8.60.)
„ 25: K. W. von Dalla Torre, Cebrionidae. 1911. 18 p. M. 1.70 (Subscription: M. 1.15.)
„ 26: M. Pic, Scraptiidae, Pedilidae. 1911. 27 p. M. 2.60 (Subscription: M. 1.75.)
„ 27: A. Raffray, Pselaphidae. 1911. 222 p. M. 20.80 (Subscription: M. 13.90.)
„ 28: H. Gebien, Tenebrionidae III. 1911. 231 p. M. 21.75 (Subscript.: M. 14.50.)
„ 29: M. Bernhauer et K. Schubert, Staphylinidae II. 1911. 104 p. M. 9.75 (Subscription: M. 6.50.)
„ 30: K. W. von Dalla Torre, Cioidae. 1911. 32 p. M. 3 (Subscription: M. 2.)
„ 31: K. W. von Dalla Torre, Aglycyderidae, Proterrhinidae. 1911. 8 p. M. —.75 (Subscription: M. —.50.)
„ 32: E. Csiki, Hydroscaphidae, Ptiliidae. 1911. 61 p. M. 5.75. (Subscription: M. 3.90.)
„ 33: K. W. von Dalla Torre, Nosodendridae, Byrrhidae, Dermestidae. 1911. 96 p. M. 9 (Subscription: M. 6.)
„ 34: P. Kuhnt, Erotylidae. — C. Ritsema, Helotidae. 1911. 106 p. M. 10 (Subscription: M. 6.65.)
„ 35: J. Weise, Chrysomelidae: Hispinae. 1911. 94 p. M. 8.85 (Subscr.: M. 5.90.)
„ 36: M. Pic, Anthicidae. 1911. 102 p. M. 9.60 (Subscription: M. 6.40.)
„ 37: H. Gebien, Tenebrionidae IV (et ultima). Trictenotomidae. 1911. 158 p. M. 14.85 (Subscription: M. 9.90.)

Im Druck oder in Vorbereitung: Printing, or in preparation: Sous presse ou en préparation:

G. J. Arrow, Troginae etc., Dynastinae, Passalidae.

Chr. Aurivillius, Cerambycinae.

A. Boucomont, Geotrupinae, Taurocerastinae.

H. Clavareau, Chrysomelidae (excl. Hispinae et Cassidinae).

E. Csiki, Mordellidae, Aphaenocephalidae, Corylophidae, Trichopterygidae, Carabidae.

K. W. v. Dalla Torre, Melolonthidae, Curculionidae.

E. Fleutiaux, Elateridae, Eucnemidae, Throscidae.

W. W. Fowler, Languriidae.

Ch. J. Gahan, Rhipiceridae, Pythidae, Pyrochroidae.

H. Gebien, Trictenotomidae.

J. J. E. Gillet, Coprinae.

A. Grouvelle, Nitidulidae, Cucujidae, Cryptophagidae, Colydiidae, Byturidae, Synteliidae.

F. Heikertinger, Halticinae.

W. Horn, Cicindelidae.

K. Jordan, Anthribidae.

Ch. Kerremans, Buprestidae.

H. J. Kolbe, Cetoniinae.

P. Lesne, Bostrychidae, Lyctidae.

A. Mequignon, Rhizophaginae.

F. Ohaus, Rutelinae, Euchirinae.

M. Pic, Melyridae, Bruchidae.

G. Portevin, Silphidae, Clambidae, Leptinidae.

H. Roeschke, Carabidae.

S. Schenkling, Derodontidae, Lymexylonidae.

G. Seidlitz, Oedemeridae.

A. Sicard, Coccinellidae.

F. Spaeth, Cassidinae.

H. Strohmeyer, Platypodidae

J. Weise, Gallerucinae.

F. C. Wellman, Meloidae.

Ph. Zaitzev, Hydrophilidae.

W. Junk, Berlin, W. 15.

722 **Comparetti, A.** Dinamica animale d. Insetti. Padova 1800. 8. 697 p. *M*
D.-rel. veau. 25.—

Exemplaire très-rare comme les pages 545 à 560 qui manquent presque toujours (Hagen ne les a vues jamais, voir I, p. 137) y sont contenues.

723 **Comstock, J. H. and A. B.** Manual for the Study of Insects. 5. ed. Ithaca 1904. 8. 712 p. w. 6 pl. (1 colour.) and 797 fig. Cloth. 16.—

724 **Comstock, J. H., and Needham.** The Wings of Insects. Ithaca 1899. 8. 124 p. w. 90 fig. 8. —
Out of print.

725 **Congrès Internat.** de Zoologie. I (à Paris), II (à Moscou), III (à Leyde), IV (à Londres), V (à Berlin). Comptes-rendus. 5 vols. 1889 à 1902. 8. av. 51 pl. 65.—

726 **Contributions** à la Faune Indo-Chinoise: Coléopt., p. Baly, Bates, Bourgeois, Fairmaire, Lameere et a. 18 parties. (Paris, Soc. Ent.) 1889 à 1902. 8. 310 p. 15.—

727 **Contributions** to the Fauna of Mergui and the Archipelago. 2 vols. Lond. 1889. 8. 470 p. w. 51 pl., partly colour. Cloth. 20.—

728 **Coquerel.** S. div. Insect. rec. à Madagascar. Parties 4 à 6. (Paris, S. Ent.) 1855 à 56. 8. 27 p. av. 2 pl. color. 2.—

729 — Coléopt. de Bourbon. (Paris, S. Ent.) 1866. 8. 48 p. av. pl. color. 2.—

730 **Cornelius.** Z. Entwickel.- u. Ernährungsgesch. ein. Schildkäferarten. 3 Thle. (Stett., Ent. Z.) 1846 -51. 8. 28 p. m. Tfl. 1.50

731 — Ernährg. u. Entwickl. ein. Blattkäfer. 2 Thle. (Stett., Ent. Z.) 1857. 8. 24 p. 1.—

732 — Verzeichn. d. Käfer v. Elberfeld. (Elberf., Nat. Ver.) 1884. 8. 61 p. 1.—

733 — — Geilenkeuser. Nachtrag zu Cornelius' Verzeichn.. (Elberf., Nat. Ver.) 1896. 8. 24 p. 1.—

734 **Correspondenz-Blatt** d. Zoolog.-Mineralog. Vereins. Jhrg. 1—22. Regensb. 1847—68. 8. m. Tfln. Cart. u. brosch. 45.—

735 **Costa, O.-G.** Corrispondenza zoologica. Anno I (unico). Napoli 1839. 8. 134 p. c. 12 tav. color. 10.—
Raro.

736 — Coleotteri d. Fauna di Napoli. 2 vol. Nap. 1849—67. 4. c. 36 tav. color. 56.—

737 **Coucke.** Les Brachymères de Belgique. Qu. Coléopt. Hétéromères. 2 mém. (Brux., Soc. Ent.) 1892. 8. 15 p. 1.—

738 **Coupin.** L'Amateur de Coléopt. Paris 1894. 8. 360 p. av. 217 fig. Toile. 3.—

739 **Cox.** Handbook of the Coleopt. of Great Britain and Ireland. 2 vols. Lond. 1874. 8. 901 p. Cloth. 15.—

740 **Crawshay.** On the life hist. of Drilus flavesc. (Lond., Ent. Soc.) 1903. 8. 14 p. w. 2 pl. 1.50

741 — Life hist. of Tetropium Gabrieli. (Lond., Ent. S.) 1907. 8. 30 p. w. 6 pl. 3.50

742 **Croissandeau.** Monogr. d. Scydmaenidae Europ. et circaméditerran. (Paris, Soc. Ent.) 1891 à 1900. 8. 500 p. av. 48 pl. 32.—
Très-rare.

743 **Crotch.** Catal. of British Coleopt. 2. ed. Lond. 1866. 8. 17 p. 1.—

744 — On the Coleopt. of the Azores. (Lond., Ent. S.) 1867. 8. 33 p. w. pl. 1.50

745 — Die Gattgn. d. Coleopt. Übersetzt v. Harold. (Münch., Col. Hefte) 1870. 8. 14 p. 1.—

746 — List of all the Coleopt. descr. 1758—1821. Cambr. 1871. 8. 28 p. 1.50

747 — Check List of the Coleopt. of America N. of Mexico. Salem 1873. 8. 136 p. Boards. 2.—

748 — Revis. of the Coccinellidae. Lond. 1874. 8. Cloth. 5.—

749 **Crotch and Sharp.** Addit. to the Catal. of Brit. Coleopt. (Lond., Ent. S.) 1867. 8. 17 p. 1.—

750 **Csiki.** Catal. Endomychidarum. Budap. 1901. 8. 53 p. 2.50

751 — Die Cicindeliden Ungarns. (Budap.) 1903. 8. 24 p. m. 2 Tfln. 2.—

752 — Fauna Coleopter. Hungariae. Fasc. 1—4. Budap. 1907. 8. 352 p. et fig. — Hungarice conscr. 8.—

753 — Coleopterorum Catalogus. Pars 12: Endomychidae. Berolini 1910. 8. 68 p. 6.35
Subscriptionspreis für Abnehmer des ganzen „Coleopterorum Catalogus" (siehe No. 721) M. 4.25.

754 **Csiki.** Coleopterorum Catalogus. Pars 13: Scaphidiidae. Berolini 1910. *ℳ*
8. 21 p. 2.—
  Subscriptionspreis für Abnehmer des ganzen „Coleopterorum Catalogus" (siehe
  No. 721) M. 1.30.
755 — Coleopterorum Catalogus. Pars 18: Platypsyllidae, Orthoperidae, Phaeno-
cephalidae, Discolomidae, Sphaeriidae. Berolini 1910. 8. 35 p. 3.30
  Subscriptionspreis für Abnehmer des ganzen „Coleopterorum Catalogus" (siehe
  No. 721) M. 2.15.
756 — Coleopterorum Catalogus. Pars 32: Hydroscaphidae, Ptiliidae. Berolini
1911. 8. 61 p. 5.75
  Subscriptionspreis für Abnehmer des ganzen „Coleopterorum Catalogus" (siehe
  No. 721) M. 3.90.
757 — Coleopterorum Catalogus: Mordellidae, Aphaenocephalidae, Corylophidae,
Trichopterygidae, Carabidae.
  In Vorbereitung. — In preparation. — En préparation. — Vide nr. 721.
758 **Cuní y Martorell.** Catál. metód. y razonado de los Coleópt. observ. en
Cataluña. Barcel. 1876. 8. 368 p. 5.—
759 **Curculionidae.** 40 mém. p. Apfelbeck, Aurivillius, Bedel, Bovie, Desbrochers, Everts, Faust, W. Horn, Roelofs, Stierlin, Tournier et autres.
1841 à 1908. 8. 230 p. av. 4 pl. 15.—
760 **Curtis.** British Entomology. Illustr. and descr. of the genera of Insects
found in Great Britain and Ireland. 16 vols. Lond. 1824—39. 8. w. 770
colour. pl. Half bd. morocco. 380.—
  The beautiful genuine edition.
761 — — New edition. 8 vols. Lond. 1862. 8. w. 770 colour. pl. Cloth. (28 £.) 300.—
  All volumes to be had separately. To this issue a classified index is added the
  first edition having only an alphabet. list.
762 — Descr. of the Coleopt. coll. by King in the Straits of Magellan. (Lond.,
Linn. S.) 1845. 4. 31 p. w. pl. 1.50
763 — Hypocephalus, a genus of Coleopt. (Lond., Linn. S.) 1854. 4. 10 p. w. pl. 1.—
764 — Farm Insects. Insects injur. to the Field Crops of Gt. Britain. Edinb.
1860. 8. 572 p. w. 16 colour. pl. Cloth. 25.—
  Rare. The colouring of a reprint made in 1883 is not equal to that of the edition
  quoted above.
765 — Westwood. Not. s. Curtis. (Paris, Soc. Ent.) 1863. 8. 16 p. 1.—
766 **Czerkunow.** Catal. Coleopt. Kioviensium. Kiew 1888. 8. 58 p. 2.—
767 **Czwalina.** Die Forcipes d. Gatt. Lathrobium. (Berl., D. Ent. Z.) 1888. 8.
18 p. m. 2 Tfln. 1.50
768 **Dahl, G.** Coleopt. u. Lepidoptera. Verzeichn. m. beygesetzten Preisen.
Wien 1823. 8. 111 p. Cart. — Durchschossen mit handschr. Nachträgen. 2.—
769 **v. Dalla Torre.** Coleopterorum Catalogus. Pars 25: Cebrionidae. Berolini
1911. 8. 18 p. 1.70
  Subscriptionspreis für Abnehmer des ganzen „Coleopterorum Catalogus" (siehe
  No. 721) M. 1.15.
770 — Coleopterorum Catalogus. Pars 30: Cioidae. Berolini 1911. 8. 32 p. 3.—
  Subscriptionspreis für Abnehmer des ganzen „Coleopterorum Catalogus" (siehe
  No. 721) M. 2.
771 — Coleopterorum Catalogus. Pars 31: Aglycyderidae, Proterrhinidae. Berolini
1911. 8. 8 p. —.75
  Subscriptionspreis für Abnehmer des ganzen „Coleopterorum Catalogus" (siehe
  No. 721) M. —.50.
772 — Coleopterorum Catalogus. Pars 33: Nosodendridae, Byrrhidae, Dermestidae. Berolini 1911. 8. 96 p. 9.—
  Subscriptionspreis für Abnehmer des ganzen „Coleopterorum Catalogus" (siehe
  No. 721) M. 6.
773 — Coleopterorum Catalogus: Melolonthidae, Curculionidae.
  In Vorbereitung. — In preparation. — En préparation. — Vide nr. 721.
774 **Damry.** Liste génér. d. Coléopt. de Corse et de Sardaigne. Sassari 1887.
8. 15 p. 1.—
775 **Daniel, J.** Das Aphodius-Subgenus Agolius. (Münch., Col. Z) 1902. 8. 23 p. 1.—
776 — Ein. alpine Pterostichus-Arten. (Münch., Col. Z.) 1903. 8. 18 p. 1.—
777 **Daniel, K.** Revis. d. mit Bembidium fasciol. u. tibiale verwandt. Arten.
(Münch., Col. Z.) 1903. 8. 33 p. 1.50
778 — Ueb. Ophonus hospes. (Münch., Col. Z.) 1904. 8. 15 p. 1.—

779 **Daniel, K. u. J.** 6 neue Nebrien aus d. Alpen. (Berl., D. Ent. Z.) 1890.   *M*
8. 29 p. m. Tfl.   1.—
780 — Coleopteren-Studien. I. II. (soviel erschien.) Münch. 1892—98. 8. 158 p.   7.—
781 — Nova v. Bodemeyer in Kleinasien ges. (Münch., Col. Z.) 1902. 8. 13 p.   1.—
782 **Dawson.** Geodephaga Britannica. Monogr. of the carnivorous Ground-
Beetles of the British Isles. Lond. 1854. 8. 224 p. w. 3 colour. pl. Cloth.   10.—
783 **Deegener.** Die Metamorphose d. Insekten. Leipz. 1909. 8. 60 p.   2.—
784 **Deichmann og Lundbeck.** Östgrönlandske Insekter. (Köbenh., Medd.
Grönl.) 1895. 8. 26 p.   1.50
785 **Dejean.** Catalog. d. Coléopt. de sa collect. (3. éd.) Paris 1833. 8. 443 p. Cart.   2.—
    4 livraisons avaient paru quand l'édition entière fut détruite par l'incendie.
786 — — 3. éd. revue (plutôt la 4. éd.). Paris 1837. 8. 517 p. Toile.   2.50
  — — 3. éd. — voir nr. 218.
787 — Icones Coleopter. Ed. II. 10 tabulae: Carabides (Cicindela-Cymindis). 8.   3.—
788 **Dejean et Aubé.** Spécies génér. d. Coléopt. (Carabiques et Hydrocanth.).
6 vols. Paris 1825 à 38. 8.   60.—
    Aussi volumes dépareillés en stock.
789 **Dejean, Boisduval et Aubé.** Iconographie et hist. natur. des Coléoptères
d'Europe. 5 vol. Paris 1829 à 1840. 8. av. 270 pl. color. D.-rel. veau.   100.—
790 **Delegorgue.** Voyage dans l'Afrique austr. 2 vols. Paris 1847. 8. 1220 p.
av. carte et beauc. de pl. D.-rel. mar.   10.—
    Avec: Catal. d. Lépidopt., Coléopt., Dipt.
791 **Demoor.** Liste d. Cicindélides décrits postérieur. au 'Catal. de Munich'.
(Brux., Soc. Ent.) 1886. 8. 8 p.   1.—
792 **Denny.** Monogr. Pselaphidarum et Scydmaenid. Britanniae. Norwich 1825.
8. 82 p. et 14 tab. color. (25 s.) Half bd. calf.   15.—
    Rare.
793 **Desbrochers des Loges.** Monogr. d. Balaninidae et Anthonomidae d'Europe.
2 part. et supplém. (Paris, Soc. Ent.) 1867 à 72. 8. 118 p.   2.—
794 — S. l'Entomol. (Coléopt.) du Bourbonnais. Moulins 1867. 8. 44 p.   1.50
795 — Monogr. d. Rhinomacerides et d. Magdalinus d'Europe. 2 mém. (Paris,
Abeille) 1869 à 1870. 8. 176 p. Toile.   4.—
796 — Descr. de Coléopt. nouv. d'Europe. (Paris, Abeille) 1870. 8. 39 p.   1.—
797 — Descr. d'Apionides nouv. (Berne, Ent. Ges.) 1870. 8. 27 p.   1.—
798 — Descr. de Coléopt. nouv. d'Europe. (Berne, Ent. Ges.) 1871. 8. 40 p.   1.—
799 — Espèces nouv. de Coléopt. appart. aux g. Polydrosus, Thylac., Scythropus,
Metall. et Phaenognath. (Paris, S. Ent.) 1872. 8. 16 p.   1.—
800 — Descr. de qu. Tychiides nouv. (Brux., S. Ent.) 1873. 8. 30 p.   1.—
801 — Monogr. du g. Anisorynchus. (Paris, S. Ent.) 1874. 8. 30 p.   1.—
802 — Examen crit. de qu. types du g. Apion. (Paris, S. Ent.) 1891. 8. 12 p.   1.—
803 — Faunule d. Coléopt. de la France et de la Corse. I. (Chateaur., Frélon)
1901. 8. 16 p.   1.—
480 — — Tenebrionidae (Suite). (Chateauroux, Frélon) 1903. 8. 96 p.   1.—
805 — S. l. Curculionides exot. (Brux., S. Ent.) 1906 à 09. 8. 28 p.   1.—
806 **Description** de l'Egypte ou recueil d. observat. pend. l'expéd. de l'armée
française. Z o o l o g i e. L'a t l a s seul de 167 planches en 2 vols. Paris 1809
à 1817. in-fol. Cart.   80.—
807 **Des Gozis.** Pores sétigères prothorac. d. Carnivores. (Berne, Ent. Ges.)
1880. 8. 16 p.   1.—
808 **Desneux.** Paussidae (e: Genera Insector.). Brux. 1905. 4. 34 p. av. 2 pl.
color.   9.—
809 — Platypsyllidae (e: Genera Insector.). Brux. 1906. 4. 9 p. av. pl. color.   4.—
810 **Deutsche Entomologische Nationalbibliothek.** Rundschau auf d. Gebiete d. Insektenkunde. Red. v. Schaufuss u. S. Schenkling. Jahrg. I, II. Berl.
1910—11. 4.   9.—
811 **Deutsche Entomologische Zeitschrift.** Red. v. Kraatz u. Horn. Jahrg. 25
(Anfang) bis 54: 1881—1909, m. Index. Berl. 8. m. viel. Tfln. (M. 808.50.)
Gebdn. u. brosch.   250.—
    Jahrg. 1—24 sind mit der „Berliner Entomolog. Zeitschrift" identisch, welche ich
für M. 90 liefere. Siehe auch die Notiz bei Nr. 282. — Die „Deutsche Entomologische
Zeitschrift" ist hauptsächlich der Coleopterologie gewidmet.

W. Junk, Berlin, W. 15.

812 **Deyrolle, A.** Monogr. d. Zophosites. (Paris, Soc. Ent.) 1867. 8. 176 p. av. 4 pl. (2 color.)   5.—

813 **Deyrolle, H.** 4 nouv. Buprestides et Mormolyces. 2 mém. (Paris, S. Ent.) 1862. 8. 6 p. av. pl. col.   1.—

814 — Nouv. espèc. d. Lucanides. 3 mém. (Paris, S. Ent.) 1864 à 81. 8. 19 p. av. pl. color.   1.50

815 — Descr. d. Buprestides de la Malaisie rec. p. Wallace. (Brux., Soc. Ent.) 1864. 8. 272 p. av. 4 pl. color.   7.50

816 — Descr. de Lucanides nouv. (Brux., S. Ent.) 1865. 8. 14 p. av. 2 pl. (1 color.)   1.50

817 — Revue d. Euchirides. (Paris, S. Ent.) 1874. 8. 8 p. av. pl. col.   1.—

818 — Descr. of new spec. of Lucanidae. (Lond., Ent. S.) 1874. 8. 5 p.   1.—

819 **Deyrolle, H., et Fairmaire.** Descr. de Coléopt. de la Chine Centrale. (Paris, Soc. Ent.) 1878. 8. 54 p. av. 2 pl., dont 1 color.   3.—

820 **Dieck.** Entomol. Wintercampagne in Spanien. (Berlin, Ent. Z.) 186?. 8. 48 p.   1.—

821 — Z. subterran. Käferfauna Südeuropas u. Maroccos. (Berl., Ent. Z.) 1869. 8. 24 p.   1.—

822 **Dierckx.** Etude comp. des Glandes Pygidiennes d. Coléopt. 2 parties. (Louvain, Cellule) 1899 à 1900. 8. 174 p. av. 8 pl.   8.—

823 **Dietrich.** Ein. aus d. Gebiete d. Schweizer. Käferfauna. (Stett., Ent. Z.) 1857. 8. 22 p.   1.—

824 — Die Käfer d. Kantons Zürich. (Zürich, Ges. Nat.) 1865. 4. 240 p. (M. 7.20.)   4.—

825 **Diez.** Skulptur d. Flügeldecken b. Carabus. (Leipz.) 1896. 8. 24 p. m. Tfl.   1.50

826 **Dijmphna-Togtets** zoologisk-botaniske Udbytte. Udgiv. v. Lütken. Kopenh. 1887. 8. 528 p. m. 41 Tfln. (M. 21.) Cart. — Avec des résumés français.   12.—

827 **Dimmock and Knab.** Early stages of Carabidae. (Springfield, Mus.) 1904. 8. 55 p. w. 4 pl.   4.50

828 **Distant.** Insecta Transvaaliensia. Vol. I (all pub'd.). Lond. 1911. 4. 303 p. w. 27 colour. pl. and 59 fig.
Price to subscribers: M. 125.

829 **Dobiasch.** Adressen-Buch Europ. Coleopt.- u. Lepidopt.-Sammler. Bazlás 1886. 8. 123 p.   1.—

830 **Dodero.** Mater. p. lo studio dei Coleotteri Ital. (Genova, Mus.) 1900. 8. 21 p.   1.—

831 **Dohrn, C. A.** Ueb. Austral. Paussiden. (Hamb., Godefr.) 1876. 4. 8 p.   1.50

832 — 2 Longicornien aus Monrovia. (Stett., Ent. Z.) 1876. 8. 10 p.   1.—

833 **Dokthouroff.** Spécies d. Cicindélides. Essai monogr. s. la fam., préc. de tables systémat. p. la déterminat. des genres. Livr. I (tout ce qui a paru): Manticorides et Mégacéphalides. I. St. Pétersb. 1882. 8. 97 p. av. pl. color.   85.—
On ne connait de cet ouvrage que 4 exemplaires! L'auteur même avait brûlé le reste de l'édition parceque le livre contenait trop de fautes. Néanmoins il a une grande valeur scientifique — sans compter son importance bibliographique — comme il renferme un assez grand nombre de bonnes descriptions d'espèces nouvelles surtout exotiques.

834 — Faune Coléoptérol. Aralo-Caspienne. I: Cicindél. (Pétersb., Horae) 1885. 8. 38 p. av. pl. color.   2.50

835 **Donckier de Donceel.** Révis. du Catal. d. Staphylinides de la Faune Belge. (Brux., S. Ent.) 1880. 8. 48 p.   1.50

836 — Supplém. au Catal. d. Coléopt. de la Faune Belge. (Brux., S. Ent.) 1880. 8. 15 p.   1.—

838 — Liste d. Anthribides décr. postér. au Catal. de Gemminger et Harold. (Brux., S. Ent.) 1884. 8. 11 p.   1.50

839 — Liste d. Brenthides décr. postér. au Catal. de Gemminger et Harold. (Brux., Soc. Ent.) 1884. 8. 8 p.   1.50

840 — Liste d. Sagrides, Criocérid., Clytrid., Mégalopid., Cryptocéphal. et Lamprosom. décr. postér. au Catal. Coleopter. (Brux., S. Ent.) 1885. 8. 32 p.   2.—

841 — Prem. états de qu. Cassidides exot. (Brux., S. Ent.) 1885. 8. 5 p. av. pl.   1.—

842 — Catal. systém. d. Hispides. (Paris, S. Ent.) 1899. 8. 77 p.   2.50

843 **Donisthorpe.** Cases of protective resemblance, mimicry etc., in the Brit. Coleopt. (Lond., Ent. S.) 1901. 8. 33 p.   1.50

814 **Donisthorpe.** The life hist. of Clythra quadri-punct. (Lond., Ent. Soc.) 1902. *M*
8. 14 p. w. colour. pl. 1.—
845 — On the origin and ancestral form of Myrmecophil. Coleopt. (Lond., Ent.
S.) 1909. 8. 15 p. 1.50
846 — On the Colonisat. of new nests of Ants by Myrmecoph. Coleopt. (Lond.,
Ent. S.) 1909. 8. 17 p. 1.—
847 **Donovan.** Natural Hist. of British Insects. 16 vols. Lond. 1792—1813. 8.
w. 576 colour. pl. Half bd. morocco. 150.—
848 — — Vol. 1—8. Lond. 1792—99. 8. w. 288 colour. pl. Calf. 30.—
849 — Epitome of the Insects of Asia, New Holland, New Zealand, New Guinea,
Otaheita. Lond. 1805. 4. 82 p. w. 41 colour. pl. Morocco. 200.—
Beautiful copy (in red morocco with gilt edges) of the rarest of all D.'s publications.
D'Orbigny — voir: d'Orbigny, nr. 2567 à 2572.
850 **Drury.** Illustrations of Natural Hist.: Figures of Exotic Insects. 3 vols.
Lond. 1770—82. 4. w. 1 plain and 150 colour. pl. (15 £ 15 s.) Calf. 90.—
The beautiful and rare original edition. Text in English and French.
851 — — New edition w. addit. by Westwood. 3 vols. Lond. 1837. 4. w.
150 colour. pl. (15 £ 15 s.) Cloth. 75.—
852 **Dubois, R.** Les Elatérides lumineux. Meulan 1886. 8. 276 p. av. 10 pl. et
portr. 7.50
853 **Du Buysson, H.** Elatérides Gallo-Rhénans (Faune Gallo-Rhén. Vol. V.).
Caen, (Rev. Ent.) 1892 à 1906. 8. 494 p. 13.—
Voir aussi no. 1118.
854 **Dufour.** Rech. anat. s. l. Carabiques et plus. autres Coléopt. Paris 1824
à 1826. 8. 354 p. av. atlas de 28 pl. in-4. D.-rel. 26.—
Rare.
855 — Hist. d. métamorphos. de div. Coléoptèr. (Paris, S. Ent.) 1854. 8. 18 p.
av. pl. 1.—
856 **Duftschmid.** Fauna Austriae. Beschr. d. österr. Insecten (Coleopt.). 3 Bde.
Linz 1805. 8. 912 p. 4.—
857 — — Bd. I Linz 1805. 8. 312 p. Hfzb. 1.—
858 **Dugès.** 10 mém. s. la Métamorphose d. Coléopt. (Brux., Soc. Ent.) 1875
à 1887. 8. 50 p. av. 9 pl. (1 color.) 4.—
859 — Métamorph. de qu. Coléopt. Mexicains. 2 mém. (Brux., S. Ent.) 1886
à 1887. 8. 31 p. av. 5 pl. 2.50
860 — Descripcion de alg. Meloideos indigenas. (Mexico) 1888. 4. 9 p. av. pl. color. 1.50
861 **Duncan.** Catal. of Coleopt. found in the neighb. of Edinburgh. (Edinb.,
Werner. Soc.) 1831. 8. 96 p. 3.—
862 **Dunning.** On Insects in S. W. Africa. (Lond., Ent. S.) 1870. 8. 12 p. 1.—
863 **Duponchel.** Monogr. du g. Erotyle. 2 parties. (Paris, Mus.) 1825. 4. 54 p.
av. 3 pl. 2.—
864 **Dupont, H.** Monogr. des Trachydérides de la fam. des Longicornes. 2 part.
Av. suppl. Paris 1839 à 40. 8. av. 71 pl. color. (fr. 50.) 24.—
865 **Dupuis.** Metriinae et Mystropominae (e: Genera Insector.). Brux. 1911. 4.
4 p. av. 2 pl. color. 6.—
866 — Apotominae (e: Genera Insector.). Brux. 1911. 4. 4 p. av. pl. color. 3.50
867 **Dury.** List of the Coleopt. in the vicin. of Cincinnati. W. suppl. (Cincinn.,
Soc. Nat. Hist.) 1879—82. 8. 20 p. 1.—
868 — Revis. list of the Coleopt. observ. near Cincinnati. (Cinnc.) 8. 90 p. 2.—
869 **Duvivier.** Enumér. d. Staphylinides décr. depuis la public. du Catal. de
Gemminger & Harold. (Brux., Soc. Ent.) 1883. 8. 129 p. 3.—
870 — Catal. d. Chrysomélides, Halticid. et Galérucid. décr. dep. la publicat.
du catal. de Munich. Liége 1885. 8. 3.—
871 — Phytophages exot. 2 mém. (Stett., Ent. Z.). 1885. 8. 26 p. 1.—
872 — S. l. Coléopt. rapp. du Congo. (Brux., S. Ent.) 1890. 8. 43 p. 1.50
873 — S. l. Coléopt. d. vallées de l'Itimbiri-Rubi et de l'Uellé, Haut-Congo.
(Brux., Soc. Ent.) 1892. 8. 127 p. 2.—
874 — Les Phytophages du Chotah-Nagpore. II. (Brux., S. Ent.) 1892. 8. 54 p. ·1.50
875 **Dytiscidae.** 11 Abhandl. v. Camerano, Plateau, Sharp, Zaitzev u. a. 1871·
—1908. 8. 79 p. m. Tfl. 3.—

M

876 **Eastlake.** Entomologia Hongkongensis. (Philad., Ac.) 1885. 8. 9 p. 1.—
877 **Eckstein.** Die Beschädigung. unserer Waldbäume durch Thiere. Die Kiefer (Pinus silvestris) u. ihre thierisch. Schädlinge. Bd. I (soviel erschien.): Die Nadeln Berlin 1893. fol. 59 p. m. 22 color. Tfln. Cart. (M. 36.) 28.—
878 — Forstliche Zoologie. Berl. 1897. 8. 664 p. m. 660 Fig. Lnb. (M. 20.) 16.—
879 **Eichelbaum.** 3 unbekannte Käferlarven. (Jena, Z. Jahrb.) 1901. 8. 16 p. 1.—
880 — Katal. d. Staphylinidengattgn. (Brüssel, Soc. Ent.) 1909. 8. 211 p. 7.—
881 **Eichhoff.** Ueb. d. Mundtheile u. d. Fühlerbild. d. europ. Xylophagi. (Berl., Ent. Z.) 1864. 8. 30 p. m. Tfl. 1.50
882 — Neue od. unbeschr. Tomicinen. (Stett., Ent. Z.) 1878. 8. 10 p. 1.—
883 — Ratio, descriptio, emendatio Tomicinorum in Chapuisi et autoris collect. (Leodii, Soc. Sc.) (Sc.) 1879. 8. 535 p. et 5 tab. 10.—
884 — 7 Coleopterol. Abhandlgn. 1880. 8. 31 p. 1.50
885 — Die Europ. Borkenkäfer. Berl. 1881. 8. 323 p. m. 109 Fig. (M. 10.) 4.—
886 — Synonymy of some N. Amer. Scolytid. (Wash., Mus.) 1896. 8. 6 p. 1.—
887 **Eichhoff u. Scriba.** Neue Amerikan. Borkenkäfer-Gattgn. u. Arten. — Neue europ. Staphylinen. 2 Abhdl. (Berl., Ent. Z.) 1868. 8. 16 p. 1.—
888 **Elditt.** Catalog d. bekannt. Käfer-Larven. (Stett., Ent. Z.) 1854. 8. 12 p. 1.50
889 **Embryologia Coleopterorum.** 14 mém. p. Beauregard, Bordas, Gadeau de Kerville, Heller, Meinert et autres. 1862 à 1905. 8. et 4. 100 p. av. 4 pl. 6.—
890 **Emery.** Myrmekoph. Coleopt. Kleinasiens. (Wien, Ent. Z.) 1897. 8. 11 p. 1.—
891 **Enderlein, G.** Die Rüssel- u. Laufkäfer d. Crozet-Inseln. (Leipz., Z. Anz.) 1904- 05. 8. 15 p. 1.—
892 — Die Rüsselkäfer d. Falklandsinseln. (Stett., Ent. Z.) 1907. 8. 34 p. 1.50
893 **Endrulat u. Tessien.** Verzeichn. d. Hamburg. Käfer. Hamb. 1854. 8. 46 p. 1.—
894 **Engelhart.** Tillaeg t. Fortegnelserne ov. de i Danmark levende Coleopt. (Kjöbenh., Ent. Medd.) 1902. 8. 117 p. 2.50
895 — De Danske Arter af slaegt. Apion. (Kjöbenh., Ent. Medd.) 1903. 8. 65 p. 2.—
Entomologen-Adressbuch — siehe No. 1836.
896 **Entomologica Americana.** Ed. by J. B. Smith, Hulst and Roberts. 6 vols. Brookl. 1885—90. 8. w. plates. — Complete copy. 60.—
897 **Entomological Magazine.** Ed. by Newman, Haliday, Walker and o. 5 vols. Lond. 1833—38. 8. w. plates. Cloth. — All published. 65.—
898 — — Vol. I. Lond. 1833. 8. 547 p. w. 4 pl. (1 colour.) Cloth. 8.—
899 **Entomological News** and Proceed. of the Entomol. Section of the Acad. of Nat. Sciences of Philadelphia. Vol. I—XVIII: Years 1890—1907. Philad. 8. w. many plates. 130.—
900 **Entomologische Blätter.** Internat. Monatsschrift f. d. Biologie der Käfer Europas. Hrsg. v. Bickhardt u. a. Jahrg. IV—VII. Schwabach, Nürnb. u. Berl. 1905—11. 8. (M. 21.) 18.—
  Jahrg. I—III vollständig vergriffen.
901 **Entomologische Blätter** der Schweiz, hrsg. v. Dietrich. 2 Hefte (soviel erschien.) Zürich 1871. 8. 60 p. 1.—
902 **Entomologisches Jahrbuch.** Hrsg. v. Krancher. Jahrg. 1—19: 1892—1910. 8. m. Portr. u. Tfln. Origbd. 45.—
  Zum Teil vergriffen. Fast alle Jahrgänge auch einzeln.
903 **Entomologische Litteraturblätter.** Hrsg. v. Friedländer. Jahrg. I—XI: 1901—1911. Berl. 8. 11.—
904 **Entomologische Monatsblätter.** Hrsg. v. Kraatz. 2 Jahrgänge (alles was erschienen). Berl. (Ent. Z.) 1876—80. 8. (M. 10.) 2.50
  Coleopterologischen Inhalts.
Entomologische Monatsschrift — siehe No. 3857.
905 **Entomologische Nachrichten.** Herausg. v. Katter u. Karsch. 26 Jahrge. (soviel erschien.): 1875—1900. 8. (M. 156.) Gebd. u. brosch. 85.—
  Selten, da Jahrg. 2, 3 u. 8 vergriffen sind. Siehe auch Rara Historico-Naturalia, ed. J u n k , p. 3. — Fast alle Bände auch einzeln.
906 **Entomologische Zeitschrift.** Centralorgan d. Entomol. Internat. Vereins. Redig. v. Euchler, Redlich u. a. Jahrg. I—XX. Guben 1888—1906. 4. Gebd. u. brosch. 100.—
Entomologische Zeitung, Stettin — siehe No. 3463.

W. Junk, Berlin, W. 15.

907 **Entomologisk Tidskrift,** utg. af Spångberg. Aarg. 1—29. Mit Index (till 1—10). Stockh. 1880—1908. 8. m. viel. z. Thl. color. Tfln. *M* 130.—

908 **Entomologiske Meddelelser.** Udg. af Entomol. Forening ved Meinert. I. Reihe (5 Bde.) u. II. Reihe Bd. I—IV. Kopenh. 1887— 1910. 8. m. Tfln. 45.—

909 **Entomologist.** Illustr. Journal of general Entomol. Ed. by Newman, Carrington and South. Vol. 1—33. Lond. 1840—1900. 8. w. colour. and plain plates. Cloth and in parts. 200.—
> Vol. I published between 1840 and 1842 is very rare. The periodical was dis continued till 1864 when vol. II appeared. A number of the later volumes are also out of print.

909a**Entomologista Brasileiro.** Rivista mensal de Entomol. economica. Dir. Barbiellini. Tout ce qui a paru: Années I, II nos. 1 à 3 (= nos. 1 à 12). S. Paulo 1908—09. 8. 208 p. av. fig. 8.—

910 **Entomologiste Genevois.** Réd. p. Tournier. Année I. (10 numéros, tout 'ce qui a paru). Genève 1889. 8. av. 6 pl. 3.—

911 **Entomologist's Annual.** Ed. by Stainton. 20 vols. Lond. 1855—74. 8. w. colour. and plain pl. (3 *£*) Half bd. calf. 25.—
> Many odd volumes in stock, each at M. 2.

912 **Entomologist's Monthly Magazine.** Conduct. by Barrett, Saunders, Walsingham and o. Vols. 1—38. Lond. 1864—1902. 8. w. many pl. Cloth and in parts. 160.—

913 **Entomologist's Record** and Journal of Variation. Ed. by Tutt. Year 1—19: 1890—1907. Lond. 8. w. pl. 100.—

914 **Entomologist's Weekly Intelligencer.** Pub. by Stainton. 10 vols. (all pub'd.) Lond. 1856—61. 8. Cloth. 20.—

915 **Eppelsheim.** Entomol. Reise nach d. Stilfser Joche. (Stett., Ent. Z.) 1873. 8. 28 p. 1.—

916 — 9 Abhandl. üb. Staphylinen. (Berl., D. Ent. Z.) 1875—89. 8. 104 p. 3.—

917 — Neue Staphylinen. 2 Thle. (Stett., Ent. Z.) 1876—78. 8. 14 p. 1.—

918 — Ueb. deutsche Staphylin. (Berl., D. Ent. Z.) 1878. 8. 19 p. 1.—

919 — Beitr. z. Staphylinenfauna West-Afrikas. 2 Thle. (Berl., D. Ent. Z.) 1885 —1895. 8. 80 p. 4.—

920 — Neue Staphylinen v. Amur. 2 Thle. (Berl., D. Ent. Z.) 1886—87. 8. 28 p. 1.50

921 — Neue Staphyl. Central-Asiens. (Berl., D. Ent. Z.) 1888. 8. 19 p. 1.—

922 — Neue Staphylinen Europas. (Berl., D. Ent. Z.) 1889. 8. 23 p. 1.50

923 — Z. Staphylinenfauna Turkestans. (Berl., D. Ent. Z.) 1892. 8. 26 p. 1.50

924 — Beitr. z. Staphylinenfauna d. südwestl. Baikal-Gebiet. (Berl., D. Ent. Z.) 1893. 8. 51 p. 2.—

925 — Z. Staphylinenfauna Ostindiens. (Berl., D. Ent. Z.) 1895. 8. 24 p. 1.—

926 **Eppelsheim, Kraatz, Sahlberg.** 3 Abhandl. üb. Lathrobium. (Berl., Ent. Z.) 1879. 8. 21 p. 1.—

927 **Eppelsheim u. Reitter.** 4 Abhandl. üb. neue österr. Staphylinen. (Wien, Ent. Z.) 1883—90. 8. 30 p. 1.—

928 **Ergebnisse** (Zoologische) d. Hamburger Magalhaens. Sammelreise. Hrsg. v. Naturhistor. Museum zu Hamburg. Hamb. 1896—1904. 4. m. 41 z. Thl. color. Tfln. (M. 77.50.) 60.—

929 **Erichson.** Die Käfer d. Mark Brandenburg. Bd. I (einz.) Berlin 1839. 8. 748 p. (M. 12.) Hfzb. 1.—

930 — Entomographien (Malachii, Pachypus, Xenops etc.). Berlin 1840. 8. 191 p. m. 2 Tfln. (1 color.) (M. 4.) Lnb. 2.—

931 — Die Malachien d. kgl. Samml. in Berlin. (Berl.) 1840. 8. 91 p. 1.50

932 — Genera et species Staphylinorum. Berol. 1840. 8. 954 p. et 5 tab. (M. 22.50) 6.—

933 — Beitr. z. Insecten-(Coleopt.-) Fauna v. Vandiemensland. (Berl., Arch. Nat.) 1842. 8. 206 p. m. 2 Tfln. Cart. 6.—

934 — Z. systemat. Kenntn. d. Larven d. Coleopteren. (Berl., Arch. Nat.) 1842. 8. 71 p. 2.—

935 — Beitr. z. Insekten-(Coleopt.-)Fauna v. Angola. (Berl., Arch. Nat.) 1845. 8. 68 p. 2.—

W. Junk, Berlin, W. 15.

936 **Erichson, Schaum, Kraatz, Kiesenwetter u. a.** Naturgeschichte der In- ℋ
secten (Coleopt.) Deutschlands. Alles was erschienen. Berl. 1848—99. 8.
(M. 160.) 85.—
  Inhalt: Bd. I. Hälfte 1: Schaum, Cicindelinen u. Carabicinen. 1860. (M. 13.50.) 5.—
  Bd. I. Hälfte 2: Schaum u. Kiesenwetter, Dytiscidae u. Gyrinidae. 1868. (M. 3.) 2.—
  Bd. II: Kraatz, Staphylinen. 1858. (M. 18.) 4.—
  Bd. III. Hälfte 1: Erichson, Scaphid., Trichopteryg., Cryptophag., Parnidae,
    Scarab. etc. 1848. (M. 15.) 3.—
  Bd. III. Hälfte 2. Liefg. 1 u. 2: Reitter, Pselaph., Scydmaen., Silphid.,
    Anisotom. etc. 1882—85. (M. 10.50.) 7.—
  Bd. IV. Kiesenwetter, Buprest., Elater., Malacoderm., Cleridae etc. 1863.
    (M. 12.) 4.—
  Bd. V. Hälfte 1: Kiesenwetter u. Seidlitz, Anobiad., Cioidae, Tenebrion.
    1877—98. (M. 25.) 18.—
  Bd. V. Hälfte 2. Liefg. 1—3: Seidlitz, Allecul., Lagriid., Melandryid.,
    Oedemer. 1896—99. (M. 30.) 24.—
  Bd. VI: Weise, Chrysomelidae. 1882—93. (M. 33.) 28.—

937 **Erman.** Verzeichn. v. Tieren u. Pflanzen d. Reise um d. Erde durch
Nord-Asien u. d. beiden Oceane. Berl. 1835. fol. 70 p. m. 17 Tfln. (2 color.) 25.—
  Selten. — Wichtig vom botan. u. entomol. Standpunkt. Die beiden coleopterolog.
Tafeln sind colorirt.

938 **Erné.** Aufziehen d. Rhipiphorus parad. (Bern, Ent. G.) 1877. 8. 11 p. m. Tfl. 1.—

939 **Escherich.** 8 Abhdlgn. üb. Meloiden. 1888—96. 8. 13 p. 1.—

940 — Revis. d. behaarten Meloë-Arten. (Wien, Ent. Z.) 1890. 8. 10 p. 1.—

941 — Die palaearct. Vertreter d. Gattg. Zonitis. (Berl., D. Ent. Z.) 1891. 8.
26 p. m. Tfl. 1.50

942 — Biol. Bedeut. d. Genitalanhänge d. Insekten. (Wien, Z. b. G.) 1892. 8.
18 p. m. Tfl. 1.—

943 — Gesetzmäßigkeit im Abändern d. Zeichn. b. Insecten. (Berl., D. Ent. Z.)
1892. 8. 18 p. m. Tfl. 1.—

944 — Z. Kenntn. d. Gtt. Trichodes. (Wien, Z. b. G.) 1893. 8. 55 p. m. 2 Tfl. 1.50

945 — — Kraatz, Ergänz. zu Escherich's Trichodes. (Berl., D. Ent. Z.) 1894. 8.
24 p. m. Tfl. 1.—

946 — Z. Naturgesch. d. Lytta. (Wien, Z. b. G.) 1895. 8. 48 p. m. 4 Tfln.
(1 color.) 3.—

947 — Z. Coleopt.-Fauna d. tunis. Insel Djerba. (Wien, Z. b. G.) 1896. 8. 13 p. 1.—

948 — Revis. d. Gatt. Lydus. (Berl., D. Ent. Z.) 1896. 8. 38 p. 1.—

949 — Coleopt. v. Centr.-Kleinasien. (Stett.. Ent. Z.) 1897. 8. 69 p. 2.—

950 — Aus Kleinasien. Reisemiszellen. 2 Abh. 1897. 8. 27 p. 1.—

951 — Z. Kenntn. d. myrmekoph. Coleopt. Kleinasiens. (Wien, Ent. Z.) 1897.
8. 11 p. 1.—

952 — Revis. d. palaearkt. Zonitiden. (Brünn, Nat. Ver.) 1897. 8. 38 p. 2.—
  Ist „Bestimmungstabelle d. Europ. Coleopt." Heft 36.

953 — Z. Anat. u. Biol. v. Paussus turcic. (Jena, Z. Jahrb.) 1898. 8. 44 p. m.
Tfl. 1.50

954 — Z. Morphol. u. Syst. d. Rhysodiden. (Wien, Ent. Z.) 1898. 8. 10 p. m.
Tfl. 1.—

955 — Ueber myrmecophile Arthropoden. (Leipz., Z. Centr.) 1899. 8. 18 p. 1.—

956 **Espagne et Pyrénées.** 11 mém. s. l. Coléopt. p. Borre, Fairmaire, Lefèvre, Medina, Putzeys, Sainte-Claire Deville et autres. 1860—1905. 8.
59 p. 4.—

957 **Everts.** Lijst der Nederlandsche Coleopt. M. 2 Supplem. (Haag, T. Ent.)
1875—82. 8. 71 p. 1.50

958 — — Nieuwe Naamlijst v. Nederlandsche Coleopt. M. 3 Suppl. Haarl.
1887—93. 4. u. 8. 9.—

959 — Bijdrage tot de kenn. d. Apioniden. (Haag, T. Ent.) 1879. 8. 56 p. m.
color. Tfl. 1.50

960 — Bijdr. tot de kenn. d. Nitidularien. (Haag, T. Ent.) 1881. 8. 52 p. m.
3 Tfln. 2.—

961 — Bijd. tot de kenn. d. Nederl. Haliplidae. (Haag, T. Ent.) 1883. 8. 17 p. 1.—

962 — Bijdr. t. de kenn. d. Lathridiinae. (Haag, T. Ent.) 1884. 8. 41 p. 1.50

963 — Rangschicking d. Nederl. Coleopt.-Famil. (Haag, T. Ent.) 1889. 8. 44 p.
m. 2 Tfln. 1.50

W. Junk, Berlin, W. 15.

964 **Everts.** Tabell. Overzicht d. Nederl. Bembidioni en Amarida. 2 Thle. (Haag, *M*
T. Ent.) 1890. 8. 31 p.   1.50
965 — Tabellar. Overzicht d. Nederl. Donaciini. (Haag, T. Ent.) 1892. 8. 28 p.   1.—
966 — Coleopt. Neerlandica. 2 Bde. M. Supplem. Gravenh. 1899—1903. 8.
1626 p. m. 14 Tfln. (M. 54.)   40.—
967 — Der neue 'Cat. Coleopt. Europae' u. d. Coleopt.-Fauna d. Niederl. 4
Thle. (Berl., D. Ent. Z.) 1907—10. 8. 53 p.   1.50
968 **Fabre.** Hypermétamorph. et mœurs d. Méloïdes. 2 parties. (Paris, Ann.
Sc.) 1857 à 58. 8. 79 p. av. pl.   2.—
969 — Souvenirs Entomolog. Séries 1 à 10. (Série 1 et 2 en 2. éd.) Paris 1883 à
1907. 8. 3899 p. av. portr. et fig.   28.—
970 — Bilder aus d. Insektenwelt. I, II. Stuttg. 1908—11. 8. 228 p. m. Portr.
(M. 4.25.)
971 — Insect Life. Souvenirs of a Naturalist. Transl. by Sharp. Ed. by Merri-
field. Lond. 1901. 8. 332 p. w. 16 pl. Cloth.   6.—
972 — Mœurs d. Insectes. Paris 1910. 8. 271 p. av. 15 pl.   3.—
973 — La vie d. Insectes. Paris 1910. 8. 298 p. av. 15 pl.   3.—
975 **Fabricius.** Opera Entomologica omnia. 17 volum. Hauniae, Brunsvig. etc.
1775—1805. 8. (M. 93.)   80.—
  Eine vollständige — von mir zusammengetragene — Reihe der entomolog. Arbeiten
  dieses besonders aus Prioritätsgründen der Nomenclatur jetzt hochgeschätzten Professors
  an der Kieler Universität (1745—1808); außerordentlich schwierig zu combinieren. Ge-
  naues Verzeichnis u. bibliographische Beschreibung siehe: Rara Historico-Naturalia,
  ed. Junk, p. 35. — Hieraus einzeln:
976 — Systema Entomologiae. Flensburgi 1775. 8. 864 p. Cart.   6.—
977 — Genera Insectorum. Chiloni 1776. 8. 324 p.   5.—
978 — Philosophia Entomolog. Hamb. 1778. 8. 190 p.   3.—
979 — Species Insectorum. 2 vol. Hamburgi 1781. 8. 1080 p. Hfzb.   10.—
980 — Mantissa Insectorum. 2 vol. Hafniae 1787. 8. 752 p. Hfzb.   9.—
981 — Entomologia systematica emend. et aucta. C. suppl. et indice. 8 partes.
Hafniae 1792—98. 8. Cart.   28.—
  Exemplare mit Supplement und Index sind selten geworden.
982 — Systema Eleutheratorum. 2 vol. Kiliae 1801. 8. 1217 p. (M. 16.20.) Cart.   4.—
983 **Fahraeus.** Coleoptera Caffrariae a Wahlberg collecta. 7 partes. (Holmiae,
Ac.) 1870—72. 8. 372 p.   10.—
  Vide nr. 357.
984 **Fairmaire.** Descr. de qu. Coléopt. nouv. (Paris, S. Ent.) 1848. 8. 10 p. av. pl.   1.—
985 — Essai s. l. Coléopt. de la Polynésie. (Paris, Revue Z.) 1849. 8. 102 p.
av. pl.   3.—
986 — Miscellanea Entomolog. 5 parties. (Paris, S. Ent.) 1856 à 62. 8. 130 p.
av. pl.   2.50
987 — 13 mém. coléoptérolog. (Paris, Soc. Ent.) 1857 à 94. 8. 114 p. av. pl.   4.—
988 — Coléopt. d'Algérie. (Paris, S. Ent.) 1863. 8. 12 p.   1.—
989 — Coléopt. rec. d. l. Cordilières. (Paris, S. Ent.) 1864. 8. 14 p.   1.—
990 — Coléopt. rec. s. le Bosz-Dagh, Asie min. (Paris, S. Ent.) 1866. 8. 32 p.   1.—
991 — S. l. Coléopt. rec. p. Coquerel à Madagasc. 3 parties. (Paris, S. Ent.)
1868 à 71. 8. 200 p.   3.50
992 — Révis. d. Hétéromères du Chili. (Paris, S. Ent.) 1875. 8. 10 p.   1.—
993 — Révis. d. Coléopt. du Chili. 2 parties. (Paris, S. Ent.) 1876. 8. 52 p.   2.—
994 — Synops. des espèces Austral. du g. Curis et Neocuris. (Paris, S. Ent.)
1877. 8. 14 p.   1.—
995 — Coléopt. de Cochinchine. (Paris, S. Ent.) 1878. 8. 6 p.   1.—
996 — Descr. de Coléopt. nouv. d'Amérique. (Paris, S. Ent.) 1878. 8. 10 p.   1.—
997 — Descript. de Coléopt. nouv. ou peu connus du Musée Godeffroy. Staphylinid. (Hamb., Godefr.) 1879. 4. 33 p.   4.—
998 — Qu. Coléopt. rec. en Espagne. (Paris, S. Ent.) 1879. 8. 12 p.   1.—
999 — Descr. de Coléopt. nouv. du Nord de l'Afrique. 4 parties. (Paris, S. Ent.)
1879 à 1880. 8. 68 p.   2.—
1000 — Descr. de qu. Coléopt. de Nossi-Bé. (Paris, S. Ent.) 1880. 8. 20 p. av. pl.   1.—
1001 — Révis. d. Zonitis d'Australie. (Stett., Ent. Z.) 1880. 8. 22 p.   1.50
1002 — S. l. Coléopt. d. îles Viti. 2 parties. (Paris, S. Ent.) 1881. 8. 108 p.   2.—

W. Junk, Berlin, W. 15.

M

1003 **Fairmaire.** Descr. de qu. Coléopt. de Syrie. (Paris, S. Ent.) 1881. 8. 10 p.   1.—
1004 — Liste complément du g. Timarcha et notes s. le g. Cyrtonus. 2 mém. (Madrid, Soc. Nat.) 1881 à 1883. 8. 59 p.   2.—
1005 — Coléopt. de la France. Paris (1882). 8. 340 p. av. 27 pl.   3.—
1006 — — Nouv. éd. Paris 1903. 8. av. 27 pl. color. Cart.   5.50
1007 — Descr. de Coléopt. nouv. ou peu connus rec. p. Raffray en Abyssinie. (Paris, S. Ent.) 1883. 8. 24 p.   1.—
1008 — S. qu. Coléopt. de Magellan. (Paris, S. Ent.) 1883. 8. 24 p.   1.—
1009 — Qu. Coléopt. de la Patagonie. (Paris, S. Ent.) 1883. 8. 10 p.   1.—
1010 — Liste des Coléopt. rec. p. David à Akbès (Asie-min.) (Paris, S. Ent.) 1884. 8. 16 p.   1.—
1011 — Coléopt. de Madagascar rec. p. Hildebrandt. (Stett., Ent. Z.) 1884. 8. 12 p.   1.—
1012 — Liste d. Coléopt. rec. à la Terre de Feu. (Paris, S. Ent.) 1885. 8. 38 p.   1.50
1013 — S. l. Coléopt. rec. p. Laligant à Obock. 2 parties. (Paris, S. Ent.) 1885 à 1890. 37 p.   1.50
1014 — S. l. Coléopt. rec. p. Raffray à Madagascar. 2 parties. (Paris, S. Ent.) 1885 à 86. 8. 84 p. av. pl.   2.—
1015 — Descr. de Coléopt. de l'intérieur de la Chine. Partie II et V. (Paris, S. Ent.) 1886 à 89. 8. 136 p.   2.—
1016 — Coléopt. d. voyages de Revoil chez l. Somâlis et d. Zanguebar. (Paris, S. Ent.) 1887. 8. 300 p. av. 3 pl.   5.—
1017 — Coléopt. de la Mission scientif. au Cap Horn. (Paris) 1888. 4. av. 2 pl. color.   6.—
1018 — Descr. de Coléopt. de l'Indo-Chine. (Paris, S. Ent.) 1888. 8. 46 p.   1.—
1019 — Enumér. des Coléopt. rec. p. Schinz dans le Sud de l'Afrique. (Paris, S. Ent.) 1888. 8. 30 p.   1.—
1020 — Diagnoses de Coléopt. Madécasses. 2 parties. (Brux,, Soc. Ent.) 1889. 8. 11 p.   1.—
1021 — Hétéromères de Minas-Geraes. (Brux., Soc. Ent.) 1889. 8. 20 p.   1.—
1022 — Coléopt. de l'Afrique intertrop. et australe. 4 parties. (Paris et Brux., Soc. Ent.) 1891 à 1897. 8. 142 p. av. pl.   4.50
1023 — Hétéromères rec. p. Simon au Venezuela. (Paris, S. Ent.) 1892. 8. 22 p.   1.—
1024 — Descr. de qu. Coléopt. Argentines. (Brux., S. Ent.) 1892. 8. 12 p.   1.—
1025 — Descr. de Coléopt. d'Akbès, Syrie. (Brux., S. Ent.) 1892. 8. 16 p.   1.—
1026 — Coléopt. de l'Oubanghi rec. p. Crampel. (Paris, S. Ent.) 1893. 8. 12 p.   1.—
1027 — Matér. p. la Faune Coléopt. du Sénégal. (Paris, S. Ent.) 1893. 8. 12 p.   1.—
1028 — Qu. Cérambycides nouv. de Madagascar. Coléopt. d. îles Comores. 2 mém. (Brux., S. Ent.) 1893. 8. 47 p.   1.—
1029 — Coléopt. du Haut Tonkin. (Brux., S. Ent.) 1893. 8. 23 p.   1.—
1030 — Qu. Coléopt. d. pays Somalis. (Brux., S. Ent.) 1893. 8. 13 p.   1.—
1031 — S. l. Coléoptères du Choa. (Brux., S. Ent.) 1893. 8. 57 p.   1.50
1032 — Liste d. Clérides de Madagascar. (Brux., S. Ent.) 1893. 8. 24 p.   1.—
1033 — Coléopt. de Madagascar. (Brux., S. Ent.) 1894. 8. 22 p.   1.—
1034 — Coléopt. du Kilimandjaro. (Brux., S. Ent.) 1894. 8. 10 p.   1.—
1035 — Qu. Coléopt. du Thibet. (Brux., S. Ent.) 1894. 8. 10 p.   1.—
1036 — Hétéromères du Bengale. (Brux., S. Ent.) 1894. 8. 28 p.   1.—
1037 — Qu. Coléopt. de Lang-Song. 2 parties. (Brux., S. Ent.) 1893 à 95. 8. 34 p.   1.50
1038 — Descr. de qu. Coléopt. de Madagascar. (Brux., S. Ent.) 1895. 8. 33 p.   1.—
1039 — Hétéromères de l'Inde. (Brux., S. Ent.) 1896. 8. 57 p.   1.50
1040 — Matér. p. la Faune coléoptérol. de la région Malgache. 19 parties. (Brux., Caen, Paris) 1898 à 1905. 8. 900 p.   32.—
1041 — Descr. de Coléopt. d'Asie. (Paris, S. Ent.) 1898. 8. 19 p.   1.—
1042 — Hétéromères de la Républ. Argent. (Paris, S. Ent.) 1905. 8. 15 p.   1.—
1043 — Tenebrionidae, Cantharidae et Oedemeridae du voy. Antarctique du S. Y. Belgica en 1897 à 1899. Anvers 1906. 4. 6 p. av. pl. color.   2.—
1044 **Fairmaire et Allard.** Révis. du g. Timarcha. (Paris, S. Ent.) 1873. 8. 60 p.   1.50
1045 **Fairmaire et Coquerel.** Essai s. l. Coléopt. de Barbarie. 7 parties. (Paris, Soc. Ent.) 1858 à 70. 8. 280 p. av. 2 pl.   6.—

W. Junk, Berlin, W. 15.

3*

1046 **Fairmaire et Germain.** Révis. d. Coléopt. du Chili. 5 parties. (Paris, S. Ent.) 1861 à 67. 8. 156 p. av. pl.   5.—

1047 **Fairmaire, Grouvelle, Guillebeau.** Coléopt. du voy. de Simon au Venezuela. 3 mém. (Paris, S. Ent.) 1889 à 93. 8. 40 p. av. pl.   1.50

1048 **Fairmaire et Laboulbène.** Faune Entomol. Française. Coléopt. Vol. I (seul). Paris 1854. 8. 670 p. D.-rel.   8.—

1049 **Faivre.** Du cerveau et de la sensibil. d. Dytisques. 2 mém. (Paris, Ann. Sc.) 1857 à 64. 8. 46 p.   1.50

1050 **Faldermann.** Species novae Coleopt. Mongoliae et Sibiriae. (Mosquae, Bull.) 1833. 8. 27 p. et 2 tab. color.   3.50

1051 — Coleoptera Persico-Armeniaca. (Mosquae, Soc. Nat.) 1835. 4. 314 p. et 10 tab. color.   30.—

1052 — Bereicher. z. Käfer-Kunde d. Russ. Reiches. (Mosk., Bull.) 1836. 8. 48 p. m. 3 color. Tfln.   4.—

1053 — Fauna entomolog. Trans-Caucasiae. Coleoptera. 3 vol. Mosq. 1836—38. 4. c. 26 tab. color.   80.—

1054 **Fall.** Revis. of Ptinidae of Boreal America. (Philad., Ent. S.) 1905. 8. 200 p. w. pl.   10.—

1055 **Falzoni.** Specie Ital. d. g. Micropeplus. (Camerino, Riv. Col.) 1905. 8. 11 p.   1.—

1056 **Fasciculi Malayenses.** Ed. by Annandale and Robinson. Zoology. Parts I—III. Lond. 1903—06. 4. w. many pl., partly colour. (4 £ 10 s.)   60.—

1057 **Fauconnet.** Faune analyt. d. Coléopt. de France. Autun 1892. 8. 532 p.   13.—

1058 **Fauna.** Verein Luxemburg. Naturfreunde. Jahrg. IX—XV. Luxemb. 1899—1905. 8. m. Fig. (M. 56.)   23.—

1059 **Fauna** of British India. Ed. by Shipley. Coleoptera. Vol. I—III (all pub'd. till today) by Arrow, Gahan and Jacoby. Lond. 1906—10. 8. w. 4 colour. pl. and many fig. Cloth.   38.—
Contents see nr. 83, 1255 and 1771.

1060 **Faust.** Z. Kenntn. d. Gatt. Psalidium. (Petersb., Horae) 1872. 8. 30 p.   1.50

1061 — Ueb. ein. südruss. Silpha-Arten. Aeltere u. ein. neue Käfer d. russ. Fauna. 2 Abh. (Moskau, Bull.) 1877. 8. 23 p.   1.—

1062 — Z. Kenntn. d. Käfer d. Europ. u. Asiat. Russlands. IV. V. (Petersb., Horae) 1881—88. 8. 83 p.   2.—

1063 — Die europ. u. asiat. Arten d. Gattgn. Erirhinus, Notaris, Icaris, Dorytomus. (Mosk., Bull.) 1883. 8. 177 p.   3.50

1064 — Stellung u. neue Arten d. Gatt. Catapionus. (Berl., D. Ent. Z.) 1883. 8. 18 p.   1.—

1065 — Neue Asiat. Rüsselkäfer. 3 Thle. (Berl., D. Ent. Z.) 1883—85. 8. 63 p.   2.—

1066 — Die Cleoniden-Gatt. Chromonotus. (Stett., Ent. Z.) 1883. 8. 14 p.   1.—

1067 — Neue exot. Apoderus- u. Attelabus-Arten. — Die Gruppe d. Coryssomerides. 2 Abh. (Stett., Ent. Z.) 1883. 8. 27 p.   1.—

1068 — Neue Rüsselkäfer aus Algerien. (Berl., Ent. Z.) 1885. 8. 12 p.   1.—

1069 — Russische Rüsselkäfer. (Stett., Ent. Z.) 1885. 8. 24 p.   1.—

1070 — Turkestan. Rüsselkäfer. (Stett., Ent. Z.) 1885. 8. 54 p.   2.—

1071 — Neue exot. Rüsselkäfer. (Berl., D. Ent. Z.) 1886. 8. 36 p.   1.—

1072 — Verz. auf e. Reise nach Kashgar gesamm. Curculioniden. (Stett., Ent. Z.) 1886. 8. 29 p.   1.—

1073 — Bemerk. z. ein. Europ. Curculioniden-Gattgn. Zur Gruppe d. Brachyderiden. (Stett., Ent. Z.) 1886. 8. 17 p.   1.—

1074 — Neue Rüsselkäfer v. Kyndyr-Tau (Turkestan). Zur Gattg. Echinocnemus. (Stett., Ent. Z.) 1887. 8. 16 p.   1.—

1075 — Verzeichn. d. v. Conradt im östl. Turkestan ges. Rüsselkäfer. (Stett., Ent. Z.) 1887. 8. 14 p.   1.—

1076 — Curculion. aus d. Amur-Gebiet. (Berl., D. Ent. Z.) 1887. 8. 20 p.   1.—

1077 — Neue Rüsselkäfer aller Länder. (Stett., Ent. Z.) 1888. 8. 33 p.   1.—

1078 — Z. Käferfauna Neu-Caledoniens u. Madagasc. (Stett., Ent. Z.) 1889. 8. 46 p.   1.50

1079 — Neue Curculioniden. 8 Abhdl. 1889—99. 8. 32 p.   1.50

1080 — Neue Rüsselkäfer v. Alka-kul. (Berl., D. Ent. Z.) 1889. 8. 17 p.   1.—

ℳ

1081 **Faust.** Griechische Curculioniden. (Berl., D. Ent. Z.) 1889. 8. 34 p. — 1.50
1082 — Z. Kenntn. d. Gatt. Psalidium. (Petersb., Horae) 1890. 8. 30 p. — 1.50
1083 — Rüsselkäfer aus d. Mittelmeer-Ländern. (Berl., D. Ent. Z.) 1890. 8. 16 p. — 1.—
1084 — Curculionidae a Potanin in China et in Mongolia lecta. (Petrop., Horae) 1890. 8. 56 p. — 1.50
1085 — Z. Kenntn. d. Curculion.-Fauna S. W. Sibiriens. (Helsingf., Vet. Soc.) 1890. 8. 54 p. — 1.50
1086 — Curculion. et Brenthidae de l'Indo-Chine. (Paris, Soc. Ent.) 1891. 8. 18 p. — 1.—
1087 — Curculionidae, gesamm. auf d. Reise v. Simon in Venezuela. 3 Thle. (Stett., Ent. Z.) 1892—96. 8. 202 p. — 7.—
1088 — Contrib. à la Faune Indo-Chinoise: Curculion., Brenthidae. (Paris, S. Ent.) 1892. 8. 18 p. — 1.—
1089 — Die Anchoniden-Gruppe. (Berl., D. Ent. Z.) 1892. 8. 44 p. — 1.50
1090 — Ein. neue Anchoniden. (Brux., S. Ent.) 1893. 8. 16 p. — 1.—
1091 — Afrikan. Curculioniden. (Stett., Ent. Z.) 1893. 8. 24 p. — 1.—
1092 — Neue Heilipinen. (Stett., Ent. Z.) 1893. 8. 13 p. — 1.—
1093 — Curculionidae, gesamm. v. Fea in Birma Tenasserim u. im Carin-Geb. Genua (Mus.) 1894. 8. 222 p. — 3.50
1094 — Verzeichn. um Issyk-kul ges. Curculionid. (Petersb., Horae) 1894. 8. 10 p. — 1.—
1095 — Z. Kenntn. d. Curculioniden Afrikas. (Brux., S. Ent.) 1894. 8. 31 p. — 1.—
1096 — Die noch nicht gedeut. Cleonus-Arten. (Brux., S. Ent.) 1894. 8. 10 p. — 1.—
1097 — Rüsselkäfer d. alten u. neu. Welt. (Stett., Ent. Z.) 1894. 8. 21 p. — 1.—
1098 — Verzeichn. um Bismarckburg bei Togo gesamm. Curculioniden. (Berl., D. Ent. Z.) 1895. 8. 36 p. — 1.50
1099 — Rüsselkäfer aus d. Malay. Archip. (Stett., Ent. Z.) 1895. 8. 34 p. — 1.—
1100 — Ein. neue Luzon-Curculioniden. (Stett., Ent. Z) 1895. 8. 19 p. — 1.—
1101 — Z. Kenntn. d. (Curculioniden)Fauna v. Deutsch-Ost-Afrika. (Berl., D. Ent. Z.) 1896. 8. 34 p. — 1.50
1102 — Ein. neue Curculioniden aus Brit. Ost-Afrika. (Brux., Soc. Ent.) 1896. 8. 10 p. — 1.—
1103 — Revis. d. Gatt. Episomus. (Petersb., Horae) 1897. 8. 112 p. — 3.—
1104 — Uebersicht d. Chlorophanus-Arten. (Stett., Ent. Z.) 1897. 8. 19 p. — 1.—
1105 — Curculioniden aus d. Malay. u. Polynesischen Inselgebiet. 2 Thle. (Stett., Ent. Z.) 1897—98. 8. 103 p. — 3.—
1106 — Beschreib. neuer Coleopt. v. Vorder- u. Hinterindien. Curculionidae. 2 Thle. (Berl., Ent. Z.) 1897—98. 8. 113 p. — 3.50
1107 — Neue Gattgn. u. Arten d. Celeuthetiden-Gruppe. (Stett., Ent. Z.) 1897. 8. 70 p. — 2.—
1108 — Z. Kenntn. d. Fauna (Menemach., Isorhynch., Campyloscel.) v. Kamerun. (Berl., D. Ent. Z.) 1898. 8. 75 p. — 1.50
1109 — Curculionidae ges. v. Loria in Papuasia orient. (Gen., Mus.) 1899. 8. 126 p. — 4.—
1110 — Neue Curculioniden aus Deutsch-Ost-Afrika. (Berl., D. Ent. Z.) 1899. 8. 24 p. — 1.—
1111 — Curculioniden d. Congo Gebiet. (Brux., S. Ent.) 1899. 8. 49 p. — 1.50
1112 — Revis. d. Gruppe Cléonides. (Berl., D. Ent. Z) 1904. 8. 126 p. — 4.—
1113 — Heller, Nekrolog u. Verzeichn. d. Schriften. (Berl., D. Ent. Z.) 1903. 8. 10 p. m. Portr. — 1.—
1114 **Fauvel.** Catal. d. Insectes (Coléopt.) rec. à la Guyane franç. p. Déplanche. (Caen, Soc. Linn.) 1861. 8. 31 p. — 1.50
1115 — S. qu. Aléochariens nouv. 2 parties. (Paris, S. Ent.) 1862. 8. 26 p. — 1.50
1116 — Staphylinid. décrits p. Solier d. l''Histor. de Chile' de Gay. (Paris, S. Ent.) 1864. 8. 13 p. — 1.—
1117 — Distrib. géogr. en France d. Coléopt. Carnassiers. Caen 1864. 4. 32 p. av. carte color. — 1.50

W. Junk, Berlin, W. 15.

1118 **Fauvel.** Faune Gallo-Rhénane. Coléoptères. 7 livrais. (Tome I av. supplém.,   *M*
III livrais. 1 à 7 av. supplém. 1 à 3): Introduct., Staphylinides. Caen 1868
à 1882. 8. 1380 p. av. 2 cartes color. et 6 pl.   25.—
    Tout ce qui a paru isolément. La continuation est publiée dans la 'Revue
d'Entomologie'. (Voir aussi no. 853.)
1119 — Rem. synonym. s. les Staphylinides du catal. de Harold et Gemminger.
(Paris, Abeille) 1869. 8. 18 p.   1.—
1120 — Les Staphylinides de l'Australie et de la Polynésie. 2 parties. (Gênes,
Mus.) 1877 à 78. 8. 264 p.   9.—
1121 — Les Staphylinides d. Moluques et de la Nouv. Guinée. 2 parties. (Gênes,
Mus.) 1878 à 79. 8. 248 p. av. 2 pl. et 2 cartes color.   8.—
1122 — Catal. d. Staphylinides de Barbarie et d. iles Açores, Madères etc.
4. éd. av. supplém. Caen 1897 à 98. 8. 158 p.   3.—
1123 — Catal. d. Coléoptères d. îles Madère, Porto-Santo et Desertas. (Caen,
Rev. Ent.) 1897. 8. 29 p.   1.—
1124 — Staphylinides nouv. de Madagascar. (Caen, Rev. Ent.) 1898. 8. 11 p.   1.—
1125 — 3 mém. s. l. Staphylinides. (Caen, Rev. Ent.) 1900. 8. 42 p.   1.50
1126 — S. l. Oxyteliens de Nouv.-Zélande. (Caen, Rev. Ent.) 1900. 8. 12 p.   1.—
1127 — Staphylinides paléarct. nouv. (Caen, Rev. Ent.) 1900. 8. 36 p.   1.50
1128 — Staphylin. rec. au Cameroun. (Stockh., Ark. Z.) 1903. 8. 10 p. av. pl.   1.—
1129 — Matériaux p. la Faune (Coléopterol.) française. 8. 135 p.   2.—
1130 **Favre et Bugnion.** Faune des Coléopt. du Valais et des régions limitrophes. Zurich (Soc. Helvét.) 1891. 4. 492 p. (fr. 25.)   16.—
1131 **Fea.** S. i. Coleott. d. croc d. "Corsaro". (Genova, Mus.) 1883. 8. 16 p.   1.—
1132 **Felsche.** Verzeichn. d. bis jetzt beschr. Lucaniden. Leipz. 1898. 8, 44 p.
(M. 3.)   1.50
1133 — Boileau. S. le "Catalogue" de Felsche. (Paris, S. Ent.) 1898. 8. 37 p.   1.50
1134 — Beschr. coprophager Scarabaeid. (Berl., D. Ent. Z.) 1901. 8. 19 p. m. Tfl.   1.—
1135 — Coprophage Scarabaeiden. 2 Abhdl. (Berl., D. Ent. Z.) 1907—8. 8. 28 p.
m. Tfl.   1.50
1136 — Neue u. alte coprophage Scarabaeiden. (Berl., D. Ent. Z.) 1909. 8.
15 p. m. Tfl.   1.—
1137 — Ueb. coprophage Scarabaeiden. (Berl., D. Ent. Z.) 1910. 8. 14 p.   1.—
1138 **Felt.** Elm-Leaf-Beetle in New York State. (Albany, Mus.) 1898. 8. 43 p.
w. 6 pl. (1 colour.)   2.—
1139 — Aquatic Insects in New York State. (Albany, Mus.) 1903. 8. 319 p.
w. 52 pl., partly colour. Cloth.   8.—
1140 — Grapvine root worm (Fidia viticida). (Albany, Mus.) 1903. 8. 51 p. w. 13 pl.   2.50
1141 — Insects affecting Park and Woodland Trees. 2 vols. Albany (Mus.)
1904—6. 4. 877 p. w. 70 pl. (20 colour.) and 223 fig. Cloth.   40.—
1142 — White marked Tussock Moth and Elm Leaf Beetle. (Albany, Mus.) 1907.
8. 31 p. w. 8 (2 colour.) pl.   2.—
1143 — Insects affecting Forest Trees in the State of N. York. (Albany, Forest
Commiss.) 1908. 4. 55 p. w. 16 pl., partly colour.   8.—
1144 **Felt and Joutel.** Monograph of the genus Saperda. (Albany, Mus.) 1904.
8. 86 p. w. 14 pl. (7 colour.)   3.—
1145 **Fernald, H. T.** The relationships of Arthropods. (Baltim., Univ.) 1890.
8. 83 p. w. 3 pl.   2.—
1146 **Ferrant.** Die schädlichen Insekten d. Land- u. Forstwirtschaft. Luxemb.
1911. 8. 615 p. m. 367 p. Fig. (M. 8.)
1147 **Ferrari.** 6 neue Käfer. (Wien, Z. b. G.) 1866—69. 8. 14 p.   1.—
1148 **Fest-Schrift** z. Feier des 50jähr. Bestehens des Vereins für Schles. Insektenkunde in Breslau. Breslau 1897. 4. 141 p. m. 4 Tfln.   4.—
1149 **Fettig.** Le Carabus monilis d'Alsace. (Colmar) 1898. 8. 11 p.   1.—
1150 **Feuille** d. Jeunes Naturalistes. Réd. p. Dollfus. Années 1 à 37: 1870 à
1906. Rennes. 8. av. plchs. Toile et en livrais.   150.—
    Des exemplaires qui possèdent tous les numéros — à peu près 500 en ont paru
jusqu'aujourd'hui — ne se trouvent que rarement.
1151 **Fiebrig.** Cassiden u. Cryptocephaliden Paraguays. Ihre Entwicklungsstad.
u. Schutzvorrichtgn. (Jena, Zool. Jahrb.) 1910. 8. 104 p. m. 6 Tfln. (4 color.)
(M. 15.)

W. Junk, Berlin, W. 15.

ℳ

1152 **Fiori.** Catal. d. Coleott. d. Modenese. (Modena, Soc. Nat.) 1886. 8. 16 p. 1.—
1153 — Alc. nuovi Carabidi d. Gran Sasso. (Mod., S. Nat.) 1896. 8. 16 p. c. tav. 1.—
1154 — Specie d. primo gruppo d. g. Abax. (Mod., S. Nat.) 1896. 8. 15 p. 1.—
1155 — 3 mem. s. Coleott. (Mod., S. Nat.) 1896. 8. 24 p. c. 4 tav. 2.—
1156 — Coleott. Ital. nuovi. (Mod., S. Nat.) 1899. 8. 12 p. 1.—
1157 — Nuove spec. di Coleott. (Mod., S. Nat.) 1900. 8. 12 p. c. 2 tav. 1.50
1158 — Revis. d. spec. Ital. d. g. Malthodes. (Camerino, Riv. Col.) 1906. 8. 58 p.
c. 2 tav. 2.—
1159 **Fischer de Waldheim.** Entomographia Imperii Rossici. 5 vol. Mosq. 1820
—1851. 4. 1518 p. et 140 tab. color. 225.—
    Sehr selten.
1160 — — Vol. I partie 1. 1820. 4. 104 et 80 p. av. 14 pl. color. Cart. 10.—
    Cont.: Genres d. Insectes. Coléoptères.
1161 — — Pimeliariae. 1821. 44 p. et 2 tab. color. Cart. 4.—
1162 — S. le Physodactyle. Mosc. 1824. 8. 19 p. av. pl. color. 2.—
1163 — Coleopt. Rossica. (Mosq., Bull.) 1835. 8. 5 p. et tab. color. 1.—
1164 — S. l. Mélasomes. (Mosc., Bull.) 1837. 8. 16 p. av. 2 pl. color. 2.—
1165 — Spicilegium Entomographiae Rossicae. (Mosc., Bull.) 1844. 8. 143 p. et
3 tab. (2 color.) 4.—
1166 **Fischer, H.** Microscop. Untersuch. üb. d. Käfer-Schuppen. (Leipz., Isis)
1846. 4. 22 p. m. Tfl. 1.50
1167 **Fitch.** 1. and 2. Report on the noxious, benefic. and other Insects of
the State of New York. Albany 1856. 8. 336 p. w. 4 pl. Cloth. 6.—
1168 **Flach.** Bestimm.-Tabellen d. Europ. Phalacridae. (Brünn, Nat. Ver.) 1888.
8. 26 p. m. Tfl. 1.50
    Ist „Bestimmungs-Tabelle d. Europ. Coleopt." Heft 17.
1169 — Bestimm.-Tabellen d. Europ. Trichopterygidae. (Wien, Z. b. G.) 1889.
8. 52 p. m. 5 Tfln. 3.—
    Ist „Bestimmungs-Tabelle d. Europ. Coleopt." Heft 18.
1170 — Bestimm.-Tabellen d. Europ. Curculionidae. Theil XVI: Genus Strophosomus. (Brünn, Nat. Ver.) 1907. 8. 30 p. m. Tfl. 1.50
    Ist „Bestimmungs-Tabelle d. Europ. Coleopt." Heft 62.
1171 — Uebers. der Brachyderes-Arten. (Wien, Ent. Z.) 1907. 8. 12 p. 1.—
1172 **Fleischer, A.** 57 coleopterol. Abhandlungen. (Brünn u. Wien) 1888—1909.
8. ca. 150 p. 8.—
1173 — Bestimm.-Tabelle d. Europ. Carabidae. Abth. II: Scaritini. Paskau 1899.
8. 38 p. 1.50
    Ist „Bestimmungs-Tabelle d. Europ. Coleopt." Heft 39.
1174 — — Proskau 1900. 8. 32 p. — In tschechischer Sprache. 1.50
1175 — — Tableau de détermin. d. Scaritini d'Europe. Trad. p. Carret. (Narbonne, Misc. Ent.) 1908. 8. 34 p. 1.50
1176 — — Porta. Tavole di classif. d. Scaritini Ital. da Fleischer e Reitter.
(Camerino, Riv. Coleott.) 1911. 8. 26 p. 1.—
1177 — Krit. Studien üb. Liodes-Arten. 6 Thle. (Wien, Ent. Z.) 1905—08. 8. 35 p. 1.—
1178 — Untersuch. üb. d. G. Liodes u. Colon. Brünn 1906. 8. 31 p. m. Tfl. —
In tschechischer Sprache. 1.—
1179 — Bestimm.-Tabelle d. Europ. Anisotomidae, Tribus Liodini. (Brünn, Nat.
Ver.) 1908. 8. 63 p. m. Tfl. 2.50
    Ist „Bestimmungs-Tabelle d. Europ. Coleopt." Heft 63.
1180 **Fleischer, H.** Der Käferfreund. Stuttg. (1896.) 8. 252 p. m. 12 color. Tfln.
Origbd. (M. 4.) 2.—
1181 **Fleischer, J. T.** Coleopteror. species nova. (Mosq., Bull.) 1829. 8. 8 p. et
tab. color. 1.—
1182 **Fleutiaux.** 18 mém. s. l. Cicindélides. Paris 1886 à 1899. 8. 70 p. 3.—
1183 — Coléopt. nouv. de l'Annam. (Paris, S. Ent.) 1887. 8. 10 p. av. pl. color. 1.—
1184 — Elateridae de la Nouv.-Calédonie. (Paris, S. Ent.) 1891. 8. 10 p. av. pl. 1.—
1185 — Elateridae rec. de Simon au Venezuela. (Paris, S. Ent.) 1891. 8. 12 p. 1.—
1186 — S. l. Physodactylini. (Paris, S. Ent.) 1892. 8. 10 p. av. pl. 1.—
1187 — Catal. systém. d. Cicindelidae décrits depuis Linné. Liége 1892. 8. 186 p. 4.50
1188 — — H o r n , W. Bemerkgn. u. Nachträge z. „Catal." v. Fleutiaux. (Berl.,
Ent. Z.) 1893. 8. 27 p. 1.—

M

1189 **Fleutiaux.** S. qu. Cicindelidae. (Paris, S. Ent.) 1893. 8. 20 p. 1.—
1190 — Supplém. au 'Catal. Coleopter.' de Gemminger et H.: Trixagidae, Monommidae. (Brux., S. Ent.) 1894. 8. 5 p. 1.—
1191 — Liste d. Trixagidae, Monommidae, Eucnemidae et Elateridae. (Brux., S. Ent.) 1895. 8. 16 p. 1.—
1192 — Eucnémides Austro-Malais du Musée de Gênes. (Gênes, Mus.) 1896. 8. 54 p. 2.—
1193 — Monommidae, Trixagidae et Eucnemidae rec. in Birmania. (Genova, Mus.) 1896. 8. 12 p. 1.—
1194 — Liste d. Eucnemidae du Musée de Berlin. (Brux., S. Ent.) 1897. 8. 12 p. 1.—
1195 — Eucnemidae de la coll. Fry. (Brux., S. Ent.) 1899. 8. 29 p. 1.—
1196 — S. qu. Eucnémides. (Brux., S. Ent.) 1899. 8. 11 p. 1.—
1197 — Classif. d. Melasinae. (Paris, S. Ent.) 1901. 8. 29 p. 1.50
1198 — Elateridae rec. p. Maindron d. l'Inde mérid. (Paris, S. Ent.) 1905. 8. 18 p. 1.—
1199 — Coleopterorum Catalogus: Elateridae, Eucnemidae, Throscidae.
    In Vorbereitung. — In preparation. — En préparation. — Vide nr. 721.
1200 **Fleutiaux, Régimbart et a.** Coléopt. de Madagascar. (Paris, S. Zool.) 1899. 8. 24 p. 1.—
1201 **Fleutiaux et Sallé.** Liste d. Coléopt. de la Guadeloupe. (Paris, S. Ent.) 1890. 8. 134 p. av. 2 pl. (1 color.) 4.—
1202 — Grouvelle. Supplém. à la Liste d. Coléopt. de la Guadeloupe. 2 parties. (Paris, S. Ent.) 1902 à 1908. 8. 38 p. 1.50
1203 **Flögel.** Üb. d. einheitl. Bau d. Gehirns in d. verschied. Insecten-Ordnungen. (Leipz., Z. Zool.) 1878. 8. 37 p. m. 2 Tfln. 2.—
1204 **Folsom.** Entomology w. spec. reference to its biolog. and economic aspects. Philad. 1909. 8. 502 p. w. 5 pl. (1 colour.) and 300 fig. Cloth. 11.—
1205 **(Forbes).** 10. report on the noxious and beneficial Insects of Illinois. Springf. 1881. 8. 239 p. w. 2 pl. and 79 fig. 5.—
1206 — — 21. to 23. report. 3 vols. Chicago 1900—05. 8. w. many partly colour. pl. 12.—
1207 **Forel.** Das Sinnesleben der Insekten. Deutsch v. Semon. Muench. 1910. 8. 418 p. m. 2 Tfln. (1 color.) (M. 7.) 5.—
1208 **Formánek.** Bestimm.-Tabellen d. Europ. Curculionidae. Teil XV: Genus Trachyphloeus. (Wien, Ent. Z.) 1907. 8. 71 p. 2.—
    Ist „Bestimmungs-Tabelle d. Europ. Coleopt." Heft 61.
1209 **Foudras.** Les Altisides de France. Paris 1859 à 60. 8. 384 p. av. portr. 7.—
    Vol. II de l'ouvrage de Mulsant. (Voir no. 2485).
1210 **Fowler.** New Languriidae. 2 pap. (Lond., Ent. S.) 1886. 8. 28 p. w. pl. 1.50
1211 — The Coleopt. of the British Islands. Large edition. 5 vols. Lond. 1886—1891. 8. w. 180 colour. pl. Cloth. 265.—
1212 — — 5 vols. Lond. 1886—91. 8. w. 2 pl. Cloth. — The edition without the colour. pl. 75.—
1213 — Subfam. Languriinae (e: Genera Insectorum). Brux. 1908. 4. 45 p. w. 3 colour. pl. 11.—
1214 — Coleopterorum Catalogus: Languriidae.
    In Vorbereitung. — In preparation. — En préparation. — Vide nr. 721.
1215 **Franchet.** Bruchus. nucleor. (Paris, Soc. phil.) 1884. 8. 4 p. av. pl. color. 1.—
1216 Le **Frélon.** Journal d'Entomol. descr. exclusiv. consacré à l'ét. d. Coléopt. de l'Europe et d. pays voisins. Réd. p. Desbroches des Loges. Année 1 à 15. Tours 1891 à 1907. 8. 75.—
1217 **French.** Handb. of the destruct. Insects of Victoria. 5 parts. Melbourne 1893—1911. 8. 980 p. w. 136 colour. pl. Cloth. 17.—
1218 **Frenzel.** Bau u. Thätigk. d. Verdauungskanals d. Larve d. Tenebrio molitor. (Berl., Ent. Z.) 1882. 8. 50 p. 1.50
1219 **Fricken.** Naturgesch. d. in Deutschland einheim. Käfer. 2. Aufl. Arnsb. 1872. 8. 370 p. m. 72 Fig. (M. 5.) Cart. 2.—
1220 — — 5. (letzte) Aufl. Werl 1906. 8. m. Fig. (M. 4.80.)
1221 **Friederichs.** Untersuch. üb. d. Entsteh. d. Keimblätter u. Bildg. d. Mitteldarms b. Käfern. Rostock 1906. 4. 124 p. m. 26 Fig. 3.—
1222 — — Halle (Ac. Leop.) 1906. 4. 124 p. m. 7 color. Tfln. 16.—

W. Junk, Berlin, W. 15.

1223 **Fritsch.** Jährl. Periode d. Insectenfauna v. Oesterr.-Ungarn. 6 Thle. (Wien,   *M*
Ak.) 1875—80. 4. 532 p. m. 26 Tfln.   12.—
Theil I ist vergriffen.

1224 — — Thl. II: Die Käfer. 1877. 4. 136 p. m. 9 Tfln. (M. 9.)   3.—

1225 **Frivaldszky.** Carabidae Ungarns. Budap. 1874. 8. 66 p. — In Ungar.
Sprache.   2.—

1226 — Data ad faunam (Coleopt.) Hungariae merid. (Budap.) 1876. 8. 94 p. et
tab. — In Ungar. Sprache.   2.—

1227 — Eucnemidae Hungar. (Budap.) 1879. 8. 27 p. — In Ungar. Sprache.   1.—

1228 **Froggatt.** Life-histories of Austral. Coleopt. I. (Sydn., Linn. S.) 1893. 8.
16 p.   1.50

1229 — Typical Insects of Central Australia. (Sydney, Agr. Gaz.) 1901. 8. 10 p.
w. pl.   1.—

1230 — Austral. Ladybird Beetles. (Sydn., Agr. Gaz.) 1902. 8. 17 p. w. colour. pl.   1.—

1231 — The collect. and preservat. of Insects. (Sydney, Agr. Gaz.) 1902. 8.
26 p.   1.50

1232 — Australian Insects. Sydney (1908.) 8. 463 p. w. 37 pl. (1 colour.) and
180 fig. Cloth.   15.—

1233 **Fröhlich.** Beitr. z. Käfer-Fauna v. Aschaffenburg. Jena 1897. 8. 165 p.
(M. 3.)   2.—

1234 **Fuchs.** Fortpflanzungsverhältn. d. rindenbrütenden Borkenkäfer. Münch.
1907. 4. 83 p. m. 10 Tfln. (M. 6)   4.50

1235 **de la Fuente.** Sinops. d. l. Histéridos de España, Portugal y Pireneos.
(Zaragoza, Soc. Nat.) 1908. 8. 61 p.   3.—

1236 **Fumouze.** De la Cantharide offic. Paris 1867. 4. 58 p. av. 5 pl. (1 col.)   2.50

1237 **Fuß.** Die Käfer Siebenbürgens. 2 Thle. Hermannst. 1857—58. 4. 160 p.   4.—

1238 — Verzeichn. d. Käfer Siebenbürgens. (Hermannst., Ver. Ldkde.) 1869. 8.
160 p.   4.—

1239 **Fuessly.** Archiv d. Insectengeschichte. 8 Thle. Zürich u. Winterth. 1782
—1786. 4. m. 50 Tfln. Cart.   12.—
Viele Theile auch einzeln.

1240 **Gadeau de Kerville.** Descr. de qu. esp. nouv. de Coccinellidae. (Paris,
S. Ent.) 1884. 8. 4 p. av. pl. color.   1.—

1241 — 7 mém. s. la biologie d. Coléopt. (Paris) 1886 à 1900. 8. 26 p.   2.—

1242 — Voyage zool. en Khroumirie (Tunisie). Paris 1908. 8. 334 p. av. 30 pl. 18.—

1243 **Gaea.** Centralorgan f. Verbreit. naturwiss. u. geograph. Kenntnisse. Hrsg.
v. Klein. Bd. 1—39: Jahrg. 1865—1903. Köln. 8. Gebd. u. broch. (M. 576.) 100.—

1244 **Gahan.** Descr. of new spec. of Glenea. (Lond., Ent. S.) 1889. 8. 14 p.   1.—

1245 — On new Longicornia fr. Africa. (Lond., Ent. S.) 1890. 8. 32 p. w. pl.   1.50

1246 — Mimetic resemblances betw. Lema and Diabrotica. (Lond., Ent. S.) 1891.
8. 8 p. w. colour. pl.   1.—

1247 — On the S. American Diabrotica. 2 parts. (Lond., Ent. S.) 1891. 8. 62 p.   2.—

1248 — Addit. to the Longicornia of Mexico and Centr. America. (Lond., Ent.
S.) 1892. 8. 20 p. w. colour. pl.   1.—

1249 — Coleopt. sent by Johnston fr. Brit. Centr. Africa. (Lond., Ent. S.) 1893.
8. 10 p.   1.—

1250 — On the Longicornia of Australia and Tasmania. 2 parts. (Lond., Ent.
S.) 1893—94. 8. 49 p.   1.50

1251 — List of the Longicorn Coleopt. coll. by Fea in Burma. (Genoa, Mus.)
1894. 8. 104 p. w. pl.   2.50

1252 — On the Longicorn Coleopt. of the W. India Islands. (Lond., Ent. S.)
1895. 8. 62 p. w. colour. pl.   2.50

1253 — Stridulating Organs in Coleopt. (Lond., Ent. S.) 1900. 8. 20 p. w. pl.   1.—

1254 — Revis. of Astathes. (Lond., Ent. S.) 1901. 8. 38 p. w. colour. pl.   1.50

1255 — The Coleopt. of British India. Vol. I: Cerambycidae. Lond. 1906. 8. 347 p.
w. 107 fig. Cloth.   10.—

1256 — Descr. of new Longicorn. fr. Sumatra. (Genoa, Mus.) 1907. 8. 47 p.   2.—

1257 — Coleopterorum Catalogus: Rhipiceridae, Pythidae, Pyrochroidae.
In Vorbereitung. — In preparation. — En préparation. — Vide nr. 721.

W. Junk, Berlin, W. 15.

1258 **Gahan and Arrow.** Coleopt. fr. Somaliland. (Lond., Zool. S.) 1900. 8.   *M*
13 p. w. colour. pl.   1.50
1259 — List of the Coleopt. coll. at Chapada, Brazil. (Lond., Zool. S.) 1904. 8.
15 p. w. colour. pl.   1.—
1260 **Gallois.** Catal. des Coléopt. de Maine et Loire. 5 parties. (Angers, Soc.
Sc.) 1889 à 1893. 8. 274 p.   8.50
1261 **Ganglbauer.** Bestimm.-Tabellen d. Europ. Cerambycidae. 2 Thle. (Wien,
Z. b. Ges.) 1881—83. 8. 228 p. m. Tfl.   12.—
    Ist „Bestimmungs-Tabellen d. Europ. Coleopt." Heft 7 u. 8.
1262 — Bestimm.-Tabellen d. Europ. Oedemeridae. (Wien, Z. b. Ges.) 1881. 8.
20 p.   2.—
    Ist „Bestimmungstabellen d. Europ. Coleopt." Heft 4a.
1263 — 18 Coleopterol. Abhandl. 1882—1902. 8. 89 p. m. Tfl.   5.—
1264 — Revis. d. caucas. Plectes-Arten. (Berl., D. Ent. Z.) 1886. 8. 32 p.   1.50
1265 — Die Arten d. Sphodristocarabus-Gruppe. (Berl., D. Ent. Z.) 1887. 8. 14 p.   1.—
1266 — Carabidae v. Oertzen in Griechenl. u. Kl.-Asien gesamm. (Berl., D. Ent.
Z.) 1888. 8. 15 p.   1.—
1267 — Varietäten d. Goliathus gigant. (Berl., D. Ent. Z.) 1889. 8. 3 p. m. Tfl.   1.—
1268 — Revis. d. Molops-Arten. (Berl., D. Ent. Z.) 1889. 8. 13 p.   1.—
1269 — Buprestidae, Oedemeridae, Cerambyc. a Potanin in China et in Mongolia lecta. (Petrop., Horae) 1890. 8. 65 p.   2.—
1270 — Die Käfer v. Mittel-Europa. Bd. I—III, IV. Theil 1 (soviel erschien.).
Wien 1892—1904. 8. m. Fig. (M. 94.)   75.—
    Hieraus einzeln:
Bd. I. Familienreihe Caraboidea. 1892. 557 p. (M. 20.)   16.—
„ II. Familienreihe Staphylinoidea I: Staphylin. Pselaphidae. 1895. 880 p. (M. 25.)   20.—
„ III. Hälfte 1: Familienreihe Staphylinoidea II: Scydmaen., Silph., Trichopteryg.,
    Histeridae etc 1899. 408 p. (M. 14.)   11.—
„ III. Hälfte 2: Familienreihe Clavicornia. 1899. 638 p. (M. 24.)   19.—
„ IV. Hälfte 1: Dermest., Byrrhid. Nosodendr., Georyssid., Dryopidae, Heterocer.,
    Hydrophil. 1904. 286 p. (M. 11.)   9.—
1271 — — In Halbfranzbd. gebunden. (M. 102.)   80. —
    Bd. IV. 1. Hälfte ist, da der Band noch nicht abgeschlossen, nur broschiert im
Handel.
    Dieses schöne Werk hätte in 6 Bänden fertig sein sollen. Leider aber ist wenig
Aussicht, daß es über den jetzigen Stand hinauskommen wird.
1272 — Neue und wenig bekannte Carabiden. (Wien, Z. b. G.) 1896. 8. 11 p.   1.—
1273 — Sammelreisen nach Südungarn u. Siebenbürg.: Coleopt. I. (Wien, Hofmus.) 1896. 4. 24 p.   1.—
1274 — Neue mitteleurop. Coleopt. (Wien, Z. b. G.) 1897. 8. 14 p.   1.—
1275 — Rev. d. Europ. Mediterr. Arten d. blinden Bembidiinen-Genera. (Wien,
Z. b. G.) 1900. 8. 34 p.   1.—
1276 — Z. Kenntn. d. paläarkt. Hydrophiliden. (Wien, Z. b. Ges.) 1901. 8.
21 p.   1.—
1277 — Z. Kenntn. d. Gatt. Trechus. (Wien, Ent. Z.) 1903. 8. 12 p.   1.—
1278 — Verzeichn. d. auf d. dalmatin. Insel Meleda vork. Koleopt. (Wien, Z.
b. G.) 1904. 8. 15 p.   1.—
1279 — Percus-Studien. (Berl., D. Ent. Z.) 1909. 8. 10 p.   1.—
1280 **Gaubil.** Catal. synonym. d. Coléopt. d'Europe et d'Algérie. Paris 1849. 8.
300 p.   2.50
1281 **Gautier des Cottes.** Carabiques Méditerran. nouv. 12 parties. (Schaffhaus., Ent. Ges.) 1866 à 70. 8. 145 p.   4.—
1282 — Monogr. du g. Calathus. (Schaffhaus., Ent. G.) 1868. 8. 49 p.   1.50
1283 **Gavoy.** Catal. d. Coléopt. de l'Aude. Paris 1907. 8. 36 p.   3.50
1284 **Gay** (et autres). Historia fisica y política de Chile. 26 vols. de texte in-8.
av. 2 vols. d'atlas, Grand in-Folio, de 315 planches et cartes, dont 248
coloriées. Paris 1844 à 1865. — Bel exempl., presque neuf, av. toutes les
planches coloriées sauf celles qui n'ont paru qu'en état noir.   800.—
    Exemplaire tout à fait complet de cet ouvrage rarissime.
    Entièrement épuisé depuis longtemps. Surtout des séries complètes ne se trou-
vent que très-rarement comme c'est souvent le cas quand un livre a été publié pen-
dant le cours d'un tel grand nombre d'années. L'édition aux planches noires n'est
pas aussi rare et beaucoup moins estimée. — On avait tiré de cet ouvrage magni-
fique 1000 exempl., dont le gouvernement de Chili avait sousèrit 400; le reste fut
abonné par les notables du pays.

W. Junk, Berlin, W. 15.

1285 **Geblen.** Verzeichnis d. v. Sjöstedt in Kamerun ges. Tenebrioniden. (Stockh., *ℳ* Ark. Z.) 1904. 8. 31 p. m. 2 Tfln.   1.50
1286 — Revis. d. Pycnocerini. 2 Thle. (Berl., D. Ent. Z.) 1904. 8. 128 p. m. Tfl.   3.—
1287 — Ueb. die v. Fabricius beschr. Typen v. Tenebrioniden. (Berl., D. Ent. Z.) 1905. 8. 29 p.   1.—
1288 — Coleopterorum Catalogus. Pars 15, 22, 28, 37: Tenebrionidae, Trictenotomidae. Berolini 1910—11. 8. 742 p.   70.—
> Subscriptionspreis für Abnehmer des ganzen 'Coleopterorum Catalogus' (siehe No. 721) M. 46.60.

1290 **Gebler.** Mylabrides de la Sibérie occid. (Mosc., Soc. Nat.) 1829. 4. 28 p.   1.50
1291 — Notae et additam. ad: L e d e b o u r, Catal. Coleopter. Sibiriae occid. et confin. Tatariae. 2 partes. (Mosquae, Bull.) 1833—41. 8. 98 p.   2.—
1292 — Descr. de 3 nouv. Coléopt. de Chine. (Moscou, Bull.) 1836. 8. 17 p. av. pl. color.   1.50
1293 — Generis Lethri species Russica. (Moscou, Bull.) 1845. 8. 16 p.   1.—
1294 — Verzeichn. d. Käfer d. Kolywano-Woskresensk Hüttenbezirks, S. W. Sibir. 4 Thle. (Mosk., Bull.) 1847—48. 8. 423 p.   8.—
1295 — — M o t s c h u l s k y. Bemerk. zu Gebler's Käfer. II. (Mosk., Bull.) 1848. 8. 11 p.   1.—
1296 — Verzeichn. d. v. Schrenk in d. Kirgisen-Steppe gesamm. Käfer. 3 Thle. (Moskau, Bull.) 1859—60. 8. 175 p.   4.—
1297 **de Geer.** Mémoires p. s. à l'histoire des Insectes. 7 vols. Stockh. 1752 à 1778. 4. av. 238 pl. D.-rel. veau.   600.—
> Exemplaires complets sont extrêmement rares.

1298 — Abhandlungen z. Geschichte der Insekten. Uebers. v. Götze. 7 Bde. Nürnberg 1776—83. 4. m. 238 Tfln. Cart.   75.—
> Sehr geschätzte Uebersetzung, da in ihr zum ersten Mal die L i n n é'sche binäre Nomenclatur für die Insekten zur Anwendung kommt.

1299 — — Bd. I u. II (in 3 Thlen.). Leipz. 1776—79. 4. m. 80 Tfln.   10.—
1300 **Géhin.** Catal. d. Cicindel. de sa collect. Metz 1851. 8. 24 p.   1.50
1301 — Catal. synon. d. Coccinelliens du dép. de la Moselle. 2. éd. Metz 1855. 8. 16 p.   1.50
1302 — Buprestiens nouv. ou peu connus. Metz 1855. 8. 15 p. av. 2 pl. color.   3.50
1303 — Lettres p. s. à l'hist. d. Carabides. 4 parties. (Metz et Nancy) 1875 à 80. 96 p.   4.—
1304 — Catal. synon. et syst. d. Carabides. Remirem. 1885. 8. 142 p. av. 10 pl.   10.—
> Epuisé.

1305 — — K r a a t z. Besprech. d. Catal. v. Géhin. (Berl., D. Ent. Z.) 1886. 8. 14 p.   1.—
1306 **Gemminger et Harold.** Catalogus Coleopterorum hucusque descript. synonym. et system. 12 vol. (et index). Monach. 1868—76. 8.   140.—
> Vollständig selten, da Bd. XII ganz vergriffen ist. — Siehe auch: Rara Historico-Naturalia, ed. J u n k, p. 3.
> Der Gemminger-Harold'sche Catalog wird, solange als der neue 'C o l e o p t e r o r u m C a t a l o g u s' (siehe No. 721) nicht vollständig vorliegt, seinen Wert behalten.

1307 — — Vol. I—XI. Monach. 1868—74. 8. (M. 102. 20.)   58.—
> Nur Band XII (Chrysomelidae II, m. Index) fehlt am vollständigen Exemplar. Jeder Band wird auch einzeln abgegeben:

Bd.   I: Cicindel., Carab. 1868. 400 p. (M. 12.)   6.—
  „   II: Dystisc., Gyrin., Hydrophil., Staphyl., Pselaph., Paussidae, Scydmaen. etc. 1868. 328 p. (M. 9.)   5.—
  „ III: Histerid., Phalacr,, Nitidul., Trogosit., Cucuj., Cryptophag., Mycetophag., Parnid., Lucan. etc. 1868. 226 p. (M. 6)   3.—
  „ IV: Scarabaeidae. 1869. 368 p. (M. 9.)   6.—
  „   V: Buprest., Eucnem., Elaterid. etc. 1869. 262 p. (M. 7.)   3.50
  „ VI: Rhipidoc., Malacoderm., Clerid., Ptinid., Bostrych. etc. 1869. 192 p. (M. 5.20.)   3.—
  „ VII: Tenebrion., Lagriid., Anthicid., Canthar., Oedemer. 1870. 380 p. (M. 10.)   5.—
  „ VIII: Curculionidae. 1871. 488 p. (M. 18.)   9.—
  „ IX: Scolytid., Brenth., Antothrib., Cerambyc. 1872. 320 p. (M. 8.)   6.—
  „   X: Cerambyc. (Lamiini), Brachidae. 1873. 244 p. (M. 9.)   6.—
  „ XI: Chrysomelidae. Pars I. 1874. 246 p. (M. 9.)   6.—

1308 — — Cleridae. (Aus Band VI.) 1869. 8. 38 p.   1.50
1309 — — Supplementa. 25 partes. 1880—1901. 8. av. 2 cartes color.   50.—
> B e l o n, Lathridiides. 2 parties. (Brux., Soc. Ent., et Caen, Rev. Ent.) 1886 à 98. 18 p. M. 2. — B e r g é, Cétonides. (Brux., Soc. Ent.) 1885. 51 p. M. 3. — de B o r r e,

Trogides. (Brux., Soc. Ent.) 1886. 29 p. av. carte color. M. 2.50 — Candèze, Elatérides. (Brux., Soc. Ent.) 1880. 29 p. av. carte color. M. 2,50. — Champion, Tenebrionidae. (Brux., Soc. Ent.) 1895. 264 p. M. 6. — Champion, Aegialitidae and Cistelidae. (Brux., Soc. Ent.) 1897. 35 p. M. 2. — Champion, Lagriidae, Othniidae, Nilion., Petriidae etc. (Brux., Soc., Ent.) 1898. 8. 59 p. M. 3. — Champion, Rhipidophoridae and Oedemeridae. (Brux., Soc. Ent.) 1899. 23 p. M. 1.50. — Champion, Cantharidae. (Brux., Soc. Ent.) 1899. 53 p. M. 3. — Demoor, Cicindélides. (Brux., Soc. Ent.) 1886. 8 p. M. 1. — Donckier, Anthribides. (Brux., Soc. Ent.) 1884. 11 p. M. 1.50. — Donckier, Brenthides. (Brux., Soc. Ent.) 1884. 8 p. M. 1.50. — Donckier, Sagrides, Criocérides, Clytrides, Mégalopides, Cryptocéphalides et Lamprosomides. (Brux., Soc. Ent.) 1885. 32 p. M. 2. — Duvivier, Staphylinides. (Brux., Soc. Ent.) 1883. 129 p. M. 3. — Duvivier, Chrysomélides, Halticides et Galérucides. Liége 1885. M. 3. — Fleutiaux, Languriides et Erotylides. (Brux., Soc. Ent.) 1886. M. 1.50. — Fleutiaux, Trixagidae, Monommidae. (Brux., Soc. Ent.) 1894. 5 p. M. 1. — Kerremans, Buprestides. (Brux., Soc. Ent.) 1885. 43 p. M. 2.50. — Lameere, Cérambycides. Av. 'Addenda'. (Brux., Soc. Ent.) 1883. 84 p. M. 4. — Nonfried, Rutelidae. 2 Thle. (Berl., Ent. Z.) 1891—92. 8. 18 p. M. 1.50. — Nonfried, Lucaniden. (Berl., D. Ent. Z.) 1891. M. 1. — Nonfried, Glaphyriden, Melolonthiden u. Euchiriden. (Berl., Ent. Z.) 1893. 42 p. M. 2. — Pic, Anthicides. Av. 2 supplém. (Brux., Soc. Ent.) 1894 à 1901. 38 p. M. 3. — J. Schmidt, Histeridae. (Berl., Ent. Z.) 1884. 14 p. M. 1.50. — Van den Branden, Hispides et Cassidides. (Brux., Soc. Ent.) 1884. 16 p. M. 1.50.

Vollständige Sammlung aller wirklichen Supplemente zu 'G. et H.' Eine ungewöhnlich schwer zu combinirbare Reihe. — Siehe ausserdem No. 417, 530, 713, 750, 842, 1132, 1187, 1191, 1304, 1364, 1863, 2231, 2246, 2271, 2668, 2759, 3092, 3335, 3613, 3890.

1310 **Gené.** Mem. p. s. alla storia nat. d. Crittocefali e d. Clitre. (Milano) 1829. 8. 10 p.   1.—

1311 **Genera Insectorum.** Publ. p. Wytsman. Fasc. 1 à 121. Brux. 1902 à 1911. 4. av. un grand nombre de planches color. et noires.   1700.—

Un nombre des premiers fascicules est épuisé. Les fascicules qui contiennent les 'Coléoptères' sont les suivants: 1: Régimbart. Gyrinidae. 1902. 12 p. av. pl. M. 7.50. — 3: Belon. Lathridiilae, 1902. 40 p. av. pl. M. 10. — 7: Boucomont. Geotrupinae. 1902. 20 p. av. pl. color. M. 12. — 8: Pic. Hylophilidae. 1902. 14 p. av. pl. color. M. 8. — 12: Kerremans. Buprestidae. (4 fascic.) 1902 à 03. 338 p. av. 4 pl. color. M. 65. — 13: S. Schenkling. Cleridae. 1903. 124 p. av. 5 pl. (2 color.) M. 28. — 14: Jacoby. Sagridae. Avec Addenda. 1903 à 04. 14 p. av. pl. color. M. 4. — 21: Jacoby et Clavareau. Donaciidae. 1904. 15 p. av. pl. color. M. 4. — 23: Jacoby et Clavareau. Crioceridae. 1904. 40 p. av. 5 pl. color. M. 15. — 32: Jacoby et Clavareau. Megascelidae. 1905. 8 p. av. pl. color. M. 3. — 33: Jacoby et Clavareau. Megalopidae. 1905. 22 p. av. 2 pl. color. M. 6. — 35: Desneux. Paussidae. 1905. 34 p. av. 2 pl. color. M. 9. — 38: Rousseau. Anthiinae. 1905. 19 p. av. 2 pl. color. M. 7. — 40: Rousseau. Mormolycinae. 1906. 5 p. av. pl. color. M. 3. — 41: Desneux. Platypsyllidae. 1906. 9 p. av. pl. color. M. 4. — 46: Schwarz. Elateridae. (3 parties.) 1906—07. 370 p. av. 6 pl. color. M. 65. — 49: Jacoby et Clavareau. Clytrinae. Avec 'Addenda'. 1907. 88 p. av. 5 pl. color. M. 20. — 50: Schwarz. Plastoceridae. 1907. 10 p. av. pl. color. M. 3.50. — 51: Schwarz. Dicronycidae. 1907. 5 p. av. pl. color. M. 3. — 53: Olivier. Lampyridae. 1907. 74 p. av 3 pl. color. M. 20. — 64: Raffray. Pselaphidae. 1908. 487 p. av. 9 pl. (2 color.) M. 80. — 65: Schönfeldt. Brenthidae. 1908. 88 p. av. 2 pl. color. M. 17. — 69: Bovie. Entominae. 1908. 7 p. av. pl. color. M. 3 — 70: Bovie. Cryptoderminae. 1908. 3 p. av. pl. color. M. 2.50. — 71: Bovie. Alcidinae. 1908. 11 p. av. pl. color. M. 4. — 78: Fowler. Languriinae. 1908. 45 p. av. 3 pl. color. M. 11. — 82: Horn. Cicindelinae. Partes I, II. 1908—10. 208 p. av. carte, 13 pl. color. et noir. M. 65. — 83: Rousseau. Omophroninae. 1908. 5 p. av. pl. color. M. 3. — 84: Rousseau. Promecognathinae. 1908. 4 p. av. pl. color. M. 3.50. — 85: Rousseau. Pamborinae. 1908. 3 p. av. pl. color. M. 2.50. — 86: Rousseau. Lorocerinae. 1908. 4 p. av. pl. color. M. 3. — 88: Kuhnt. Erotylinae. 1909. 139 p. av. 4 pl. color. M. 28. — 89: Bovie. Laemosaccinae. 1909. 6 p. av. pl. color. M. 4. — 91: Lea et Bovie. Belinae. 1909. 13 p. av. pl. color. M. 4. — 92: Bovie. Gymnetrinae. 1909. 20 p. av. 2 pl. (1 color.) M. 8. — 98: Bovie. Nanophyineae. 1909. 14 p. av. pl. color. M. 4.50. — 99: Bovie. Brachyderinae. 1909. 38 p. av. 3 pl. (2 color.) M. 13. — 110: A. Schmidt. Aphodiidae. 1910. 155 p. av. 3 pl. color. M. 32. — 111: Hagedorn. Ipidae. 1910. 178 p. av. 12 pl. M. 46. — 116: Dupuis. Metriinae et Mystropominae. 1911. 4 p. av. 2 pl. color. M. 6. — 117: Dupuis. Apotominae. 1911. 4 p. av. pl. color. M. 3.50.

1312 **Geoffroy.** Hist. abrégée d. Insectes. 2 vols. Paris 1764. 4. 1242 p. av. 22 pl. Veau.   8.—

1313 **Gerbi.** Descr. di un nuovo Insetto. Firenze 1793. 8. 8 p.   10.—

Description d'un Coléoptère que l'auteur appelle 'Curculio antiodontoalgicus' comme il possède la 'proprietà di calmar l'odontalgia'. — Opuscule extrêmement rare, pas connu par Hagen qui ne donne que la description d'une 'sehr seltene' réimpression (voir notre nr. 1314).

1314 — Storia natur. di un nuovo Insetto. Firenze 1794. 8. 269 p. c. tav. D.-rel. veau.   8.—

1315 **Gerhardt.** Ueb. d. grösseren deutsch. Arten v. Limnebius. (Berl., Ent. Z.) 1866. 8. 10 p.   1.—

1316 **Gerhardt.** Zur Gruppe A d. Rottenberg'schen Laccobius-Arten. (Bresl., Z. Ent.)   *M*
1877. 8. 20 p.   1.—
1317 — Neue Käfer. 14 Abhdlgn. 1879—97. 8. 45 p.   2.—
1318 — Neuheiten der Schlesisch. Käferfauna. 6 Thle. (Bresl., Z. Ent.) 1894—
—1902. 8. 24 p.   1.50
1319 — Neue Fundorte selt. Schlesisch. Käfer. 9 Thle. (Bresl., Z. Ent.) 1895—
1902. 8. 75 p.   2.50
1320 — Zu Cleonus turbatus u. glaucus. (Bresl., Z. Ent.) 1897. 8. 15 p.   1.—
1321 — Verzeichn. d. Käfer Schlesiens preuß. u. österr. Anteils. 3. Aufl. Berl.
1910. 8. 447 p. (M. 10.)   8.—
1322 **Germain.** S. l. Coléopt. du Chili. (Santiago) 1892. 4. 19 p.   1.50
1323 — Los Carabus Chilenos. Santiago 1895. 8. 60 p. av. pl.   3.—
1324 **Germain et Kerremans.** Buprestides du Musée de Santiago. (Brux., S.
Ent.) 1906. 8. 18 p.   1.—
1325 **Germar.** Descr. de 4 Cicindélètes nouv. (Paris, Mag. Zool.) 1832 à 43. 8.
8 p. av. 3 pl. color.   2.—
1326 — Zeitschrift f. Entomologie. 5 Bde. Halle 1839—44. 8. m. 15 z. Thl.
color. Tfln. (M. 39.)   18.—
     Fortsetzung ist: Linnaea Entomologica, siehe No. 2263.
1327 — Üb. Curculioniden. (Stett., Ent. Z.) 1842. 8. 13 p.   1.—
1328 — Lacordaire's Eintheil. d. Erotylinen. (Stett., Ent. Z.) 1843. 8. 9 p.   1.—
1329 — Beitr. z. Insektenfauna (Coleopt.) v. Adelaide. (Berl., Linn. Ent.) 1848.
8. 95 p.   2.—
1330 — Schaum. Nekrolog. (Stett., Ent. Z.) 1853. 8. 16 p.   1.—
1331 **Germar u. Zinken.** Magazin d. Entomologie. 4 Bde. Halle 1813—21. 8.
m. 10 Tfln. (1 color.) (M. 26.50.) Cart.   14.—
1332 **Gerstaecker.** Beschr. neu. Arten d. Gattg. Apion. 2 Tle. (Stett., Ent. Z.)
1854. 8. 42 p.   1.50
1333 — Rhipiphoridum dispositio syst. Berol. 1855. 4. 36 p. et tab.   1.—
1334 — Z. Kenntn. d. Henopier. (Stett., Ent. Z.) 1856. 8. 23 p.   1.—
1335 — Entomographien. Theil I (soviel erschien): Monogr. d. Endomychidae.
Leipz. 1858. 8. 447 p. m. 3 Tfln. (M. 10.)   3.—
1336 — Z. Kenntn. d. Curculionen. II. (Stett., Ent. Z.) 1860. 8. 23 p.   1.—
1337 — Gliederthiere gesamm. auf v. d. Deckens Reise in Ost-Afrika. Leipz.
1873. 4. 542 p. m. 18 color. Tfln. (M. 54.)   32.—
1338 — Ueb. d. Gattg. Pleocoma. (Stett., Ent. Z.) 1883. 8. 15 p.   1.—
1339 — Bestimm. d. v. Fischer im Massai-Land ges. Coleopt. (Hamb., Anst.)
1884. 8. 23 p.   1.—
1340 **Gestro.** S. alc. Coleott. d. Museo di Genova. 2 parti. (Genova, Mus.)
1872—73. 8. 21 p.   1.—
1341 — 26 mem. s. Coleotteri spec. Malesi. (Genova, Mus.) 1874—1900. 8. 140 p.   5.—
1342 — Enumeraz. dei Cetonidi racc. n. Archipelago Malese e n. Papuasia.
(Genova, Mus.) 1874. 8. 51 p.   2.—
1343 — Descr. di un nuovo genere e di alc. nuove specie di Coleotteri Pa-
puani. (Genova, Mus.) 1875. 8. 35 p.   1.50
1344 — S. alc. Carabici n. Museo di Genova. (Genova, Mus.) 1875. 8. 45 p.   2.—
1345 — Enumeraz. d. Tmesisternini racc. n. regione Austro-Malese. (Genova,
Mus.) 1876. 8. 44 p.   1.50
1346 — Descr. di alc. Coleott. e diagn. di 4 specie nuove. (Genova, Mus.) 1877.
8. 17 p.   1.—
1347 — Aliquot Buprestidarum novar. diagnoses. (Genova, Mus.) 1877. 8. 12 p.   1.—
1348 — S. alc. Coleott. d. Archip. Malese. (Genova, Mus.) 1879. 8. 14 p.   1.—
1349 — Descr. di nuovi Coleott. racc. n. reg. Austro-Malese. (Genova, Mus.)
1879. 8. 14 p.   1.—
1350 — Appunti s. Entomologia Tunisina. (Genova, Mus.) 1880. 8. 20 p.   1.—
1351 — Enumeraz. dei Lucanidi racc. n. Archipelago Malese e n. Papuasia.
(Genova, Mus.) 1881. 8. 44 p. c. fig.   1.50
1352 — S. alc. Coleott. di Birmania. (Genova, Mus.) 1882. 8. 23 p.   1.—
1353 — S. Hispidae Malesi e Papuane. (Genova, Mus.) 1885. 8. 26 p.   1.—

1354 **Gestro.** Nuove specie di Coleott. d. viaggio di Fea in Birmania. 3 parti.   *M*
(Genova, Mus.) 1888. 8. 62 p.   2.—
1355 — Cicindele racc. di Fea in Birmania. 2 parti. (Genova, Mus.) 1889—93.
8. 38 p.   2.—
1356 — Hispidae d. viaggio di Fea in Birmania. (Genova, Mus.) 1890. 8. 44 p.   1.50
1357 — Cetonie d. viaggio di Fea in Birmania. (Genova, Mus.) 1891. 8. 44 p.
c. tav.   2.—
1358 — Materiali p. lo studio d. g. Ichthyurus in Birmania. (Genova, Mus.) 1891.
8. 42 p.   1.50
1359 — Coleott. racc. n. esploraz. del Giuba da Bottego. (Genova, Mus.) 1895.
8. 254 p. c. carta color.   6.50
1360 — Materiali p. lo studio d. Hispide. I—XIV, XVII, XXI, XXIV—XXIX,
XXXIV—XXXVI. (Genova, Mus.) 1897—1909. 8. 298 p.   8.—
1361 — S. alc. Acanthocerini. (Genova, Mus.) 1898. 8. 50 p.   2.—
1362 — Int. alla Fauna entomol. d. Eritrea. (Genova, Mus.) 1899. 8. 14 p.   1.—
1363 — Hispides rec. à Sumatra. (Brux., S. Ent.) 1899. 8. 12 p.   1.—
1364 — Catal. sist. d. Paussidi. (Genova, Mus.) 1901. 8. 42 p.   1.50
1365 — S. Hispidae di Borneo. (Genova, Mus.) 1902. 8. 18 p.   1.—
1366 — Frammenti entomol. (Firenze, Soc. Ent.) 1902. 8. 17 p.   1.—
1367 — Mater. p. lo studio d. Hispidae di Ceylan. (Firenze, Soc. Ent.) 1902.
8. 11 p.   1.—
1368 — Descr. di alc. Hispidae inedite. (Genova, Mus.) 1906. 8. 33 p.   1.—
1369 — S. Ichthyurus Africani. (B. Aires, Mus.) 1906. 8. 17 p.   1.—
1370 — Studi s. Ichthyurus. (Genova, Mus.) 1906. 8. 42 p.   1.50
1371 — Una Gita in Garfagnana. (Genova, Mus.) 1907. 8. 10 p.   1.—
1372 — Coleopterorum Catalogus. Pars 1: Rhysodidae. Berolini 1910. 8. 11 p.   1.—
Subscriptionspreis für Abnehmer des ganzen „Coleopterorum Catalogus" (siehe
No. 721) M. —.65.
1373 — Coleopterorum Catalogus. Pars 5: Cupedidae, Paussidae. Berolini 1910.
8. 31 p.   3.—
Subscriptionspreis für Abnehmer des ganzen „Coleopterorum Catalogus" (siehe
No. 721) M. 2.
1374 **Gillanders.** Forest Entomology. Edinb. 1908. 8. 444 p. w. 351 fig. Cloth.   15.—
1375 **Gillet.** Coleopterorum Catalogus: Coprinae.
In Vorbereitung. — In preparation. — En préparation. — Vide nr. 721.
1376 **Girard.** Les Insectes. Traité élém. d'Entomologie. 3 vols. Paris 1873
à 1885. 8. av. atlas de 118 pl. color. (fr. 170.)   110.—
1377 **Glaser.** Catalogus etymol. Coleopterorum et Lepidopt. Berlin 1887. 8.
398 p. Lnb. (M. 5.60.)   2.50
1378 **Gobanz.** Z. Coleopt.-Fauna d. Steiner-Alpen. (Wien, Z. b. G.) 1855. 8.
22 p.   1.—
1379 **Goeldi.** Chrysalide de Enoplocerus armill. (Para, Mus.) 1897. 8. 7 p.
av. 3 pl.   2.—
1380 **Gorham.** Endomycici recitati, a catal. w. descr. of new species. Lond.
1873. 8. 64 p. w. pl.   4.—
1381 — Descr. of new Endomycici. 3 parts. (Lond., Ent. S.) 1874—75. 8. 24 p.   1.50
1382 — Descr. of new Cleridae. 3 parts. (Lond., Ent. S.) 1877—78. 8. 60 p.   2.—
1383 — Materials for a revis. of the Lampyridae. 2 parts. (Lond., Ent. S.) 1880.
8. 66 p. w. pl.   2.50
1384 — Revis. of the Japanese Malacoderm. (Lond., Ent. S.) 1883. 8. 20 p.
w. colour. pl.   1.50
1385 — Descr. of Malacodermata in the Museum at Genoa. (Genoa, Mus.)
1883. 8. 16 p.   1.—
1386 — Descr. of new Erotylidae. 2 pap. (Lond., Zool. S.) 1883—89. 8. 21 p.
w. 2 colour. pl.   2.50
1387 — Revis. of the Japan. Cassidinae and Hispinae. (Lond., Zool. S.) 1885.
8. 7 p.   1.—
1388 — Descr. of some Endomychidae and Erotylidae in the Genoa Museum.
(Genoa, Mus.) 1885. 8. 14 p.   1.—
1389 — On new Endomychidae. (Lond., Zool. S.) 1886. 8. 10 p. w. colour. pl.   1.—

1390 **Gorham.** Revis. of the Japan. Endomychidae. (Lond., Zool. S.) 1887. 8. 12 p.   *M*
w. pl.   1.—
1391 — Erotylidae, Endomych. and Coccinell. Centr.-Americ. (Lond., Biologia)
1887—99. 4. 288 p. w. 13 colour. pl.   90.—
1392 — Descr. of new Telephoridae. (Lond., Zool. S.) 1889. 8. 16 p. w.
colour. pl.   1.50
1393 — On the Lycidae and Lampyridae in the Museum of Calcutta. (Lond.,
Ent. S.) 1890. 8. 10 p.   1.—
1394 — Descr. of Coleopt. coll. by Whitehead on Kina Balu, Borneo. (Lond.,
Zool. S.) 1892. 8. 8 p. w. colour. pl.   1.—
1395 — List of the Cleridae, coll. by Doherty in Burmah, Borneo and N. India.
(Lond., Zool. S.) 1893. 8. 16 p.   1.—
1396 — On the Coccinellidae fr. India. (Brux., S. Ent.) 1894. 8. 10 p.   1.—
1397 — On Coccinellidae coll. in Birma. (Genoa, Mus.) 1895. 8. 13 p.   1.—
1398 — List of the Coleopt. in the coll. of **Andrewes** fr. India and Burma.
(Brux., Soc. Ent.) 1895. 8. 38 p.   1.—
1399 — Descr. of new Endomychidae fr. the East. Hemisphere. (Lond., Zool. S.)
1897. 8. 9 p. w. colour. pl.   1.—
1400 — On the Serricorn Coleopt. of St. Vincent, Grenada and the Grenadines.
(Lond., Zool. S.) 1898. 8. 30 p. w. colour. pl.   1.50
1401 — Erotylidae, Endomychidae and Coccinell. of Sumatra coll. by **Dohrn.**
(Stett., Ent. Z.) 1901. 8. 46 p.   1.50
1402 — On Coleopt. coll. in India. (Brux., Soc. Ent.) 1903. 8. 25 p.   1.—
1403 **Gory et Percheron.** Monographie des Cétoines et des Scarabées mélito-
philes. Paris 1833. 8. 410 p. av. 77 pl. c o l o r. Cart.   60.—
     Rare.
1404 **Gounelle.** Cérambycides nouv. ou peu connus de la sous-rég. Brésilienne.
I. (Paris, S. Ent.) 1906. 8. 20 p. av. pl. color.   1.50
1405 **Goureau.** Les Insectes nuisibles. 4 vols. av. 2 supplém. Paris 1861 à 69. 8.   60.—
    Collection rare, renferma nt tous les ouvrages de G. se rapportant à l'Entomologie
économique: Ins. nuis. aux ai bres fruitiers. Av. 2 suppl. 1861 à 65. (Très-rare. M 30.)
Ins. nuis. aux arbustes. 1869. (M. 9.) Ins. nuis. aux forêts. 1867. (M. 15.) Ins. nuis. à
l'homme et aux animaux. 1867. (M. 10.)
1406 **Graber.** Die Insekten. 2 Bde. Münch. 1877—79. 8. 1020 p. m. 404 Fig.
(M. 9.) Cart.   3.—
1407 **Graells, M. de la Paz.** Catal. metod. de los Coleopt. de los 2 prim.
fam. (Cicindel, Carab.) obs. en Espana. Madrid (Mapa Geol.) 1858. 4. 112 p.
av. 7 pl., dont 1 color.   8.—
1408 **Graeffe.** Z. Insektenfauna v. Tunis. (Wien, Z. b. G.) 1906. 8. 26 p.   1.—
1409 **Grandi.** S. Cicindel., lunulata ed aulica. 2 parti. (Camerino, Riv. Coleott.)
1906. 8. 30 p. c. tav.   1.50
1410 — S. variabilità d. Lampyris. (Palermo, Natur.) 1907. 4. 12 p. c. tav.   1.—
1411 — Revis. crit. d. specie Ital. d. g. Liparus. (Camerino, Riv. Coleott.) 1907.
8. 33 p.   1.50
1412 — Z. Morphol. u. Syst. ein. Pselaphiden. (Berl., D. Ent. Z.) 1909. 8. 14 p.
m. 2 Tfln.   1.50
1413 **Gravenhorst.** Monogr. Coleopt. micropteror. Gott. 1806. 8. 264 p. et tab.   1.50
1414 **Gravenhorst u. Scholtz.** Üb. d. Verwandl. d. Schildkäfer (Cassida). (Ac.
Leop.) 1841. 4. 12 p. m. Tfl.   1.—
1415 **Gray, G. R.** New spec. of Goliathus. (Lond., Zool. S.) 1864. 8. 1 p. w.
colour. pl.   1.50
1416 **Gredler.** Die Käfer v. Tirol. 2 Thle. Boz. 1863. 8. 488 p.   13.—
    Sehr selten gewordenes u. geschätztes Werk.
1417 — — Nachlese z. d. Käfern v. Tirol. 6 Thle. (Münch. u. Innsbr.) 1868—82.
8. 140 p.   10.—
    Vollständig schwer zu finden.
1418 — Z. Käferfauna Centr.-Afrikas. (Wien, Zool. b. G.) 1877. 8. 22 p.   1.—
1419 **Grenier.** Catal. d. Coléopt. de France. Paris 1863. 8. 79 p.   1.50
1420 **Griffini.** Coleotteri Italiani. Milano 1894. 8. 349 p. c. 215 fig. Toile.   3.—

48

1421 **Griffini.** Libro d. Coleotteri. Iconogr. d. princ. Coleotteri Ital. e d. piu import.   *M*
    specie Europee: affini. Milano 1895. 8. 253 p. c. 50 tav. color. Toile.   15.—
1422 — 6 mem. s. Coleott. nuove. (Torino, Mus.) 1895—99. 8. 30 p.   1.50
1423 — Studi s. Lucanidi I e III. Torino e Lips. 1905—6. 8. 47 p.   1.50
1424 — Lucanidi racc. da Fea n. Africa occident. (Genova, Mus.) 1906. 8. 18 p.   1.—
1425 **Grill.** Catal. Coleopteror. Scandinaviae, Daniae et Fenniae. 2 partes.
    Stockh. 1896. 8. 432 p.   11.—
1426 **Gross.** Üb. d. Histologie d. Insectenovariums. (Jena, Zool. J.) 1903. 8.
    116 p. m. 9 Tfln.   5.—
1427 — Die Spermatogenese v. Syromastes marginatus. (Jena, Zool. J.) 1904.
    8. 60 p. m. 2 color. Tfln.   2.50
1428 **Grouvelle.** Cucujides nouv. ou peu connus. 7 parties. (Paris, Soc. Ent.)
    1876 à 89. 8. 70 p. av. 8 pl. en partie color.   4.50
1429 — Cucujides nouv. du Musée de Gênes. (Gênes, Mus.) 1883. 8. 22 p.
    av. pl.   1.—
1430 — Nouv. espèces d'Helmides. (Paris, S. Ent.) 1888. 8. 18 p. av. 2 pl.   1.—
1431 — Coléopt. exotiques. 14 mém. 1888 à 1903. 8. 102 p. av. 2 pl.   6.—
1432 — Coléopt. rec. p. Simon au Venezuela. 4 mém. (Paris, S. Ent.) 1889 à 92.
    8. 22 p. av. pl.   1.50
1433 — Nitidulides, Cucuj. et Parnides rec. p. Fea en Birmanie. 2 parties.
    (Gênes, Mus.) 1890 à 92. 8. 43 p.   1.50
1434 — Potamophides, Dryopides, Helmides et Heterocerides d. Indes Orientales.
    (Gênes, Mus.) 1896. 8. 25 p.   1.—
1435 — Descr. de Clavicornes d'Afrique et de Madagascar. (Paris, S. Ent.) 1896.
    8. 24 p.   1.—
1436 — Nitidul., Colydiides, rec. par Gounelle au Brésil. (Paris, S. Ent.) 1896.
    8. 40 p.   1.50
1437 — Colydiid. et Monotomid. rec. p. Fea in Birmanie. (Gênes, Mus.) 1896.
    8. 14 p.   1.—
1438 — Nitidulidae (Clavicornes nouv.) d. Indes orient. (Gênes, Mus.) 1897.
    8. 58 p.   2.—
1439 — Clavicornes de Grenada. (Leyde, Mus.) 1898. 8. 14 p.   1.—
1440 — Clavicornes nouv. d'Amérique. II. (Paris, S. Ent.) 1898. 8. 38 p.   1.50
1441 — Nitidulides, Colydiid., Cucuj. et Mycetophag. de la Guinée Espagn.
    (Madrid, S. Nat.) 1905. 8. 20 p.   1.50
1442 — Nitidulides, Colydiides, Cucujides, Monotomides et Helmides nouv. (Caen,
    Rev. Ent.) 1906. 8. 14 p.   1.—
1443 — Contr. à l'ét. d. Coléopt. de Madagascar. (Paris, Soc. Ent.) 1906. 8.
    100 p. av. 2 pl.   3.—
1444 — Clavicornes nouv. du Musée de Gênes. (Gên., Mus.) 1906. 8. 26 p.   1.—
1445 — Coléopt. rec. p. Alluaud dans l'Afrique orient. 2 parties. (Paris, S. Ent.)
    1906 à 09. 8. 50 p. av. pl. color.   2.—
1446 — Ét. s. le g. Macroura. (Gênes, Mus.) 1907. 8. 27 p.   1.50
1447 — Coléopt. de la région Indienne. I. (Paris, S. Ent.) 1908. 8. 181 p.
    av. 4 pl.   3.—
1448 — Coleopterorum Catalogus: Nitidulidae, Cucujidae, Cryptophagidae, Coly-
    diidae, Byturidae, Synteliidae.
    In Vorbereitung. — In preparation. — En préparation. — Vide nr. 721.
1449 **Grouvelle et Guillebeau.** Clavicornes nouv. rec. dans l'Inde. (Brux., S.
    Ent.) 1894. 8. 8 p.   1.—
1450 **Guérin-Méneville.** Matér. p. une classif. d. Mélasomes. (Paris) 1834. 8.
    39 p. av. 19 pl. Cart.   6.
1451 — 5 mém. s. Coléopt. 1834 à 43. 8. 31 p. av. 8 pl. (3 color.)   3.—
1452 — Spécies et iconogr. d. Coléopt. Nos. 1 à 8. (Paris, Revue Zool.) 1843. 8.
    38 p. av. 8 pl. en partie color.   3.—
1453 — Insectes (Coléopt.) nouv. observ. s. l. Cordillères et d. la Nouv.-Grenade
    (Paris, Rev. Zool.) 1843. — Manuscrit de 22 pages.   2.—
1454 — Cicindélètes de la Guinée Portug. (Paris, Rev. Zool.) 1849. 8. — Manu-
    scrit de 46 pages.   2.50

W. Junk, Berlin, W. 15.

1455 **Guilding.** Nat. hist. of Lamia Amputat. (Lond., Linn. S.) 1822. 4. 3 p. w. color. pl.   *M* 1.—

1456 **Guillebeau.** Phalacridae rec. p. Simon au Venezuela. (Paris, S. Ent.) 1893. 8. 12 p.   1.—

1457 — Descr. de qu. Phalacridae de la coll. Grouvelle. (Paris, S. Ent.) 1894. 8. 36 p.   1.50

1458 — Révis. du g. Scydmaenus. (Paris, S. Ent.) 1898. 8. 15 p.   1.—

1459 **Günthert.** Die Eibildung d. Dytisciden. (Jena, Z. Jahrb.) 1910. 8. 72 p. m. 7 color. Tfln.   4.50

1460 **Gutfleisch.** Die Käfer Deutschlands. Hrsg. v. Bose. Darmst. 1859. 8. 680 p. Hfzb.   6.—

1461 **Gyllenhal.** Insecta Suecica. Coleopt. 4 vol. Scaris et Lips. 1808—1827. 8. (M. 32.50.) Cart.   7.—

1462 **Haag-Rutenberg.** Beitr. z. Fam. d. Tenebrioniden. 5 Hefte. (Münch., Col. Hefte) 1870—75. 8. 260 p.   7.—

1463 — Monogr. d. Cryptochiliden. (Berl., Ent. Z.) 1872. 8. 41 p.   1.—

1464 — Z. Kenntn. ein. Gruppen d. Tenebrioniden. Berl. 1875. 8. 44 p. (M. 2.)   1.—

1465 — Monogr. d. Eurychoriden (Adelostomides). (Berl., Ent. Z.) 1875. 8. 70 p.   1.50

1466 — Beschr. neuer Heteromeren. (Münch , Ent. Ver.) 1878. 8. 18 p.   1.—

1467 — Neue Heteromeren d Museum Godeffroy. (Hamb , Godeffr.) 1879. 4. 23 p. m. Tfl.   3.—

1468 — — O h n e Tfl.   1.—

1469 — Z. Kenntn. d. Canthariden. 2 Tle. (Stett., Ent. Z.) 1879. 8. 55 p.   1.50

1470 — Z. Kenntn. d. Canthariden. (Berl., D. Ent. Z.) 1880. 8. 74 p.   1 50

1471 **Haas, Lundbeck, Meinert.** Insecta Groenlandica. 4 partes. (Kjöb., Nat. För.) 1896. 8. 98 p.   3.—

1472 **Haase.** Z. Kenntn. v. Phengodes. (Berl., D. Ent. Z.) 1888. 8. 13 p. m. 2 Tfln.   1.50

1473 **Hagedorn.** Ein neu. Scolytoplatypus. (Stett., Ent. Z.) 1904. 8. 10 p.   1.—

1474 — Diagnosen bisher unbeschrieb. Borkenkäfer. 3 Thle. (Berl., Ent. Z.) 1908—10. 8. 41 p. m. viel. Fig.   2.—

1475 — Coleopterorum Catalogus. Pars 4: Ipidae. Berolini 1910. 8. 134 p.   12.75

Subscriptionspreis für Abnehmer des ganzen „Coleopterorum Catalogus" (siehe No. 721) M. 8.50.

1476 — Ipidae (e : Genera Insectorum). Brux. 1910. 4. 178 p. et 12 tab.   46.—

1477 **Hagen.** Bibliotheca Entomolog. Die Litteratur bis 1862. 2 Bde. Leipz. 1862—63. 8. 1090 p. (M. 22.)   9.—

Die beste unter den naturwissenschaftlichen Bibliographien.

1478 — D a l l a T o r r e. Addenda u. Corrigenda zu 'Hagen'. II—IV. (Berl., Ent. Nachr.) 1881. 8. 21 p.   1.50

1479 — K r a a t z. Ergänz. u. Nachträge zu 'Hagen'. (Berl., Ent. Z.) 1874. 8. 18 p.   1.—

1480 — S c h m i d t - G ö b e l. Zusätze u. Bericht. zu 'Hagen'. (Berl., Ent. Z.) 1876. 8. 16 p.   1.—

1481 **Hahn.** Die geograph. Verbreit. d. coprophagen Lamellicornier. Lübeck 1887. 8. 88 p. m. Tab. u. 2 Ktn.   1.—

1482 **Halbherr.** Elenco sistemat. d. Coleotteri finora racc. n. Valle Lagarina. 10 fasc. (Rovereto, Mus.) 1885—98. 8.   15.—

Esaurito.

1483 **Hamilton.** Catal. of the Coleopt. of Southwest. Pennsylvania. (Philad., Ent. S.) 1895. 8. 65 p.   4.—

1484 — — K l a g e s. Supplem. to Hamilton's List of the Coleopt. of Southw. Pennsylv. (Pittsb., Mus.) 1901. 8. 30 p.   3.—

1485 — Catal. of Coleopt. common to N. Amer., N. Asia and Europe. (Philad., Ent. S.) 1899. 8. 75 p.   2.50

1486 **Hammond.** Anat. of the Stag Beetle. (Lond.) 1881. 8. 13 p. w. pl.   1.—

1487 **Hampe.** Beschr. ein. neuen Käfer-Arten. (Stett., Ent. Z.) 1850. 8. 13 p.   1.—

1488 **Hampson, Arrow, Gahan and o.** Lepidopt., Hymenopt., Coleopt. of the Ruwenzori Exped. (Lond., Zool. Soc.) 1909. 4. 130 p. w. 4 colour. pl. (3 £.)   38.—

W. Junk, Berlin, W. 15.

M

1489 **Handlirsch.** Ueb. d. Abstamm. d. Koleopt. (Wien, Z. b. G.) 1907. 8. 10 p.   1.—
1490 — Die fossilen Insekten u. d. Phylogenie d. recenten Formen. Leipz.
1908. 8. 1439 p. m. 54 Tfln. (M. 72.)   60.—
1491 **Hardenberg.** Comparat. studies in the Trophi of the Scarabaeidae.
(Madison, Ac.) 1907. 8. 48 p. w. 5 pl.   5.—
1492 **Harold.** Beitr. z. Kenntn. einig. coprophag. Lamellicornier. 9 Thle. (Berl.,
Ent. Z.) 1859—86. 8. 297 p. m. Tfl. u. Portr.   7.—
1493 — Espèc. Mexic. du g. Phanaeus. (Paris, S. Ent.) 1863. 8. 16 p.   1.—
1494 — Die Arten d. Gatt. Canthidium. 2 Thle. (Münch., Col. Hefte) 1867. 8.
95 p.   2.—
1495 — Z. Kenntn. d. Gatt. Onthophagus. I. (Münch., Col. Hefte) 1867. 8. 37 p.   1.—
1496 — Die Arten d. Gatt. Caccobius. (Münch., Col. Hefte) 1867. 8. 16 p.   1.—
1497 — Diagnosen neuer Coprophagen. 4 Thle. (Münch., Col. Hefte) 1867—69.
8. 33 p.   1.50
1498 — Monogr. d. Gatt. Canthon. (Berl., Ent. Z.) 1868. 8. 144 p.   2.—
1499 — Die Gattgn. Uroxys u. Trichillum. (Münch., Col. Hefte) 1868. 8. 23 p.   1.—
1500 — Die Arten d. Gatt. Choeridium. (Münch., Col. Hefte) 1868. 8. 45 p.   1.50
1501 — S. qu. Coprides du Mexique. (Paris, S. Ent.) 1869. 8. 20 p.   1.—
1502 — Üb. coprophage Lamellicornien. (Münch., Col. Hefte.) 1869. 8. 25 p.   1.—
1503 — Tabula synopt. gener. Onthophagus ex Australia. (Münch., Col. Hefte)
1869. 8. 10 p.   1.—
1504 — Revis. d. espèces du g. Pinotus. (Paris, Abeille) 1869. 8. 22 p.   1.—
1505 — Die Arten d. Gatt. Glaphyrus. (Berl., Ent. Z.) 1869. 8. 21 p.   1.—
1506 — Monogr. du g. Glaphyrus. (Paris, Abeille) 1870. 8. 24 p.   1.—
1507 — Üb. Nomenclatur. (Münch., Col. Hefte) 1870. 8. 33 p.   1.—
1508 — Die Arten d. Gatt. Euparia. (Münch., Col. Hefte) 1870. 8. 12 p.   1.—
1509 — Verzeichn. d. v. Beccari in Bogos gesamm. coprophag. Lamellicornien.
(Münch., Col. Hefte) 1871. 8. 28 p.   1.—
1510 — Die Arten d. Gatt. Ammoecius. (Münch , Col. Hefte) 1871. 8. 20 p.   1.—
1511 — Monogr. d. Gatt. Trox. (Münch., Col. Hefte) 1872. 8. 192 p.   2.—
1512 — Üb. Geotrupes stercorarius. (Münch., Col. Hefte) 1873. 8. 15 p.   1.—
1513 — Z. Nomenclatur d. Cryptocephalidae. (Berl., Ent. Z.) 1873. 8. 20 p.   1.—
1514 — Z. Kenntn. d. Amerikan. Eumolpiden. (Münch., Col. Hefte) 1874. 8. 35 p.   1.50
1515 — Üb. d. Ataenius-Arten. (Münch., Col. Hefte) 1874. 8. 11 p.   1.—
1516 — Z. Kenntn. d. kugelförm. Trogiden. (Münch., Col. Hefte) 1874. 8. 26 p.   1.—
1517 — Z. Kenntn. d. Halticae oedipodes. (Münch., Col. Hefte) 1875. 8. 26 p.   1.—
1518 — Verzeichn. v. in Cantagallo gesamm. Coprophagen. (Münch., Col. Hefte)
1875. 8. 16 p.   1.—
1519 — Üb. Chrysomelidae aus Cordova. (Münch., Col. Hefte) 1875. 8. 12 p.   1.—
1520 — Verz. d. v. Lenz in Japan ges. Coleopt. (Bremen, Nat. V.) 1875. 8. 14 p.   1.—
1521 — Z. Kenntn. d. Halticinen-Fauna v. Neu-Granada. 2 Thle. (Münch., Col.
Hefte) 1875—76. 8. 80 p.   2.—
1522 — Verzeichn. d. v. Leder in Russ. Georgien ges. coprophag. Lamellicornien. (Brünn, Nat. V.) 1876. 8. 10 p.   1.—
1523 — Ueb. Coleopt. aus Hiogo. (Brem., Nat. V.) 1876. 8. 21 p.   1.—
1524 — Z. Käferfauna v. Japan. II, IV. (Berl., D. Ent. Z.) 1877—78. 8. 55 p.   2.—
1525 — Z. Kenntn. d. Peruan. Käferfauna (Halticinae). (Berl., Ent. Z.) 1877. 8.
24 p.   1.—
1526 — Énumérat. d. Lamellicornes Coprophages de l'Archip. Malais, de la Nouv.
Guinée et de l'Australie. (Gênes, Mus.) 1877. 8. 74 p.   3.—
1527 — Coleopteror. spec. novae. (Münch., Ent. V.) 1877. 8. 15 p.   1.—
1528 — Ueb. Coleopt. d. trop. Afrika. (Münch., Ent. V.) 1878. 8. 16 p.   1.—
1529 — Z. Kenntn. d. Gatt. Ceropria. (Stett., Ent. Z.) 1878. 8. 11 p.   1.—
1530 — Nomenclatorisches. (Stett., Ent. Z.) 1878. 8. 11 p.   1.—
1531 — Diagnos. neu. Coleopt. d. inneren Afrika. (Münch., Ent. V.) 1878. 8. 13 p.   1.—
1532 — Beschreib. neuer Coleopt., ges. v. Hildebrand in Ostafrika. 2 Thle.
(Berl., Ak.) 1878—80. 8. 24 p. m. Tfl.   1.50
1533 — Bericht üb. die v. Homeyer u. Pogge im Lunda-Reiche u. in Angola
gesamm. Coleopt. (Münch., Col. Hefte) 1879. 8. 224 p. m. 2 color. Tfln.   4.50

1534 **Harold.** Z. Kenntn. d. Languria-Arten aus Asien u. Neuholland. (Münch., Ent. Ver.) 1879. 8. 49 p.   *ℳ* 3.—
1535 — Verzeichn. d. v. Steinheil in Neu-Granada ges. coproph. Lamellicornien (Stett., Ent. Z.) 1880. 8. 34 p.   1.—
1536 — Jahresber. über die Coleopt. f. 1879. Leipz. (Zool. Jahresb.) 1880. 8. 56 p.   1.50
1537 — Ein. neue Coleopt. 2 Thle. (Münch., Ent. Ver.) 1880—81. 8. 31 p.   1.—
1538 — Z. Münchener Fauna (Staphylin.). (Münch., Ent. V.) 1881. 8. 12 p.   1.—
1539 — Z. Kenntn. d. Gattg. Oedionychis. (Berl., Ent. Z.) 1881. 8. 36 p.   1.—
1540 — Coprophage Lamellicornien. (Berl., Ent. Z.) 1886. 8. 9 p. m. Portr.   1.—
    — Coleopterolog. Hefte — siehe No. 720.
1541 **Harrach.** Der Käfersammler. Weimar 1884. 8. 316 p. Cart. (M. 3.)   1.50
1542 **Harris, T. W.** Treat. on Insects of New England injurious to Vegetation. 3. (last) ed. Bost. 1862. 8. w. 8 colour. pl. and 278 fig. Cloth.   20.—
1543 **Hartmann, F.** Neue Curculioniden. 6 Abhdlgn. 1897—1907. 8. 40 p.   2.—
1544 — Neue Rüsselkäfer d. alten Welt. (Berl., D. Ent. Z.) 1899. 8. 14 p.   1.—
1545 — Neue Rüsselkäfer aus Kaiser Wilhelms-Land. (Berlin, D. Ent. Z.) 1900. 8. 23 p.   1.50
1546 — Neue Rüsselkäfer aus Ostafrika. (Berl., D. Ent. Z.) 1904. 8. 52 p.   2.—
1547 — Z. Curculion.-Fauna Transvaals. (Berl., D. Ent. Z.) 1906. 8. 20 p.   1.—
1548 **Haury.** Sphodristus acuticoll. u. Procrustes Payafa. (Stett., Ent. Z.) 1887. 8. 7 p. m. Tfl.   1.—
1549 **Hauser.** Beitr. z. Coleopt.-Fauna v. Transcaspien u. Turkestan. (Berl., D. Ent. Z.) 1894. 8. 58 p. m. Fig.   2.—
1550 **Hayward.** Study of the species of Tachys of Boreal America. (Philad., Ent. S.) 1899. 8. 48 p. w. pl.   1.50
1551 — Classif. of the families of the Coleopt. of America North of Mexico. Philad. 1909. 8.   3.—
1552 **Heasler.** Beetle Coloration. (Lond., Ent. Soc.) 1898. 8. 12 p.   1.—
1553 **Heer.** Die Käfer d. Schweiz. 4 Thle. (Zürich, Ges. Nat.) 1838—41. 4. 300 p. (M. 12.50.)   6.—
        Auch einzelne Theile vorhanden.
1554 — Fauna Coleopterorum Helvetica. Pars I (unica): Cicindel. ad Cetonia. Turici 1841. 8. 652 p. (M. 10.60.) Cart.   2.—
1555 **Helder.** Üb. d. Keimblätter v. Hydrophilus piceus. Berl. (Ak.) 1856. 4. 47 p. m. 2 Tfln. Cart. (M. 5.)   3.—
1556 — Die Embryonalentwickl. v. Hydrophilus piceus. I (soviel erschien.). Jena 1889. 4. 98 p. m. 13 Tfln. (M. 20.)   12.—
1557 **Heikertinger.** Coleopterorum Catalogus: Halticinae.
      In Vorbereitung. — In preparation. — En préparation. — Vide nr. 721.
1558 **(Heinemann).** Katal. f. Käfer-Sammler. 4. 38 p.   1.—
1559 **Heller.** Die mit d. Ruteliden-Gattg. Singhala verwandt. Gattgn. u. Arten. (Berl, D. Ent. Z.) 1891. 8. 18 p. m. Tfl.   1.—
1560 — Zygopiden-Studien. 2 Tle. Dresd. (Zool. Mus.) 1893—96. 4. 118 p. m. 2 Tfln. (M. 16.)   10.—
1561 — Neue Zygopiden, Isorhynchiden v. Sympiezop. (Haag, T. Ent.) 1894. 8. 34 p. m. Tfl.   1.50
1562 — Beitr. z. Papuanischen Käferfauna. 4 Thle. Dresd. (Zool. Mus.) 1895—1908. 4. 77 p. m. Tfl. (M. 14.50.)   11.—
1563 — Neue Käfer v. Celebes. 4 Tle. Dresd. (Zool. Mus.) 1896—1901. 4. 150 p. m. 3 Tfln. (M. 26.)   15.—
1564 — Neue Käfer v. d. Philippinen. Dresd. (Zool. Mus) 1899. 4. 6 p.   1.—
1565 — Rüsselkäfer aus Ceylon. (Berl., D. Ent. Z.) 1901. 8. 14 p.   1.—
1566 — 6 neue Kaefer aus Deutsch Neu-Guinea. (Berl., D. Ent. Z.) 1903. 8. 10 p.   1.—
1567 — Brasil. Käferlarven. (Stett., Ent. Z.) 1904. 8. 21 p. m. 2 Tfln.   1.50
1568 — 10 neue Käfer aus Neu-Guinea. (Berl., D. Ent. Z.) 1905. 8. 12 p.   1.—
1569 **Helliesen.** Fortegn. ov. Coleopt. 1891. (Kjöbenh.) 1892. 8. 19 p.   1.—
1570 — Fortegn. ov. Coleopt. paa Jaederen. (Kjöbenh.) 1894. 8. 33 p.   1.—
1571 — Bidr. t. kundsk. om Norges Coleopt.-Fauna. II, IV. (Kjöbenh.) 8. 61 p. m. Tfl.   1.50

W. Junk, Berlin, W. 15.

4*

1572 **Henneguy.** Les Insectes. Morphol, réprod., embryogénie. Paris 1904. 8.   *M*
824 p. av. 4 pl. color. et 622 fig.   22.—
1573 **Hennevogl.** Z. Käferfauna d. Böhmerwald. Prag 1905. 8. 17 p.   1.—
1574 **Henry, E.** Atlas d'Entomologie Forestière. 2. éd. Paris. 8. 48 pl. av. texte.   8.—
1575 **Henschel.** Die schädlichen Forst- u. Obstbaum-Insekten, ihre Lebensweise
u. Bekämpfung. 3. (letzte) Aufl. Berl. 1895. 8. 758 p. m. 197 Fig. Lnb.
(M. 12.)   10.—
1576 **Henshaw.** List of the Coleopt. of America, North of Mexico. W. 3 supplem. Philad. (Ent. S.) 1885—95. 8. 228 p.   10.—
1577 **Henshaw and Banks.** Bibliography of the more important contribut.
to American Economic Entomol. 8 parts. Wash. (Dep. Agr.) 1889—1905. 8.   35.—
Complete sets are now very rare, as part IV is nearly always wanting. Copies
without that part are not worth third of the price. Many odd parts in stock.
1578 **Herklots.** Bouwstoffen v. eene (entomolog.) Fauna v. Nederland. 3 Bde.
Leid. 1853—66. 8. (M. 40.) Cart.   10.—
1579 **Hess, W.,** Bilder a. d. Leben schädl. u. nützl. Insekten. 3 Thle. Leipz.
1372—81. 8. 522 p. m. 165 Fig. (M. 6.)   3.—
1580 — — Die Käfer. Leipz. 1872. 8. 174 p. m. 37 Fig. (M. 2.)   1.50
1581 **Heyden, C. H. G. v.** — K r a a t z. Nekrolog. (Berl., Ent. Z.) 1867. 8. 12 p.
m. Portr.   1.—
1582 **Heyden, L. v.** Z. Coleopt.-Fauna d. Ober-Engadins. (Chur, Nat. Ges.) 1863.
8. 52 p.   1.50
1583 — Z. Synonymik d. Europ. Coleopt. (Berl., Ent. Z.) 1864. 8. 11 p.   1.—
1584 — Ueb. in Finmarken gef. Coleopt. (Stett., Ent. Z.) 1866. 8. 10 p.   1.—
1585 — Entomolog. (Coleopterol.) Reise nach d. südl. Spanien. (Berl., Ent. Z.)
1870. 8. 218 p. m. 2 Tfln.   2.50
1586 — Beitr. z. Europ. Käferfauna. (Berl., Ent. Z.) 1875. 8. 17 p.   1.—
1587 — Die Käfer v. Nassau u. Frankfurt. (Wiesb, Nat. Ver.) 1877. 8. 358 p.
(M. 6.)   2.—
1588 — — Mit 8 Nachträg. (Wiesb., Nat. Ver.) 1877—1900. 8.   3.—
1589 — — 2. Aufl. Frankf. 1904. 8. 425 p. (M. 7.50)   6.—
1590 — — 2. Aufl. — Durchschossen u. mit zahlr. handschriftl. Zusätzen d. Coleopterologen G i e b e l e r - Montabaur.   9.—
1591 — Die coleopter. Ausbeute v. Rein in Japan. (Berl., Ent. Z.) 1879. 8. 45 p.   1.50
1592 — Verzeichn. v. Coleopt. aus Asturien. (Berl., Ent. Z.) 1880. 8. 23 p.   1.—
1593 — Catal. d. Coleopt. v. Sibirien, Turkestan, Nord-Tibet u. d. Amurgebiet.
M. 3 Nachtr. Berl. 1880—98. 8. 593 p. (M. 22.)   14.—
1594 — Verzeichn. d. v. Kobelt in Nordafrika u. Spanien ges. Coleopt. (Frankf.,
Senck.) 1883. 8. 21 p.   1.—
1595 — Beitr. z. Coleopt.-Fauna d. Ins. Askold u. and. Thle. d. Amurgebietes.
(Berl., D. Ent. Z.) 1884. 8. 28 p.   1.—
1596 — Coleopt. v. Kobelt in Algier u. Tunis ges. (Frankf., Senck.) 1886. 8. 24 p.   1.—
1597 — Z. Coleopt.-Fauna v. Pecking. (Berl., D. Ent. Z.) 1886. 8. 12 p.   1.—
1598 — V. Fritsch u. Rein in Marocco gesamm. Käfer. (Berl., D. Ent. Z.) 1887.
8. 16 p.   1.—
1599 — Aufzähl. v. Käfer-Arten aus Tunis. (Berl., D. Ent. Z.) 1890. 8. 11 p.   1.—
1600 — Insecta ges. v. Kükenthal in d. Molukken (Coleopt., Hymenopt., Dipt.).
(Frankf., Senck.) 1897. 4. 54 p.   2.—
1601 — Z. Coleopt.-Fauna d. Halbinsel Sinaï. (Berl., D. Ent. Z.) 1899. 8. 17 p.   1.—
1602 — Coleopt. d. Aru- u. Kei-Inseln. (Frankf., Senck.) 1911. 4. 26 p.   1.50
1603 — Prachtrüsselkäfer v. d. Philippinen. (Frankf., Senck.) 1911. 8. 3 p.
m. color. Tfl.   1.—
1604 **Heyden u. Kraatz.** Monströse Käfer. 2 Abhandl. (Berl., D. Ent. Z.) 1881.
8. 8 p. m. 2 Tfln.   1.50
1605 — Käferfauna v. Turkestan. (Berl., D. Ent. Z.) 1881. 8. 15 p.   1.—
1606 — Käfer um Margelan. (Berl., D. Ent. Z.) 1882. 8. 20 p.   1.—
1607 — Käfer aus Osch u. Turcmen. 3 Abhdl. (Berl., D. Ent. Z.) 1883—84. 8.
36 p.   1.50
1608 — Z. Turkestan. Coleopt.-Fauna. 2 Thle. (Berl., D. Ent. Z.) 1885. 8. 44 p.   1.50

M

1609 **Heyden u. Kraatz.** Käfer um Samarkand. (Berl., D. Ent. Z.) 1888. 8. 42 p.   1.50
Heyden, Reitter et Weise. Catalogus Coleopt. Europ. — vide nr. 569 et 570.
1610 **Heyne.** System. u. alphabet. Verzeichnis d. exotischen Cicindelidae. Leipz.
1894. 8. 38 p.   1.—
1611 **Heyne u. Taschenberg.** Die exotischen Käfer. Leipz. 1893—1908. 4.
319 p. m. 46 color. Tfln. (M. 108.)   40.—
1612 **Hintz.** Cleriden. 6 Abhdl. (Berl., D. Ent. Z.) 1902—08. 8. 52 p.   1.50
1613 — Neue Cleriden aus Westafrika. (Berl., D. Ent. Z.) 1905. 8. 10 p.   1.—
1614 — Z. Kenntnis d. Cerambycidenfauna d. Deutsch. Kolonien Afrikas. 3 Thle.
(Berl, D. Ent. Z.) 1909 -10. 8. 17 p.   1.50
1615 **Hirschler.** Z. embryonal. Entwickl. d. Coleopt. (Krakau, Ak.) 1908. 8.
15 p.   1.—
1616 — Ueb. d. Entwickl. d. Keimblätter u. des Darmes bei Gastroidea virid.
(Krakau, Ak.) 1909. 8. 26 p. m. Tfl.   1.50
1617 **Hochhuth.** Enumer. d. Rüsselkäfer v. Chaudoir u. Gotsch im Kaukasus
u. Transkaukas. ges. (Mosk., Bull.) 1847. 8. 140 p.   2.—
1618 — Ueb. d. Käfersamml. v. Mniszek. (Mosk., Bull.) 1849. 8. 22 p.   1.—
1619 — Die Staphylinen-Fauna d. Kaukasus u. Transkaukasiens. (Mosk., Bull.)
1849. 8. 197 p.   3.—
1620 — Z. Kenntn. d. Rüsselkäfer Rußlands. (Mosk., Bull.) 1851. 8. 102 p.   2.—
1621 — Z. Kenntn. d. Staphylinen Rußlands. 2 Thle. (Mosk., Bull.) 1851—62.
8. 169 p.   5.—
1622 — Enumerat. d. Käfer d. Gouvern. Kiew u. Volhynien. 5 Thle. (Mosk.,
Bull.) 1871—73. 8. 291 p.   8.—
1623 **Hofmann, E.** Der Käfersammler. Stuttg. 1883. 8. 144 p. m. 20 color.
Tfln. Origbd. (M. 4.)   1.50
1624 — — 5. Aufl. v. Lutz. Stuttg. 1892. 8. 149 p. m. 20 color. Tfln. Origbd.
(M. 4.)   2.50
1625 — — 6. (letzte) Aufl. Stuttg. 1903. 8. 141 p. m. 20 color. Tfln. Origbd.   4.—
1626 **Holdhaus.** Coleopterol. Studien. I. (Wien, Z. b. G.) 1902. 8. 16 p.   1.—
1627 — Z. Kenntn. d. Koleopt.-Geographie d. Ostalpen. I. (Münch., Kol. Hefte)
1904. 8. 14 p.   1.—
1628 — Krit. Verzeichn. d. Pselaphiden u. Scydmaeniden d. Jonischen Inseln.
(Berl., D. Ent. Z.) 1908. 8. 17 p.   1.—
1629 **Holdhaus u. Deubel.** Unters. üb. d. Zoogeographie d. Karpathen
(besond. d. Coleopteren). Jena 1910. 4. 208 p. m. color. Kte. (M. 8.)
1630 **Holm.** Habits of some Brit. Brachelytra. (Lond., Ent. S.) 1842. 8. 21 p.   1.—
1631 **v. d. Hoop.** 14 Dagen op Corsica. Mit Liste d. Coleopt. (Gravenh., T. Ent.)
1894. 8. 20 p.   1.—
1632 **Hope.** Descr. of some uncharact. Coleopt. fr. New Holland. (Lond.,
Ent. S.) 1834. 8. 10 p. w. 2 colour. pl.   2.50
1633 — Monogr. on Mimela. (Lond, Ent. S.) 1836. 8. 10 p. w. pl.   1.—
1634 — The Coleopterist's Manual. 3 vols. Lond. 1837—40. 8. w. 11 colour. pl.
Cloth.   12.—
1635 — On some rare and beautif. Insects (Coleopt., Lepid., Hemipt.) fr. Silhet.
2 parts. (Lond., Linn. S.) 1842. 4. 15 p. w. 3 pl. (1 colour.)   4.50
1636 — Descr. of some new Coleopt. fr. Adelaide. (Lond., Ent. S) 1845. 8. 13 p.
w. 1 (instead of 2) colour. pl.   1.—
1637 — On the Entomology of China. (Lond., Ent. Soc.) 1845. 8. 14 p.   1.50
1638 — Descr. of new Buprestidae fr. Australia. (Lond., Ent. S.) 1846. 8. 16 p.   1.50
1639 — Descr. of nondescr. Beetles. (Lond., Ent. S.) 1846. 8. 3 p. w. colour. pl.   1.50
1640 **Hopkins.** Insect Enemies (Bostrychidae) of the Spruce in the Northeast.
(Wash., Dept. Agr.) 1901. 8. 48 p. w. 16 pl.   4.—
1641 — The Black Hills Beetle. (Wash., Dept. Agr.) 1905. 8. 22 p. w. 2 pl.   1.50
1642 — Contrib. tow. a monogr. of the Scolytid Beetles I: Dendroctonus.
(Wash., Dept. Agr.) 1909. 8. 177 p. w. 8 pl.   3.—
1643 — Pract. Information on the Scolytid Beetles of N. American Forests.
I: Barkbeetles of the g. Dendroctonus. (Wash, Dept. Agr.) 1909. 8. 184 p.
w. 2 pl. and 102 fig.   5.—

54

1644 **Hopkins.** Contrib. tow. a monogr. of the Bark-Weevils of the g. Pissodes. *M*
(Wash., Dept. **Agr.**) 1911. 8. 78 p. w. 22 pl. 3.—
1645 **Hoppe.** Enumeratio Insectorum Elytratorum circa Erlangam indig. Erl.
1795. 8. 70 p. et tab. color. Cart. 1.—
1646 **Horae** Societatis Entomologicae Rossicae. Vol. 1—37 et omnia supplem.
Petrop. 1861—1906. 8. c. permultis tabulis color. et nigris.- 600.—
1647 — Trudi Russkajo Entomolog. Obtschestwa (Verhandlungn. d. Russ. Entomolog. Gesellsch. — In russischer Sprache). 13 Bde. (soviel erschien.) Petersb.
1861—83. 8. m viel. color. u. schwarz. Tfln. 120.—
Bd. I u. II (nicht aber die folgenden) haben gleichen Inhalt wie die zwei ersten
Bände der „Horae". — Alle Bände auch einzeln.
1648 **Hormuzaki.** Z. Kenntn. der in d. Bucovina einheim. Coleopteren. 2 Thle.
(Berl.,Ent. N.) 1891—1901. 8. 23 p. 1.—
1649 — Das Hochgebirge d. Bucovina in coleopterolog. Bezieh. (Berl., Ent. N.)
1893. 8. 12 p. 1.—
1650 **Horn, G. H.** Catal. of Coleopt. fr. S. Virginia. (Philad., Ent. Soc.) 1868.
8. 18 p. 1.—
1651 — Synops. of the Malachidae — Brenthidae of U. S. (Philad., Ent. S.)
1872. 8. 34 p. 1.50
1652 — On some Coleopter. remains fr. the bone cave at Port Kennedy, Pa.
(Philad., Ent. S.) 1876. 8. 36 p. 1.50
1653 — On some spec. of Hister. Some genera of Cerambycidae. Contrib.
to the Coleopterol. of the U. S. II. 3 pap. (Philad., Ent. S.) 1878. 8. 46 p.
w. pl. 1.50
1654 — On the Asaphes of Boreal America. Synopsis of the Dascyllidae of
the U. S. On some genera of Cerambycidae. (Philad., Ent. S.) 1880. 8.
70 p. w. 2 pl. 2.50
1655 — On the genera of Carabidae, w. spec. refer. to Boreal Amer. (Philad.,
Ent. S.) 1881. 8. 106 p. w. 8 pl. 6.—
1656 — On the spec. of Anomala of the U. S. Synops. of the U. S. spec. of
Notoxus and Mecynotarsus. (Philad., Ent. S.) 1884. 8. 20 p. 1.—
1657 — Studies among the Meloidae. (Philad., Ent. S.) 1885. 8. 56 p. w. 2 pl. 2.—
1658 — Synonymical Notes. I, III. (Philad., Ent. Amer.) 1885. 8. 11 p. 1.—
1659 — Monogr. of the spec. of Chrysobothris of U. S. (Philad., Ent. S.) 1886.
8. 60 p. w. 6 pl. 6.—
1660 — The spec. of Agrilus of Boreal America. (Philad., Ent. S.) 1886. 8.
30 p. w. pl. 1.50
1661 — Monogr. of Aphodiini of the U. S. (Philad., Ent. S.) 1887. 8. 110 p. 6.—
1662 — Synopsis of the Halticini of Boreal America. (Philad., Ent. S.) 1889.
8. 158 p. w. 3 pl. 6.—
1663 **Horn, W.** Nachträge z. Monogr. d. Gattg. Collyris. (Berl., D. Ent. Z.) 1892.
8. 16 p. 1.—
1664 — 5 Dekaden neuer Cicindeleten. (Berl., D. Ent. Z.) 1892. 8. 28 p. 1.—
1665 — Les espèces du g. Collyris rec. en Birmanie. (Genova, Mus.) 1893. 8.
11 p. 1.—
1666 — Les Cicindélètes de Sumatra (Genova, Mus.) 1895. 8. 10 p. 1.—
1667 — 12 neue Cicindeliden-Spec. (Berl., D. Ent. Z.) 1895. 8. 13 p. 1.—
1668 — Matér. p. s. à. l'ét. d. Cicindélètes. (B. Aires, Mus.) 1895. 4. 4 p. 1.—
1669 — Die Cicindeliden d. Dohrn'schen Samml. (Stett., Ent. Z.) 1896. 8. 14 p. 1.—
1670 — Die Mexikan. Cicindeliden. (Berl., Ent. Z.) 1897. 8. 26 p. 1.50
1671 — Die Cicindeliden-Fauna v. Java. (Berl., D. Ent. Z.) 1897. 8. 12 p. 1.—
1672 — Revis. d. Cicindeliden. (Berl., D. Ent. Z.) 1898. 8. 32 p. 1.50
1673 — Entomolog. Reisebriefe aus Ceylon. 3 Tle. (Berl., D. Ent. Z.) 1899. 8.
40 p. 1.50
1674 — Üb. d. System d. Cicindeliden. (Berl., D. Ent. Z.) 1899. 8. 19 p. 1.—
1675 — De novis Cicindelidarum spec. 7 neue Cicindeliden. 2 Abhandl. (Berl.,
D. Ent. Z.) 1900. 8. 25 p. 1.—
1676 — Briefe eines (in S. Amerika) reisenden Entomologen. 3 Thle. (Berl., D.
Ent. Z.) 1902—3. 8. 54 p. 1.50

1677 **Horn, W.** Letters of a traveling Entomologist. Transl. by Knaus. (Mc Pherson, Kansas) 1903. 8. 43 p.   *ℳ* 2.—

1678 — Neue Cicindeliden, gesamm. v. Fruhstorfer in Tonkin. (Berl., D. Ent. Z.) 1903. 8. 11 p.   1.—

1679 — 17 Abh. üb. Cicindeliden. (Berl., D. Ent. Z.) 1903—07. 8. 63 p. m. Tfl.   4.—

1680 — The Cicindelidae of Ceylon. (Colombo, Spolia) 1904. 8. 15 p. w. pl.   1.50

1681 — Ueb. die Cicindelen-Sammlungen v. Paris u. Lond. (Berl., D. Ent. Z.) 1904. 8. 19 p.   1.—

1682 — System. Index d. Cicindeliden. (Berl., Ent. Z.) 1905. 8. 56 p. (M. 3.)   2.—

1683 — Das Genus Tricondyla. (Berl., D. Ent. Z.) 1906. 8. 17 p.   1.—

1684 — Megacephala-Tetracha. (Berl., D. Ent. Z.) 1907. 8. 10 p.   1.—

1685 — Cicindelinae (e: Genera Insect.) Partes I. II. Brux. 1908—10. 4. 208 p. et 13 tab. color. et nigr., et mappa color.   65.—

1686 — Coleopterorum Catalogus: Cicindelidae.
In Vorbereitung. — In preparation. — En préparation. — Vide nr. 721.

1687 **Horn, W., Régimbart et a.** Coleoptera Novae Guineae. 2 partes. (Leiden, ‚N. Guinea‘) 1906—8. 4. 82 p.   5.—

1688 **Horn, W., u. Roeschke.** Monogr. d. paläarkt. Cicindelen. Berl. 1891. 8. 208 p. m. 6 Tfln.   7.—
Ist „Bestimmungstabelle d. Europ. Coleopt." Heft 23.

1689 **Horvath.** Zoolog. Ergebnisse d. 3. Asiat. Forschungsreise d. Graf. Zichy. Budap. 1901. 4. 511 p. m. 28 z. Thl. color. Tfln. (M. 25.)   17.—

1690 **Houlbert et Monnot.** Faune Entomol. Armoricaine: Carnivores (Carabides). Partie 1 à 4. (Rennes, Soc. Sc.) 1905 à 07. 8. 110 p. av. 145 fig.   4.50

1691 — — Cérambycides (Longicornes). 2. éd. (Rennes, Soc. Sc.) 1909. 8. 104 p. av. 146 fig.   3.—

1692 — — Géocarabiques. (Rennes, Soc. Sc.) 1911. 8. av. 265 fig.   10.—

1693 **Howard.** Study in Insect Parasitism. (Wash., Dept. Agr.) 1897. 8. 57 p. w. 24 fig.   1.50

1694 — Some miscellan. results of the works of the Divis. of Entomology. 5 parts. (Wash., Dept. Agr.) 1897—1901. 8. 494 p. w. 2 pl. and many fig.   4.—

1695 **Hubenthal.** Ergänzgn. z. Thüringer Käferfauna. 6 Thle. (Berl., D. Ent. Z.) 1902—09. 8. 83 p.   2.50

1696 **Hudson.** Manual of New Zealand Entomology. Lond. 1892. 8. 158 p. w. 21 colour. pl. Cloth.   12.—

1697 **Hulst.** The g. Catocala. (Brookl., Ent. S.) 1884. 8. 55 p.   2.—

1698 **Humboldt, A. de.** Voyage aux régions Equinoxiales. Insectes: Collect. de 24 planches color. 1799. fol. D.-rel. veau.   30.—

1699 **Hunter, W. D.** Medios p. combatir el Picudo d. Algodón. México 1906. 8. 42 p. av. pl.   1.50

1700 **Hürthle.** Ueb. d. Struktur d. quergestreift. Muskelfasern von Hydrophilus. (Bonn, Arch. Physiol.) 1909. 8. 164 p. m. 8 Tfln. (M. 8.)

1701 **Illiger.** Magazin f. Insektenkunde. 6 Bde. Braunschw. 1804—7. 8. (M. 24.)   18.—
Bd. 1—5 vergriffen.

1702 **Imhoff.** Einführ. in d. Studium d. Koleopt. 2 Thle. Basel 1856. 8. 418 p. m. 25 Tfln. (M. 13.)   3.—

1703 — Bischoff-Ehinger, Necrolog. (Bern, Ent. Ges.) 1869. 8. 10 p.   1.—

1704 **Inda.** El Gorgojo de la Semillas y de los Plantíos de Chile. 2 mém. Mexico 1907. 8. 24 p. av. 3 pl.   1.50

1705 **Indian Museum Notes** (on econom. Entomol). Ed. by Atkinson, Cotes, Nicéville and others. Vol. I—V, VI part 1. (all pub'd.) Calc. 1889—1903. 8. w. many colour. and plain pl.   70.—
Partly out of print.

1706 **Insect Life.** Devot. to the economy and life habits of Insects. Ed. by Riley and Howard. 7 vols. w. index. Wash. 1888—97. 8. w. many illustrat.   75.—
See also: Rara Historico-Naturalia, ed. Junk, page 29. — Many single volumes and parts in stock.

1707 **Insecta.** Revue illustrée d'Entomologie. Année I. Rennes 1911. 8. av. fig.   18.—

1708 **L'Insectologie Agricole.** Vol. I, II, III, Nr. 1 à 3, 6, 7, 12. Paris 1867 à 1869. 8. av. planches color.   20.—
Série rare. Vol. IV est le dernier volume paru, pas le VI., comme Taschenberg dit.

W. Junk, Berlin, W. 15.

56

1709 **Insektenbörse.** Internat. Wochenblatt f. Entomologie. Redig. v. Franken-
stein u. Schaufuss. Jahrg. X—XXVI: 1893—1909. Leipz. 4. (ca. M. 100.) 45.—
1710 **Insekten-Welt.** Zeitschrift d. International. Entomologen-Vereins. 4 Jahrgänge (soviel erschien): 1884—87. Brandenb. 4. 25.—
Nr. 12—24 vom 4. Jahrgang ist nicht erschienen.
1711 **Internationale Entomolog. Zeitschrift.** Hrsg. v. Hoffmann. Jahrg. I u. II.
Guben 1908—9. 4. m. viel. Fig. (M. 12.) 9.—
1712 **Italienische Coleopteren.** 14 Abhandl. v. Bargagli, Griffini, Holdhaus,
Krausse, Silvestri u. a. 1866—1907. 8. u. 4. 103 p. m. 4 Tfln. 3.—
1713 **Ivanov, N.** Les Elatérides du gouv. de St. Pétersbourg. (Pétersb., Mus.)
1901. 8. 55 p. — En langue Russe. 3.—
1714 **Jablonsky u. Herbst.** Natursystem aller in- u. ausländ. Käfer. 10 Bde.
Text u. Atlas in Folio v. 202 color. Tfln. Berl. 1785—1806. 8. (M. 194.) Hfrz. 60.—
Siehe auch: Rara Historico-Naturalia. ed. Junk, p. 10.
1715 **Jacobson, G.** Analyt. Uebers. d. Donacia- u. Plateumaris-Arten d. alt.
Welt. (Petersb., Horae) 1892. 8. 26 p. 1.50
1716 — Z. Chrysomeliden-Fauna d. Umgeg. v. See Issyk-kul. (Berl., D. Ent. Z.)
1894. 8. 11 p. 1.—
1717 — De g. Alurno. (Petrop., Horae) 1899. 8. 12 p. 1.—
1718 — Chrysomelidae Sibiriae occident. 2 partes. (Petrop., Horae) 1900. 8. 30 p. 1.50
1719 — Die Käfer Russlands u. West-Europas. Heft 1—9 (soviel erschienen).
St. Petersb. 1909—11. 8. — In Russischer Sprache.
Subscriptionspreis für das ganze Werk m. 83 color. Tafeln u. 2200 Figur. M. 45.
1720 **Jacoby.** Descr. of new Phytophaga chiefly fr. Madagascar. 5 pap. (Lond.,
Zool. S.) 1876—92. 8. 68 p. w. 2 colour. pl. 2.—
1721 — 16 pap. on new Phytophaga. 1876—1901. 8. 218 p. w. 4 colour. pl. 5.—
1722 — Verzeichn. d. v. Steinheil in Neu-Granada ges. Cryptocephalini u.
Criocerini. (Münch., Ent. Ver.) 1878. 8. 29 p. 1.—
1723 — Descr. of new Phytophaga fr. C. and S. America. (Lond., Zool. S.) 1879.
8. 15 p. 1.—
1724 — On a collect. of Phytophag. Coleopt. made by Buckley at East. Ecuador.
(Lond., Zool. S.) 1881. 8. 21 p. w. 2 colour. pl. 2.—
1725 — Descr. of new Phytoph. Coleopt. fr. the Indo-Malay. and Austro-
Malayan subregions in the Genoa Mus. 3 parts. (Genoa, Mus.) 1884—86.
8. 184 p. 5.—
1726 — Descr. of new Phytoph. fr. Sumatra. (Leyden, Mus.) 1884. 8. 62 p. 2.—
1727 — Descr. of the Phytophaga of Japan and Ceylon obt. by Lewis. 3 parts.
(Lond., Zool. S.) 1885—87. 8. 115 p. w. 4 colour. pl. 4.—
1728 — Descr. of new Phytophag. Coleopt. fr. Africa and Madagasc. (Lond.,
Ent. S.) 1838. 8. 18 p. w. pl. 1.—
1729 — Descr. of new Phytophaga fr. Kiukiang, China. (Lond., Ent. S.) 1888.
8. 13 p. 1.—
1730 — List of the Phytophaga obt. by Fea at Burmah and Tenasserim.
(Genoa, Mus) 1889. 8. 93 p. 2.—
1731 — List of the Crioceridae, Cryptocephal., Chrysomel. and Galeruc. coll.
in Venezuela by Simon. (Lond., Zool. S.) 1889. 8. 30 p. 1.—
1732 — Descr. of the new Phytophaga obt. by Fea in Burma. (Genoa, Mus.)
1892. 8. 135 p. 2.50
1733 — Descr. of some new Phytophaga fr. Madagascar. (Lond., Zool. S.) 1892.
8. 16 p. w. colour. pl. 1.—
1734 — Descr. of some new Halticidae. (Lond., Ent. S.) 1893. 8. 14 p. 1.—
1735 — Descr. of some new Donacinae and Criocerinae. (Brux., Soc. Ent.) 1893.
8. 11 p. 1.—
1736 — Descr. of new spec. of the g. Oedionychis and Asphaera. (Lond.,
Zool. S.) 1894. 8. 23 p. w. colour. pl. 1.—
1737 — Descr. of some new gen. and sp. of Phytophaga. (Brux., S. Ent.) 1894.
8. 15 p. 1.—
1738 — Chrysomeliden v. Togo. (Berl., D. Ent. Z.) 1895. 8. 24 p. 1.—
1739 — Descr. of new Phytophaga fr. the Austro-Malayan region. (Stett., Ent. Z.)
1895. 8. 29 p. 1.—

W. Junk, Berlin, W. 15.

1740 **Jacoby.** Contribut. to the knowl. of African Phytophaga. 2 parts. (Lond., Ent. Soc.) 1895. 8. 48 p. — *M* 2.—
1741 — Descr. of the new Phytophaga obt. by Andrewes in India. (Brux., Soc. Ent.) 1895. 8. 37 p. — 1.—
1742 — Descr. of the new genera and spec. of Phytophagous Coleopt. (Brux., Soc. Ent.) 1896. 8. 55 p. — 1.—
1743 — Further Contrib. to the knowl. of the Phytophaga of Africa. 2 parts. (Lond., Zool. S.) 1897. 8. 78 p. w. 2 colour. pl. — 4.—
1744 — List and descr. of the Phytophaga obt. by Modigliani fr. Mentawei Islands. (Genova, Mus.) 1897. 8. 23 p. — 1.—
1745 — List of the Phytophaga obt. by H. Smith at St. Vincent, Grenada and the Grenadines. (Lond., Ent. Soc.) 1897. 8. 32 p. — 1.—
1746 — Some Phytophaga fr. Mauritius and Réunion. (Lond., Ent. S.) 1898. 8. 8 p. — 1.—
1747 — New spec. of Phytophaga fr. Australia and the Malayan reg. (Brux., S. Ent.) 1898. 8. 30 p. — 1.—
1748 — New Phytophaga fr. Paraguay. (Genoa, Mus.) 1899. 8. 14 p. — 1.—
1749 — Descr. of the new Phytophaga obt. by Dohrn in Sumatra. (Stett., Ent. Z.) 1899. 8. 55 p. w. colour. pl. — 1.50
1750 — Some new Phytophaga coll. by Bottego at Somaliland. (Genoa, Mus.) 1899. 8. 35 p. — 1.50
1751 — Additions of the knowl. of the Phytophaga of Africa. II. (Lond., Zool. S.) 1899. 8. 42 p. w. colour. pl. — 1.50
1752 — Descr. of new S. Americ. Eumolpidae. (Lond., Ent. S.) 1900. 8. 58 p. — 1.50
1753 — On new Phytophaga fr. S. and Centr. Africa. (Lond., Zool. S.) 1900. 8. 64 p. w. colour. pl. — 2.—
1754 — New spec. of Indian Phytophaga princ. fr. Mandar in Bengal. (Brux., Soc. Ent.) 1900. 8. 48 p. — 1.—
1755 — Descr. of some new Criocerini fr. the Malayan region. (Stett., Ent. Z.) 1900. 8. 7 p. — 1.—
1756 — Descr. of some new Chlamydae. (Lond., Zool. S.) 1901. 8. 12 p. w. colour. pl. — 1.50
1757 — Further contrib. to our knowl. of African Phytophaga. 2 parts. (Lond., Ent. S.) 1901—3. 8. 88 p. w. colour. pl. — 2.—
1758 — Descr. of new Halticidae fr. S. and Central America. (Lond., Zool. S.) 1902. 8. 34 p. w. colour. pl. — 1.50
1759 — Descr. of new S.-Americ. Chrysomelidae. (Lond., Zool. S.) 1903. 8. 30 p. — 1.—
1760 — Phytophaga obt. by Sjöstedt in the Cameroons. (Stockh., Ark. Z.) 1903. 8. 12 p. w. pl. — 1.—
1761 — Descr. of new Phytophaga obt. by Conradt in West-Africa. (Stett., Ent. Z.) 1903. 8. 45 p. — 1.—
1762 — Descr. of the new Phytophaga obt. at the Nilgiri Hills and Kanara. (Brux., Soc. Ent.) 1903. 8. 49 p. — 1.50
1763 — Sagridae (e: Genera Insector.). 2 parts. Brux. 1903—4. 4. 14 p. w. colour. pl. — 4.—
1764 — Another contrib. to the knowl. of African Phytophaga. (London, Zool. S.) 1904. 8. 40 p. w. colour. pl. — 1.50
1765 — Another contrib. to the knowl. of Indian Phytophaga. (Brux., Soc. Ent.) 1904. 8. 28 p. — 1.—
1766 — Descr. of new Phytophaga obt. by Nordenskiöld in Bolivia and the Argent. Republic. (Stockh., Ark. Z.) 1904. 8. 12 p. — 1.—
1767 — Descr. of new Phytophaga of New Guinea. (Genoa, Mus.) 1905. 8. 46 p. — 1.50
1768 — Diagnoses of Phytophaga Malayens. (Lond.) 1905. 4. 7 p. — 1.—
1769 — Descr. of new Afric. Halticinae and Galerucinae. (Lond., Ent. S.) 1906. 8. 42 p. w. colour. pl. — 1.50
1770 — Descr. of new spec. of the g. Homophoeta, Asphaera and Oedionychis. (Lond., Zool. Soc.) 1906. 8. 65 p. w. 2 colour. pl. — 3.50

58

1771 **Jacoby.** The Coleoptera of British India. Chrysomelidae. Vol. I. (all pub'd.) ℳ
Lond. 1908. 8. 556 p. w. 2 colour. pl. Cloth. 18.—
1772 **Jacoby, Baly and Champion.** Coleopt. Phytophaga Centrali-Americana.
2 vols. and supplement. (Lond., Biol. C.-Americ.) 1880—92. 4. 1283 p. w.
56 colour. pl. 220.—
I possess besides a number of odd plates.
1773 **Jacoby and Clavareau.** Crioceridae (e: Genera Insector.). Brux. 1904. 4.
40 p. w. 5 colour. pl. 15.—
1774 — Donacidae (e: Genera Insector.). Brux. 1904. 4. 15 p. w. colour. pl. 4.—
1775 — Megalopidae (e: Genera Insector.). Brux. 1905. 4. 22 p. w. 2 colour. pl. 6.—
1776 — Megascelidae (e: Genera Insector.). Brux. 1905. 4. 8 p. w. colour. pl. 3.—
1777 — Clytrinae (e: Genera Insector.). With 'Addenda'. Brux. 1906—07. 4. 88 p.
w. 5 colour. pl. 20.—
1778 **Jacoby and Lefèvre.** New Phytophaga fr. Brasil and Africa. 3 pap.
(Leyd. and Lond.) 1881—86. 8. 24 p. 1.—
1779 **Jacquelin du Val.** De Bembidiis Europ. (Paris., S. Ent.) 1855. 8. 29 p. 1.—
1780 — Glanures entomol. (Paris, S. Ent.) 1857. 8. 22 p.. 1.—
1781 **Jacquelin du Val et Fairmaire.** Genera d. Coléoptères d'Europe. 4 vols.
Paris 1857 à 68. 4. av. 303 pl. color. (fr. 320.) D.-rel. veau. 125.—
1782 — — Vol. I: Carabides, Dytiscides. Paris 1855. 4. 84 p. av. 30 pl. color.
Cart. 16.—
1783 — — Vol. II: Staphylinid., Histérides, Scaphid., Trichopteryg., Phalacrides,
Nutidul., Peltides, Colyd. etc. Paris 1857 à 1859. 4. 348 p. av. 67 pl. color.
Cart. 18.—
1784 — — Catalogue. Paris 1868. 8. 280 p. D.-rel. veau. 5.—
1785 — — Planches coloriées 1 à 96 (sans texte). 20.—
1786 **Jacquet.** S. l'organis. extér. et la classif. des Coléopt. (Paris). 8 33 p. 1.50
1787 **Jaeger, B.** Life of North Americ. Insects. N. York 1859. 8. 333 p. w.
69 fig. Cloth. 5.—
1788 **Jägerskiöld.** Coleopt. fr. the Swedish Zool. Exped. to Egypt and the
White Nile. Ups. 1906. 8. 20 p. 1.—
1789 **Jakowleff.** Mater. z. Käfer-Fauna Russlands. 7 Thle. (Mosk., Bull.) 1880—83.
8. 107 p. — In Russischer Sprache. 4.—
1790 — Descr. d'espèces nouv. ou peu connues du g. Sphenoptera. (Pétersb.,
Horae) 1887. 8. 21 p. 1.50
1791 — Révis. du g. Prionus de la faune de la Russie. (Pétersb., Horae) 1887.
8. 20 p. av. pl. 1.50
1792 — Coleopt. a Potanin in China et in Mongolia lecta. 2 partes. (Petrop.,
Horae) 1890. 8. 19 p. 1.—
1793 — Dytiscides nouv. ou peu connus. 2 parties. (St. Pétersb., Horae) 1896 à
1898. 8. 17 p. 1.—
1794 — S. l. Neodorcadion de l'Asie Russe. (Petersb., Revue Ent.) 1901. 8. 21 p. 1.—
1795 — Etude s. l. Sphenoptera paléarct. du sous-genre Chrysoblemma. (Pétersb.,
Horae) 1903 8. 30 p. 1.50
1796 — Etudes s. l. esp. du g. Sphenoptera VI. (Pétersb., Horae) 1904. 8. 13 p. 1.—
1797 **Janson, E. W.** British Beetles fig. and descr. London 1863. 4. w. 29
colour. pl. Cloth. 10.—
1798 **Janson, O. E.** 2 pap. on Asiat. Cetoniidae. (Lond.) 1888—1901. 8. 11 p. 1.—
1799 — List of Cetoniidae coll. in the Bombay Pres. (Lond., Ent. S.) 1901. 8.
8 p 1.—
1800 — On the g. Theodosia. (Lond., Ent. S.) 1903. 8. 8 p. 1.—
1801 **Jaroschewsky.** Ueb. einig. schädliche Insekten d. Gouvern. Charkow. 2 Thle.
Chark. 1880—81. 8. 22 p. — Russisch. 1.—
1802 — Z. Entwicklgsgesch. d. Anisoplia. Charkow 1880. 8. 22 p. — Russisch. 1.—
1803 — Ueb. Anisoplia u. ein. andere schädl Insecten d. Gouv. Charkow. Chark.
1880. 8. 39 p. — Russisch. 1.—
1804 **Jeannel.** Révis. d. Bathociinae (Coléopt. Silphides). Morphologie; distrib.
géogr.; systémat. (Paris, Arch. Zool.) 1911. 8. 641 p. av. 24 pl. et 70 fig.
(M. 52.)

1805 **Jekel.** Genera et spec. Curculionidum. Paris. 1849. 12. 279 p. Cart.   2.—
1806 — Fabricia Entomolog. (Curculion.). 3 parties. Paris 1853 à 1859. 8. 260 p.
av. tabl. — Tout ce qui a paru.   4.—
1807 — — Partie 1: Genus Lordops. Paris 1853. 8. 82 p.   1.—
1808 — Insecta Saundersiana: Curculionides. 2 partes. Lond. 1855—60. 8. c. 3 tab.   5.—
1809 — S. l. Cérambycides de Thomson. (Lond., J. Ent.) 1861. 8. 20 p.   1.—
1810 — S. la classif. d. Curculionides. (Paris, S. Ent.) 1864. 8. 30 p.   1.—
1811 — S. la classif. d. Geotrupes. (Paris, S. Ent.) 1865. 8. 106 p.   3.—
1812 — S. le g. Caccobius. (Paris, Revue Z.) 1872. 8. 15 p.   1.—
1813 — S. l. g. Peribleptus, Paipalesomus, Paipalephorus, Pterygomus. 2 mém.
(Paris, S. Ent.) 1872 à 1873. 8. 16 p.   1.—
1814 — Coleopt. Siciliae. Paris. 8. 12 p. — Autogr.   1.—
1815 **Jensen-Harup.** Danmarks Cicindelides et Carab. Kjöbenh. 1891. 8. 148 p.   3.—
1816 — Haltica, deres Livsforhold etc. Kjöb. 1902. 8. 17 p.   1.—
1817 — New Coleopt. fr. West Argentina. (Berl., D. Ent. Z.) 1910. 8. 14 p.   1.—
1818 **Joannis.** Monogr. d. Gallérucides. (Paris, Abeille) 1866. 8. 166 p. av. pl.
D.-rel. veau.   2.50
1819 **Johnson, R. H.** Determined evolut. in the color-pattern of the Coccinellid.
Wash. 1910. 8. 108 p. w. 92 fig.   5.—
1820 **Johnson, W. F., and Carpenter.** The Larva of Pelophila. (Lond., Ent.
S.) 1898. 8. 8 p.   1.—
1821 **Jordan.** On new genera and spec. of Coleopt. in the Tring Mus. (Lond.,
Nov. Zool.) 1894. 4. 21 p. w. colour. pl.   2.—
1822 — Z. Kenntn. d. Anthribidae. II. (Stett., Ent. Z.) 1895. 8. 83 p.   1.50
1823 — Anthribidae fr. the Isl. of Engano, Mentawei and Sumatra. (Genoa,
Mus.) 1897. 8. 21 p.   1.—
1824 — New Anthribidae. (Lond., Nov. Zool.) 1898. 4. 17 p.   1.50
1825 — African Cerambycidae. (Lond., Nov. Zool.) 1903. 4. 62 p.   3.50
1826 — Some new Oriental Anthribidae. (Genoa, Mus.) 1904. 8. 12 p.   1 —
1827 — Coleopterorum Catalogus: Anthribidae.
In Vorbereitung. — In preparation. — En préparation. — Vide nr. 721.
1828 **Joseph.** Üb. d. Leuchten d. Johanniskäfer. (Bresl., Z. Ent.) 1854. 8. 18 p.   1.—
1829 — Z. Kenntn. d. Sphodrus- u. Anophthalmus-Arten d. Krainer Gebirgs-
grotten. (Berl.) 1865—70. 8. 24 p.   1.50
1830 **Journal** of Entomology descript. and geogr. 2 vols. Lond. 1860—66. 8. w.
41 colour. and plain pl. Cloth. — All publish.   65.—
1831 **Journal** of economic Entomology. Editor: Felt. Year I—III: 1908—10.
Durham, N. H. 8. w. pl.   38.—
1832 **Journal** of the New York Entomolog. Society. Ed. by Beutenmüller. Vols.
I—XIV. N. York 1893—1907. 8. w. 65 pl.   140.—
1833 **Jousset de Bellesme.** Rech. expérim. s. la phosphorescence du Lampyre.
(Paris, Journ. Anat.) 1880. 8. 49 p.   2.—
1834 **Judeich u. Nitsche.** Lehrb. d. mitteleurop. Forstinsektenkunde. (8. Aufl.
v. Ratzeburg's Waldverderber.) 2 Bde. Wien 1885—95. 8. m. Portrait
u. 11 z. Thl. color. Tfln. (M. 45.)   36.—
Mehrere Theile auch einzeln.
1835 **Junk, W.** Bibliographia Coleopterologica. Berolini 1912. 8.
c. tabula. Leinbd.   1.—
Das obige Werk ist der vorliegende Catalog, auf gutes holzfreies Papier gedruckt
und in Leinenband gebunden und versehen mit einem Vorwort „Die coleopterologische Literatur", in welchem zum ersten Male der Versuch gemacht wird,
den Wert und die Wichtigkeit der hauptsächlichen Werke und Zeitschriften, die sich
mit der Käferkunde beschäftigen, für den sammelnden und forschenden Coleopterologen festzustellen. In ähnlicher Weise, wie dies in meiner 1909 erschienenen — von
der Fachpresse auf das günstigste aufgenommenen—„Bibliographia Botanica"
(Preis 1 Mark) geschehen ist. ___________

The 'Bibliographia Coleopterol.' is this catalogue, but printed on fine paper and
in cloth binding, and with the addition of an important preface (written in German):
'The Coleopterological Literature', in which I tried — for the first time —
to enter into the value for the collector and the scientific worker of the chief coleopterological books and periodicals. Two years ago I published a similar work,

W. Junk, Berlin, W. 15.

M

most favourably reviewed by the American and English press, the 'Bibliographia Botanica' (Price Mk. 1).

La 'Bibliographia Coleopterol.' est le présent catalogue, mais tiré sur papier fort et relié en toile et avec une préface (écrite en langue Allemande): 'La litérature coléoptérologique', dans laquelle j'ai essaié — pour la première fois — à critiquer la valeur des livres principaux et des journaux coléoptérologiques pour le collecteur et le savant. J'ai édité il y a deux ans un ouvrage analogue très-favorablement accueilli aussi par la presse Française, la 'Bibliographia Botanica' (Prix Mk. 1).

1836 **Junk, W.** Entomologen-Adressbuch. The Entomologist's Directory. Annuaire des Entomologistes. Berl. 1905. 8. 302 p. Origbd. (Preis herabgesetzt von 5 Mark auf:)   3.—
Circa 9000 Namen und Adressen nebst Angabe der Specialität enthaltend.
(Insektenbörse:) Unentbehrliches Nachschlagebuch. — (The Entomologist:) This exceedingly useful Directory. — (Psyche:) Very creditable to the author, and the most complete Directory. — (Entomol. Zeitschrift, Guben:) Der Herausgeber ist mit ausserordentlicher Sorgfalt und peinlicher Genauigkeit zu Werke gegangen. Er hat weder Mühe noch Kosten gescheut, um bis zum letzten Augenblick die Adressen zu vervollständigen und so ein Adressbuch herzustellen, das sicher allen Ansprüchen genügen wird. — (Prof. Porta-Camerino:) Di somma importanza, molto accurato ed elegante, pubblicazione indispensabile. — (Zeitschr. f. Insektenbiologie:) Mühevolle und offenbar sorgfältige wie übersichtliche Zusammenstellung, verdient grösste Verbreitung. — (Journal of the New York Entomol. Soc.:) Well printed and in convenient, compact form. — (Entomologist's Record:) By far the best book of its kind ever offered to the entomological public. The number of adresses is enormous, and considering its extent, the errors are remarkably few. An excellent 5 s worth, and one that no doubt will have an enormous circulation, as it fills a great want. — (Revue d'Entomologie:) Nous recommandons ce très-utile Annuaire à nos collègues. — (Miscellanea Entomologica:) Rendra de grands services à tous ceux qui désirent se créer des relations d'échange. Un index alphabétique rend les recherches très-promptes et très-faciles.

1837 — Antiquar.-Cataloge Nr. 25, 34, 40: Entomologia. 3 Thle. 1904—10. 238 p. m. 6061 Bücher-Titeln.   Gratis u. franco.
Alle wichtigen entomolog. Publicationen enthaltend.

1838 — Antiquar.-Catalog Nr. 39: Plantarum Pathologia. 1910. 50 p. m. 1420 Bücher-Titeln.   Gratis u. franco.
Cont.: Morbi et Parasita Plantarum. Cecidia. Teratologia.
— Coleopterorum Catalogus — vide no. 721.

1839 **Junod.** Coléopt. du Delagoa. (Lausanne, S. Nat.) 1899. 8. 27 p. av. 2 pl.   2.—

1840 **Kaefer.** — 31 Blatt colorierte Handzeichnungen in hübscher Ausführung m. ca. 220 farb. Figuren.   5.—

1841 **Kaltenbach.** Die deutschen Phytophagen aus d. Klasse d. Insekten. 8 Hefte. (Bonn, Nat. Ver.) 1856—70. 8. 864 p.   10.—

1842 — Les Insectes phytophages d'Allemagne. (Aix de la Chap.) 1866. 8.. 131 p. Cart.   3.—

1843 — Die Pflanzenfeinde aus d. Klasse d. Insekten. Stuttg. 1874. 8. 856 p. m. 402 Fig.   12.—
Vergriffen.

1844 **Kampmann.** Catal. d. Coléopt. de la vallée du Rhin. (Colmar, Soc. Nat.) 1860. 8. 47 p.   1.50

1845 **Karsch, A.** Die Insektenwelt. 2. (letzte) Aufl. Leipz. 1882. 8. 796 p. m. 389 Fig. (M. 9.60.)   6.—

1846 **Karsch, F.** Z. Käferfauna d. Sandwich-, Marshall- u. Gilberts-Inseln. (Berl., Ent. Z.) 1881. 8. 14 p. m. Tfl.   1.—

1847 — Die Käfer d. Rohlfs'schen Afrikan. Exped. Die Camarotus d. Berl. Museums. (Berl., Ent. Z.) 1881. 8. 12 p. m. Tfl.   1.—

1848 — Verzeichn. d. v. Falkenstein in Westafrika ges. Chrysomeliden, Endomych., Coccinellid. u. Anthotrib. (Berl., Ent. Z.) 1882. 8. 10 p. m. color. Tfl.   1.—

1849 — Insecten v. Baliburg (Deutsch-Westafrika). (Berl., Ent. Nachr.) 1892. 8. 23 p.   1.—

1850 **Katter.** Monogr. d. Europ. Arten d. Gattg. Meloë. 2 Tle. Putbus 1883. 8. 61 p.   1.50

1851 **Kaup.** Prodromus z. ein. Monogr. d. Passaliden. 3 Thle. (Münch., Coleopt. Hefte) 1868—69. 8. 100 p.   3.—

1852 — Monogr. d. Passaliden. (Berl., Ent. Z.) 1871. 8. 125 p m 5 Tfln.   2.50

		$\mathcal{M}$
1853	**Kaup.** Einige Cerambyciden d. Samml. zu Darmstadt (beschrieben 1866.) (Neudruck). Darmst. 1895. 8. 8 p. m. 3 photogr. Tfln.	3.—
1854	**Kelecsenyi.** Enumer. Coleopt. et Lepidopt. in reg. Nagy-Tapolcsany Comit. Nitriensis. 2 partes. Nyitra 1896. 8. 35 p.	1.—
1855	**Kellner.** Verzeichniss d. Käfer Thüringens. (Berl., Ent. Z.) 1875. 8. 188 p. (M. 6.)	1.50
1856	**Kellogg.** American Insects. New ed. New York 1909. 8. 694 p. w. 11 colour. pl. and 812 fig. Cloth.	22.—
1857	**Kempers.** Bijdr. tot de kennis d. Coleopt.-Fauna van Texel. (Gravenh., T. Ent.) 1897. 8. 23 p.	1.—
1858	— Het Adersysteem d Kevervleugels (Coleopt.). 4 Thle. (Gravenh., T. Ent.) 1900—03. 8. 95 p. m. 9 Tfln.	4.—
1859	**Kerremans.** Enumér. d. Buprestides décr. postér. au catal. de Gemminger et Harold. (Brux., S. Ent.) 1885. 8. 43 p.	2.50
1860	— Essai monogr. du g. Sternocera. (Brux., S. Ent.) 1888. 8. 55 p. av. pl. color.	1.—
1861	— S. l. Buprestides du Chota-Nagpore. (Brux., S. Ent.) 1890. 8. 10 p.	1.—
1862	— Buprestid. nouv. II. (Brux., S. Ent.) 1891. 8. 10 p.	1.—
1863	— Catal. synonym. d. Buprestides décr. 1758 à 1890. Brux. (Soc. Ent.) 1892. 8. 304 p.	6.—
1864	— — Brux. 1892. 8. 304 p. Cart.	12.—
	Exemplaire interfolié, avec beaucoup d'additions manuscr. de M. E. v. Oertzen.	
1865	— Buprestides de Birmanie. (Gênes, Mus.) 1892. 8. 24 p.	1.—
1866	— Buprestides de l'Inde. 2 parties. (Brux., S. Ent.) 1892 à 93. 8. 88 p.	2.—
1867	— 15 mém. s. l. Buprestides. 1892 à 1908. 8. av. fig.	4.—
1868	— Les Chrysobothrines d'Afrique. (Brux., S. Ent.) 1893. 8. 29 p.	1.—
1869	— Essai de groupement d. Buprestides. (Brux., S. Ent.) 1893. 8. 29 p.	1.—
1870	— Buprestides d. Tabacs de Mexique. (Paris, S. Ent.) 1894. 8. 12 p.	1.—
1871	— S. la répartit. géograph. d. Buprestides. (Brux., S. Ent.) 1894. 8. 25 p.	1.—
1872	— Buprestides rec. p. Alluaud dans Diego-Suarez (Madag.). (Brux., S. Ent.) 1894. 8. 20 p.	1.—
1873	— Buprestides Indo-Malais. 3 parties. (Brux., S. Ent.) 1894 à 1900. 8. 80 p.	2.—
1874	— Révis. synonym. d. g. Steraspis et Chrysaspis. (Brux., S. Ent.) 1895. 8. 41 p.	1.50
1875	— Trachydes nouveaux. (Brux., S. Ent.) 1896. 8. 28 p.	1.—
1876	— Buprestides du Brésil. (Brux., S. Ent.) 1897. 8. 146 p.	2.50
1877	— Buprestides nouv. de l'Australie. (Brux., S. Ent.) 1898. 8. 70 p.	2.—
1878	— Buprestides du Congo. (Brux., S. Ent.) 1898. 8. 59 p.	2.—
1879	— Contr. à l'ét. de la faune intertrop. Améric. (Buprestid.). (Brux., S. Ent.) 1899. 8. 28 p.	1.—
1880	— Buprestides de l'Afrique équator. et de Madagascar. (Brux., S. Ent.) 1899. 8. 43 p.	1.50
1881	— Buprestides nouv. (Brux., S. Ent.) 1900. 8. 70 p.	1.50
1882	— Buprestides de Sumatra. (Brux., S. Ent.) 1900. 8. 60 p.	1.50
1883	— Fam. Buprestidae (e: Genera Insectorum). 4 fascic. Brux. 1902 à 1903. 4. 338 p. av. 4 pl. color.	65.—
1884	— Faune entomolog. de l'Afrique tropic. Buprestides. I (tout ce qui a paru): Introduct., Julodines. Brux. 1904. fol. 65 p. av. pl. color.	14.—
1885	— Monogr. d. Buprestides. (5 vols. en envir. 100 livrais.) Vol. I à IV. Brux. 1907 à 1910. 8. 2049 p. av. 26 pl. color. (M. 182.)	160.—
	La continuation est fournie régulièrement.	
1886	— Catal. d. Buprestidae du Congo Belge. Brux. 1909. fol. 46 p. av. 4 pl. color.	25.—
1887	— Buprestides du Musée de Prétoria (Transv.). (Pretoria, Mus.) 1911. 8. 9 p.	1.—
1888	— Coleopterorum Catalogus: Buprestidae. In Vorbereitung. — In preparation. — En préparation. — Vide nr. 721.	
1889	**Kerremans, Fairmaire, Grouvelle.** Coléopt., Buprest., Hétérom., Colyd. du voy. de Simon au Venezuela. (Paris, S. Ent.) 1892. 8. 32 p.	1.—
1890	**Kiesenwetter.** Monogr. Revis. d. Gatt. Hydraena. (Berl., Linnaea) 1849. 8. 52 p.	1.—

W. Junk, Berlin, W. 15.

ℳ

1891 **Kiesenwetter.** Revis. d. Gttg. Heterocerus. (Berl., Linnaea) 1851. 8. 20 p.   1.—
1892 — Beitr. zu ein. Monogr. d. Malthinen. (Berl., Linnaea) 1852. 8. 86 p. m.
2 Tfln.   2.—
1893 — Beitr. z. Käfer-Fauna Griechenlands. IV—IX. (Berl., Ent. Z.) 1858—64.
8. 200 p. m. 3 Tfln. (1 color.)   4.—
1894 — 7 Abhandl. üb. Coleopt. 1862—73. 8. 56 p. m. 2 Tfln.   2.—
1895 — Die Buprestidae, Elater., Malacoderm., Cleridae etc. Deutschlands. Berl.
1863. 8. 752 p. (M. 12.)   4.—
   Ist der IV. Band von Erichson's Naturgesch. d. Insekten.
1896 — Entomolog. Excursion nach Spanien. (Berl., Ent. Z.) 1865. 8. 38 p.   1.—
1897 — Beitr. z. Käferfauna Spaniens. 2 Thle. (Berl., Ent. Z.) 1866—67. 8. 60 p.
m. 2 Tfln.   1.50
1898 — Entomolog. Reise v. Vogogna nach Macugnaga. (Bern, Ent. Ges.) 1867.
8. 23 p.   1.—
1899 — Entomol. Beitr. z. Darwin'schen Lehre v. d. Entstehung d. Arten.
2 Thle. (Berl., Ent. Z.) 1867—73. 8. 32 p.   1.—
1900 — Exkurs. nach d. Babia Gora u. d. Tatragebirge. (Berl., Ent. Z.) 1869.
8. 16 p.   1.—
1901 — Z. Kenntn. d. Malacodermen - Fauna v. Corsica, Sardin. u. Sicilien.
(Berl., Ent. Z.) 1871. 8. 14 p.   1.—
1902 — Revis. d. Europ. Arten d. Gatt. Malthodes. 2 Thle. (Berl., Ent. Z.) 1872
—1874. 8. 48 p. m. 2 Tfln.   1.50
1903 — Revis. d. Cisteliden-Gatt. Podonta. (Berl., Ent. Z.) 1873. 8. 14 p.   1.—
1904 — Die Malacodermen Japans. (Berl., Ent. Z.) 1874. 8. 48 p.   1.50
1905 — Coleopt. Japoniae coll. a Lewis. (Berl., Ent. Z.) 1879. 8. 16 p.   1.—
1906 — Kraatz. Gedenkblätter. (Berl., Ent. Z.) 1880. 8. 14 p. m. Portr.   1.—
1907 **Kiesenwetter u. Kirsch.** Die Käferfauna der Auckland-Inseln. (Berl., Ent. Z.)
1877. 8. 22 p.   1.—
1908 **Kiesenwetter u. Seidlitz.** Die Anobiad., Cioidae u. Tenebrion. Deutschlands. Berl. 1877—98. 8. 904 p. (M. 25.)   18.—
   Ist die 1. Hälfte des V. Bandes von Erichson's Naturgesch. d. Insecten.
1909 **Kirby, Gahan, Pocock.** Coleopt., Arachn., Myriop. coll. dur. the Bent
Exped. to the Hadramaut, S. Arabia. (Lond., Linn. S.) 1895. 8. 37 p. w. pl.   1.50
1910 **Kirchhoffer.** Untersuchgn. üb. die Augen pentamerer Käfer. Ueb. eucone
Käferaugen. 2 Abhdl. Berl. 1905—07. 8. 47 p.   1.50
1911 **Kirsch.** Beitr. z. Käferfauna v. Bogota. 6 Thle. (Berl., Ent. Z.) 1865—70.
8. 256 p. m. Tfl.   6.—
1912 — Z. Kenntn. d. Gatt. Omophlus. (Berl., Ent. Z.) 1869. 8. 32 p.   1.—
1913 — Synopsis du g. Omophlus. Trad. p. Borre. (Paris, Abeille) 1890. 8. 41 p.   1.—
1914 — Z. Kenntn. d. deutsch. Hyperiden. (Berl., Ent. Z.) 1871. 8. 19 p.   1.—
1915 — Beitr. z. Kenntn. d. Peruanisch. Käferfauna. 6 Thle. (Berl., Ent. Z.)
1873—76. 8. 325 p.   8.—
1916 — Neue Käfer aus Malacca. (Dresd., Zool. Mus.) 1875. 4. 34 p.   2.—
1917 — Neue Südamerikan. Käfer. 4 Thle. (Berl., Ent. Z.) 1883—86. 8. 68 p.
m. 2 Tfln.   3.—
1918 — Coleopt. ges. v. Stübel in Südamerika. (Dresd., Zool. Mus.) 1889. 4. 60 p.
m. 4 Tfln. (1 color.) (M. 20.)   12.—
1919 — Meyer, A. B. Nekrolog auf Kirsch. (Dresd., Zool. Mus.) 1889. 4. 7 p.
m. Portr.   1.—
1920 **Kittner.** Verzeichn. d. bei d. Boskowitz aufgef. Coleopt. M. Ergänz. (Brünn,
Nat. Ver.) 1866—68. 8. 43 p.   1.—
1921 **Kleine.** Die europäisch. Borkenkäfer u. ihre Nahrung·pflanzen. (Berl.,
Ent. Z.) 1908. 8. 62 p.   1.50
1922 — Die Lariiden u. Rhynchophoren u. ihre Nahrungspflanzen. (Nürnb.,
Ent. Bl.) 1910. 8. 16 p.   1.—
1923 **Klima.** Die palaearkt. Arten d. Staphyliniden-Genus Trogophloeus. (Münch.,
Col. Z.) 1904. 8. 24 p.   1.—
1924 **Kliment.** Käfer Böhmens. Heft I (soviel erschien.). Deutschbrod 1894. 8.
16 p. m. 2 color. Tfln. — In tschechischer Sprache.   2.—

1925 **Klug.** Symbolae physicae, s. icones et descr. Insectorum ex itinere p. Africam boreal. et Asiam Hemprich et Ehrenberg novae aut. illustr. redier. 5 decades. Berol. 1829—45. fol. c. 50 tab. color. (M. 180.)   *ℳ* 60.—

1926 — Ueb. e. Samml. v. Coleopt. aus Madagaskar. (Berl., Ak.) 1833. 4. 133 p. m. 5 color. Tfln.   10.—
Vergriffen.

1927 — Die Arten d. Gatt. Manticora F. (Berl., Linn. Ent.) 1845. 8. 8 p. m. 2 Tfln.   1.—

1928 **Knaus.** 8 papers on N. Americ. Coleopt. 1895—1902. 8. 52 p.   2.50

1929 **Knotek.** Die Bosnisch-hercegov. Borkenkäfer. (Wien, Mitth. Bosn.) 1894. 4. 7 p. m. 2 Tfln.   1.50

1930 **Koca.** Enumeratio Coleopt. circa Vinkovce (Slav.). (Zagreb, Soc. Sc.) 1905. 8. 96 p.   2.—

1931 **Kolbe, H. J.** Natürl. System d. carnivoren Coleopt. (Berl., Ent. Z.) 1880. 8. 23 p.   1.—

1932 — Geograph. Verhältn. d. Nordafrikan Carabidae. (Berl., Ent. Z.) 1883. 8. 10 p.   1.—

1933 — Neue Coleopt. v. Westafrika. (Berl., Ent. Z.) 1883. 8. 22 p.   1.—

1934 — Ueb. d. Madagascar. Dytisciden d. Entom. Museums zu Berlin. (Berl., Arch. Nat.) 1883. 8. 44 p.   1.50

1935 — 10 Abhdl. üb. Afrikan. Coleopt. (Stett. u. Berl.) 1883—94. 8. 49 p. m. Tfl.   3.—

1936 — Ueb. neue Goliathiden aus Central-Afrika. (Berl., Ent. Z.) 1884. 8. 20 p.   1.—

1937 — Die Entwicklgsstadien d. Rhagium-Arten. (Berl., Ent. Nachr.) 1884. 8. 26 p.   1.—

1938 — 15 Abhdl. üb. Coleopt. (Berl. u. Stett.) 1885—1903. 8. 75 p. m. Fig.   3.50

1939 — Neue Afrikan. Coleopt. d. Berl. Zool. Mus. (Berl., Ent. Nat.) 1886. 8. 13 p.   1.—

1940 — Z. Kenntn. d. Coleopt.-Fauna Koreas. (Berlin, Arch. Nat.) 1887. 8. 102 p. m. 2 Tfln.   3.50

1941 — Ueb. d. zoogeograph. Elemente in d. Fauna Madagaskars. (Berl., Nat. Fr.) 1887. 8. 24 p.   1.—

1942 — Beitr. z. Zoogeogr. Westafrikas u. Bericht üb. d. a. d. Loango-Exped. ges. Coleopt. Halle 1887. 4. 212 p. m. 3 Tfln. (M. 15.)   10.—

1943 — — Mit 3 color. Tfln. (M. 18.)   14.—

1944 — Ueb. lokale Abänderg. weit verbreit. Thiere. (Berl., Ent. Nachr.) 1888. 8. 10 p.   1.—

1945 — Ueb. die v. Büttner im Geb. d. unt. Quango u. Kongo ges. Coleopt. (Stett., Ent. Z.) 1889. 8. 20 p.   1.—

1946 — Ueb. d. v. Kling u. Büttner in Togo (Ober-Guinea) ges. melitoph. Lamellicornier. (Stett., Ent. Z.) 1892. 8. 18 p.   1.—

1947 — Z. Kenntn. d. Brenthiden. (Stett., Ent. Z.) 1892. 8. 14 p.   1.—

1948 — Ueb. die melitoph. Lamellicornier v. Kamerun. (Berl., Nat. Fr.) 1892. 8. 27 p.   1.—

1949 — Ueb. die v. Conradt in D. Ostafrika (Usambara) ges. melitoph. Lamellicornier. (Berl., Nat. Fr.) 1892. 8. 15 p.   1.—

1950 — Ueb. d. Gattg. Stephanorrhina. (Stett., Ent. Z.) 1892. 8. 11 p.   1.—

1951 — Einführ. in d. Kenntn. der Insekten. Berl. 1893. 8. 721 p. m. 324 Fig. Origbd. (M. 15.60.)   9.—

1952 — — Broschirt.   8.—

1953 — Z. Kenntn. d. Lamellicornia onthophila. 4 Thle. (Stett., Ent. Z.) 1893—1894. 8. 28 p.   2.—

1954 — Beitr. z. Kenntn. d. melitophil. Lamellicorn. 8 Thle. (Stett., Ent. Z.) 1893—97. 8. 64 p.   3.—

1955 — — VIII: Die Afrikan. Valgiden. (Stett., Ent. Z.) 1897. 8. 32 p.   1.—

1956 — Die Coleopt.-Fauna Central-Afrikas. 2 Tle. (Stett., Ent. Z.) 1894. 8. 29 p.   1.50

1957 — Synops. d. Afrikan. Arten der Rutiliden-Gattg. Popillia. Mit Nachtrag. (Stett., Ent. Z., u. Brüss., S. Ent.) 1894—1903. 8. 67 p.   2.—

M

1958 **Kolbe, H. J.** Z. Kennt. d. Melolonthiden. (Brux., S. Ent.) 1894. 8. 30 p.   1.—
1959 — Coleopt. aus Afrika. 3 Thle. (Stettin, Ent. Z.) 1894—95. 8. 48 p.   3.—
1960 — Ueb. d. in Afrika ges. montanen u. subalpin. Gatt. der Calosoma. (Berl., Nat. Fr.) 1895. 8. 20 p.   1.—
1961 — Coleopteren Deutsch-Ost-Afrikas. (Berl., „D.-Ost-Afr.") 1897. 8. 368 p. m. 4 Tfln. (M. 28.)   24.—
1962 — Ueb. d. v. Stuhlmann in D.-Ostafrika u. Mozambik gesamm. Coleopt. (Hamb., Mus.) 1897. 8. 28 p. m. Tfl.   1.—
1963 — Beitr. z. Kenntn. d. Curculioniden Ost-Afrikas. (Berl., Arch. Nat.) 1898. 8. 38 p.   1.—
1964 — Die Oxyopisthinen, e. neue Gruppe d. Curculion. d. trop. Afrika. (Stett., Ent. Z.) 1899. 8. 138 p.   3.—
1965 — Ueb. neue od. wenig bekannte Arten d. Melolonthidengattg. Apogonia aus Afrika. (Berl., Ent. Nachr.) 1899. 8. 22 p.   1.—
1966 — Die Arten d. Hispinen-Gattg. Cryptonychus. (Stett., Ent. Z.) 1899. 8. 20 p.   1.—
1967 — Ueb. ein. Cerambyciden aus Mhonda in D.-Ost-Afrika. (Berl., Ent. Z.) 1900. 8. 12 p. m. Tfl.   1.—
1968 — Die Tenebrionidae v. Ostafrika. (Berl., Stuhlm. Ostafr.) 1901. 8. 24 p.   2.—
1969 — Vergleich. morphol. Untersuch. an Coleopt. (Berl., Arch. Nat.) 1901. 8. 62 p. m. 2 Tfln.   1.50
1970 — Z. Morphol. u. System. d. Chiroscelinen. (Berl., Arch. Nat.) 1903. 8. 20 p.   1.—
1971 — Ueb. d. Elytren d. Coleopt. Ueb. myrmekoph. Insekten., spec. üb. Thorictus foreli. (Berl., Nat. Fr.) 1903. 8. 29 p.   1.—
1972 — Gattgn. u. Arten d. Valgiden v. Sumatra u. Borneo. (Stett., Ent. Z.) 1904. 8. 55 p.   1.50
1973 — Ueb. d. Lebensweise u. d. geogr. Verbreit. d. coproph. Lamellicornier. (Jena. Z. Jahrb.) 1905. 8. 120 p. m. 3 color. Ktn.   7.—
1974 — Coleopt. v. d. Hamburg. Magelhaens. Sammelreise. Hamb. 1907. 8. 125 p. m. 3 color. Tfln. (M. 6.)
1975 — Coleopterorum Catalogus: Cetoniinae.
      In Vorbereitung. — In preparation. — En préparation. — Vide nr. 721.
1976 **Kolbe, W.** Ueb. d. Sommerschlaf b. Chrysomeliden. (Bresl., Ent. Z.) 1899. 8. 15 p.   1.—
1977 **Kolenati.** Ueb. einige Russische Oedemeriden. (Mosk., Soc. Nat.) 1847. 8. 16 p. m. color. Tfl.   1.—
1978 — Meletemata entomol. Curculionina Caucasi et vicin. 5 partes (Mosq., Soc. Nat.) 1858—59. 8. 386 p. et 4 tab. color.   16.—
1979 **Kollar.** Monographia Chlamydum. Viennae 1824. fol. 53 p. et 2 tab. color. (M. 13.50.)   3.—
1980 — Species Coleopt. novae. (Wien, Mus.) 1836. 4. 22 p. — Sehr sauberes Manuscript.   1.—
1981 — Naturgesch. d. schädlichen Insecten. Wien 1837. 8. 432 p.   4.50
1982 **Koelreuter, J. G.** De Coleopt. nec non de Plantis rarior. Tüb. 1755. 4. 50 p. et tab.   6.—
1983 **Koenig, A.** Avifauna Spitzbergensis. Forschungsreisen nach der Bären-Insel u. d. Spitzbergen-Archipel, mit ihren faunist. u. florist. Ergebnissen. Bonn 1911. 4. 304 p. m. Karte in folio auf Leinwand, 60 Tfln. (34 color.) u. 74 Fig. Cartonn.   180.—
1984 — — Prachtausgabe. Gepresster Lederband mit Titeldruck in Gold, Goldschnitt.   215.—
      Inhalt: I. Allgemeiner Theil: Einleit. Bericht üb. d. 3 Reisen 1905, 1907, 1908. 112 p. — II. Spezieller Theil, bearbeitet v. le Roi: Ornithologie. 158 p. — Landarthropoden v. d. Bären-Insel u. Spitzbergen. 16 p. (Coleoptera v. Bernhauer u. Daniel. — Diptera v. Kieffer u. Lundbeck. — Hymenoptera v. Schmiedeknecht. — Trichoptera v. Ulmer. — Aphaniptera v. Dampf. — Araneae v. Strand. — Moosfauna v. Richters.) — Verzeichniss der Phanerogam. u. Gefässkryptog. v. Andersson u. le Roi. 2 p.
1985 **Kosanin.** Index Coleopterorum in Museo Historico-naturali Serbico. Belgradi 1904. 8. 26 p.   1.20

W. Junk, Berlin, W. 15.

1986 **Kraatz, G.** Ueb. d. Europ. Arten d. Gatt. Colon. 2 Tle. (Stett., Ent. Z.) 1850. 8. 23 p.   1.—
1987 — — Monogr. d. Colons d'Europe. Trad. p. Tournier. (Paris, Soc. Ent.) 1863. 8. 26 p. av. 3 pl.   1.50
1988 — Ueb. Boreaphilus Henningian. (Berl., Ent. Z.) 1857. 8. 10 p. m. Tfl.   1.—
1989 — Die Staphylinen Deutschlands. Berl. 1858. 8. 1086 p. (M. 18.)   4.—
Ist der II. Band von Erichson's Naturgesch. d. Insecten.
1990 — Ueb. ein. Oreina-Arten. (Berl., Ent. Z.) 1859. 8. 20 p.   1.—
1991 — Die Staphylinen-Fauna v. Ostindieh bes. Ceylan. Berl. 1859. 8. 196 p. m. 3 Tfln. (M. 5.)   3.—
1992 — Ueb. die Europ. Hirschkäfer. 2 Thle. (Berl., Ent. Z.) 1860. 8. 19 p.   1.—
1993 — Sammlung von 200 Abhandlgn. über Coleoptera. 1862—71. 8. 700 p. m. 9 Tfln.   25.—
1994 — Arten d. Gattgn. Hyperops, Microtelus u. Dichillus. (Berl., Ent. Z.) 1862. 8. 9 p. m. Tfl.   1.—
1995 — Beitr. z. Europ. Käferfauna. (Berl., Ent. Z.) 1862. 8. 10 p.   1.—
1996 — Ueb. neue Cerambyciden-Gattgn. Revis. d Cerocomiden-Gruppe. (Berl., Ent. Z.) 1863. 8. 21 p.   1.—
1997 — Grundz. e. natürl. Systems d. Rüsselkäfer. (Berl., Ent. Z.) 1864. 8. 17 p.   1.—
1998 — Ueb. d. Artrechte d. Europ. Maikäfer. 2 Thle. (Berl., Ent. Z.) 1864—85. 8. 41 p.   1.50
1999 — Revision d. Tenebrioniden d. alten Welt. Berl. 1865. 8. 400 p. (M. 7.50.) Cart.   3.—
2000 — Ueb. deutsche Donacien. (Berl., Ent. Z.) 1869. 8. 10 p.   1.—
2001 — Zahl u. Benennung d. deutsch. Dorcadion-Arten. (Berl., Ent. Z.) 1871. 8. 13 p.   1.—
2002 — Ueb. Europ. Clythriden. (Berl., Ent. Z.) 1872. 8. 40 p.   1.—
2003 — Z. Kenntn. d. Cassida-Arten. (Berl., Ent. Z.) 1874. 8. 19 p.   1.—
2004 — Revis. d. Procerus-Arten. (Mosk., Bull.) 1876. 8. 23 p. m. Tfl.   1.—
2005 — Nachträge z. Verzeichn. d. Käfer Deutschlands. Berlin 1876. 8. 24 p.   1.—
2006 — Ueb. System. u. geogr. Verbreit. d. Gatt. Silpha. (Berl., Ent. Z.) 1876. 8. 22 p.   1.—
2007 — Z. Kenntn. d. flach. Carabus d. Caucasus. (Berl., Ent. Z.) 1877. 8. 15 p.   1.—
2008 — Varietäten deutscher Carabus. 2 Thle. (Berl., Ent. Z.) 1877—78. 8. 28 p.   1.50
2009 — Ueb. d. mit Carabus sylvestr. verwandt. Arten in der Schweiz u. Ober-italien. (Bern, Ent. G.) 1878. 8. 20 p. m. Tfl.   1.—
2010 — Scheidung d. früher zu Carabus violaceus gezog. Arten. (Berl., Ent. Z.) 1878. 8. 15 p.   1.—
2011 — Üb. am Amur gesamm. Carabus. (Berl., Ent. Z.) 1878. 8. 13 p.   1.—
2012 — Ueb. d. Arten d. Gattg. Sphodristus. (Berl., Ent. Z.) 1878. 8. 14 p.   1.—
2013 — Üb. d. Sculptur-Elemente d. Carabus. (Berl., Ent. Z.) 1878. 8. 19 p. m. Tfl.   1.—
2014 — Die deutschen Orinocarabus. (Berl., Ent. Z.) 1878. 8. 18 p.   1.—
2015 — Die Cryptocephalen u. Cassiden v. Sibirien u. Japan. (Berl., Ent. Z.) 1879. 8. 19 p.   1.—
2016 — Varietäten d. Carabus Sibiric. u. obliterat. (Berl., Ent. Z.) 1879. 8. 11 p.   1.—
2017 — Verwandte d. Arten Pachyta interrogat. u. variab. (Berl., Ent. Z.) 1879. 8. 12 p. m. Tfl.   1.—
2018 — Üb. d. Bockkäfer Ost-Sibiriens. (Berl., Ent. Z.) 1879. 8. 44 p. m. Tfl.   1.50
2019 — Ub. d. Scarabaeiden d. Amur-Gebiets. (Berl., Ent. Z.) 1879. 8. 12 p.   1.—
2020 — Sammlg. v. Aufsätzen üb. d. Arten d. Gattgn. Carabus u. Procerus, 1875—80. Berl. 1880. 8. 359 p. m. 2 Tfln.   5.—
2021 — Genera Cetonidarum Australiae. (Berl., Ent. Z.) 1880. 8. 38 p.   1.50
2022 — Genera nova Cetonidarum II. (Berl., Ent. Z.) 1880. 8. 16 p.   1.—
2023 — Z. Kenntn. d. Asiat. Cnodaloniden. (Berl., Ent. Z.) 1880. 8. 24 p.   1.—
2024 — Ueb. d. Arten d. Gatt. Zophobas u. Exeresthus. (Berl., Ent. Z.) 1880. 8. 15 p.   1.—
2026 — Männl. Begattungsglied d. Europ. Cetoniden. (Berl., Ent. Z.) 1881. 8. 14 p m. Tfl.   1.—

66

M

2027 **Kraatz, G.** Üb. d. Madagascar. Cetoniden-Gattgn. (Berl., Ent. Z.) 1881. 8. 15 p. 1.—
2028 — Z. Käferfauna v. Turkestan II. (Berl., Ent. Z.) 1882. 8. 15 p. 1.—
2029 — Die African. Leucoceliden. (Berl., Ent. Z.) 1882. 8. 14 p. 1.—
2030 — Revis. d. Elaphocera-Arten. (Berl., Ent. Z.) 1882. 8. 16 p. 1.—
2031 — Männl. Begattungsglied d. Goliathiden. (Brünn, Nat. Ver.) 1883. 8. 10 p. m. Tfl. 1.—
2032 — Die Cetoniden d. Aru-Inseln. (Berl., Ent. Z.) 1885. 8. 13 p. m. Tfl. 1.—
2033 — Z. Kenntn. d. Chilen. Ceroglossus-Arten. (Berl., Ent. Z.) 1887. 8. 15 p. 1.—
2034 — Monograph. Revis. d. Gatt. Popillia. (Berl., Ent. Z.) 1892. 8. 98 p. m. Tfl. 3.—
2035 — Neue exot. Cetoniden-Arten. (Berl., Ent. Z.) 1895. 8. 14 p. 1.—
2036 — Käfer v. Togo. 7 Abhdlgn. (Berl., Ent. Z.) 1895. 8. 29 p. 1.50
2037 — Neue Cetoniden aus Ostafrika. (Berl., Ent. Z.) 1896. 8. 10 p. 1.—
2038 — Verzeichn. d. v. Conradt in Westafrika gesamm. Cleriden. (Berl., Ent. Z.) 1899. 8. 27 p. 1.50
2039 — H o r n , W. Gust. Kraatz. Beitrag z. Gesch. d. systemat. Entomologie. Berl. 1906. 8. 164 p. m. 4 Tfln. (M. 6.) 2.50
2040 **Kraatz u. a.** Beiträge z. Kenntn. d. Deutschen Käferfauna. 32 Stück. (Berl., Ent. Z.) 1866—69. 8. 160 p. 3.—
2041 **Kraatz, Bourgeois u. a.** Käfer aus d. Aschanti-Gebiete. (Berl., Ent. Z.) 1880. 8. 20 p. 1.—
2042 **Kraatz u. Kiesenwetter.** Beschreib. difformer od. monströser Käfer. (Berl., Ent. Z.) 1873. 8. 7 p. m. Tfl. 1.—
2043 — Neue Käfer vom Amur. 2 Abhdl. (Berl., Ent. Z.) 1879. 8. 26 p. m. color. Tfl. 1.50
2044 **Kraatz u. Miller.** 3 Abhdlgn. üb. neue Grottenkäfer. (Wien, Z. b. G.) 1856. 8. 6 p. m. 2 Tfln. 1.—
2045 **Kraatz, Reitter, Harold u. a.** Beitr. z. Käferfauna v. Japan. 5 Thle. (Berl., Ent. Z.) 1877—79. 8. 125 p. 4.—
2046 **Kraatz u. Schaum.** Z. krit. Kenntn. Europ. Carabicinen. (Berl., Ent. Z.) 1864. 8. 14 p. 1.—
2047 **Kraatz-Koschlau, A. v.** Die Farben d. Carabus-Arten. (Berl., Ent. Z.) 1884. 8. 18 p. 1.—
2048 — Ueb. Procerus. 2 Abhandl. (Berl., Ent. Z.) 1886. 8. 11 p. 1.—
2049 — Ueb. Ceroglossus. 4 Abhandl. (Stett., Ent. Z.) 1887—91. 8. 15 p. 1.—
2050 — Die neuen Umtaufungen u. Ausgrabgn. alter Namen u. Beschr. d. Ceroglossus-Gruppe. (Stett., Ent. Z.) 1888. 8. 43 p. 1.—
2051 — G o e l d i , A. Karl v. Kraatz-Koschlau. (Para, Mus.) 1902. 8. 10 p. m. Portr. 1.—
Krancher. Entomolog. Jahrbuch — siehe No. 902.
2052 **Krasilshtshik.** La graphitose et la septicémie ch. les Insectes (Lamellic.). (Paris, Soc. Zool.) 1893. 8. 41 p. av. fig. 1.50
2053 **Krauss, H.** Bestimm.-Tabelle d. Europ. Cantharidae. Teil III: Genus Malachius. Paskau 1902. 8. 33 p. 1.50
Theil I u. II siehe No. 2890 u. 2715. — Ist „Bestimmungs-Tabelle d. Europ. Coleopt." Heft 49.
2054 **Krauss, H., u. Ganglbauer.** Coleopter. Excursion auf d. Monte Canin, Julische Alpen. (Wien, Z. b. G.) 1902. 8. 9 p. —.50
2055 **Kriechbaumer.** Die Longicornien Graubündens. (Stett., Ent. Z.) 1848. 8. 10 p. 1.—
2056 **Krohn.** Die Vertilg. d. Maikäfers. Berl. 1864. 8. 48 p. 1.—
2057 **Krüger, E.** Ueb. d. Entwickl. d. Deckflügel d. Käfer. Gött. 1898. 8. 60 p. 1.50
2058 **Krynicki.** Enumer. Coleopter. Rossiae merid. (Mosqu., Soc. Nat.) 1832. 8. 118 p. et 2 tab. color. 6.—
2059 **Kuhnt.** Synopsis d. Gattg. Erotylus, Cypherotylus, Micrerotylus. 2 Tle. (Berl., Ent. Z.) 1908. 8. 48 p. 1.50
2060 — Erotylinae. (e: Genera Insector.). Brux. 1909. 4. 139 p. m. 4 color. Tfln. 28.—
2061 — Sammel-Anweis. f. Käfer-Sammler. Leipz. 1909. 8. 32 p. 1.—
2062 — Die Familien d. palaearkt. Käfer. Stuttg. (Calwer's Käferbuch) 1909. 8. 18 p. m. 256 Fig. 1.50

W. Junk, Berlin, W. 15.

M

2063 **Kuhnt.** Neue Erotylidae. (Berl., D. Ent. Z.) 1910. 8. 52 p. m. 26 Fig.   1.50
2064 — Coleopterorum Catalogus Pars 34: Erotylidae. — C. Ritsema: Helotidae.
Berolini 1911. 8. 106 p.   10.—
  Subscriptionspreis für Abnehmer des ganzen „Coleopterorum Catalogus" (siehe
No. 721) M. 6.65.
2065 **Kunckel d'Herculais et Alluaud.** Hist. nat. d. Coléoptères de Madagascar. Tirée de: Grandidier. Hist. phys. et nat. de Madag. Texte I, 1:
Liste d. Insectes Coléopt. de la rég. Malgache p. Alluaud. Paris 1887
à 1900. 4. 517 p. av. 2 fasc. de d'atlas de 54 planches color.   300.—
2066 **Kunstler.** S. le Calendra Orizae. (Bord., Soc. Linn.) 1902. 8. 11 p.   1.—
2067 **Kunze, G.** Entomolog. (Coleopterol.) Fragmente. (Halle, Nat. G.) 1818.
8. 84 p.   1.50
2068 — Monogr. der Ameisenkäfer (Scydmaenus). Leipz. 1822. 4. 30 p. m. Tfl.   2.—
2069 **Küster, Kraatz u. Schilsky.** Die Käfer Europas. Heft 1—47 (soviel
erschien.). Nürnb. 1844—1911. 8. m. 66 Tfln. Orig.-Cartons. (M. 141.)   90.—
  Die Hefte sind bis zum Heft 29 nur in losen Blättern (in einem Futteral) herausgegeben, von Heft 30 ab aber auch in einer broschierten Ausgabe (Preis der gleiche).
Von Heft 30 ab übernahm Schilsky an Stelle von Kraatz die Redaction.
2070 **Kuthy.** Coleopt. Faunae Hungariae. Budap. 1896. 4. 213 p. et mappa color.   9.—
2071 **Kutschera.** Beitr. z. Kenntn. d. Europ. Halticinen. 25 Thle. (Wien, Ent.
Monatschr.) 1859—64. 8. 460 p.   25.—
  Selten, da nur aus den nicht häufigen Bänden II—VIII der „W. E. M." heraus-
zuschneiden.
2072 — — Genera Psylliodes, Dibolia, Apteropeda, Hypnophila, Mniophila, Sphae-
roderma, Argopus. (Wien, Ent. Monatschr.) 1864. 8. 100 p.   2.—
2073 **Kuwert.** Ueb. Insektenentwicklung. 2 Thle. (Putbus, Ent. Nachr.) 1879.
8. 17 p. m. Tfl.   1.—
2074 — General-Übersicht u. Beiträge d. Helophorinen Europas. (Wien, Ent. Z.)
1886. 8. 40 p.   2.—
2075 — Übersicht d. Europ. Ochthebius- u. Hydrochus-Arten. (Berl., Ent. Z.) 1887.
8. 38 p. m. 4 Tfln.   3.—
2076 — Generalübers. d. Philydrus-Arten Europas. (Berl., D. Ent. Z.) 1888. 8.
21 p.   1.—
2077 — Generalübers. d. Hydraenen d. Europ. Fauna. (Berl., D. Ent. Z.) 1888.
8. 11 p.   1.—
2078 — Übers. d. Berosus-Arten Europas. (Berl., D. Ent. Z.) 1888. 8. 16 p.   1.—
2079 — Die Hydrophiliden Europ., Westindiens, N. Afrikas, W. Asiens u. N. Amerik.
(Best.-Tab. d. Europ. Hydroph.). 2 Thle. (Brünn, Nat. V.) 1889—90. 8. 289 p.   6.50
  Wegen der 4 hierzu gehörigen Tafeln siehe No. 2075. — Ist „Bestimmungs-
Tabelle d. Europ. Coleopt." Hefte 19 u. 20.
2080 — Bestimm.-Tabellen d. Europ. Parnidae. (Wien, Z. b. G.) 1890. 8. 40 p.   1.50
  Ist „Bestimmungs-Tabelle d. Europ. Coleopt." Heft 21.
2081 — Bestimm.-Tabellen d. Europ. Heteroceridae. (Wien, Z. b. G.) 1890. 8.
32 p.   1.50
  Ist „Bestimmungs-Tabelle d. Europ. Coleopt." Heft 22.
2082 — Systemat. Übers. d. Passaliden-Arten u. -Gattgn. (Berl., D. Ent. Z.)
1891. 8. 32 p.   1.50
2083 — Die grossen Hydrophiliden d. Erdballs d. Genus Hydrous. (Berl., D.
Ent. Z.) 1893. 8. 13 p.   1.—
2084 — Die Cleridengattgn. Madagascars. Enopliinengattgn. d. Cleriden. 2 Abh.
(Brux., S. Ent.) 1893. 8. 12 p.   1.—
2085 — Neue u. alte African. Cleriden. Die Epiphloeinen-Gattgn. d. Cleriden.
2 Abh. (Brux., S. Ent.) 1893. 8. 31 p.   1.—
2086 — Revis. d. Gatt. Omadius. (Brux., S. Ent.) 1894. 8. 36 p.   1.—
2087 — Revis. d. Genus Stigmatum. (Brux., S. Ent.) 1894. 8. 60 p.   1.50
2088 — Die Passaliden dichotom. bearb. 2 Tle. (4 Hefte). (Lond., Nov. Zool.)
1896—98. 4. 215 p. m. 3 Tfln.   10.—
2089 **Laboulbène.** Hist. d. métamorph. d'un Ceutorhynchus prod. une Galle
s. le Draba verna. (Paris, Soc. Ent.) 1856. 8. 24 p. av. pl.   1.50
2090 — S. l. moeurs et l'anat. de la Micralymma brévipenne. (Paris, Soc. Ent.)
1858. 8. 38 p. av. 2 pl.   1.50

W. Junk, Berlin, W. 15.

2091 **Laboulbène.** 10 mém. s. la biologie et l. métamorph. d. Coléopt. (Paris,   *M*
Soc. Ent.) 1858 à 82. 63 p. av. pl. et 57 fig. (4 color.)   3.50
2092 — Descr. de plus. Larves de Coléopt. (Paris, S. Ent.) 1862. 8. 17 p. av.
pl. color.   1.—
2093 — Larve de l'Elmis aeneus. (Paris, Soc. Ent.) 1870. 8. 12 p. av. pl.   1.—
2094 **Labram et Imhoff.** Insecten d. Schweiz. Fragment v. 258 meist color.
Tafeln. (219 Coleopt., 39 Lepidopt.) Basel 1836. 8.   20.—
2095 — Genera Curculionidum. Die Gattungen d. Rüsselkäfer. Complet in 19
Heften. Basel 1838—46. 8. 152 color. Tfln. m. Text. Hfzbd.   80.—
      Rarissimum. — Schon in 18 Heften ist das Werk selten. Hagen kennt auch
nur diese 18 Hefte. Ganz vollständige Exemplare in 19 Heften — der einzige Ento-
mologe, der dieses letzte Heft citiert, ist Lacordaire — habe ich bisher noch
nicht gesehen.
      Näheres siehe meinen Catalog Nr. 41: Rarissima Historico-Naturalia, p. 9.
2096 **Lacordaire.** Introd. à l'Entomologie. 2 vol. Paris 1834 à 1838. 8. 1196 p.
av. 24 pl. (fr. 21.)   6.—
2097 — Monogr. d. Erotyliens. Paris 1842. 8. 557 p. (fr. 9.) Toile.   4.50
2098 — Révis. d. Cicindélides. (Liége, Soc. Sc.) 1842. 8. 40 p.   1.50
2099 — Monogr. d. Coléopt. subpentamères de la fam. d. Phytophages. 2 vols.
Paris 1845 à 1848. 8. 1689 p. D.-rel. veau.   10.—
2100 — Candèze. Notice s. Lacordaire. Brux. 1872. 8. 24 p. av. portr.   1.50
2101 — Morren. Éloge de Lacordaire. (Liége, Soc. Sc.) 1873. 8. 40 p. av. portr.   1.50
2102 **Lacordaire et Chapuis.** Genera d. Coléoptères. 12 vols. (en 14 parties.)
Paris 1854 à 1876. 8. av. atlas de 134 pl. D.-rel.   110.—
2103 — — Aux planches coloriées. D.-rel. veau.   180.—
      Ouvrage principal sur les genres d. Coléopt., maintenant assez rare.
2104 — — Vol. I: Cicindélid., Carab., Dytisc., Gyrin., Palpicornes. Paris 1854.
8. 506 p. av. 13 pl. color.   16.—
2105 — — — Aux planches noires.   10.—
2106 — — Vol. II: Paussides, Staphyl., Psélaph., Scydmaen., Histér. etc. Paris
1855. 8. 548 p. av. 11 pl. color.   10.—
2107 — — — Aux planches noires.   6.—
2108 — — Vol. III: Pectinicornes, Lamellicornes. Paris 1856. 8. 594 p. av.
15 pl. color.   18.—
2109 — — Vol. IV: Buprestides, Cissides. Paris 1857. 8. 579 p. av. 8 pl. color.   13.—
2110 — — — Aux planches noires.   8.—
2111 — — Vol. V: Tenébrion., Oedémer. Paris 1859. 8. 750 p. av. 13 pl. color.   13.—
2112 — — — Aux planches noires.   8.—
2113 — — Vol. VI, VII: Curculionides. 2 vols. Paris 1863 à 66. 8. av. 20 pl.
noires.   22.—
2114 — — Vol. VIII, IX: Longicornes. 3 vols. Paris 1869 à 72. 8. av. 30 pl.
noires.   28.—
2115 — — Vol. X, XI: Phytophages. 2 vols. Paris 1874 à 75. 8. av. 20 pl. noires.   20.—
2116 — — Vol. XII: Erotyliens, Endomychides, Coccinell. Paris 1876. 8. av.
4 pl. noires.   8.—
2117 **L'Admiral.** Naauwkeur. waarneem. omtr. de Verander. v. veele Insekten
of gekorvene Diertjes. Amsterd. 1774. fol. 38 p. m. 33 Tfln. Hfzb.   7.—
2118 **La Ferté-Sénectère.** Monogr. d. Anthicus et genres voisins. Paris 1848.
8. 366 p. av. 16 pl.   5.—
2119 **Lamarck.** Hist. nat. des Insectes. 2. éd. 2 vols. Paris 1835 à 40. 8.   7.—
2120 **Lameere.** Liste d. Cérambycides décr. postér. au Cat. de Munich. Av.
'Addenda'. (Brux., Soc. Ent.) 1883. 8. 84 p.   4.—
2121 — Longicornes rec. au Brésil et à la Plata. (Brux., Soc. Ent.) 1884. 8. 19 p.   1.—
2122 — 3 mém. s. Longicornes exot. (Paris, Soc. Ent.) 1884 à 93. 8. 21 p.   1.—
2123 — Le genre Rosalia. (Brux., Soc. Ent.) 1887. 8. 16 p. av. pl.   1.—
2124 — Longicornes rec. p. Alluaud dans le territ. d'Assinie. (Paris, Soc. Ent.)
1893. 8. 12 p.   1.—
2125 — Révis. du catal. des Longicornes de la Belgique. (Brux , S. Ent.) 1894.
8. 16 p.   1.—
2126 — Raison d'être d. métamorph. d. Insectes. (Brux., S. Ent.) 1899. 8. 20 p.   1.—

W. Junk, Berlin, W. 15.

2127 **Lameere.** Not. p. l. classificat. d. Coléopt. 2 parties. (Brux., Soc. Ent.)   *M*
1900 à 3. 8. 36 p.   1.50
2128 — S. la phylogénie d. Longicornes. (Brux., S. Ent.) 1901. 8. 10 p.   1.—
2129 — Révis. d. Prionides. 16 parties. (Brux., S. Ent.) 1902 à 1910. 8.   22.—
     Les parties se vendent aussi séparément.
2130 -- Longicornes de l'Afrique tropicale I: Prioninae (tout ce qui a paru).
(Brux., Mus. Congo) 1903. fol. 117 p. av. 3 pl.   12.—
2131 — La paléontologie et l. métamorphoses d. Insectes. (Brux., Soc. Ent.)
1908. 8. 21 p. av. 10 fig.   1.50
2132 **Lange, C.** Verzeichn. d. in d. Umgeb. Annabergs beob. Käfer. (Annab.,
Ver. Nat.) 1886. 8. 25 p.   1.—
2133 **(Lankester).** Report on the collect. of Natural History (Zoology) made
in the Antarctic regions dur. the voy. of the 'Southern Cross'. Lond.
1902. 8. 354 p. w. 53 pl. Cloth. (2 *£* nett.)   32.—
2134 **Lansberge, G. van.** S. la classif. d. Lamellicornes Coprophages. (Brux.,
S. Ent.) 1874. 8. 17 p.   1.—
2135 — Monogr. d. Onitides. (Brux., S. Ent.) 1875. 8. 144 p.   2.50
2136 **Lansberge, J. W. van.** Matér. p. s. à une monogr. d. Onthophagus. (Stett.,
Ent. Z.) 1883. 8. 10 p.   1.—
2137 — Les Coprides de la Malaisie. (Gravenh., T. Ent.) 1886. 8. 25 p.   1.50
2138 — Ritsema. Lijst d. entomol. Geschriften v. J. W. v. Lansberge.
(Gravenh., T. Ent.) 1888. 8. 33 p.   1.—
2139 **de Laporte.** Monogr. d. Rhipicérites. (Paris, S. Ent.) 1833. 8. 46 p. av. pl.   1.50
     Voir aussi: Castelnau nr. 563 à 565.
2140 **Lapouge.** Phylogénie d. Carabus. 2 parties. (Rennes, Soc. Sc.) 1897 à 98.
8. 22 p.   1.50
2141 — Degré d'evolution du g. Carabus à l'époque du pléistocène moyen. (Rennes,
Soc. Sc.) 1902. 8. 17 p.   1.—
2142 — Carabes de la tourbe d. alluvions anciennes à Elephas Primigen. de
Soignies. (Brux., S. Ent.) 1903. 8. 14 p.   1.—
2143 **Lareynie.** — Fairmaire. Not. nécrolog. s. Lareynie, suivie d'observ. s. l.
Coléopt. de Corse. (Paris, Soc. Ent.) 1859. 8. 26 p.   1.—
2144 **Larvae Coleopterorum.** 14 Abhandl. v. Beauregard, G. H. Horn, Peyerimhoff,
Sahlberg u. a. 1857—95. 8. 92 p. m. 4 Tfln.   7.—
2145 **Latreille.** Précis d. Caractères génériques d. Insectes. Bord. 1796. 8.
215 p. av. pl. D.-rel. veau.   80.—
     Sur cet ouvrage rarissime — voir: Rara historico-naturalia, ed. Junk, p. 30.
2146 — — Réimpression. Paris 1907. 8. 215 p.   6.—
2147 — Hist. natur. des Crustacés et des Insectes. 14 vols. Paris 1802 à 1805.
8. av. 113 pl. color. D.-rel.   55.—
2148 — Cours d'Entomologie. Année I (unique). Paris 1831. 8. 601 p. av. 24 pl.
(fr. 20.)   6.—
2149 — Distrib. méthod. et nat. d. Serricornes. (Paris, Soc. Ent.) 1833. 8. 58 p.   2.—
2150 **Lea.** List of the Austral. and Tasmanian Mordellidae. (Lond., Ent. Soc.)
1902. 8. 10 p. w. 2 pl.   1.50
2151 — On Australian and Tasman. Cryptocephalides. (Lond., Ent. Soc.) 1904.
8. 133 p. w. 5 pl.   6.—
2152 — On the g. Leptops. (Brux., S. Ent.) 1906. 8. 42 p.   1.50
2153 — On the g. Lemidia. (Brux., S. Ent.) 1908. 8. 32 p. w. 2 pl.   1.50
2154 — Revis. of the Austral. and Tasmanian Malacodermidae. (Lond., Ent. S.)
1909. 8. 207 p. w. 5 pl.   9.—
2155 — On Australian Curculionidae in the German Ent. Nation. Museum.
2 parts. (Berl., Ent. Z.) 1910. 8. 42 p.   1.50
2156 **Lea et Bovie.** Belinae (e: Genera Insector.). Brux. 1909. 4. 13 p. av.
pl. color.   4.—
2157 **Leach.** Monogr. on the Cebrionidae. (Lond., Zool. Journ.) 1824. 8. 14 p.   1.—
2158 **Le Brun.** Catal. raisonné d. Coléopt. du dép. de l'Aube. Troyes 1883 à
1893. 8. 128 p.   3.—

W. Junk, Berlin, W. 15.

2159 **Lécaillon.** Rech. s. l'œuf et s. le développ. embryonn. de qu. Chrysomélides. Paris 1898. 8. 23) p. av. 4 pl. — 6.50

2160 — Insectes et autres Invertébrés nuisibles aux plantes cultiv. Paris 1903. 4. 184 p. av. 153 fig. — 9.—

2161 **Le Comte.** Tabl. de déterminat. des Cetonides de France. (Nimes) 1904. 8. 10 p. — 1.—

2162 **Le Conte.** Synopsis of the Cleridae of the U. S. (N. York, Lyc.) 1849. 8. 27 p. — 2.—

2163 — The Coleopt. of Kansas and East. New Mexico. (Wash., Smiths.) 1859. 4. 64 p. w. map and 2 pl. Half bd. calf. — 3.—

2164 — Catal. of the Coleopt. of Fort Tejon, Calif. (Philad., Ac.) 1859. 8. 22 p. — 1.50

2165 — Addit. to the Coleopt. Fauna of N. Calif. and Oregon. (Philad., Ac.) 1859. 8. 12 p. — 1.—

2166 — Descr. of new Histeridae. (Philad., Ac.) 1859. 8. 8 p. — 1.—

2167 — Coleopt. collect. dur. the Americ. 'Railway' Exp. (Wash., Railw. Rep.) 1860. 4. 78 p. w. 2 pl. — 3.—

2168 — 6 pap. on new Coleopt. (Philad., Ac.) 1860—62. 8. 32 p. — 2.—

2169 — On the Coleopt. of Lower California. New Coleopt. inhab. the Pacific distr. of the U. S. (Philad., Ac.) 1861. 8. 25 p. — 1.50

2170 — Classificat. of the Coleopt. of North America. Part I. (Wash., Smiths.) 1861—62. 8. 310 p. — 1.—

2171 — New spec. of N. Americ. Coleopt. Part I. (Wash., Smiths.) 1863—66. 8. 177 p. — 1.—

2172 — List of the Coleopt. of N. America. Part I. (all pub.) (Wash., Smiths.) 1866. 8. 78 p. — 1.—

2173 — New Coleopt. coll. fr. Kansas to N. Mexico. (Philad., Ent. Soc.) 1867. 8. 16 p. — 1.50

2174 — On Platypsyllidae. (Lond., Zool. S.) 1872. 8. 6 p. w. pl. — 1.—

2175 — On the affinities of Hypocephalus. (Philad., Ent. Soc.) 1876. 8. 10 p. — 1.—

2176 — Tabular synops. of the Rhynchophora of America. (Philad., Ent. Soc.) 1877. 8. 8 p. — 1.—

2177 — The Coleopt. of the Alpine regions of the Rocky Mountains. (Wash., Geol. Surv.) 1878. 8. 34 p. — 1.—

2178 — Scudder. J. L. Leconte 1825—83. 3 pap. Wash. 1884. 8. 67 p. w. portr. and facsim. — 2.—

2179 **Leconte and Horn.** The Rhynchophora of America, North of Mexico. (Philad., Ent. S.) 1876. 8. 471 p. — 10.—

2180 — Classificat. of the Coleopt. of N. America. (Wash., Smiths.) 1883. 8. 605 p. — 25.—
Now extremely rare and much esteemed.

2181 — Dohrn. Leconte u. Horn's Classif. of the Coleopt. 2 Tle. (Stett., Ent. Z.) 1885. 8. 21 p. — 1.50

2182 **Leder.** Beitr. z. Kaukas. Käfer-Fauna. 2 Thle. (Wien, Z. b. G.) 1879—80. 8. 56 p. — 2.—
Siehe auch Nr. 3241.

2183 **Leesberg.** Bijdr. t. de kennis d. inlandsche Halticiden. 2 Thle. (Gravenh., T. Ent.) 1881—82. 8. 90 p. m. 2 color. Tfln. — 3.—

2184 — Bijdr. tot de kennis d. inlandsche Galerucinen. (Gravenh., T. Ent.) 1884. 8. 16 p. — 1.—

2185 **Lefébure de Cerysi.** S. l. métamorph. du g. Cebrio. (Paris, Rev. Zool.) 1853. 8. 12 p. av. pl. — 1.50

2186 **Lefèvre.** Monogr. d. Clytrides d'Europe et du bassin de la Méditerr. 2 parties. (Paris, Soc. Ent.) 1872. 8. 200 p. av. 4 pl. color. et noir. — 4.—

2187 — Monogr. d. esp. Europ. du g. Colaspidema. (Paris, Soc. Ent.) 1874. 8. 22 p. av. pl. — 1.—

2188 — Descript. d'Eumolpides nouv. ou peu connus. 5 parties. (Paris, Revue Zool., Soc. Ent.) 1875 à 77. 8. 152 p. av. pl. color. — 5.—

2189 — Synopsis d. Eumolpides d'Europe. (Paris, Abeille) 1876. 8. 20 p. — 1.—

2190 **Lefèvre.** Clytrides du voy. de Raffray en Abyssinie et à Zanzibar. (Paris, Rev. Zool.) 1877. 8. 10 p. 1.—
2191 — Eumolpides du voy. de Steinheil à la Nouv. Grénade. (Münch., Ent. Ver.) 1878. 8. 22 p. 1.—
2192 — Descr. de 4 genres nouv. et de plus. espèces nouv. d. Eumolpides. (Brux., Soc. Ent.) 1884. 8. 14 p. 1.—
2193 — Eumolpides du voyage de Gounelle au Brésil. 2 parties. (Paris, Soc. Ent.) 1888 à 1891. 8. 23 p. 1.—
2194 — Clytrides et Eumolpides de l'Indo-Chine. 2 parties. (Paris, Soc. Ent.) 1889 à 92. 8. 40 p. 1.50
2195 — Fairmaire. Not. nécrol. (Paris, Soc. Ent.) 1895. 8. 6 p. av. portr. 1.—
2196 **Lefèvre et Poujade.** Métam. du Caryoborus Nucleorum. (Paris, S. Ent.) 1884. 8. 6 p. av. pl. 1.—
2197 **Leimbach.** Üb. d. Cerambyciden d. Harzes. Sondersh. 1886. 4. 16 p. 1.—
2198 **Leng.** Revis. of the Cicindelidae of Boreal America. (Philad., Ent. S.) 1902. 8. 94 p. w. map and 3 pl. 8.—
2200 **Leng and Beutenmüller.** Prelim. hand-book of the Coleopt. of N. East. America. (N. York, Ent. Soc.) 1894. 8. 16 p. w. pl. 1.—
2201 **Lentz.** Catal. d. Preuß. Käfer. Königsb. 1879. 4. 64 p. (M. 2.50.) 1.—
2202 — Nachtrag II—IV z. neuen Verzeichn. d. Preuss. Käfer. (Königsb.) 1866 —1876. 4. 36 p. 1.—
2203 **Leoni.** I Cebrio Italiani. (Camerino, Riv. Col.) 1906. 8. 40 p. c. tav. 1.50
2204 — 6 mem. s. Coleott. Ital. (Palermo, Natural. Sic.) 1906—08. 4. 33 p. 2.—
2205 — Appunti s. Coleotteri Italiani. 4 parti. (Camerino, Riv. Col.) 1906—09. 8. 45 p. 1.50
2206 — Le Meloë Italiane. (Camerino, Riv. Col.) 1907. 8. 55 p. 2.—
2207 — Gli Sphodrus Italiani. 2 parti. (Camerino, Riv. Col.) 1907. 8. 60 p. 2.—
2208 — I Calathus Italiani. (Camerino, Riv. Col.) 1908. 8. 43 p. 1.50

Verlangen Sie gratis Probeheft des:

Specimen Number free on application:

Numéro-Spécimen est envoyé gratuitement sur demande:

2209 **Lepidopterorum Catalogus.** Editus a Ch. Aurivillius et H. Wagner.

In der Art des 'Coleopterorum Catalogus, ausp. et auxilio W. Junk editus a S. Schenkling' (von welchem in unerreichter Schnelligkeit in $1^1/_2$ Jahren bereits 37 Lieferungen aus der Feder von 24 verschiedenen Autoren erschienen sind) bringt der obige 'Catalogus' in lateinischer Sprache ein Verzeichnis aller bekannten Lepidopteren-Species der Erde, ihrer Haupt-Litteratur, ihrer Synonyme und Varietäten, und ihrer Vaterlands-Angaben. Eine jede der 61 Schmetterlings-Familien wird von ihrem führenden Specialisten verfasst. Die Redaction ruht in den Händen des Herrn Prof. Aurivillius von der Schwedischen Akademie der Wissenschaften, einer weltbekannten Autorität auf dem Gebiete der Lepidopterologie, und des langjährigen Assistenten des hervorragenden Schmetterlings-Forschers Professor Standfuss, der diese Stellung erst kürzlich mit einer gleichen am Entomologischen National-Museum vertauschte, Herrn Wagner. — Der 'L. C.' wird ebenfalls in Lieferungen — eine jede eine abgeschlossene Familie oder Gruppe umfassend — erscheinen, welche in zwangloser Folge, fortlaufend numeriert, herausgegeben werden. Ein Index-Band wird erscheinen, sobald alle Hefte abgeschlossen sein werden — also in ca. 4 Jahren, da die Schnelligkeit die gleiche wie die des 'Coleopterorum Catalogus', wenngleich natürlich der Umfang ein viel kleinerer sein wird, weil die Zahl der Species etwa nur den vierten Teil beträgt.

Über die Notwendigkeit dieses Monumentalwerkes braucht kaum etwas gesagt zu werden. Denn während es auf coleopterologischem Gebiet wenigstens den — allerdings veralteten — Gemminger-Harold'schen Catalog gab, existiert für die Schmetterlinge überhaupt keine Vorarbeit, da Staudinger-Rebel bloß die Palaearcten, Kirby nur die Rhopaloceren (und diese auch nur bis 1877) und die Sphinges und Bombyces (1892—99) umfaßt. —

Die Litteratur über Biologie und Entwickelungsgeschichte, speciell die der Schädlinge, wird besonders sorgfältig registriert. —

Eine jede Lieferung ist auch einzeln käuflich. Der Preis für den Druckbogen beträgt Mark 1.50. — Lieferung 1 wird gerne zur Ansicht gesandt.

Subscribenten auf das ganze Werk erhalten eine Ermässigung von einem Drittel, zahlen also für den Bogen (von 16 Seiten) 1 Mark.

In the manner of the 'Coleopterorum Catalogus, ausp. et auxilio W. Junk editus a S. Schenkling' (37 parts of which, written by 24 authors, have appeared in the course of only $1^{1}/_{2}$ years) the 'Lepidopterorum Catalogus' will contain (in Latin language) the names, synonyms, varieties, literature and geographical distribution of all the species of Lepidoptera of the whole world known till now. For each of the 61 families of the butterflies the leading specialist will be chosen. The editors are: Prof. Aurivillius of the Swedish Academy of Sciences, one of the first authorities on butterflies, and Mr. Wagner, the assistant (now at the 'Entomologische National-Museum') formerly of the well known lepidopterologist Prof. Standfuss. — 'L. C.' is published in parts, each part embracing one family or group thus being a complete work in itself. An index volume will be issued as soon as all parts have appeared, id est in about 4 years, for 'L. C.' will come out as quickly as 'C. C.' (though of course it will be much smaller as there are about four times more species of coleoptera).

It is superfluous to dwell upon the necessity of this monumental work. For while coleopterologists had till now Gemmminger-Harold's — though obsolete — work, there exists for lepidopterologists only Staudinger-Rebel's book on the palaearctic species, and Kirby's old book on the Rhopalocera (published 1871—77) and on the Sphinges and Bombyces (1892—99). —

The literature on the biology and development of Lepidoptera, chiefly of the injurious species, will be listed with special care.

Every part is sold separately. Price of the sheet 1 s 6 d = 36 cents. — Part 1 will be forwarded postfree on approval.

For Subscribers to the whole work the price of a sheet (16 pages) is reduced to 1 s = 24 cents.

Le 'Lepidopterorum Catalogus' sera publié d'après le modèle du 'Coleopterorum Catalogus, ausp. et auxilio W. Junk editus a S. Schenkling', dont 37 livraisons écrites par 24 auteurs ont paru dans le cours de $1^{1}/_{2}$ années. Lui aussi renfermera — en langue Latine — les noms, les synonymes, les variétés, la litérature et la distribution géographique des espèces des Lépidoptères du monde connues jusqu'à ce jour. Chacune des 61 familles sera composée par son spécialiste. Les rédacteurs sont le prof. Aurivillius de l'Académie Suédoise des Sciences, un des lépidoptérologues le plus connus, et H. Wagner, l'assistant du professeur Standfuss, qui vient

W. Junk, Berlin, W. 15.

d'être nommé assistant au Musée Entomologique National de Berlin. — Le 'L. C.' sera publié en fascicules dont chacun comprendra une famille ou un groupe et sera de cette manière un ouvrage complet. On publiera une table de matières après l'achèvement de l'ouvrage, et des suppléments réguliers. Le 'L. C.' sera terminé en env. 4 années comme la vitesse de sa publication n'est sera pas inférieure à celle du 'C. C.' Mais son volume sera naturellement beaucoup plus petit comme le nombre des espèces des coléoptères est quatre fois plus grand que celui des papillons.

Nous ne croyons pas qu'il faut montrer la nécessité du 'Lepidopterorum Catalogus'. Les coléoptérologues ont eu jusqu'à maintenant au moins l'ouvrage très-vieux de Gemminger-Harold, mais il n'existait pour la Lépidoptérologie que le livre de Staudinger-Rebel sur la faune paléarctique et ceux de Kirby sur les Rhopalocères (de 1871 à 1877) et sur les Sphinges et Bombyces (de 1892 à 99). — La litérature sur la biologie et sur le développement surtout des espèces nuisibles sera mentionnée avec le plus grand soin.

Chaque livraison est vendue séparément. Le prix pour la feuille (de 16 pages) est de fr. 1,90. — Le 1. fascicule est envoyé franco en communication.

Le prix de souscription à l'ouvrage complet est de fr. 1,25 la feuille.

Bisher erschien : Paru jusqu'à ce jour : Published till now:

Pars 1: Chr. Aurivillius, Chrysopolomidae.
30. V. 1911.   (Einzelpreis M. 0.40) M. 0.25

„ 2: A. Pagenstecher, Callidulidae.
30. IX. 1911.   (Einzelpreis M. 1.35) M. 0.90

„ 3: A. Pagenstecher, Libytheidae.
12. X. 1911.   (Einzelpreis M. 1.10) M. 0.75

„ 4: H. Wagner et R. Pfitzner, Hepialidae.
Unter der Presse. Sous presse. Printing.

„ 5: L. B. Prout, Brephinae et Oenochrominae.
„ 6: E. Strand, Agaristidae. In Vorbereitung.
„ 7: E. Meyrick, Gracilariadae, Adelidae et Micropterygidae.
„ 8: H. Eltringham and K. Jordan, Acraeidae. En préparation.
„ 9: H. G. Dyar, Limacodidae, Megalopygidae, Dalceridae. In preparation.
„ 10: P. Mabille, Hesperidae.
„ 11: J. Mc Dunnough, Megathymidae.

2210 **Leprieur.** S. l. g. Haemonia. (Colmar, Soc. Nat.) 1870. 8. 30 p. av. pl. 1.—
2211 — La chasse aux Coléopt. 2. éd. Partie I. (Lyon, Echange) 1887. 8. 64 p. 1.50
2212 — Saulcy. Not. nécrolog. (Paris, Soc. Ent.) 1894. 8. 6 p. av. portr. 1.—
2213 **Le Sénéchal.** Catal. d. Carabiques du dép. de l'Orne. (Caen, Soc. Linn.) 1900. 8. 41 p. 2.—
2214 **Lesne.** 4 mém. s. Coléopt. nouv. Paris 1895 à 1902. 8. 10 p. 1.—
2215 — Révis. d. Bostrychides. Parties I à VI. (Paris, Soc. Ent.) 1896 à 1910. 8. 697 p. av. 7 pl. et 633 fig. 25.—
2216 — Bostrychides nouv. ou peu connus. I. (Paris, Soc. Ent.) 1906. 8. 36 p. 1.—
2217 — Liste d. Bostrychides du Musée de Gênes. I. (Gênes, Mus.) 1909. 8. 11 p. 1.—

2218 **Lesne.** Coleopterorum Catalogus: Bostrychidae, Lyctidae.   *M*
In Vorbereitung. — In preparation. — En préparation. — Vide nr. 721.

2219 **Letzner.** System. Beschreib. d. Laufkäfer Schlesiens. 3 Thle. (Bresl., Ent. Ver.) 1847(—52.) 8. 292 p. m. 2 Tfln.   8.—
Vollständ. Exemplare sind selten.

2220 — Beitr. z. Verwandlgsgesch. d. Coccinellen. (Bresl., Ent. Ver.) 1858. 8. 24 p. m. Tfl.   1.—

2221 — Verzeichn. d. Käfer Schlesiens. M. Nachtrag. (Bresl., Ent. Ver.) 1871—1876. 8. 366 p.   2.50

2222 — — Fortges. v. Gerhardt. 2. Aufl. Bresl. 1892. 8. 478 p.   7.—

2223 — Beitr. z. Verwandlgsgesch. ein. Käfer. (Bresl.) 1883. 4. 14 p. m. Tfl.   1.—

2224 **Leunis.** Synopsis d. Zoologie. 3. (letzte) verm. Aufl. v. Ludwig. 2 Bde. Hann. 1883—86. 8. 1414 p. m. viel. Fig. (M. 34.)   28.—

2225 **Leuthner.** Monogr. of the Odontolabini, a subdiv. of the Lucanidae. (Lond., Linn. S.) 1885. 4. 107 p. w. 14 pl. (42 s.)   16.—

2226 **Léveillé.** 3 mém. s. Trogositides. 1884 à 89. 8. 10 p.   1.—

2227 — Descr. de Temnochilides nouv. (Paris, S. Ent.) 1888. 8. 18 p.   1.—

2228 — Catal. d. Temnochilides. (Paris, S. Ent.) 1888. 8. 20 p.   1.—

2229 — Descr. de Temnochilides de l'Amérique Mérid. (Santiago, Soc. Sc.) 1895. 8. 7 p.   1.—

2230 — Études s. l. Temnochilides. 2 parties. (Paris, S. Ent.) 1899 à 1905. 8. 37 p.   1.50

2231 — Catalogus Temnochilidum (seu Trogositidum) int. a. 1758—1900 edit. (Paris, Soc. Ent.) 1900. 8. 26 p.   1.—

2232 — Coleopterorum Catalogus. Pars 11: Temnochilidae. Berolini 1910. 8. 40 p.   3.75
Subscriptionspreis für Abnehmer des ganzen „Coleopterorum Catalogus" (siehe No. 721) M. 2.50.

2233 **Lewis, G.** On the specif. modifications of Japan Carabi. (Lond., Ent. S.) 1882. 8. 28 p.   1.50

2234 — Relat. of Ceylonese beetles to the vegetat. (Lond., Ent. S.) 1882. 8. 10 p.   1.—

2235 — On the Lucanidae of Japan. (Lond., Ent. Soc.) 1883. 8. 10 p. w. pl.   1.50

2236 — On Japan Brenthidae. (Lond., Linn. S.) 1883. 8. 6 p. w. pl.   1.—

2237 — Japanese Languriidae. (Lond., Linn. S.) 1884. 8. 14 p. w. pl.   1.—

2238 — On a new g. of Histeridae. (Lond., Ent. S.) 1885. 8. 5 p. w. pl.   1.—

2239 — New spec. of Histeridae. (Lond., Ann. & Mag.) 1885. 8. 19 p.   1.—

2240 — On the Cetoniidae of Japan. (Lond., Ann. & Mag.) 1887. 8. 7 p.   1.—

2241 — On the Rhysodidae. (Lond., Ann. & Mag.) 1888. 8. 10 p.   1.—

2242 — On new Formicarious Histeridae. (Lond., Ann. & M.) 1888. 8. 12 p.   1.—

2243 — 4 pap. on new Histeridae. 1889—1906. 8. 28 p.   1.50

2244 — On the Buprestidae of Japan. (Lond., Linn. S.) 1893. 8. 12 p.   1.—

2245 — Histeridae de l'Indo-Chine. (Paris, Soc. Ent.) 1893. 8. 10 p.   1.—

2246 — System. Catal. of Histeridae. Lond. 1905. 8. 87 p. Boards.   5.—

2247 **Lewis, W. A.** On entomolog. Nomenclature and the rule of priority. (Lond., Ent. Soc.) 1875. 8. 42 p.   1.—

2248 **Liegel, E.** Verzeichn. d. bei Feldkirchen u. Gnesau beob. Coleopt. Klagenf. 1886. 8. 43 p   1.50

2249 **Liegel, H.** Üb. d. Ausstülpungs-Apparat v. Malachius. Hannov. 1872. 8. 31 p. m. Tfl.   1.50

2250 **Lindemann.** Anat. Unters. üb. d. Struktur d. Leuchtorganes v. Lampyris splend. (Mosk., Soc. Nat.) 1863. 8. 20 p. m. Tfl.   1.—

2251 — Ueb. d. Bau d. Skeletes d. Coleopt. (Mosk., Soc. Nat.) 1865. 8. 76 p. m. Tfl.   1.50

2252 — 2 neue Käfer. (Mosk., Soc. Nat.) 1865. 8. 3 p. m. color. Tfl.   1.—

2253 — Uebersicht d. geograph. Verbreit. d. Käfer im Russischen Reich. Thl. I: (Petersb., Horae) 1871. 8. 324 p. m. color. Karte. — In russischer Sprache.   8.—

2254 — Z. Kenntn. d. Borkenkäfer Russlands. (Moskau, Soc. Nat.) 1875. 8. 16 p.   1.—

2255 — Anatom. Untersuch. d. männlich. Begattungsgliedes d. Borkenkäfer. (Moskau, Soc. Nat.) 1875. 8. 57 p. m. 5 Tfln.   4.—

W. Junk, Berlin, W. 15.

2256 **Lindemann.** Monogr. d. Borkenkäfer Russlands. 4 Thle. (Moskau, Soc. Nat.) *M*
1876—79. 8. 110 p. m. 2 Tfln.   6.—
2257 **v. d. Linden.** Essai s. l. Cicindelètes de Java. Brux. (Ac.) 1829. 4. 28 p.   3.—
2258 **Linell.** New N. American Scarabaeidae. 2 pap. (Wash., Mus.) 1896. 8.
21 p.   1.—
2259 — List of Coleopt. coll. on the Tana River and on the Jombene Range,
East Africa. (Wash., Mus.) 1896. 8. 30 p.   1.50
2260 — On the Insects (Coleopt.) coll. by Abbott on the Seychelles. (Wash.,
Mus.) 1897. 8. 12 p.   1.—
2261 — New spec. of Chrysomelidae. (Wash., Mus.) 1898. 8. 13 p.   1.—
2262 — On the Coleopt. of Galapagos Isl. (Wash., Mus.) 1899. 8. 20 p.   1.—
2263 **Linnaea Entomologica.** Hrsg. v. Entomol. Verein in Stettin. 16 Bde.
Berl. 1846—66. 8. m. 45 Tfln. (M. 106.) Gbdn.   60.—
 Die letzten Bände sind selten. — Vorläufer siehe No. 1326.
2264 **Linné.** Systema Naturae. Ed. X. 2 vol. Holmiae 1758—59. 8. 1384 p.
Hfzb.   75.—
 Speciell für Zoologen von enormer Wichtigkeit, da Grundlage der binären Nomenclatur. Näheres auch über die andern an Bedeutung und Zahl so grossen Schriften
 Linné's — siehe: W. Junk, Bibliographia Linnaeana. 1902. (M. 2) und W. Junk,
 C. v. Linné u. s. Bedeutung f. d. Bibliographie. 1907. (M. 2.50.)
2265 — — Ed. X. 1758. Vol. I: Regnum animale. Iterum edita. Lips. 1894. 8.
834 p. (M. 10.)   8.—
2266 — — Ed. XII. 3 vol. Holm. 1766—68. 8. 2371 p. et 3 tab. Hfzb.   90.—
 Die wertvollste, da letzte vom Autor besorgte Ausgabe.
2267 — C. v. Linné's Bedeutung als Naturforscher u. Arzt. Hrsg. v. d. Kgl.
Schwedisch. Akad. Jena 1909. 8. 581 p. m. 2 Tfln. (M. 20.)   17.—
 Inhalt: A u r i v i l l i u s. Linné als Entomolog. — H j e l t. Linné als Arzt u. medizin.
 Schriftsteller. — L i n d m a n. Linné als botan. Forscher u. Schriftsteller. — L ö n b e r g.
 Linné u. die Lehre v. d. Wirbeltieren. — N a t h o r s t. Linné als Geolog. — S j ö g r e n.
 Linné als Mineralog.
2268 **Lintner.** Reports I—XII on the Injurious and o. Insects of the State
of New York. 12 vols. Albany 1882—97. 8. w. many plates.   60.—
 Many reports are sold also separately.
2269 — The White grub of the May Beetle. (Albany, Mus.) 1888. 8. 31 p.   1.50
2270 **Ljungh.** Stenus, monogr. descript. Etymologia Insect. in Illigeri Magaz.
(Stockh.) 1803. 8. 22 p.   1.—
2271 **Lohde.** Cleridarum Catalogus. (Stett., Ent. Z.) 1900. 8. 146 p.   6.—
2272 **Lokaj.** Verzeichn. d. Käfer Böhmens. Prag 1869. 4. 77 p. Cart.   1.—
2273 **Lomnicki, A. M.** Catal. Coleopt. Haliciae. Leopoli 1884. 8. 47 p.   1.50
2274 — Fauna Coleopt. Haliciae. Leop. 1886. 8. 329 p. — Polonice conscr.   3.—
2275 **Lomnicki, J. R.** Materialien z. Verbreitung d. Carabinen in Galizien. (Wien,
Z. b. G.) 1893. 8. 14 p.   1.—
2276 **Longicornes.** 121 figures soigneusement coloriées, tirées de divers ouvrages entomolog. Collect. faite p. E. Séguy. D.-rel. maroq.   10.—
 Un nombre de mémoires coléoptérol. sont ajoutés.
2277 **Lopez.** Elenco di Cicindelidi e Carab. racc. presso Livorno. Pisa 1891.
8. 11 p.   1.—
2278 **Lövendal.** Tomicini Danici. (Kjöbenh., Ent. Medd.) 1889. 8. 84 p. m. Tfl.   1.50
2279 — De Danske Scolytidae et Platypodidae og deres betydn. f. Skov — og
Havebruget. Kjöbenh. 1898. 4. 224 p. m. 5 Tfln. (M. 18.)   10.—
2280 **Lowne.** On the compound vision and the morphol. of the Eye in insects.
(Lond., Linn. S.) 1884. 4. 32 p. w. 4 pl. (10 s.)   3.—
2281 **Lubbock.** Larva of Micropeplus Staphylin. (Lond., Ent. S.) 1868. 8.
3 p. w. pl.   1.—
2282 — Ursprung u. Metamorphosen d. Insecten. Übers. v. Schlösser. Jena 1876.
8. 129 p. m. 6 Tfln. u. 63 Fig. (M. 2.50.)   1.—
2283 **Lucanidae.** 12 Abhandl. v. Escherich, Ritzema, Zang u. a. 1836—1906.
8. 48 p. m. Tfl.   3.—
2284 **Lucas, H.** Les Coléopt. de l'Algérie (Explorat. Scientif.). Paris 1849. fol.
590 p. av. atlas de 47 pl. color.   60.—
2285 — 5 mém. s. Coléopt. du Nord de l'Afrique. (Paris, Soc. Ent.) 1849 à 57.
8. 44 p. av. 3 pl. (1 color.)   2.50

2286 **Lucas, H.** S. le g. Dasysterna. 2 mém. (Paris, S. Ent.) 1849 à 59. 8. 30 p. av. pl.   *M* 1.50

2287 — S. l. métamorph. de Tituboea octosign. 2 mém. (Paris, S. Ent.) 1850. 8. 17 p. av. pl. color.   1.—

2288 — S. l. métamorph. de Lachnaea vicina. (Paris, S. Ent.) 1851. 8. 12 p. av. pl.   1.—

2289 — S. l. métamorph. d. Élatérides. (Paris, S. Ent.) 1852. 8. 14 p. av. pl.   1.—

2290 — Rem. synonym. s. le g. Hybalus. (Paris, S. Ent.) 1854. 8. 26 p.   1.—

2291 — S. 2 nouv. genres de Coléopt. (Oochrotus et Merophysia). (Paris, Rev. Zool.) 1855. 8. 15 p. av. pl.   1.—

2292 — 5 mém. s. la métamorph. de Coléopt. (Paris, Soc. Ent.) 1855 à 73. 8. 57 p. av. 2 pl.   2.—

2293 — Nouv. g. d. Longicornes. (Paris, S. Ent.) 1856. 8. 7 p. av. pl. color.   1.50

2294 — Entomol. du voyage de Castelnau: Chrysomélides. (Paris 1857.) 4. 4 p. av. pl. color.   3.-

2295 — 12 mém. s Coléopt. nouv. (Paris, Soc. Ent.) 1863 à 80. 8. 73 p. av. pl. color.   3.—

2296 — S. qu. Coléopt. nouv. du Thibet orient. (Paris, S. Ent.) 1872. 8. 22 p. av. pl. color.   1.50

2297 — Vie évolut. du Sagra Splendida. (Paris, S. Ent.) 1873. 8. 18 p. av. pl.   1.—

2298 — Métamorph. du Xylorhiza venosa. (Paris, S. Ent.) 1873. 8. 12 p. av. pl.   1.—

2299 — Nouv. esp. d. Cétonides. (Paris, S. Ent.) 1879. 8. 4 p. av. pl. color.   1.—

2300 — Lesne. Not. nécrolog. (Paris, S. Ent.) 1901. 8. 5 p. av. portr.   1.—

2301 **(Lugger.)** Beetles injurious to Fruitproduc. Plants. Minnesota 1899. 8. 248 p. w. 6 pl. and 249 fig.   4.—

2302 **Luigioni.** Elenco ragion. e sistem. d. Coleotteri d. prov. d. Roma. (Fir., S. Ent.) 1899. 8. 22 p.   1.—

2303 **Lunardoni e Leonardi.** Gli Insetti nocivi. 4 vol. Napoli 1888—1901. 8. c. 656 fig.   36.—

2304 **Lundbeck.** Coleopt. Groenlandica. (Kjöb., Nat. För.) 1896. 8. 24 p.   1.50

2305 **Lutz.** Das Bluten d. Coccinelliden. (Leipz., Z. Anz.) 1895. 8. 12 p.   1.—

2306 **Luze.** Revis. d. palaearkt. Arten verschied. Staphyliniden-Gattungen. 13 Thle. (Wien, Z. b. G.) 1900—06. 8. 488 p.   8.—
Jede Gattung auch eirzeln.

2307 — Neue Art d. Gatt. Tachinus. (Wien, Z. b. G.) 1901. 8. 10 p.   1.—

2308 — Beitr. z. Staphylinidenfauna v. Russ.-Central-Asien. (Petersb., Horae) 1904. 8. 42 p.   1.50

2309 **Lysholm.** Bidr. til kundsk. om Coleopt.-Faunaen i det Trondhjemske. II. (Trondhj., Vid. Selsk.) 1899. 8. 31 p.   1.—

2310 **Mc Coy.** Prodromus of the Zoology of Victoria. Fig. and descr. of the Victorian Animals. 2 vols. Melbourne 1878—90. 4. w. 200 pl. partly colour.   110.—

2311 **Mc Cracken.** Inheritance of Dichromatism in Lina lapponica. (Baltimore, Journ. Exp. Zool.) 1905. 8. 20 p. w. pl.   1.50

2312 **M'Lachlan.** Report on the Insecta coll. dur. the Arctic Exped. (Lond., Linn. Soc.) 1878. 8. 24 p. w. map.   1.—

2313 **Macleay, W.** The Insects (Coleopt.) of King's Sound. 3 parts. (Sydney, Linn. S.) 1888. 8. 86 p.   4.—

2314 **Macleay, W. S.** Horae Entomol. Part II: Rank and situation of Scarabaeus sacer. Lond. 1821. 8. 364 p. Boards.   35.—
Extremely rare book. Only 2 parts have come out. Full description of the entomological works of this author which all have nearly disappeared, in: Rara Historico-Naturali , ed. J u n k, p. 83. — See also my 'Bulletin' nr. I, 279.

2315 — Laws regulat. the nat. distribut. of Insects and Fungi. (Lond., Linn. S.) 1823. 4. 23 p.   1.50

2316 — Annulosa Javanica. Insects coll. in Java by Horsfield. Part I (all pub.): Coleopt. Lond. 1825. 4. 50 p. w. 2 colour. pl.   15.—
A second edition printed in only 100 copies of this rare booklet has come out 1833 at Paris.

2317 — Structure of the Tarsus in the Tetramer. and Trimerous Coleopt. (Lond., Linn. S.) 1826. 4. 9 p.   1.—

2318 **Macleay, W. S.** Illustrations of the Zoology of S. Africa: Invertebratae
(Coleopt. and Decapoda). Lond. 1849. 4. 75 p. w. 4 colour. pl. Cloth. 25.—
Chiefly on Cetoniidae.

2319 **Macquart.** Les Arbres et Arbrisseaux d'Europe et leurs Insectes. Av.
supplém. (Lille, Soc. Sc.) 1852 à 1854. 8. 394 p. av. carte. 12.—

2320 — Les Plantes Herbacées d'Europe et leurs Insectes. 2 vols. (3 parties).
(Lille, Soc. Sc.) 1854 à 56. 8. 512 p. av. pl. 14.—

2321 — — Vol. III: Dicotylédones Monopétales. (Lille, Soc. Sc.) 1856. 8. 159 p. 2.50
Magazin d. Entomologie — siehe No. 1331.
Magazin f. Insektenkunde — siehe Nr. 1701.

2322 **Mainardi.** Elenco di Platiceridi, Scarabeidi, Buprestidi e Cerambicidi
racc. presso Livorno. (Fir., Soc. Ent.) 1899. 8. 11 p. 1.—

2323 — Acallorneuma Reitteri. (Camerino, Riv. Col.) 1906. 8. 10 p. 1.—

2324 — Barynotus Solarii. (Camerino, Riv. Col.) 1907. 8. 11 p. 1.—

2325 **Maindron et Fleutiaux.** Cicindélides de l'Inde mérid. (Paris, Soc. Ent.)
1905. 8. 19 p. av. pl. color. 1.50

2326 **Maeklin.** Coleopt. Myrmecophila Fennica. (Moskau, Soc. Nat.) 1846. 8.
31 p. 1.50

2327 — Z. Kenntn. d. vicarir. Formen u. d. Coleopt. d. Nordens. (Stett., Ent.
Z.) 1857. 8. 28 p. 1.—

2328 — Z. Kenntn. d. geogr. Verbreit. d. Insecten im Norden. (Stett., Ent. Z.)
1857. 8. 22 p. 1.—

2329 — Die Gattg. Praogena. Arten d. Gattg. Acropteron. 2 Abhdl. (Helsingf.,
S. Fl. et F.) 1862 - 63. 4. 52 p. 1.50

2330 — Monogr. d. Gatt. Strongylium. (Helsingf., Ges. Wiss.) 1867. 4. 300 p.
m. 4 Tfln. 7.—

2331 — Neue Mordelliden, Canthariden, Statira-Arten, Cisteliden. (Helsingf., Ges.
Wiss.) 1875. 4. 120 p. 4.—

2332 — Coleopt. insaml. und. d. Nordenskiöld'ska Expedit. vid Norges Nord-
vestkust, på Novaja Semlja och ön Waigatsch. (Stockh., Ak.) 1881. 4.
48 p. 1.50

2333 **Malinowsky.** Elementarb. d. Insectenkunde vorzügl. d. Käfer. Quedlinb.
1816. 8. 240 p. Cart. 1.50

2334 **Mallász.** Ueb. Carabus obsoletus. Budap. 1901. 8. 24 p. 1.—

2335 **Mally.** The Mexican Cotton-Boll Weevil. (Wash., Dept.Agr.) 1901. 8. 30 p. 1.—

2336 **Mannerheim.** Eucnemis, monograph. tractat. Petrop. 1823. 8. 36 p. et
2 tab. 1.—

2337 — 6 nouv. Carabes de l'Arménie Turque. (Mosc., Soc. Nat.) 1830. 8. 10 p. 1.—

2338 — Enumér. d. Buprestides. (Mosc., Soc. Nat.) 1837. 8. 124 p. 2.—

2339 — S. qu. genres et esp. de Carabiques. (Mosc., Soc. Nat.) 1837. 8. 47 p. 1.50

2340 — Observ. crit. s. qu. ouvrages entomolog. (récemm. parus.) 3 parties.
(Moscou, Soc. Nat.) 1837 à 38. 8. 67 p. 1.—

2341 — Beitr. z. Kaefer-Fauna d. Aleutischen Inseln, d. Insel Sitkha und Neu-
Californiens. (Mosk., Soc. Nat.) 1843. 8. 140 p. 3.—

2342 — — Nachtrag. (Mosk., Soc. Nat.) 1846. 8. 16 p. 1.—

2343 — S. la récolte d. Coléopt. en 1842 et 1843. (Mosc., Soc. Nat.) 1843 à 44.
47 p. 1.—

2344 — Qlqs. Coléopt. nouv. de Finlande. (Mosc., Soc. Nat.) 1844. 8. 14 p. 1.—

2345 — Coléopt. de la Sibérie Orient. nouv. ou peu connus. 2 parties. (Moscou,
Soc. Nat.) 1849 à 52. 8. 83 p. 3.—

2346 — Nachträge z. Käferfauna d. Nordamerik. Länder d. Russ. Reiches. II,
III. (Moskau, Soc. Nat.) 1852—53. 8. 284 p. m. Kte. 4.—

2347 **Marseul.** Essai monogr. s. la fam. d. Histérides. 21 parties: 2 vols. et
supplém. (Paris, Soc. Ent.) 1853 à 62. 8. av. 38 pl. 75.—
Rare.

2348 — — Partie 2 à 21. Paris 1853 à 62. 8. av. 32 pl. — Exemplaire complet
sauf la partie 1. 40.—
Les parties mentionnnées ci-dessus se vendent aussi séparément.

2349 — Catal. d. Coléopt. d'Europe. 2. éd. Paris 1863. 8. 302 p. D.-rel. veau. 2.—

2350 — — Supplément. Paris 1877. 8. 100 p. Cart. 1.—

78

ℳ

2351 **Marseul.** Histérides de l'Archipel Malais. (Paris, Abeille) 1864. 8. 98 p. 2.—
2352 — Monogr. d. Téléphorides. (Paris, Abeille) 1864. 8. 112 p. av. pl. 2.—
2353 — Monogr. d. Buprestides d'Europe, du Nord de l'Afrique et de l'Asie. Partie II. (Paris, Abeille) 1865. 8. 276 p. 2.—
2354 — Catalogus Coleopt. Europae et confin. (Paris, Abeille) 1866. 8. 146 p. 1.—
2355 — 4 mém. s. Coléopt. nouv. 1866 à 82. 8. 28 p. 1.50
2356 — Monogr. d. Endomychides d'Europe. (Paris, Abeille) 1869. 8. 88 p. 2.—
2357 — Monogr. d. Attélabides. (Paris, Abeille) 1869. 8. 21 p. 1.—
2358 — Descr. d'esp. nouv. d'Histérides. (Brux., S. Ent.) 1870. 8. 84 p. 1.50
2359 — Monogr. d. Mylabrides. (Liége, Soc. Sc.) 1873. 8. 300 p. av. 6 pl. (fr.25.) 8.—
2360 — Coléopt. du Japan rec. p. Lewis: Histérid. et Héterom. 4 parties. (Paris, Soc. Ent.) 1873 à 76. 8. 128 p. 4.—
2361 — Monogr. d. Cryptocéphales du Nord de l'ancien-monde. (Paris, Abeille) 1874. 8. 326 p. 6.—
2362 — Appendice à la tribu d. Eumolpides. (Paris, Abeille) 1876. 8. 12 p. 1.—
2363 — Catal. synonym. et géograph. d. Coléoptères de l'ancien-monde. (Paris, Abeille) 1882 à 89. 8. 563 p. (fr. 25.) Toile. 6.—
2364 — Monogr. d. Chrysomélides (II). (Paris, Abeille) 1889. 8. 52 p. 1.—
2365 — De La Perraudière. Notice nécrolog. (Paris, Soc. Ent.) 1891. 8. 13 p. av. portr. 1.—
2366 **Marseul et Oliveira.** Études s. l. Insectes d'Angola au Musée de Lisbonne. (Lisboa, Journ. Sc.) 1879. 8. 31 p. 1.50
2367 **Marshall, G. A. K.** 5 years' observat. and experim. on the Bionomics of S. African Insects. Mimicry and Warning Colours. (Lond., Ent. S.) 1902. 8. 298 p. w. 15 pl. (2 colour.) 9.—
2368 — Monogr. of the g. Hipporrhinus. (Lond., Zool. S.) 1904. 8. 136 p. w. 4 pl. 4.—
2369 — Monogr. of the g. Sciobius. (Lond., Zool. S.) 1906. 8. 41 p. w. 2 pl. 2.—
2370 — On new Afric. Curculion. (Lond., Zool. S.) 1907. 8. 48 p. w. 2 pl. 2.50
2371 **Marshall, T. A.** Corynodinorum recensio. (Lond., Linn. S.) 1865. 8. 26 p. 1.—
2372 **Martinez y Saez.** Datos s. alg. Coleópteros de Cuenca. (Madrid, Soc. Nat.) 1873. 8. 23 p. av. pl. color. 1.50
2373 — Descr. de Coleopt. de España. (Madrid, Soc. Nat.) 1873. 8. 12 p. av. pl. color. 1.—
2374 **Masters.** Catal. of the Coleopt. of New Guinea. Part II. (Sydney, Linn. S.) 1888. 8. 78 p. 2.50
2375 **Matsumura.** Catalogus Insectorum Japonicorum. Vol. I. (quantum prodiit). (Tokyo). 8. 307 p. Half bd. calf. — In Japanese and English. 5.—
2376 **Matthews, A.** New genera and spec. of Corylophidae. (Lond., Ann. & Mag.) 1887. 8. 12 p. 1.—
2377 — New genera and spec. of Trichopterygidae. (Lond., Ann. & Mag.) 1889. 8. 12 p. 1.—
2378 — Monogr. of Corylophidae and Sphaeriidae. Ed. by Mason. Lond. 1900. 4. 220 p. w. 9 pl. 23.—
2379 **Matthews and Mason.** Trichopterygia illustrata et descr. 2 parts. Lond. 1871—1900. 4. 310 p. w. 38 pl. 37.—
2380 **Maxwell-Lefroy.** Life-histories of Indian Coleopt. Part I. (Calc., Dept. Agr.) 1910. 8. 23 p. w. 7 colour. pl. 4.—
2381 — Indian Insect Life. A Manual of the Insects of the Plain (Tropical India). Calc. 1909. 8. 798 p. w. 84 colour. pl. and 536 fig. Boards. 31.—
2382 **Mayet.** Mœurs et métamorph. du Sitaris Colletis. (Paris, Soc. Ent.) 1874. 8. 28 p. av. pl. 1.—
2383 **Medicus.** Illustr. Käferbuch. Kaisersl. 1837. 8. 128 p. m. 10 color. Tfln. (170 Fig.) Lnb. 1.—
2384 **Meinert.** Tungens udskydelighed hos Steninerne. (Kjöb., Nat. För.) 1886. 8. 27 p. m. 2 Tfln. 1.—
2385 — Fortegn. ov. Zoolog. Museums Billelarver. Larvae Coleopt. Musaei Hauniensis. (Hauniae, Ent. Medd.) 1892. 8. 130 p. 4.—
2386 — Larvae gen. Acilii. (Haun., Vid. Selsk) 1893. 8. 24 p. et tab. 1.—

W. Junk, Berlin, W. 15.

2387 **Meinert.** Les organes latéraux d. Larves d. Scarabées. (Copenh., Vid. S.) *M*
1895. 4. 72 p. av. 3 pl. color. — En Danois av. résumé Français. 3.—

2388 — Vandkalvelarverne (Larvae Dytiscidarum). (Copenh., Vid. S.) 1902. 4.
122 p. av. 6 pl. — Avec résumé en Francais. (M. 6.50) 4.—

2389 **Meissner, O.** Die Häufigkeit d. Varietäten v. Adalia bipunctata. 2 Tle.
(Berl., Z. Insekt.) 1907. 8. 38 p. 1.50

2390 **Melsheimer.** Catal. of Coleopt. of the U. S., revis. by Haldeman and
Le Conte. (Wash., Smiths.) 1853. 8. 190 p. 1.50

2391 **Mémoires** de la Société Entomolog. de Belgique. Vol. 1 à 17. Brux.
1895 à 1909. 8. 75.—
Surtout coléoptérologique. — Voir aussi no. 48.

2392 **Ménétriès.** Catalogue raisonné des objets de zoologie (Coléopt., Lépid.)
rec. dans un voyage au Caucase. Pétersb. 1832. 4. 265 p. 6.—

2393 — Catal. d'Insectes (Coléopt.) rec. entre Constantinople et le Balkan.
Pétersb. 1838. 4. 52 p. av. 2 pl. color. 3.—

2394 — Notice biograph. (Pétersb., Horae) 1863. 8. 7 p. av. portr. 1.—

2395 **Mequignon.** Coleopterorum Catalogus: Rhizophaginae.
In Vorbereitung. — In preparation. — En préparation. — Vide nr. 721.

2396 **Métamorphoses** d. Coléoptères. 10 mém. p. Borre, Dufour, Leprieur, Piochard de la Brulerie et autres. 1843 à 1902. 8. 58 p. av. 6 pl. (2 color.) 6.—

2397 **Meyer, P.** Bestimm.-Tabellen d. Europ. Curculionidae. Thl. IV: Die palaearct. Cryptorrhynchiden. (Wien, Ent. Z.) 1896. 8. 56 p. 2.—
Ist „Bestimmungs-Tabelle d. Europ. Coleopt.“ Heft 35.

2398 **Meyer-Darcis.** Z. Kenntn. d. Gattg. Coptolabrus. (Zürich, Ent. Ges.) 1900.
8. 5 p. m. color. Tfl. 1.50

2399 **Miall.** The natural hist. of Aquatic Insects. London 1903. 8. 406 p. w.
116 fig. Cloth. 4.—

2400 **Middendorff.** Reise in den äußersten Norden u. Osten Sibiriens.
Bd. II: Zoologie. Bearb. v. Brandt, Erichson u. a. 2 Tle. Petersb. 1851.
4. 772 p. m. 58 z. Tl. color. Tfln. Hfrzb. — Etwas fleckig. 40.—

2401 **Miller.** Entomol. Reise in d. ostgaliz. Karpathen. (Wien, Z. b. G.) 1867.
8. 34 p. 1.—

2402 — 3 Abhandl. über Coleopt. Südeuropas. (Wien, Z. b. G.) 1879—83. 8.
20 p. 1.—

2403 **Minot.** Rech. hist. s. les trachées de l'Hydrophilus piceus. (Paris, Arch.
Phys.) 10 p. av. 2 pl. 1.50

2404 **Miscellanea Entomologica.** Organe internat. bimensuel. Publ. p. Barthe.
Vol. I à XIV. Narbonne 1890 à 1907. 8. 85.—
En partie épuisé.

2405 **Mitteilungen** aus d. Entomologischen Gesellschaft zu Halle. Herausg. v.
C. Daehne. Heft 1 u. 2 (soviel erschien.). Leipz. (Z. Nat.) 1909—11. 8.
52 p. m. Fig. 3.—

2406 **Mitteilungen** d. Münchener Entomolog. Vereins. Redig. v. Steinheil u.
Harold. 5 Jahrgänge (soviel erschien.). Münch. 1877—81. 8. m. 5 color.
Tfln. (M. 45.) 18.—
Fast durchweg coleopterologisch.

2407 **Mitteilungen** d. Schweizer. Entomologischen Gesellschaft. Redig. v.
Stierlin. Bd. I—XI. Schaffh. 1865—1909. 8. m. Tfln. (M. 180.) 70.—

2408 **Mjöberg.** Om nägra Svenska Insekters (Coleopt.) biologi och utveckl.
(Uppsala, Ark. Zool.) 1905. 8. 22 p. m. Tfl. 1.—

2409 — Z. Kenntn. d. Insektenfauna v. Süd-Georgien. (Uppsala, Ark. Zool.)
1906. 8. 15 p. m. Tfl. 1.—

2410 **Möbusz.** Ueb. d. Darmkanal d. Anthrenus-Larve. Berlin 1897. 8. 43 p.
m. 3 color. Tfln. 2.—

2411 **Mocquerys.** Enumérat. d. Coléoptères du dép. de la Seine-Infér. Av. 3
suppl. (Caen, Soc. Linn.) 1857 à 79. 8. 273 p. 6.—

2412 — Coléopt. anormaux. Rouen 1864. 8. 118 p. av. 105 fig. D.-rel. veau. 2.—

2413 — Recueil de Coléopt. anormaux. 2. éd. Rouen 1880. 8. 159 p. av. 114 fig. 4.—

2414 **Mocsary.** Käfer u. Schmetterl. d. Bihár-Gebirges. (Budap.) 1873. 8. 98 p.
— Magyarisch. 1.—

W. Junk, Berlin, W. 15.

80

2415 **Moffarts.** Les Chrysomélides de Belgique. 2 parties. (Brux., Soc. Ent.) *M*
1893. 8. 56 p. 2.—
2416 **Mohnike.** Uebersicht d. Cetoniden d. Sunda-Inseln u. Molukken. Berl.
1872. 8. 96 p. m. 3 color. Tfln. 7.—
Vergriffen.
2417 — Die Cetoniden d. Philippin. Inseln. Berl. 1873. 8. 139 p. m. 6 Tfln. 4.—
2418 — — Mit color. Tafeln. 8.—
Vergriffen.
2419 **Möllenkamp.** Beiträge z. Kenntn. d. Lucaniden. 13 Abhdlgn. (Leipzig
u. Guben) 1902—09. 8. 48 p. 2.—
2420 — Z. Kenntn. d. Lucaniden-Fauna. (Berl., D. Ent. Z.) 1903. 8. 19 p. 1.—
2421 **Möller, G.** Skandinaviens Skalbaggar (Coleopt.). 2 vol. Lund 1863—66.
8. m. 24 Tfln. (300 Fig.) 10.—
2422 — — Vol. I. Lund 1863. 8. 8 p. m. 16 Tfln. 3.—
2423 **Möller, L.** Fauna Mulhusana. Coleopt. (Halle, Z. Nat.) 1862. 8. 97 p. 2.—
2424 **Mollison.** Die ernährende Tätigk. d. Follikelepithels im Ovarium von
Melolontha vulg. (Leipz., Z. w. Z.) 1904. 8. 17 p. m. 2 color. Tfln. 2.—
2425 **Monnot et Houlbert.** Tabl. analyt. d. Longicornes de la France. Rennes
1902. 8. 32 p. av. 144 fig. 2.—
2426 — Tableaux analyt. d. Lamellicornes. Narbonne 1903. 8. 40 p. av. 4 pl. 2.50
2427 **Montandon.** Addit. au Catal. d. Coléopt. de la Roumanie. (Boucarest,
Soc. Sc.) 1908. 8. 58 p. 2.—
2428 **Montrouzier.** Essai s. la Faune entomolog. de la Nouv. Calédonie.
4 parties. (Paris, S. Ent.) 1860 à 61. 8. 190 p. av. pl. color. 4.—
2429 **Moragues y Manzanos.** Coleópteros de Mallorca. 2 parties. (Madrid, Soc.
Hist. Nat.) 1889 à 1894. 8. 40 p. 2.—
2430 **Morawitz.** 5 Abhandl. über neue Russ. Coleopt. 1860—63. 8. 40 p. 2.—
2431 — Z. Kenntn. d. Russ. Eumolpiden u. Sphenoptera. (Petersb., Soc. Ent.)
1861. 8. 11 p. 1.—
2432 — Z. Käferfauna d. Insel Jesso. I: Cicindel. et Carabici. (Petersb., Ak.) 1863.
4. 86 p. 1.50
2433 — Üb. die in Russl. vorkomm. Akis-Arten. (Petersb., Soc. Ent.) 1865. 8.
46 p. 1.—
2434 — Z. Kenntn. d. adephagen Coleopt. (Petersb., Ak.) 1886. 4. 88 p. 2.—
2435 — Z. Kenntn. d. Chilenischen Carabinen. (Petersb., Ak.) 1886. 4. 92 p. 1.50
2436 **Moser.** Beitr. z. Kenntn. d. Cetoniden. 5 Thle. (Brüss., Soc. Ent.) 1906
—1908. 8. 54 p. 2.—
2437 **Motschoulsky.** Thoraxophorus corticinus, Sparticerus Rond. (Moscou,
Soc. Nat.) 1837. 8. 28 p. av. pl. color. 1.—
2438 — Monogr. du g. Georissus. (Mosc., Soc. Nat.) 1843. 8. 18 p. ac. 2 pl. color. 1.50
2439 — S. sa collect. de Coléopt. Russes. I. III. (Moscou, Soc. Nat.) 1845 à 46.
8. 171 p. av. 3 pl. color. 4.—
2440 — Ueb. d. Ptilien Russlands. (Mosk., Soc. Nat.) 1845. 8. 36 p. m. 2 Tfln. 1.50
2441 — S. le Musée entomol. de l'Université de Moscou. (Moscou, Soc. Nat.)
1845. 8. 57 p. av. 3 pl. color. 2.—
2442 — Die coleopterolog. Verhältnisse und d. Käfer Russlands. 2 Tle. (Mosk.,
Soc. Nat.) 1846—50. 8. 232 p. m. Kte. 4.—
2443 — Lindemann. Beitrag z. d. Abhdlg.: Motschulsky, Coleopterol. Verhältn. Russlands. (Mosk., Soc. Nat.) 1846. 8. 20 p. 1.—
2444 — Coléopt. (Carabiques) de la Sibérie rapp. d'un voyage. Pétersb. (Ac.)
1846. 4. 290 p. av. 10 pl. color. 18.—
Epuisé.
2445 — Erichson's Naturgesch. d. Insekten. 2 Tle. (Mosk., Soc. Nat.) 1848
—1849. 8. 89 p. m. Tab. 1.—
2446 — Coléopt. rec. p. Handschuh dans le midi de l'Espagne. (Moscou, Soc.
Nat.) 1849. 8. 112 p. 3.50
2447 — Enumération de nouv. espèces de Coléopt. rapp. de ses voyages.
Complet en 15 parties. (Mosc., Soc. Nat.) 1851 à 75. 8. av. 5 pl. 24.—
Chaque partie se vend aussi séparément à M. 2.50

W. Junk, Berlin, W. 15.

2448 **Motschoulsky.** Etudes Entomologiques (Coléopterol.). 11 années. Helsingf. *Jt*
et Dresd. 1853 à 62. 8. av. 7 pl. — Tout ce qui a paru. 42.—
Epuisé.
2449 — — XI. Dresde 1862. 8. 55 p. 2.—
2450 — Einige d. Leguminosen schädl. Käfer. (Petersb.) 1854. 8. 17 p. m.
color. Tfl. 1.—
2451 — Coléopt. nouv. de la Californie. 2 parties. (Mosc., Soc. Nat.) 1859. 8.
118 p. av. 2 pl. color. 5.—
2452 — Catal. d. Insectes (Coléopt.) rapp. des envir. du fl. Amour depuis la
Schilka jusqu'à Nikolaëvsk. (Mosc., Soc. Nat.) 1859. 8. 21 p. 1.—
2453 — Coléopt. rapp. par Severtsef des Steppes mérid. d. Kirghises. (Pétersb.,
Ac.) 1860. 8. 45 p. av. tabl. 1.—
2454 — Catal. d. Insectes (Coléopt.) de l'île Ceylan. 4 parties. (Mosc., Soc. Nat.)
1861 à 66. 8. 380 p. av. 2 pl. color. 7.—
2455 — Coléopt. de la Sibérie orient. et des rives de l'Amour. (Pétersb.,
Schrenck) 1866. 4. 180 p. av. 6 pl. color. et carte. 10.—
2456 — Catal. d. Insectes reçus du Japon. (Mosc., Soc. Nat.) 1866. 8. 38 p. 2.—
2457 — Genres et esp. d'Insectes publ. dans différ. ouvrages. 2 parties. (Pétersb.,
Soc. Ent.) 1869 à 70. 8. 118 p. 3.—
2458 — Mannerheim. Revue crit. de qu. ouvrages de Motchoulsky. (Mosc.,
Soc. Nat.) 1846. 8. 61 p. 1.—
2459 **Mühl.** Larven u. Käfer. Prakt. Anleitg. z. Sammeln, Zücht. u. Präpar.
Stuttg. 1909. 8. 116 p. m. 8 Tfln. Gbdn. (M. 1.80)
2460 **Muir and Sharp.** On the egg-cases and early stages of some Cassididae.
(Lond., Ent. S.) 1904. 8. 23 p. w. 5 pl. 2.50
2461 **Müller, C.** 14 neue Heteromeren d. Zambesi-Gebiet. (Gravenh., T. Ent.)
1887. 8. 12 p. m. Tfl. 1.—
2462 **Müller, H.** Die Befruchtung d. Blumen durch Insekten. Leipz. 1873.
8. 487 p. m. 152 Fig. 20.—
Seltenes Fundamentalwerk.
2463 — Weitere Beobachtungen üb. d. Befruchtung d. Blumen durch Insekten.
3 Thle. (Bonn, Ver. Nat.) 1878—82. 8. 234 p. m. 5 Tfln. 8.—
2464 — Alpenblumen, ihre Befrucht. durch Insekten. Leipz. 1881. 8. 616 p. m.
173 Fig. (M. 16.) 7.50
2465 **Müller, J.** Verzeichn. d. Coleopt. v. Mähren u. Oesterr. Schlesien.
M. Nachtr. v. Steiner. (Brünn, Nat. Ver.) 1863—65. 8. 41 p. 1.—
2466 — Terminologia Entomologica. 2. Aufl. Brünn 1872. 8. 314 p. m. 33 Tfln.
(1 color.) (M. 10.) 5.—
2467 **Müller, J.** 2 Abhandl. üb. Dalmatin. Coleopt. (Wien, Z. b. G.) 1900—3.
8. 17 p. 1.—
2468 — Z. Kenntn. d. Höhlensilphiden. (Wien, Z. b. G.) 1901. 8. 18 p. m. Tfl. 1.—
2469 — Coccinellidae Dalmatiae. (Wien, Z. b. G.) 1901. 8. 11 p. 1.—
2470 — Lucanidae et Scarabaeidae Dalmatiae. (Wien, Z. b. G.) 1902. 8. 29 p. 1.—
2471 — Neue Höhlenkäfer aus Dalmatien. (Wien, Ak.) 1903. 8. 20 p. 1.—
2472 — Cerambycidae Dalmatiae. (Wien, Z. b. G.) 1906. 8. 43 p. 1.50
2473 **Müller, P. W. J.** Z. Naturg. d. Gattg. Claviger. (Halle, Germar's M.)
1818. 8. 28 p. m. color. Tfl. Cart. — Manuscript. 1.50
2474 **Mulsant.** Note p. s. à l'hist. de l'Akis punctata et d. Donaciens. (Lyon,
Soc. Linn.) 1844. 8. 12 p. av. pl. 1.—
2475 — 15 mém. s. Coléopt. nouv. (Paris et Lyon) 1852 à 58. 8. 120 p. av.
2 pl. 4.—
2476 — Opuscules Entomologiques. 16 cahiers. Paris 1852 à 75. 8. av. portraits
et planches. 70.—
Série rare.
2477 — — Cah. II et III. 1853. av. 2 pl. 4.—
2478 — Descr. de qlqs. Coléopt. nouv. 4 mém. (Lyon, Soc. Agric.) 1859. 8. 35 p. 1.50
2479 — Souvenirs d'un voyage en Allemagne. Paris 1862. 8. 150 p. Maroqu. 1.50
2480 — Descr. de nouv. Buprestides. (Bord., Soc. Linn.) 1863. 8. 20 p. 1.—
2481 — Monogr. d. Coccinelliens. 3 parties. (Lyon, Ac.) 1846 à 1870. 8. 290 p. 10.—
Epuisé.

W. Junk, Berlin, W. 15.

ℳ

2482 **Mulsant.** — Félissis-Rollin. Notice nécrolog. (Paris, S. Ent.) 1880. 8. 10 p. 1.—
2483 **Mulsant et Rey.** Descr. de qlqs. Curculionites nouv. ou peu connus. (Lyon, Soc. Agr.) 1858. 8. 44 p. 1.50
2484 — Divis. d. derniers Mélasomes. (Lyon, Soc. Agr.) 1859. 8. 72 p. 2.—
2485 **Mulsant, Rey et a.** Histoire natur. des Coléoptères de France. Dernière éd. 31 tomes (en 35 vols.). Lyon (Soc. Linn.) et Paris 1816 à 89. 8. av. 134 pl. et portr. 280.—

    I: Longicornes. 1839. 304 p. av. 3 pl. 4.—
    — — 2. (et dernière) éd. 1862 à 63. 590 p. 14.—
    II: Lamellicornes. 1842. 624 p. av. 3 pl. 5.—
    — — 2. (et dernière) éd. Pectinicornes. 1871. 780 p. av. 3 pl. 8.—
    III: Palpicornes. 1844. 203 p. av. pl. 4.—
    — — 2. (et dernière) éd. p. Rey. 1885. 373 p. av. 2 pl. 7.—
    IV: Sulcicolles et Sécuripalpes. 1846. 280 p. av. pl. 7.—
    V: Latigènes. 1854. 404 p. 10.—
    VI: Pectinipèdes. 1856. 107 p. 5.—
    VII: Hétéromères (Badipalp., Longipèd., Latipenn.) 1856. 360 p. av. 2 pl. 10.—
    VIII: Vésicants. (Longipèdes Supplém.). 1857. 211 p. av. pl. 12.—
    IX: Angustipennes. 1858. 174 p. 9.—
    X: Rostrifères. 1859. 64 p. 5.—
    XI: Altisides, p. Foudras. 1859 à 60. 384 p. av. portrait. 7.—
    XII: Mollipennes. 1862. 440 p. av. 3 pl. 10.—
    XIII: Angusticolles. Diversipalpes. 1863 à 64. 158 p. av. 2 pl. 5.—
    XIV: Térédiles. 1864. 393 p. av. 10 pl. 8.—
    XV: Fossipèdes. Brevicolles. 1865. 128 p. av. 5 pl. 4.—
    XVI: Colligères. 1866. 188 p. av. 3 pl. 3.—
    XVII: Scuticolles. 1867. 186 p. av. 2 pl. 6.—
    XVIII: Vésiculifères. 1867. 311 p. av. 7 pl. 8.—
    XIX: Floricolles. 1868. 335 p. av. 19 pl. 8.—
    XX: Gibbicolles. 1868. 238 p. av. 14 pl. 7.—
    XXI: Piluliformes. 1869. 177 p. av. 2 pl. 4.—
    XXII: Improsternés, Uncifères, Diversicornes, Spinipèdes. 1872. 180 p. av. 2 pl. 3.—
    XXIII: Brévipennes: Aléochariens, Myrmédoniaires. 5 volumes. 1871 à 77. 2770 p. av. 25 pl. 30.—
    XXIV: — Xantholiniens. 1877. 128 p. av. 3 pl. 3.—
    XXV: — Péderiens. Evesthétiens. 1878. 338 p. av. 6 pl. 5.—
    XXVI: — Oxyporiens, Oxytéliens. 1879. 408 p. av. 7 pl. 6.—
    XXVII: — Phléochariens, Trigonuriens, Protéiniens, Phléobiens. 1880. 74 p. av. 2 pl. 2.—
    XXVIII: — Omaliens. Pholidiens. 1880. av. 6 pl. 9.—
    XXIX: — Habrocériens, Tachyporiens, Trichophyens. Par Rey. 1883. av. 4 pl. 9.—
    XXX: — Micropéplides. Sténides. Par Rey. 1884. av. 3 pl. 6.—
    XXXI: Lathridiens. Par Belon. 3 parties. 1881 à 89. 11.—
    Les numéros 1, 5 à 10, 13 sont épuisés.

2486 **Mulsant et Wachanru.** Cyrtonus Rotundatus. (Lyon, Ac.) 1849. 8. 15 p. av. pl. 1.—
2487 **Münchener Koleopterologische Zeitschrift.** Hrsg. v. K. u. J. Daniel. Bd. I—III (soviel erschien.). Münch. 1902—8. 8. 35.—
2488 **Münster.** Index Coleopteror. Norvegiae. I. (Christ., Vid. S.) 1901. 8. 43 p. 1.—
2489 — Nye Norske Coleopt. (Christ., Nyt Mag.) 1903. 8. 20 p. 1.—
2490 **Murray.** Descr. de 2 Buprestides nouv. (Paris, Soc. Ent.) 1851. 8. 3 p. av. pl. color. 1.—
2491 — Catal. of the Coleopt. of Scotland. Edinb. 1853. 8. 153 p. Boards. 1.50
2492 — Monogr. of the Nitidulariae. Part I. (all pub.) (Lond., Linn. S.) 1864. 4. 204 p. w. 5 colour. pl. (10 s.) 8.—
2493 — On an undescr. Light-giving Coleopterous Larva (Astraptor illum.). (Lond., Linn. S.) 1868. 8. 8 p. w. pl. 1.—
2494 — On the geograph. relat. of the chief Coleopt. Faunae. (Lond., Linn. S.) 1870. 8. 89 p. 2.50
2495 **Naturhistorisk Tidsskrift.** Udg. af Kroyer og Schiödte. Vollständiges Exemplar: 3 Reihen in 20 Bänden. Kjöbenh. 1837—84. 8. m. sehr viel. Tfln. (M. 365) 210.—
    Enthält u. a. die coleopterolog. Arbeiten v. Schiödte (siehe No. 3186—3206).
2496 **Nebel.** Die Cerambycidae v. Anhalt. Dessau 1894. 8. 23 p. 1.—
2497 **Neervoort v. d. Poll.** 12 pap. on Coleopt. chiefly on new species. 1884 —1891. 8. 60 p. w. 3 pl. (1 colour.) 4.—

W. Junk, Berlin, W. 15.

2498 **Nekrologe** auf Chaudoir, Haag, Hampe, Hope, Leconte, Reiche, de Saulcy. *M*
1881—90. 8. 38 p. m. Portr. 3.—
2499 **Newman.** 2 Scarabaei in the cabinet of Hanson. (Lond., Ent. Mag.) 1836.
8. 3 p. w. pl. 1.—
2500 **Newport.** Natural hist., anatomy and development of Meloë. 3 parts.
(Lond., Linn. S.) 1849—55. 4. 94 p. w. 2 pl. 16.—
2501 — On the nat. hist. of Lampyris noctiluca. (Lond., Linn. S.) 1857. 8. 32 p. 1.—
2502 **Nickerl.** 2 Abhandl. üb. Goliathiden. 1887—90. 8. 14 p. m. 2 Tfln. 1.—
2503 — Carabus auronitens. Prag 1889. 8. 11 p. 1.—
2504 **Nielsen.** The Insects of East-Greenland. (Kjöbenh., Medd. Grönl.) 1909.
8. 47 p. 2.—
2505 **Nietner.** Descr. of new Ceylon Coleopt. (Lond., Ann. & Mag.) 8. 14 p. 1.—
2506 **Niezabitowski.** Materyali do fauny rosliniarek (Phytophaga) Galicyi.
(Krak., Ak.) 1899. 8. 16 p. 1.—
2507 **Nonfried.** Z. Käferfauna v. Südasien u. Neuguinea. (Berl., Ent. Z.) 1891.
8. 22 p. 1.—
2508 — Z. Kenntn. ein. neu. exot. Coleopt.-Species. (Berl., D. Ent. Z.) 1891.
8. 20 p. 1.—
2509 — Neue afrikan., centralamerikan. u. ostasiat. Melolonthiden u. Ruteliden.
(Berl., Ent. Z.) 1892. 8. 20 p. 1.—
2510 — Verz. d. um Nienghali (Südchina) ges. Lucanoid., Scarabaeid., Buprest.
u. Cerambyc. (Berl., Ent. Nachr.) 1892. 8. 15 p. 1.—
2511 — Monogr. Übersicht d. Gatt. Callipogon. (Berl., Ent. Z.) 1893. 8. 8 p.
m. Tfl. 1.—
2512 — Z. Ruteliden-Fauna v. Centr.-Amerika. (Berl., Ent. Z.) 1893. 8. 18 p. 1.—
2513 — Z. Käferfauna v. Manipur (Vorderindien). (Berl., Ent. Z.) 1893. 8. 14 p. 1.—
2514 — Z. Coleopt.-Fauna v. Tebing-Tinggi (Süd-Sumatra). (Berl., D. Ent. Z.)
1894. 8. 23 p. 1.—
2515 — Coleopt. nova exotica. (Berl., Ent. Z.) 1895. 8. 34 p. 1.—
2516 **Norguet.** Catal. d. Coléopt. du dép. du Nord. Lille 1863. 8. 197 p. 2.50
2517 **North American Coleoptera.** Collect. of 64 pap. on N. American Coleopt.
by Blanchard, Casey, Crotch, Dietz, Evans, Fall, Hamilton, Harrington,
Hayward, Horn, Leng, Leconte, Roberts and Smith. 1872—1905. 8. More
than 3000 p. w. 82 pl. 80.—
A very fine collection containing a lot of rare papers bound in 6 half morocco
volumes.
2518 The **North American Entomologist.** Ed. by Grote. Vol. I (all pub.).
Buffalo 1880. 8. 108 p. w. 6 pl. 10.—
2519 **Novae species et genera Coleopt.** 100 Abhandl. v. Allard, Arrow, Aurivillius, Baly, Borre, Bonvouloir, Bourgeois, de Chaudoir, Csiki, Daniel,
Gahan, Haag-Rutenberg, Harold, Jacoby, Leconte, Lewis, Moser, Pascoe,
Raffray, Schaufuss, Schwarz, Solsky, Stierlin, Waterhouse u. a. 1840—
1910. 8. u. 4. 663 p. m. 15 Tfln. (3 color.) 25.—
2520 **Nowicki.** Beitr. z. Insektenfauna Galiziens. (Neue Diptera. — Verzeichn. d.
Käfer). Krak. 1873. 8. 52 p. 1.50
2521 **Nüsslin.** Generation u. Fortpflanz. d. Pissodes-Arten. (Münch., Forstl.
Nat. Z.) 1897. 8. 24 p. 1.—
2522 — Leitfaden d. Forstinsektenkunde. Berl. 1905. 8. 454 p. m. 356 Fig.
(M. 10.)
2523 **Oberthür, R.** S. qu. Coléoptères rec. aux îles Sanghir. (Genova, Mus.)
1879. 8. 7 p. av. pl. color. 1.50
2524 **Obst.** Synops. d. Gattg. Anthia. (Berl., Arch. Nat.) 1901. 8. 34 p. 1.—
2525 — Die Buprestiden-Ausbeute aus Deutsch u. Engl. Ost-Afrika v. O. Neu-
mann. (Jena, Z. Jahrb.) 1905. 8. 12 p. 1.—
2526 **Ogilby and Sloane.** Report on a zool. coll. fr. Brit. New Guinea (Reptiles,
Coleopt.). (Sydn., Mus.) 1891. 8. 16 p. 1.—
2527 **Ohaus.** Beitr. z. Kenntn. d. Ruteliden. (Stett., Ent. Z) 1897. 8. 100 p. 3.50
2528 — Phaenomeridae. (Stett., Ent. Z.) 1898. 8. 41 p. 1.—
2529 — Ruteliden d. neuen Welt. (Stett., Ent. Z.) 1893. 8. 18 p. 1.—

W. Junk, Berlin, W. 15.

84

2530 **Ohaus.** Bericht üb. e. entomol. Reise nach Centr.-Brasilien. 3 Thle. *M*
(Stettin, Ent. Z.) 1899—1900. 8. 197 p.   5.—
2531 — Revis. d. Parastasiiden. (Berl., D. Ent. Z.) 1900. 8. 42 p.   1.50
2532 — Z. Kenntn. d. African. Popillien. (Berl., D. Ent. Z.) 1901. 8. 15 p.   1.—
2533 — Ruteliden d. alt. Welt. (Berl., D. Ent. Z.) 1901. 8. 10 p. m. 25 Fig.   1.—
2534 — Neue Ruteliden, in Hinterindien gesamm. (Berl., D. Ent. Z.) 1902. 8.
10 p.   1.—
2535 — Z. Kenntn. d. Ruteliden. 3 Thle. (Berl., D. Ent Z.) 1902—08. 8. 50 p.   1.50
2536 — Verzeichn. d. v. Haensch in Ecuador ges. Ruteliden. (Berl., Ent. Z.)
1903. 8. 28 p. m. 44 Fig.   1.50
2537 — Revis. d. Amerikan. Anoplognathiden. 2 Thle. (Stett., Ent. Z.) 1904—05.
8. 136 p. m. 2 Tfln.   5.—
2538 — Z. Kenntn. d. Amerikan. Ruteliden. (Stett., Ent. Z.) 1905. 8. 47 p.   1.50
2539 — Die Ruteliden meiner Sammelreisen in Südamerika. 2 Tle. (Berl., D.
Ent. Z.) 1908. 8. 50 p.   2.—
2540 — Neue Lamellicornia aus Argentinien. 2 Tle. (Berl., D. Ent. Z) 1909—10.
8. 27 p. m. Tfl.   1.50
2541 — Die Ruteliden d. Philippin. Inseln. (Manila, Journ. Sc.) 1910. 4. 30 p.   2.50
2542 — Neue südamerikan. Dynastiden. (Berl., D. Ent. Z.) 1910. 8. 20 p.   1.—
2543 — Coleopterorum Catalogus: Rutelinae, Euchirinae.
In Vorbereitung. — In preparation. — En préparation. — Vide nr. 721.

2544 **Oliver.** Moeurs du Vesperus Xatarti. (Paris, Soc. Agr.) 1879. 8. 16 p.   1.—
2545 **Olivier, A. G.** Entomologie, ou hist. natur. d. Coléoptères. 6 vol. et 2 vol.
de 363 planches color. Paris 1789 à 1808. 4. D.-rel. veau.   300.—
Très-rare. Les premiers volumes se trouvent parfois isolément.
Séparément: Cucuje. 10 p. av. pl. color. M. 1. — Donacie, Lupere. 16 p. av. 2 pl.
color. M. 2. — Macrocéphale. 16 p. av. 2 pl. color. M. 2. — Prionus. 41 p. av. 13 pl.
color. M. 10.
2546 — — Vol. I à III.: Prélim., et A à E. Paris 1789 à 1791. 4. 1865 p. Cart.
— Le texte sans les planches.   10.—
2547 — Entomologie oder Naturgesch. d. Käfer. Braunschw. 1800—02. 4. 596 p.
Cart. — Die 5 Tafeln f e h l e n.   3.—
2548 — Abbildgn. zu Illiger's Uebersetzg. v. Olivier's Entomologie od.
Naturgesch. d. Käfer v. Sturm. 2 Tle. Nürnb. 1802. 4. 274 p. m. 96 color.
Tfln. (M. 71.) Cart.   15.—
2549 — G. A. Olivier. Vie, trav., voyages. Moulins 1880. 8. 98 p. av. portr.   2.—
2550 **Olivier, E.** La Chrysomèle d. pommes de terre. Besanç. 1878. 8. 35 p.
av. pl.   1.50
2551 — Révis. du g. Pyrocoelia. (Leyde, Mus.) 1883. 8. 14 p.   1.—
2552 — Lampyrides nouv. ou peu connus. 3 parties. (Paris, Rev. Ent.) 1883 à 86.
8. 24 p.   1.50
2553 — Catal. d. Lampyrides du Musée Civique. (Gênes, Mus.) 1885. 8. 42 p.
av. pl. color.   2.—
2554 — Études s. l. Lampyrides. 3 parties. (Paris, Soc. Ent.) 1885 à 1888. 8.
104 p. av. 3 pl. color.   3.50
2555 — Lampyrides rapp. de Birmanie. (Gênes, Mus.) 1891. 8. 10 p.   1.—
2556 — Descript. de nouv. espèces de Lampyrides du Musée de Tring. (Lond.,
Nov. Zool.) 1895. 4. 6 p.   1.—
2557 — 6 mém. s. Lampyrides. 1895 à 1909. 8. 37 p.   2.—
2558 — Catal. d. espèc. de Luciola. (Moulins, Rev. Sc.) 1902. 8. 20 p.   1.—
2559 — Lampyridae (e: Genera Insectorum). Brux. 1907. 4. 74 p. av. 3 pl. color.   20.—
2560 — Lampyrides nouveaux. (Moulins, Rev. Sc.) 1909. 8. 10 p.   1.—
2561 — Coleopterorum Catalogus. Pars 9: Lampyridae. Berolini 1910. 8. 68 p.   6.35
Subscriptionspreis für Abnehmer des ganzen „Coleopterorum Catalogus" (siehe
No. 721) M. 4.25.
2562 — Coleopterorum Catalogus. Pars 10: Rhagophtalmidae, Drilidae. Berolini
1910. 8. 10 p.   1.—
Subscriptionspreis für Abnehmer des ganzen „Coleopterorum Catalogus" (siehe
No. 721) M. —.65.
2563 **Olliff.** Collect. of Clavicorn. fr. Borneo. (Lond., Ent. S.) 1883. 8. 14 p.   1.—

2564 **Olliff.** New Nitidulidae, Trogositidae, Cucujidae fr. East. Archip. and Ceylon. 3 pap. (Leiden, Mus.) 1884. 8. 12 p.   1.—

2565 — New Australian and Ceylon. Coleoptera. 3 pap. (Sydn., Linn. S.) 1885. 8. 14 p.   1.50

2566 — Addit. to the Insect-Fauna of Lord Howe Isl. (Sydn., Linn. S.) 1891. 8. 5 p. w. pl.   1.50

2567 **d'Orbigny.** Descr. d'espèc. nouv. d'Onthophagus. (Paris, S. Ent.) 1896. 8. 13 p.   1.—

2568 — S. l. Onthophagides d'Afrique. (Paris, Soc. Ent.) 1902. 8. 324 p.   9.—

2569 — Esp. nouv. d'Onthophagus Afric. (Brux., S. Ent.) 1904. 8. 19 p.   1.—

2570 — Onthophagid. rec. par Fea dans l'Afrique occident. (Gênes, Mus.) 1905. 8. 32 p.   1.50

2571 — Onthophagides rec. p. Maindron dans l'Afrique orientale. (Paris, Soc. Ent.) 1905. 8. 156 p.   4.—

2572 — Descr. d'espèces nouv. d'Onthophagides Africains. (Berl., D. Ent. Z.) 1907. 8. 14 p.   1.—

2573 **Ormerod.** Report 1—24 of observat. of injurious Insects and common Farm Pests for 1876—1900. With general Index by Newstead. Lond. 1877—1901. 8. w. many plates. — All published.   100.—
    Rare set. Most of the early reports are out of print; many odd parts in stock.

2574 **Oertzen.** Verzeichn. d. Coleopt. Griechenlands u. Cretas. (Berl., Ent. Z.) 1886. 8. 105 p.   2.—

2575 — Z. Kenntn. d. Gattg. Anomalipus. (Berl., D. Ent. Z.) 1897. 8. 14 p.   1.—

2576 — Ein. v. Horn auf Ceylon ges. Tenebrioniden. (Berl., D. Ent. Z.) 1903. 8. 4 p.   —.50

2577 — Verzeichnisse d. Tenebrioniden v. Nordamerika, Japan, Philippin., Kilimandjaro, Neu-Caledon. 36 handschriftliche Seiten.   5.—
    Nicht publicirte Verzeichnisse.

2578 **Oudemans.** De Nederlandsche Insecten. Gravenh. 1896—1900. 8. 851 p. m. 38 Tfln. u. 427 Fig. (M. 24.)   18.—

2579 **Pacher.** Die Käferfauna d. deutsch. Gailthales. (Klagenf., Mus.) 1865. 8. 58 p.   1.50

2580 **Palisot de Beauvois.** Insectes recueillis en Afrique et en Amérique (St. Domingue, Etats-Unis). Paris 1805. fol. av. 90 pl. color.   145.—
    Très-rare.

2581 **Pandellé.** Etude monogr. s. l. Tachyporini Europ. (Paris, Soc. Ent.) 1869. 8. 104 p.   2.—

2582 **Panzer.** Faunae Insectorum Germanicae initia. Deutschlands Insekten. Fortgesetzt von (Heft 110) G e y e r u. (Heft 111—190) H e r r i c h - S c h ä f f e r u. K o c h. 190 Hefte. Nürnb. u. Regensb. 1793—1844. 12. m. 4572 (von S t u r m) gemalten Tafeln.   420.—
    Vollständige Exemplare, speciell solche, die die Fortsetzung von H e r r i c h -
S c h ä f f e r enthalten, werden immer seltener. Hingegen kommen incomplete Reihen
häufig in den Handel. Ich besitze mehrere unvollständige Exempl., sowie zahlreiche
einzelne Hefte u. Tafeln.

2583 — — Heft 1—100. Nürnb. 1793—1820. 8. m. ca. 3000 color. Tfln.   100.—

2584 — Coleoptera Faunae Germanicae (e: Fauna Insector.) 1275 tabulae coloratae et textus.   60.—

2585 — — 628 tab. color. et textus.   10.—

2586 — Index entomolog. in Panzeri Fauna Insector. German. I: Eleutherata. Norimb. 1813. 8.   1.—

2587 **Pape.** Brachyceridarum Catalogus. M. Nachtr. v. Marshall. (Berl., D. Ent. Z.) 1907. 8. 39 p.   1.50

2588 — Coleopterorum Catalogus. Pars 16: Brachyceridae. Berolini 1910. 8. 36 p.   3.40
    Subscriptionspreis für Abnehmer des ganzen "Coleopterorum Catalogus" (siehe
No. 721) M. 2.25.

2589 **Parry.** Upon some new and rare Coleopt. (Lond., Ent. Soc.) 1848. 8. 5 p. w. colour. pl.   1.50

2590 — Catal. of Lucanoid Coleopt. W. illustr. and descr. of new and interest. species. (Lond., Ent. Soc.) 1864. 8. 113 p. w. 12 pl. (4 colour.)   15.—

2591 **Parry.** Revised catal. of the Lucanoid Coleopt. (Lond., Ent. Soc.) 1870. *M*
8. 66 p. w. 3 pl. — 3.—
2592 — Catalogus Coleopter. Lucanoidum. 3. ed. Lond. 1875. 8. 29 p. 2.—
2593 — Descr. of new Lucanoid Coleopt. (Lond., Ent. Soc.) 1872. 8. 12 p. w.
2 pl. 1.50
2594 — Charact. of 7 nondescr. Lucanoid Coleopt. (Lond., Ent. Soc.) 1873. 8.
9 p. w. pl. 1.—
2595 — Further descr. of Lucanoid Coleopt. (Lond., Ent. Soc.) 1874. 8. 8 p. w.
2 pl. 1.50
2596 **Pascoe.** On new genera and spec. of Longicorn. Part III, IV. (Lond.,
Ent. Soc.) 1858. 8. 76 p. w. 3 colour. pl. 3.—
2597 — On the Austral. Longicornia. (Lond., Ent. Soc.) 1863. 8. 45 p. w. 2 pl. 3.—
2598 — Longicornia Malayana. Descr. catal. of the spec. collect. by Wallace
in the Malay Archipel. (Lond., Ent. Soc.) 1864—69. 8. 712 p. w. 24 colour.
pl. (52 s.) 32.—
2599 — Catal. of Longicorn. Coleopt. coll. in the isl. of Penang. (Lond., Zool.
S.) 1866. 8. 79 p. w. 3 colour. pl. 4.—
2600 — — Without the plates. 1.—
2601 — List of the Longicornia coll. at Santa Marta. (Lond., Ent. S.) 1866. 8.
18 p. w. colour. pl. 1.50
2602 — On the Longicornia of Australia. 2 parts. (Lond., Linn. S.) 1866—67.
8. 63 p. w. 2 pl. 3.—
2603 — Revis. of the g. Catasarcus. (Lond , Ent. Soc.) 1870. 8. 28 p. 1.—
2604 — Addit. to the Tenebrionidae of Australia. (Lond., Ann. & M.) 1870. 8.
13 p. 1.—
2605 — Contrib. tow. a knowl. of the Curculionidae. 4 parts. (Lond., Linn. S.)
1870—74. 8. 267 p. w. 15 pl. 7.50
2606 — Notes on Coleoptera, w. descr. of new genera and spec. III. (Lond.,
Ann. & M.) 1875. 8. 15 p. w. pl. 1.—
2607 — New Neotropical Curculionidae. (Lond., Ann. & M.) 1880. 8. 29 p. 1.50
2608 — On the g. Hilipus. 2 parts. (Lond., Ent. Soc.) 1881—89. 8. 57 p. w. 4 pl. 2.50
2609 — Descr. of some new Curculionidae, mostly Asiatic. (Lond., Ann. & M.)
1882. 8. 12 p. w. pl. 1.—
2610 — List of the Curculionidae of the Malay Archipel. (Genoa, Mus.) 1885.
8. 136 p. w. 3 pl. 3.50
2611 — On new African Curculionidae. (Lond., Linn. S.) 1886. 8. 19 p. w. pl. 1.—
2612 — Descr. of some new Brachycerus. (Lond., Ent. S.) 1887. 8. 12 p. w. 2 pl. 1.50
2613 — On Byrsops and some allied genera. (Lond., Ent. S.) 1887. 8. 17 p.
w. pl. 1.—
2614 — On some new Longicorn Coleopt. (Lond., Ent. S.) 1888. 8. 24 p. w. pl. 1.—
2615 — Descr. of some new Austral. Longicornia. 2 parts. (Sydney). 8. 46 p.
w. 2 colour. pl. 2.50
2616 **Pascoe and Masters.** List of the Australian Longicorns. Sydn. 1868. 8.
27 p. 2.—
2617 **Paulino d'Oliveira.** Catal. d. Insectes (Coléopt.) du Portugal. Coimbra
1893. 8. 393 p. Cart. 15.—
Rare, n'a été imprimé qu'en nombre très-restreint d'exemplaires.
2618 **Pavie.** Animaux artic. rec. en Indo-Chine. (Paris, Mus.) 1896. 8. 28 p. 1.—
2619 **Paykull.** Monographia Staphylinorum Sueciae. Upsal. 1789. 8. 94 p. 2.—
2620 — Monogr. Histeroidum. Upsal. 1811. 8. 120 p. Hfzb. — Die Tafeln fehlen
grossenteils. 2.—
2621 **Pecchioli.** S. l. moeurs de qu. Buprestides. (Paris, Mag. Zool.) 1843. 8.
15 p. av. 2 pl. color. 1.50
2622 **Peel, Austen, Gahan and o.** On a collect. of Insects and Arachnids
made by Peel in Somaliland. (Lond., Zool. S.) 1900. 8. 60 p. w. 4 pl.
(1 colour.) 4.—
2623 **Péneau.** Catal. d. Coléopt. de la Loire-Infér. Fasc. I—IV (tout ce qui a
paru). (Nantes, Soc. Nat.) 1906 à 11. 8. 266 p. av. 4 pl. 9.—

W. Junk, Berlin, W. 15.

2624 **(Peragallo).** Les Coléopt. du départ. d. Alpes-Maritimes. Nice 1879. 8. *M* 240 p.   6.—

2625 — Note p. s. à l'hist. d. Lucioles. 2 parties. (Paris, Soc. Ent.) 1862 à 63. 8. 10 p.   1.—

2626 **Percheron.** Monogr. d. Passales. Paris 1835. 8. 110 p. av. 7 pl.   1.50

2627 — Bibliographie Entomolog. 2 vol. Paris 1837. 4. 714 p. (fr. 18). D.-rel. veau.   3.—

2628 **Perez.** Métamorph. du Macronychus quadrituberc. (Paris, S. Ent.) 1863. 8. 16 p. av. pl.   1.—

2629 **Péringuey.** Contrib. 1—7 to the South African Coleopter. Fauna. (Cape Town, Phil. Soc.) 1885—1908. 8. 645 p. w. 13 pl.   30.—

2630 — — Contrib. 3 and 4. 1892. 8. 135 p.   6.—

2631 — Descr. catal. of the Coleoptera of South Africa. 13 parts. (Cape Town, Phil. Soc. & Roy. Soc.) 1893—1909. 8. w. 37 pl., 15 of which colour.   150.—
    Part I: Cicindelidae. 1893. 98 p. w. 2 colour. pl. — II: Carabidae, w. supplem. to the Cicindelidae. 1896. 539 p. w. 8 pl. (6 colour.) — III: Paussidae. 1897. 40 p. w. 2 pl. — IV: Raffray, Pselaphidae. 1897. 90 p. w. 2 pl. — V: Cicindelidae II. supplement, Carabidae I. supplem., Paussidae I. supplem. 1898. 76 p. w. pl. — VI: Raffray, Pselaphidae. Supplement. 1898. 36 p. w. pl. — VII: Lucanidae. Scarabaeidae I: Coprinae etc. 1901. 563 p. w. 9 pl. (5 colour.) — VIII: Scarabaeidae II: Rutelinae, Hopliinae. 1902. 336 p. w. 3 pl. — IX: 'Addenda' to part 7 and 8. 1903. 23 p. [Part 7—9 are the whole volume XII of the 'Transactions of the S. African Philos. Soc.'] — X: Lucanidae. Scarabaeidae III: Sericinae etc. 1904. 293 p. w. 4 pl. (2 colour.) — XI: Continuation of part 10. 1907. 258 p. w. pl. — XII: Additions and corrections. 1908. 206 p. w. pl. [Part 10—12 are the whole volume XIII of the 'Transactions of the S. African Philos. Soc.'] — XIII: Meloidae. 1909. 133 p. w. 3 pl. [Published in the 'Transact. of the Royal Soc. of S. Africa.']
    The work is now very rare, as most of the earlier parts are out of print.

2632 — — Horn, W. Der 'Descript. Catal.' by Péringuey. (Berl., D. Ent. Z.) 1894. 8. 12 p.   1.—

2633 — — Tschitschérine. S. le 'Catal.' de Péringuey part II. (Pétersb., Soc. Ent.) 1897. 8. 34 p.   1.—

2634 — Descr. of new Cicindelidae fr. Mashunaland. (Lond., Ent. Soc.) 1894. 8. 8 p.   1.—

2635 — Descr. of new Coleopt. fr. South Africa. (Lond., Ent. Soc.) 1896. 8. 42 p.   1.50

2636 **Periódico Zoologico.** Organo de la Soc. Zoológica Argentina. 3 vols. (tout ce qui a paru). Buenos Aires 1874—78. 8. av. 20 pl. D.-rel. — 3 planches manquent à l'exempl. complet.   20.—

2637 **Perris.** Métamorph. de divers Agrilus. Lyon 1851. 8. 15 p.   1.—

2638 — Histoire d. Insectes du Pin maritime. 10 parties. (Paris, Soc. Ent.) 1851 à 1870. 8. av. 17 pl.   65.—
    Très-rare. Beaucoup de parties dépareillées en magasin.

2639 — Hist. d. moeurs d. Apion. (Paris, Soc. Ent.) 1863. 8. 19 p.   1.—

2640 — Descript. de qu. esp. nouv. de Coléopt. 2 mém. (Paris, Soc. Ent.) 1864. 8. 44 p.   1.—

2641 — Descr. de qu. Coléopt. nouv. (Paris, Abeille) 1870. 8. 41 p.   1.—

2642 — Larves d. Coléopt. Paris 1878. 8. 577 p. av. 14 pl. (579 fig.)   14.—

2643 — Laboulbène. Not. s. Perris. Av. liste de s. trav. (Paris, Soc. Ent.) 1879. 8. 16 p. av. portr.   1.—

2644 — Mulsant. Notice s. Perris. Lyon 1878. 8. 30 p. av. portr.   1.—

2645 **Peters.** Naturwiss. Reise nach Mossambique. Insecten u. Myriapoden, bearb. v. Klug, Löw, Gerstäcker, Hopffer u. a. Berl. 1862. 4. 587 p. m. 35 color. Tfln.   145.—

2646 **Petit, H.** Calendrier Coléoptérol. Chalons 1884. 8. 51 p.   1.—

2647 **Petites Nouvelles Entomologiques.** Publ. p. Deyrolle et a. 11 années (tout ce qui a paru) en 2 vols. Paris 1869 à 79. in fol. D.-rel. veau. — Manquent 2 numéros.   20.—
    Le 'Naturaliste' est la continuation de ce journal.

2648 **Petri.** Stand d. Coleopt.-Fauna d. Umgeb. Schässburgs (Siebenbürg.). (Hermannstadt, Ver. Nat.) 1891. 8. 26 p.   1.—

2649 — Monogr. d. G. Liparus. (Hermannst., Ver. Nat.) 1894. 8. 27 p. m. Tfl.   1.—

2650 — Revis. d. mittel- u. westeurop. Arten d. Gatt. Plinthus. (Wien, Mitth. Bosn.) 1896. 4. 24 p.   1.—

W. Junk, Berlin, W. 15.

2651 **Petri.** Monogr. d. Hyperini. (Hermannst., Ver. Nat.) 1901. 4. 210 p. m. 3 Tfln. (M. 8.)   *M* 6.—

2652 — Bestimm.-Tabellen d. Europ. Curculionidae. Thl. VI: Hyperini. (Hermannst., Ver. Nat.) 1901. 8. 42 p.   1.50
Ist „Bestimmungs-Tabelle d. Europ. Coleopt." Heft 44.

2653 — — Theil XI: Genus Lixus. (Wien, Ent. Z.) 1904—05. 8. 62 p.   2.—
Ist „Bestimmungs-Tabelle d. Europ. Coleopt." Heft 55.

2654 — — Theil XIV: Genus Larinus u. Verwandte. (Brünn, Nat. Ver.) 1907. 8. 96 p.   2.50
Ist „Bestimmungs-Tabelle d. Europ. Coleopt." Heft 60.

2655 — Neue Lixus-Arten. 2 Abhdl. (Wien u. Budap.) 1904. 8. 17 p.   1.—

2656 **Peyrimhoff.** S. l. organis. extér. des Tordeuses. (Paris, Soc. Ent.) 1876. 8. 68 p. av 3 pl.   1.50

2657 **Peyron.** 2 mém. s. Coléopt. nouv. (Paris, Soc. Ent.) 1856 à 57. 8. 20 p.   1.—

2658 — S. le g. Thorictus. (Paris, Soc. Ent.) 1857. 8. 18 p.   1.—

2659 — Catal. d. Coléopt. d. envir. de Tarsous (Caramanie). (Paris, Soc. Ent.) 1858. 8. 82 p. av. pl. color.   2.—

2660 **Philippi, F.** Catal. d. chilen. Arten d. Genus Telephorus. (Stettin, Ent. Z.) 1861. 8. 12 p.   1.—

2661 — Catal. de los Coléopt. de Chile. Santiago 1887. 8.   6.—

2662 **Philippi, R. A.** Chilenische Insekten. 3 Thle. (Stettin, Ent. Z.) 1866—73. 8. 41 p. m. 4 Tfln. (1 color.)   3.—

2663 **Philippi, R. A. u. F.** Beschr. ein. neuen Chilen. Käfer. (Stett., Ent. Z.) 1864. 8. 94 p.   1.50

2664 **Philippine Journal** of Science. Ed. by Freer. Vol. I, II and Supplem. Vol. I. Manila 1906—07. 8. w. many pl. and maps. (M. 55.)   40.—

2665 **Physiologia Coleopterorum.** 20 Abhandl. v. Gorham, Holmgren, Plateau, Schiõdte, Verhoeff, H. Wagner u. a. 1866—1908. 8. 115 p. m. 4 Tfln. (1 color.)   7.—

2666 **Pic.** Matériaux p. s. à l'ét. d. Longicornes. Vol. I à VI, VII parties 1 et 2. Lyon 1891 à 1909. 8.   55.—

2667 — Longicornes du voy. de Delagrange dans la Haute-Syrie. 3 parties. (Paris, Soc. Ent.) 1892 à 96. 8. 25 p.   1.50

2668 — Liste d. Xylophilides décr. jusqu'en 1894. (Paris, Soc. Zool.) 1894. 8. 10 p.   1.—

2669 — Liste des Anthicides décr. postér. au catal. de Gemminger et H. Av. 2 supplém. (Brux., Soc. Ent.) 1894 à 1901. 8. 38 p.   3.—

2670 — Bestimm.-Tabelle d. Europ. Hylophilidae. Paskau 1900. 8. 21 p.   1.—
Ist „Bestimmungs-Tabelle d. Europ. Coleopt." Heft 40.

2671 — Hylophilidae (e: Genera Insector.). Brux. 1902. 4. 14 p. av. pl. color.   8.—
Epuisé.

2672 — Contrib. à l'ét. d. Hylophilidae. II. (Paris, S. Ent.) 1905. 8. 108 p. av. pl.   1.—

2673 — Coleopterorum Catalogus. Pars 14: Hylophilidae. Berolini 1910. 8. 25 p.   2.40
Subscriptionspreis für Abnehmer des ganzen „Coleopterorum Catalogus" (siehe No. 721.) M. 1.60.

2674 — Coleopterorum Catalogus. Pars 26: Scraptiidae, Pedilidae. Berolini 1911. 8. 27 p.   2.60
Subscriptionspreis für Abnehmer des ganzen „Coleopterorum Catalogus" (siehe No. 721) M. 1.75.

2675 — Coleopterorum Catalogus. Pars 36: Anthicidae. Berolini 1911. 8. 102 p.   9.60
Subscriptionspreis für Abnehmer des ganzen „Coleopterorum Catalogus" (siehe No. 721) M. 6.40.

2676 — Coleopterorum Catalogus: Melyridae, Bruchidae.
In Vorbereitung. — In preparation. — En préparation. — Vide nr. 721.

2677 — Répertoire d. s. Publications zoolog. (1889—1897). (Paris, Soc. Ent.) 1898. 8. 34 p.   1.—

2678 **Piccioli.** Catal. sinon. e topogr. d. Coleotteri d. Toscana. 6 parti. (Firenze, Soc. Ent.) 1869—72. 8. 92 p.   3.50

2679 — Rivista d. Coleotteri spettanti alla Fauna Sotterranea. (Firenze, Soc. Ent.) 1871. 8. 16 p.   1.—

2680 **Pierce, W. D.** Stud. of N. Americ. Weevils. (Wash., Mus.) 1909. 8. 40 p.   1.50

W. Junk, Berlin, W. 15.

2681 **Piochard de la Brulerie.** Rapport s. l'excurs. faite en Espagne. (Paris, S. Ent.) 1866. 8. 44 p. *M* 1.50

2682 — Nouv. espèc. d. Carabiques d'Espagne et d. Baléares. (Paris, Soc. Ent.) 1869. 8. 18 p. 1.—

2683 — Notes p. s. à l'ét. d. Coléopt. Cavernicoles. (Paris, Soc. Ent.) 1872. 8. 30 p. 1.—

2684 — Catal. rais. d. Coléopt. (Cicindél., Carab.) de la Syrie et de l'île de Chypre. 2 parties. (Paris, Soc. Ent.) 1875. 8. 118 p. 2.—

2685 — Simon. Notice nécrolog. (Paris, S. Ent.) 1876. 8. 12 p. 1.—

2686 **Pirazzoli.** I Carabi e Cicindele Italiane. 3 parti. (Firenze, Soc. Ent.) 1871—72. 8. 75 p. 3.—

2687 **Planet.** Essai monogr. s. l. g. Pseudolucane et Lucane. 2 parties. Paris 1899 à 1902. 8. 250 p. av. 40 pl. et 115 fig. 6.—

2688 **Plateau.** Rech. physico-chim. s. l. Articulés Aquatiques. I. (Brux., Ac.) 1870. 4. 68 p. 3.—

2689 — 2 mém. s. la physiol. d. Dytiscides. (Brux., Soc. Ent.) 1872 à 76. 8. 18 p. 1.—

2690 — Rech. expérim. s. les mouvements respirat. des Insectes. (Brux., Ac.) 1884. 4. 226 p. av. 7 pl. 5.—

2691 — Pavots décorollés et l. Insectes Visiteurs. (Brux., Ac.) 1902. 8. 30 p. 1.—

2692 **Plateau et Poujade.** 2 mém. s. le vol d. Coléopt. 1869 à 73. 8. 23 p. av. pl. 1.50

2693 **Plieninger.** Monogr. d. Maikäfer. Stuttg. 1868. 8. 105 p. 1.—

2694 **Poey.** Memorias s. la Historia natural de Cuba. Vol. I. Habana 1851. 8. 463 p. av. 34 pl. (17 color.) D.-rel. veau. 28.—
Enth. u. a.: Especies nuevas de Helicinas. — Centuria de Lepidópteros y Catál. de las Mariposas de Cuba. — Conspectus famil. Coleopter. — Conspect. Molluscorum etc.

2695 **Pomona College Journal** of Entomology. Vol. I, II. Claremont 1909—10. 4. w. plates. 12.—

2696 **Poppius.** Förteckn. öfv. Ryska Karelens Coleopt. (Helsingf., Soc. F. et Fl. Fenn.) 1899. 8. 125 p. 3.—

2697 — Z. Kenntn. d. Untergatt. Cyobius. (Helsingf., Soc. F. et Fl.) 1906. 8. 280 p. m. Kte. 4.—

2698 **Porta.** Studio d. specie d. Sottog. Abacopercus e Percus. (Firenze, Soc. Ent.) 1901. 8. 30 p. 1.—

2699 **Portevin.** Clavicornes nouv. du groupe des Nécrophages. 2 parties. (Paris, Soc. Ent.) 1903 à 07. 8. 29 p. av. 2 pl. color. 2.—

2700 — Coleopterorum Catalogus: Silphidae, Clambidae, Leptinidae. In Vorbereitung. — In preparation. — En préparation. — Vide nr. 721.

2701 **Portraits** von Entomologen. 11 Stiche u. Lithograph. aus d. XIX. Jahrhund. 10.—
Inhalt: H. A. Hagen, G. v. Heyden, v. Kiesenwetter, T. Lacordaire, K. Letzner, L. Redtenbacher, J. Roger, J. F. Ruthe, J. R. Schiner, F. Sturm, J. H. Wollaston.

2702 **Posselt.** Beytr. z. Anat. d. Insekten (Coleopt.). Heft I (einzig.). Tübing. 1804. 4. 38 p. m. 3 Tfln. (M. 3.40.) 2.—

2703 **Poulton.** The experim. proof of the protect. value of Colour and Markings in Insects. (Lond., Z. Soc.) 1887. 8. 84 p. 1.50

2704 **Power.** Notes p. s. à la monogr. d. Brenthides. (Paris, Soc. Ent.) 1878. 8. 20 p. 1.—

2705 The **Practical Entomologist.** Pub. by the Entomolog. Society of Philadelphia. 2 vols. (all pub'd.). Philad. 1865—67. 4. 10.—

2706 **Preller.** Beitr. z. e. nat. Syst. d. Coleopt. Jena 1861. 8. 46 p. 1.—

2707 — Die Käfer von Hamburg u. Umgeg. Hamb. 1862. 8. 170 p. Lnb. 1.—

2708 — — 2. verm. Ausg. Hamb. 1867. 8. 240 p. 1.50

Preudhomme de Borre — voir: Borre.

2709 **Prittwitz.** Die Generat. u. d. Winterformen der in Schlesien beob. Käfer. (Stett., Ent. Z.) 1861. 8. 34 p. 1.—

2710 **Proceedings** of the annual meetings of the Association of Economic Entomologists. VII—XIII. (Wash., Dept. Agr.) 1895—1902. 8. w. 4 pl. 10.—

2711 **Proceedings** of the Hawaiian Entomolog. Society. Vol. I—III. Honolulu 1909—11. 8. w. pl. 30.—

W. Junk, Berlin, W. 15.

2712 **Proceedings** of the Entomological Society of Philadelphia. 6 vols. (all   *M*
pub.) Philad. 1861–67. 8. w. 32 pl.   200.—
Vol. I is out of print. Very rare. — See also nr. 3592.
2713 — — Vol. V. Philad. 1865. 8. 264 p. w. 4 pl.   18.—
2714 **Proceedings** of the Entomological Society of Washington. Vol. I—V.
Washington 1890—1903. 8. w. plates.   100.—
2715 **Procházka.** Bestimm.-Tabelle d. Europ. Cantharidae. Thl. II: G. Danacaea.
(Brünn, Nat. Ver.) 1894. 8. 28 p. m. Tfl.   1.—
Theil I siehe No. 2890. — Ist „Bestimmungs-Tabelle d. Europ. Coleopt." Heft 30.
2716 — Revis. d. Gattg. Danacaea. (Brünn, Nat. Ver.) 1895. 8. 29 p. m. Tfl.   1.—
2717 **Prochnow.** Die Lautapparate d. Insekten. Beitr. z. Zoophysik u. Deszen-
denz-Theorie. Berl. 1908. 8. 178 p. m. 49 Fig.   5.—
2718 — Reactionen auf Temperatur-Reize. (Biophysikal.-Descendenztheoret.
Studien. Tl. I.) Berl. 1908. 8. 64 p. m. 3 Fig.   2.50
2719 — Der Erklärungswert d. Darwinismus u. Neo-Lamarckismus als Theorien
der indirekten Zweckmäßigkeitserzeugung. Berl. 1909. 8. 59 p.   1.50
2720 **Provancher.** Les Coléoptères du Canada. Québec 1877. 8. 794 p. av.
52 fig.   25.—
Très-rare.
2721 **Psyche.** Journal of Entomology. Pub.by the Cambridge Entomolog. Club.
Vol. I—XVI. Cambr., Mass. 1877—1909. 8.   200.—
2722 **Putzeys.** Trechorum Europaeorum conspect. (Stett., Ent. Z.) 1847. 8.
14 p.   1.—
2723 — S. l. Amaroides. (Stett., Ent. Z.) 1865. 8. 13 p.   1.—
2724 — S. l. Notiophilus. (Liége, Soc. Sc.) 1866. 21 p.   1.—
2725 — Étude s. l. Amara de la coll. de Chaudoir. (Liége, Soc. Sc.) 1866. 8.
114 p.   1.50
2726 — Révis. génér. d. Clivinides. Av. 2 supplém. (Brux., Soc. Ent.) 1866 à 73.
8. 269 p. av. pl.   7.—
2727 — Révis. d. Clivinides de l'Australie. (Stett., Ent. Z.) 1866. 8. 11 p.   1.—
2728 — Les Broscides. (Stett., Ent. Z.) 1868. 8. 75 p.   1.50
2729 — Trechorum oculatorum Monographia. 2 partes. (Stett., Ent. Z.) 1870. 8.
100 p. et tab.   3.50
2730 — Monogr. d. Amara de l'Europe et des pays voisins. Avec supplém.
(Paris, Abeille) 1870 à 81. 8. 126 p.   3.—
2731 — Monogr. d. Calathides. (Brux., Soc. Ent.) 1873. 8. 80 p.   2.—
2732 — Relevé d. Cicindélides et Carabiques rec. en Portugal p. Volxem.
(Brux., S. Ent.) 1874. 8. 14 p.   1.—
2733 — S. l. Carabiques rec. p. Volxem à Ceylan, à Manile, en Chine et au
Japon. (Brux., Soc. Ent.) 1875. 8. 12 p.   1.—
2734 — Descr. d. Selenophorus de l'Amérique. (Stett., Ent. Z.) 1878. 8. 71 p.   1.50
2735 — Descr. d. Carabides nouv. de la Nouvelle Grénade. (München, Ent.Ver.)
1878. 8. 23 p.   1.—
2736 — Cicindelidae et Carab. de l'Afrique au Musée de Lisbonne. (Lisboa,
Journ. Sc.) 1880. 8 28 p.   1.—
2737 **Putzeys, Reitter u. a.** Neue Käferarten aus Ungarn. I. (Berl., D. Ent. Z)
1875. 8. 10 p.   1.—
2738 **Quedenfeldt, G.** Verzeichn. d. v. Mechow in Angola u. am Quango-Strome
gesamm. Coleopt. 7 Thle. (Berl., Ent. Z.) 1882—88. 8. 290 p. m. 8 Tfln.   9.—
I: Longicornen. 1882. 46 p. m.Tfl. M. 2. — II: Cicindelen u. Carabiden. 1883. 45 p.
m. Tfl. M. 2. — III: Pectinicornen u. Lamellicornen. 1884. 76 p. m. 2 Tfln. M. 3.—
IV: Tenebrioniden u. Cisteliden. 1885. 38 p. m. Tfl. M. 1.50. — V: Anthothribiden u.
Bostrychiden. 1886. 26 p. m. Tfl. M. 1.50. — VI: Buprestiden u. Elateriden. 1886. 38 p.
m. Tfl. M. 1.50. — VII: Curculioniden u. Brenthiden. 1888. 38 p. m. Tfl. M. 2.
2739 — Verzeichn. d v. Falkenstein in Chinchoxo (Westafrika) ges. Longicornen. (Berl, Ent. Z.) 1883. 8. 12 p. m. Tfl.   1.—
2740 — 6 Abhandl. üb. Afrikan. Coleopt. (Berl., Ent. Z.) 1883—91. 8. 28 p. m. Tfl.   2.—
2741 — Neue u. seltnere Käfer v. Portorico. (Berl., Ent. Z.) 1886. 8. 10 p.   1.—
2742 — Z. Kenntn. d. Coleopt.-Fauna v. Centr.-Afrika. (Berl., Ent. Z.) 1888. 8.
55 p.   2.—
2743 — Kolbe. Necrolog. (Berl., Ent. Z.) 1893. 8. 6 p. m. Portr.   1.—

2744 **Quedenfeldt, M.** 6 Abhandl. über Coleopt. (Berl., Ent. Z.) 1882—89. 8. 34 p. — 1.50

2745 — Beitr. z. Kenntn. d. Staphylinen-Fauna v. Süd-Spanien, Portugal u. Marokko. 3 Thle. (Berl., Ent. Z.) 1883—84. 8. 61 p. — 2.—

2746 **Rabes.** Eibildung bei Rhizotrogus solstit. Leipz. 1900. 8. 10 p. m. Tfl. — 1.—

2747 **Radde.** Die Sammlungen d. Kaukas. Mus.ums. Bd. I: Zoologie. Tiflis 1899. 4. 528 p. m. 24 z. Thl. color. Tfln., 5 Portraits u. 2 color. Karten. Cart. — Russisch. (M. 20.) — 11.—

2748 **Raffray.** Dispersion géograph. d. Coléopt. en Abyssinie. (Paris, Soc. Ent.) 1885. 8. 33 p. av. pl. color. — 1.50

2749 — Matériaux p. s. à l'étude des Paussides. Paris 1887. 8. 104 p. av. 5 pl. color. et noir. — 14.—

2750 — Psélaphides rec. p. Simon au Venezuela. (Paris, Soc. Ent.) 1890. 8. 33 p. av. pl. — 1.—

2751 — Psélaphides rec. p. Simon aux îles Philippines. (Paris, S. Ent.) 1891. 8. 24 p. av. pl. — 1.—

2752 — Révis. d. Psélaphides de Sumatra. (Paris, Soc. Ent.) 1893. 8. 42 p. av. pl. — 2.—

2753 — Psélaphides rec. p. Simon à Ceylan. (Paris, Soc. Ent.) 1893. 8. 20 p. — 1.—

2754 — Psélaphides rec. p. Simon dans l'Afrique australe. (Paris, Soc. Ent.) 1895. 8. 10 p. — 1.—

2755 — S. l. Bryaxides de l'Afrique orient. (Caen, Rev. Ent.) 1896. 8. 14 p. — 1.—

2756 — Révis. d. Batrisus et genres vois. de l'Amérique centr. et mérid. (Paris, Soc. Ent.) 1897. 8. 90 p. av. pl. — 2.50

2757 — Descr. catal. of the Pselaphidae of S. Africa. With supplement. (Capetown, Philos. S.) 1897—98. 8. 126 p. w. 3 pl. — 8.—
   See also nr. 2631.

2758 — Révis. génér. d. Euplectins. (Caen, Rev. Ent.) 1898. 8. 75 p. — 2.—

2759 — Genera et Catal. d. Psélaphides. (Paris, Soc. Ent.) 1905. 8. 621 p. av. 3 pl. — 12.—

2760 — Psélaphides de la Républ. Argentine. (La Plata, Mus.) 1908. 8. 22 p. av. 9 fig. — 1.50

2761 — Genera Pselaphidarum (e: Genera Insect.). Brux. 1908. 4. 487 p. av. 9 pl. (2 color.) — 80.—

2762 — Coleopterorum Catalogus. Pars 27: Pselaphidae. Berolini 1911. 8. 222 p. — 20.80
   Subscriptionspreis für Abnehmer des ganzen „Coleopterorum Catalogus" (siehe No. 721) M. 13.90.

2763 **Raffray, Bolivar et Simon.** S. l. Arthropodes cavernic. de Luzon. (Paris, Soc. Ent.) 1892. 8. 26 p. av. 2 pl. — 1.50

2764 **Rambur.** Faune Entomolog. de l'Andalousie: Coléoptères 2 pl. color. Orthopt., Hémipt. 8 pl. color. — Lépidopt. 5 pl. color. — Avec 416 p. de texte. Paris. 8. Toile. — 35.—
   Ouvrage extrêmement rare qui n'a pas été achevé. L'exemplaire que Hagen a vu a plus de planches mais moins de texte.

2765 **Rara Historico-Naturalia et Mathematica.** Ed. W. Junk. Volumen I. Berol. 1903—09. 4. Circa 120 p. et effigies (Hevelii). — 15.—
   Dieses neuartige Blatt gibt in der Art von Brunet eingehende (anderswo nicht zu findende) Collationen, die bibliographische Geschichte, genaue Notiz über den Grad der Vergriffenheit und Angabe der vergriffenen Bände, sowie der Preise (frühere und jetzigen), von wirklich seltenen Werken und Zeitschriften auf dem Gebiete der obengenannten Disziplinen. Die 19 bisher erschienenen Nummern behandeln auf das ausführlichste ca. 600 Titel. — Eine Nummer 20 (Index, Titel, Nachträge u. Portrait enthaltend) soll den Band abschliessen.
   English books and periodicals are described in English language.
   Les livres et journaux français sont décrits en langue française.

2766 **Rathlef.** Coleopt. Baltica. (Dorp., Arch. Natk.) 1905. 8. 213 p. — 3.—

2767 **Rathke.** Z. Entwicklgsgesch. d. Insekten. (Stett., Ent. Z.) 1861. 8. 23 p. — 1.—

2768 **Ratzeburg.** Entomol. Beiträge (Curculio u. Bostrychus). Bresl. 1835. 4. 56 p. m. 2 Tfln. (1 color.) Cart. — 1.50

2769 — Die Forst-Insecten. 3 Bde. m. Nachtr. v. Nördlinger. Berl. 1837—56. 4. u. 8. m. 56 color. Tfln. (M. 66.) Cart. — 45.—
   Selten gewordenes Fundamental-Werk.

W. Junk, Berlin, W. 15.

2770 **Ratzeburg.** Die Forst-Insecten. 3 Bde. m. bloss 37 Tfln. (die Tafeln zu Bd. II **fehlen**).   *M* 12.—

2771 — — 3 Bde. — Alle Tafeln **fehlen**.   5.—

2772 — Die Waldverderber u. ihre Feinde. Berl. 1841. 8. 134 p. m. 8 (6 color.) Tfln. Cart.   3.—

2773 — — 3. Aufl. Berl. 1850. 8. 175 p. m. 8 Tfln. (6 color.) Cart.   4.—

2774 — — 4. Aufl. Berl. 1856. 8. 135 p. m. 10 (6 color.) Tfln. Cart.   5.—
Die 8. Auflage dieses Werkes ist J u d e i c h - N i t s c h e's Lehrbuch (siehe No. 1834).

2775 — Les Hylophthires et leurs Ennemis. Trad. p. Corberon. Nordh. 1842. 8. 280 p. av. 8 pl. en partie color. Toile.   4.—

2776 — Die Waldverderbniss durch Insektenfrass, Schälen, Verbeissen etc. Mit entomol. Anhang. 2 Bde. Berl. 1866—68. 4. 762 p. m. 61 z. Thl. color. Tfln. (M. 60.) Hfzb.   30.—

2777 **Rätzer.** Excursion in d. alpin. Süden d. Schweiz. (Bern, Ent. Ges.) 1884. 8. 33 p.   1.—

2778 — Nachträge z. Fauna Coleopt. Helvetiae. (Bern, Ent. Ges.) 1888. 8. 22 p.   1.—

2779 **Réaumur.** Mémoires p. s. à l'histoire d. Insectes. 6 vols. Paris 1734 à 1742. 4. av. 267 pl. Veau.   32.—
L'édition originale fort estimée.

2780 — — 12 vols. Amsterd. 1737 à 48. 8. av. 267 pl. Cart.   12.—
Réimpression hollandaise, n'a que peu de valeur.

2781 — V a l l o t. Concordance systém. aux 'Mém. p. s. à l'hist. d. Insectes' p. Réaumur. Paris 1802. 4. 207 p.   10.—

2782 **Rebau.** Käfer-Büchlein. 3. Aufl. Reutl. 1867. 4. 77 p. m. 5 color. Tfln. Cart. (M. 3.)   1.50

2783 **Redi.** Experienze int. alla generaz. d. Insetti. Firenze 1688. 4. 183 p. c. 29 tav.   10.—

2784 **Redia.** Giornale di Entomol. Pubbl. d. Stazione di Entomol. agraria in Firenze. Vol. I—VI. Fir. 1904—8. 8. c. molte tav. color. e nere.   110.—

2785 **Redtenbacher, J.** Vergleich. Studien üb. d. Flügelgeäder d. Insecten. (Wien, Hofmus.) 1886. 8. 80 p. m. 12 Tfln.   10.—

2786 — Études comparées s. le Système veineux d. ailes d. Insectes. (Paris). 4. 272 p.   9.—
Traduction en manuscrit qui n'a jamais été imprimée.

2787 **Redtenbacher, L.** Tentamen dispos. gen. et spec. Coleopter. Pseudotrimerorum archiduc. Austriae. Vindob. 1843. 8. 32 p. Cart.   1.—

2788 — Die Gattungen d. deutschen Käfer-Fauna. Wien 1845. 8. 192 p. m. 2 Tfln. (M. 6.50.) Hfzb.   2.—

2789 (—) Genera des Coléoptères d'Europe. M a n u s c r i t. (Paris 18 . .) 4. 350 p. D.-rel. veau.   14.—
Traduction française (et jamais publiée); d'une très-belle écriture et d'une con-
servation excellente. — Ajouté: G u t f l e i s c h, Tableau d. familles d. Coléoptères
d'Allemagne.

2790 — Fauna Austriaca. Die Käfer. Wien 1849. 8. 910 p. m. 2 Tfln. (M. 17.) Hfzb.   2.50

2791 — — 2. verm. Aufl. 1858. 1153 p. m. 2 Tfln. (M. 21.)   11.—

2792 — — 3. (letzte) Aufl. 2 Bde. 1874. 1296 p. m. 2 Tfln. Hfzb.   45.—
Selten und vergriffen; das beste Bestimmungswerk für die mitteleuropaeischen
Coleopteren. Näheres über das Buch und dessen nicht nur an Umfang, sondern auch
in Bezug auf den immer mehr erweiterten geographischen Rahmen differierende
Auflagen — siehe: Rara historico-naturalia, ed. J u n k, p. 82.

2793 — Coleopteren d. Weltreise d. Novara. Wien 1868. 4. 254 p. m. 5 Tfln. Hfzb.   20.—
Vergriffen.

2794 **Redtenbacher et Gutfleisch.** Les Méloides de l'Europe Centrale. (Brux., Soc. Linn.) 1884. 8. 17 p.   1.—

2795 **Reed.** On the Coleopt. Geodephaga of Chile. (Lond., Zool. S.) 1874. 8. 23 p. w. colour. pl.   2.—

2796 **Reeker.** Die Tonapparate d. Dytiscidae. (Berl., Arch. Nat.) 1891. 8. 9 p. m. Tfl.   1.—

2797 **Régimbart.** S. la ponte du Dytiscus margin. (Paris, S. Ent.) 1875. 8. 6 p. av. pl.   1.—

2798 **Régimbart.** Monogr. du g. Enhydrus et Porrhorhynchus. (Paris, Soc. Ent.) 1876. 8. 22 p. av. pl. .... 1.—

2799 — Énumér. de Dytiscides et Gyrinides rec. p. Piochard en Orient. Descr. de Dytiscides nouv. de Manille. 2 mém. (Paris, Soc. Ent.) 1877. 8. 16 p. 1.—

2800 — S. l. organes copulat. et fonct. génit. du g. Dytiscus. (Paris, Soc. Ent.) 1877. 8. 12 p. av. pl. .... 1.—

2801 — Caractères spécif. d. Dytiscus d'Europe. Rennes 1877. 8. 4 p. av. pl. 1.—

2802 — Et. s. l. classif. d. Dytiscidae. (Paris, Soc. Ent.) 1878. 8. 20 p. av. pl. 1.—

2803 — 25 mém. s. Gyrinides et Dytiscides, surtout nouv. 1881 à 1907. 8. 70 p. av. pl. .... 6.—

2804 — New species of Gyrinidae. (Leyden, Mus.) 1881. 8. 13 p. ..... 1.—

2805 — Essai monogr. de la fam. d. Gyrinidae. 3 parties av. 3 suppl. (Paris, Soc. Ent.) 1882 à 1907. 8. 477 p. av. 10 pl. .... 14.—

2806 — — Les suppléments séparément. 3 parties. (Paris, Soc. Ent.) 1886 à 1907. 8. 217 p. av. 3 pl. .... 6.—

2807 — Dytiscides nouv. du Musée de Leyde. 3 mém. (Leyde, Mus.) 1883 à 92. 8. 18 p 1.50

2808 — Dytiscidae et Gyrinidae rec. p. Fea en Birmanie. 2 parties. (Gênes, Mus.) 1888 à 91. 8. 33 p. .... 1.—

2809 — Enumérat. d. Haliplidae, Dytiscidae et Gyrinidae rec. p. Balzan dans l'Amérique mérid. (Gênes, Mus.) 1889. 8. 15 p. .... 1.—

2810 — Hydrocanthares de la Faune Indo-Chinoise. (Paris, S. Ent.) 1889. 8. 10 p. .... 1.—

2811 — Dytiscidae et Gyrinidae du voyage de Simon au Venezuela. — Descr. de Dytiscides nouv. de l'Amérique du Sud. (Paris, Soc. Ent.) 1889. 8. 12 p. 1.—

2812 — Dytiscidae et Gyrinidae nouv. ou rares du Musée de Leyde. (Leyde, Mus.) 1889. 8. 13 p. .... 1.—

2813 — Dytiscidae et Gyrinidae de l'île de Ceylan. (Paris, Soc. Ent.) 1892. 8. 6 p. .... —.50

2814 — Hydrocanthares du Bengale occident. (Brux., Soc. Ent.) 1892. 8. 10 p. 1.—

2815 — Haliplidae, Dytiscidae et Gyrinidae di viaggio di Loria n. Papuasia orientale. (Genova, Mus.) 1892. 8. 20 p. .... 1.—

2816 — Haliplidae, Dytiscidae et Gyrinidae du voy. de Simon dans l'Afrique australe. (Paris, Soc. Ent.) 1893. 8. 14 p. .... 1.—

2817 — Dytiscides trouv. dans l. Tabacs. (Paris, S. Ent.) 1894. 8. 28 p. av. pl. 1.50

2818 — Dytiscidae et Gyrinidae d'Afrique et Madagascar. (Brux., Soc. Ent.) 1895. 8. 244 p. av. 82 fig. .... 4.—

2819 — Dytiscidae e Gyrinidae de l'Abyssinie. (Gênes, Mus.) 1895. 8. 3 p. —.50

2820 — Dytiscidae et Gyrinidae d'Afrique et Madagascar. (Brux., Soc. Ent.) 1895. 8. 241 p. av. fig. 4.50

2821 — Dytiscides nouv. rec. p. Alluaud aux Séchelles. — Alluaud, Enumér. d. Dytiscidae d. îles Mascareignes. (Paris, Soc. Ent.) 1897. 8. 7 p. —.50

2822 — Diagnoses d'espèces nouv. de Dytiscidae de la région Malgache. (Paris, Soc. Ent.) 1899. 8 4 p. .... —.50

2823 — Dytiscidae et Gyrinidae nouv. du Musée de Gênes. (Gênes, Mus.) 1899. 8. 6 p. .... —.50

2824 — Révis. d. Dytiscidae de la région Indo-Sino-Malaise. (Paris, Soc. Ent.) 1899. 8. 182 p. av. 71 fig. 2.50

2825 — Dytiscidae et Gyrinidae d'Ecuador. (Torino, Mus.) 1899. 8. 5 p. —.50

2826 — S. qlqs. Dytiscides nouv. de l'Amérique Mérid. (Gênes, Mus.) 1900. 8. 7 p. .... —.50

2827 — S. qlqs. Dytiscides d'Europe. (Paris, Soc. Ent.) 1901. 8. 5 p. —.50

2828 — Révis. d. grands Hydrophiles. Av. suppl. (Paris, Soc. Ent.) 1902. 8. 48 p. av. 2 pl. 1.50

2829 — Genera Gyrinidarum (e: Genera Insector.). Brux. 1902. 4. 12 p. av. pl. 7.50
    Epuisé.

2830 — Dytiscidae et Gyrinidae rec. au Cameroun p. Sjöstedt. (Stockh., Ent. T.) 1902. 8. 6 p. .... —.50

2831 **Régimbart.** Coléopt. aquat. du voy. de Horn à Ceylan. (Paris, Soc. Ent.) *ℳ*
1902. 8. 8 p. —.50
2832 — Liste d. Dytiscidae et Gyrinidae rec. p. Silvestri dans l'Amérique mérid.
(Firenze, Soc. Ent.) 1903. 8. 30 p. 1.—
2833 — Coleott. Acquat. d. escursione d. Tellini n. Eritrea. (Genova, Mus.) 1903.
8. 4 p. —.50
2834 — Haliplidae, Dytiscidae, Gyrinidae et Hydrophil. rec. dans le Sud de
Madagascar p. Alluaud. (Paris, Soc. Ent.) 1903. 8. 51 p. 1.50
2835 — Contrib. à la Faune Indo-Chinoise: Hydrophilidae. (Paris, Soc. Ent.) 1903.
8. 15 p. 1.—
2836 — Dytiscides, Gyrinides et Palpicornes du voy. de Maindron dans l'Inde
mérid. (Paris, Soc. Ent.) 1903. 8. 11 p. 1.—
2837 — Dytiscidae et Gyrinidae rec. p. Fea en Afrique occid. (Gênes, Mus.)
1904. 8. 4 p. —.50
2838 — Dytiscidae, Gyrinidae et Hydrophilidae rec. en Erythrée p. Andreini.
(Firenze, Soc. Ent.) 1904. 8. 26 p. 1.—
2839 — Dytiscidae, Gyrinidae et Hydrophilidae du voy. de Alluaud dans l'Afrique
orient. (Paris, Soc. Ent.) 1906. 8. 44 p. 1.50
2840 — Hydrophilides proven. du voyage de Fea dans l'Afrique Occident. (Gênes,
Mus.) 1907. 8. 17 p. 1.—
2841 — Dytiscidae, Gyrinidae, Hydrophilidae d. Schwed. Expedition nach d.
Kilimandjaro u. d. Massaisteppen. Upsala 1908. 4. 12 p. 1.50
2842 — Dytiscidae, Gyrinidae et Hydrophilidae de l'expédit. Néerland. à la
Nouvelle-Guinée. (S. l.) 1908. 4. 2 p. —.50
2843 **Régimbart, Lesne et a.** Coléopt. rec. p. Horn à Ceylan. 4 mém. (Paris,
Soc. Ent.) 1902. 8. 27 p. 1.50
2844 **Reiche.** 10 mém. s. Coléopt. (Paris, Soc. Ent.) 1859 à 79. 8. 62 p. 2.—
2845 — Coléopt. nouv. rec. en Corse p. Bellier. 2 mém. (Paris, Soc. Ent.) 1861
à 1862. 8. 20 p. 1.—
2846 — Espèc. nouv. de Coléopt. appart. à la faune Circa-méditerran. 3 parties.
(Paris, Soc. Ent.) 1861 à 63. 8. 32 p. 1.—
2847 — Espèc. nouv. de Coléopt. d'Algérie. (Paris, S. Ent.) 1864. 8. 14 p. 1.—
2848 — Et. d. espèces de Mylabrides de la collect. de Reiche. (Paris, Soc. Ent.)
1865. 8. 16 p. 1.—
2849 — Catal. d. Coléopt. de l'Algérie. Caen 1872. 4. 44 p. 1.50
2850 — Brisout de Barneville. Notice nécrolog. (Paris, S. Ent.) 1891. 8.
4 p. av. portr. 1.—
2851 **Reiche et Sauley.** Esp. nouv. ou peu connues de Coléopt. rec. p. Saulcy
en Orient. 5 parties. (Paris, Soc. Ent) 1855 à 58. 8. 366 p. av. 4 pl. color. 8.—
2852 **Reiche, Sauley et a.** S. la synonymie de plus. esp. de Coléopt. 2 parties. (Paris, Soc. Ent.) 1862 à 63. 8. 36 p. 1.—
2853 **Reichenau.** Üb. d. secundär. männl. Geschlechtscharaktere, insbes. bei
d. Blatthornkäfern. (Leipz., Kosmos) 1881. 8. 23 p. m. Tfl. 1.—
2854 **Reitter.** Excursion ins Tatragebirge. (Brünn, Nat. Ver.) 1870. 8. 23 p. 1.—
2855 — Neue Coleopt. 22 Abhandlgn. 1870—1907. 8. 216 p. 6.—
2856 — Uebers. d. Käferfauna von Mähren u. Schlesien. M. 2 Nachtr. v. Leder.
(Brünn, Nat. Ver.) 1870—74. 8. 263 p. 4.—
2857 — Revis. d. europ. Meligethes-Arten. Mit 2 Nachträg. (Brünn, Nat. Ver., u.
Berl., Ent. Z.) 1871—72. 8. 150 p. m. 7 Tfln. 6.—
2858 — — Ohne die Nachträge. 1871. 8. 135 p. m. 6 Tfln. 2.—
2859 — Neue Meligethesarten. (Brünn, Nat. Ver.) 1872. 8. 14 p. 1.—
2860 — Die Südafrikan. Arten d. Gatt. Meligethes. (Berl., Ent. Z.) 1872. 8. 24 p. 1.—
2861 — Neue Käferarten v. Oran. I. (Berl., Ent. Z.) 1872. 8. 20 p. 1.—
2862 — Die Rhizophaginen. (Brünn, Nat. Ver.) 1872. 8. 24 p. 1.—
2863 — Revis. d. Europ. Epuraea-Arten. (Brünn, Nat. Ver.) 1873. 8. 23 p.
m. Tfl. 1.—
2864 — Systemat. Eintheil. d. Nitidularien. (Brünn, Nat. V.) 1873. 8. 192 p. 2.—
2865 — 16 Abhandl. üb. Coleopt. 1873—19? 8. 8 85 p. 3.—
2866 — Beschr. neuer Käfer-Arten. (Wien, Z. b. G.) 1874. 8. 20 p. 1.—

W. Junk, Berlin, W. 15.

M.

2867 **Reitter.** 5 Abhandl. üb. Coleopt. aus Asien. 1874—1908. 8. 38 p.   2.—
2868 — Die Europ. Nitidularien. (Berl., D. Ent. Z.) 1875. 8. 30 p.   1.—
2869 — Revis. d. Europ. Cryptophagiden. (Berl., D. Ent. Z.) 1875. 8. 85 p.   1.50
2870 — Die Süd- u. Mittel-Amerikan. Arten d. Gattg. Tenebrionides. (Brünn, Nat. Ver.) 1875. 8. 16 p.   1.—
2871 — Beschreib. neuer Nitidulidae. (Brünn, Nat. Ver.) 1875. 8. 24 p.   1.—
2872 — Darstell. d. mit Epuraea verwandt. Gattgn. (Brünn, Nat. Ver.) 1875. 8. 12 p. m. Tfl.   1.—
2873 — Revis. d. Gattg. Trogosita. (Brünn, Nat. Ver.) 1875. 8. 42 p.   1.—
2874 — Revis. d. Europ. Lathridiidae. 3 Thle. (Stett., Ent. Z.) 1875—76. 8. 83 p.   1.50
2875 — Bestimmungstabellen d. Europ. Coleopteren. Heft 1: Cucujidae, Telmatophil., Tritomid., Mycetaeid., Endomych., Lyctid. u. Sphindid. (Wien, Z. b. G.) 1879. 8. 30 p.   1.—
2876 — — — 2. Aufl. Mödling 1885. 8. 45 p.   1.50
     Traduction voir no. 309.
2877 — — Heft 3: Scaphidiidae, Lathridiid. u. Dermestidae. (Wien, Z. b. G.) 1880. 8. 54 p.   1.50
     Traduction voir no. 307.
2878 — — — 2. Aufl. Mödling 1887. 8. 75 p.   2.50
2879 — — Heft 4: Cistelidae, Georyssidae u. Thorictidae. (Wien, Z. b. G.) 1881. 8. 30 p. m. Tfl.   2.—
2880 — — Heft 5: Paussidae, Clavigeridae, Pselaphidae u. Scydmaenidae. (Wien, Z. b. G.) 1881. 8. 150 p. m. Tfl.   4.—
     Bezüglich der Tafeln hierzu siehe auch No. 2931. — Traduction voir no. 308.
2881 — — Heft 6: Colydiidae, Rhysodidae, Trogositidae. (Brünn, Nat. Ver.) 1881. 8. 37 p.   2.—
     Traduction voir no. 311.
2882 — — Heft 10: Clavigeridae, Pselaphid., Scydmaenid. Nachtrag. (Wien, Z. b. G.) 1884. 8. 36 p.   2.—
2883 — — Heft 11: Bruchidae (Ptinidae). (Brünn, Nat. Ver.) 1883. 8. 29 p.   2.—
2884 — — Heft 12: Necrophaga. (Brünn, Nat. Ver.) 1884. 8. 122 p.   5.—
     Traduction voir no. 310.
2885 — — Heft 16: Erotylidae u. Cryptophagidae. (Brünn, Nat. Ver.) 1887. 8. 54 p.   3.—
     Traduction voir no. 312.
2886 — — Heft 24: Lucaniden u. coprophage Lamellicornen. 2 Tle. (Brünn, Nat. Ver.) 1892—93. 8. 231 p.   8.—
2887 — — Heft 25: Unechte Pimeliden. (Brünn, Nat. Ver.) 1893. 8. 50 p.   1.50
2888 — — Heft 27: Nitidulidae. Thl. I: G. Epuraea. (Brünn, Nat. Ver.) 1894. 8. 18 p.   1.—
2889 — — Heft 28: Cleriden. (Brünn, Nat. Ver.) 1894. 8. 52 p.   2.—
2890 — — Heft 29: Cantharidae. Thl. I: Drilini. (Wien, Ent. Z.) 1894. 8. 8 p.   1.—
2891 — — Heft 31: Borkenkäfer (Scolytidae). (Brünn, Nat. Ver.) 1894. 8. 61 p.   3.—
2892 — — Heft 32: Meloidae. Thl. I: Meloini. (Wien, Ent. Z.) 1895. 8. 13 p.   1.—
2893 — — Heft 33: Curculionidae. Thl. III: Coryssomerini u. Baridiini. (Wien, Ent. Z.) 1895. 8. 32 p.   1.50
2894 — — Heft 34: Carabidae. Abth. I: Carabini. 2 Thle. (Brünn, Nat. Ver., u. Wien, Ent. Z.) 1895—97. 8. 178 p.   6.—
2895 — — Roeschke. Krit. Bemerkgn. zu Reitter's Bestimmgs.-Tab. d. Carabini. (Berl., D. Ent. Z.) 1896. 8. 11 p.   1.—
2896 — — Heft 37: Curculionidae. Thl. V: Cossonini u. Calandrini. (Brünn, Nat. Ver.) 1898. 8. 20 p.   1.—
2897 — — Heft 38: Melolonthidae. Theil II: Dynastini, Euchirini, Pachypod., Cetonini, Valgini u. Trichiini. (Brünn, Nat. Ver.) 1898. 8. 93 p.   3.50
     Melolonthidae, Theil I siehe No. 2886.
2898 — — Heft 41: Carabidae. Abth. III: Harpalini u. Licinini. (Brünn, Nat. Ver.) 1899. 8. 125 p.   4.—
2899 — — Tschitschérine. Bemerk. zu Reitter's Bestimmungstab. d. Harpalini. (Petersb., Horae) 1901. 8. 29 p.   1.—

2900 **Reitter.** Bestimmungstabellen d. Europ. Coleopteren. Heft 42: Tenebrio-
niden-Abtheilungen Tentyrini u. Adelostomini. (Brünn, Nat. Ver.) 1900.
8. 116 p.   3.—
2901 — — Heft 45: Curculionidae. Thl. VII: Tropiphorini u. Alophini. (Wien,
Ent. Z.) 1901. 8. 14 p.   1.—
2902 — — Heft 46: Monotomidae (Genus Monotoma). (Wien, Ent. Z.) 1901.
8. 7 p.   1.—
2903 — — Heft 47: Byrrhidae (Anobiidae) u. Cioidae. (Brünn, Nat. Ver.) 1901.
8. 64 p.   2.—
2904 — — Heft 48: Curculionidae. Theil VIII: Tanymecini. 1. Hälfte. (Wien,
Ent. Z.) 1903. 8. 21 p.   1.—
2905 — — Heft 50: Melolonthidae. Theil III: Pachydemini, Sericini u. Melolonthini. (Brünn, Nat. Ver.) 1901. 8. 211 p.   6.50
2906 — — Heft 51: Melolonthidae. Theil IV (Schluss): Rutelinae, Hoplini u.
Glaphyrini. (Brünn, Nat. Ver.) 1902. 8. 131 p.   4.50
2907 — — Heft 52: Curculionidae. Theil IX: Genus Sitona u. Mesagroicus.
(Wien, Ent. Z.) 1903. 8. 44 p,   1.50
2908 — — Heft 53: Tenebrionidae. Theil III: Lachnogyini, Akidini, Pedinini,
Opatrini u. Trachyscelini. (Brünn, Nat. Ver.) 1903. 8. 165 p.   5.—
2909 — — Heft 54: Curculionidae. Theil X: Genus Cionus. (Wien, Ent. Z.) 1904.
8. 18 p.   1.—
2910 — — Heft 56: Elateridae. Theil I: Elaterini, Subtribus Athouina. (Brünn,
Nat. Ver.) 1904. 8. 122 p.   3.50
2911 — — Heft 57: Alleculidae. Theil I. Omophlini. (Brünn, Nat. Ver.) 1906.
8. 61 p.   2.—
2912 — — Heft 58: Curculionidae. Theil XII: Die mit Ptochus verw. Genera.
(Brünn, Nat. Ver.) 1906. 8. 49 p.   1.50
2913 — — Heft 59: Curculionidae. Theil XIII: Mecinini (Gymnetrini.). (Brünn,
Nat. Ver.) 1907. 8. 46 p.   1.50
2914 — — Heft 64: Staphylinidae. Theil II: Othiini u. Xantholinini. (Brünn,
Nat. Ver.) 1908. 8. 27 p.   1.—
2915 — — Heft 65: Carabidae. Tribus Pogonini. (Brünn, Nat. Ver.) 1908. 8.
11 p.   1.—
Die anderen Bestimmungstabellen — siehe No. 305.
2916 — Systemat. Einteil. d. Trogositidae. (Brünn, Nat. Ver.) 1876. 8. 67 p.
m. 2 Tfln.   1.—
2917 — Revis. d. Europ. Cerylon-Arten. (Berl., D. Ent. Z.) 1876. 8. 10 p. m. Tfl.   1.—
2918 — Coleopt. species novae. (Vindob., Z. b. G.) 1877. 8. 30 p.   1.—
2919 — Z. Kenntn. d. Colydier. (Stett., Ent. Z.) 1877. 8. 34 p.   1.—
2920 — Descr. d. espèces d'Europe d. g. Sacium et Arthrolips. (Paris, Abeille)
1877. 8. 12 p.   1.—
2921 — Z. Kenntn. aussereurop. Coleopt. (Münch., Ent. Ver.) 1877. 8. 15 p.   1.—
2922 — Beitr. z. Coleopt.-Fauna d. Carpathen. (Berl., D. Ent. Z.) 1878. 8. 32 p.   1.—
2923 — Neue Colydiidae d. Berlin. Museums. (Berl., D. Ent. Z.) 1878. 8. 13 p.   1.—
2924 — Z. Kenntn. aussereurop. Cucujidae. (Stett., Ent. Z.) 1878. 8. 10 p.   1.—
2925 — Verzeichn. d. v. Christoph in Ost-Sibirien gesamm. Clavicornier. (Berl.,
D. Ent. Z.) 1879. 8. 18 p.   1.—
2926 — Beitr. z. Käferfauna v. Neu-Zeeland. (Brünn, Nat. Ver.) 1879. 8. 19 p.   1.—
2927 — Z. Kenntn. Europ. Pselaphidae u. Scydmaenidae. (Wien, Z. b. G.) 1880.
8. 10 p.   1.—
2928 — Coleopt. Ergebnisse ein. Reise nach Croatien, Dalmat. u. d. Herzego-
wina. 2 Thle. (Wien, Z. b. G.) 1880—81. 8. 50 p.   1.50
2929 — Die Scaphidiidae mein. Samml. (Brünn, Nat. Ver.) 1880. 8. 15 p.   1.—
2930 — Die aussereurop. Dermestiden mein. Sammlg. (Brünn, Nat. Ver.) 1881.
8. 34 p.   1.—
2931 — Neue u. seltene Coleopt. in Süddalmat. u. Montenegro ges. (Berl., D.
Ent. Z.) 1881. 8. 56 p. m. 2 Tfln.   1.50
2932 — System. Einteil. d. Clavigeriden u. Pselaphiden. (Brünn, Nat. Ver.) 1881.
8. 35 p.   1.—

2933 **Reitter.** Z. Kenntn. d. Pselaphiden u. Scydmaeniden v. W.-Afrika. (Berl , D. Ent. Z.) 1882. 8. 19 p. m. 2 Tfln. — 1.50

2934 — Neue Pselaphiden u. Scydmaeniden v. W.-Africa. (Berl., D. Ent. Z.) 1882. 8. 22 p. — 1.—

2935 — Neue Pselaph. u. Scydmaen. aus Centr.- u. Süd-Amerika. (Wien, Z. b. G.) 1882. 8. 16 p. — 1.—

2936 — Neue Pselaphiden u. Scydmaeniden aus Brasilien. (Berl., D. Ent. Z.) 1882. 8. 24 p. m. Tfl. — 1.—

2937 — Beitr. z. Pselaphid.- u. Scydmaenid.-Fauna v. Java u. Borneo. 2 Thle. (Wien, Z. b. G.) 1882—84. 8. 61 p. m. Tfl. — 1.50

2938 — Die Pselaphidae, Scydmaen., Silphid., Anisotom. etc. Deutschlands Berl. 1882—85. 8. 362 p. (M. 10.50.) — 7.—
> Ist Liefg. 1 u. 2 der 2. Hälfte des III. Bandes von Erichson's Naturgesch. d. Insecten.

2939 — Z. Kenntn. d. Clavigeriden, Pselaphiden u. Scydmaeniden v. Westindien. (Berl., D. Ent. Z.) 1883. 8. 22 p. m. Tfl. — 1.—

2940 — Revis. d. Europ. Mycetochares-Arten. (Berl., D. Ent. Z.) 1884. 8. 10 p. — 1.—

2941 — Resultate ein. coleopt. Sammel-Campagne auf d. Jonisch. Inseln. (Berl., D. Ent. Z.) 1884. 8. 22 p. — 1.—

2942 — Die Nitiduliden Japans. 2 Thle. (Wien, Ent. Z.) 1884—85. 8. 50 p. ohne Tfl. — 1.50

2943 — Tenebrionidae itin. Przewalskii in Asia centrali. (Petrop., Soc. Ent.) 1885. 8. 35 p. — 1.50

2944 — Coleopt. Ergebn. ein. Excurs. nach Bosnien. (Berl., D. Ent. Z.) 1885. 8. 24 p. — 1.—

2945 — Neue Coleopt. aus Europa u. d. angrenz. Ländern. 15 Tle. (Berl., D. Ent. Z.) 1885—1901. 8. 288 p. — 7.—

2946 — Revis. d. mit Stenosis verwandt. Coleopt. d. alt. Welt. (Berl., D. Ent. Z.) 1886. 8. 48 p. — 1.50

2947 — Das Insectensieb, dessen Bedeut. b. Fange v. Coleopteren. (Wien, Ent. Z.) 1886. 8. 16 p. — 1.—

2948 — Z. Species-Kenntn. d. Maikäfer. (Berl., D. Ent. Z.) 1887. 8. 14 p. — 1.—

2949 — Neue, um Blumenau im südl. Brasilien ges. Pselaphiden. 2 Tle. (Berl., D. Ent. Z.) 1888. 8. 35 p. — 1.50

2950 — Coleopt. Ergebnisse d. in Transcaspien v. Radde, Walter u. Konchin ausgeführt. Exped. (Brünn, Nat. Ver.) 1889. 8. 39 p. — 1.—

2951 — Bestimmungstabelle d. flachen kaukas. Carabus- od. Tribax-Arten. (Berl., D. Ent. Z.) 1889. 8. 10 p. — 1.—

2952 — Révis. d. Erotylides de l'Ancien-Monde. (Paris, Abeille) 1889. 8. 18 p. — 1.—

2953 — Uebers. d. Gattg. Acmoeodera. (Berl., Ent. Nachr.) 1890. 8. 12 p. — 1.—

2954 — Neue analyt. Übers. d. Arten d. Gattg. Omophlus. (Berl., D. Ent. Z.) 1890. 8. 20 p. — 1.—

2955 — Révis. d. Stenosidae de l'Ancien-Monde. (Paris, Abeille) 1891. 8. 50 p. — 2.—

2956 — Darstell. d. echten Cetoniden-Gattgn. aus Europa. (Berl., D. Ent. Z.) 1891. 8. 26 p. — 1.—

2957 — Revis. d. Arten d. Gattg. Prosodes. (Berl., D. Ent. Z.) 1893. 8. 52 p. — 1.50

2958 — — Semenow. Supplem. ad Reitteri „Revisionem" gen. Prosodes. (Petersb., Horae) 1894. 8. 48 p. — 1.50

2959 — Analyt. Uebers. d. Europ. Arten d. Gattg. Epuraea. (Brünn, Nat. Ver.) 1894. 8. 19 p. — 1.—

2960 — Beschr. neuer Coleopt. aus d. Russ. Reich. 2 Thle. (Berl., D. Ent. Z.) 1896—97. 8. 36 p. — 1.50

2961 — Beitr. z. Coleopt.-Fauna d. Russ. Reiches. 2 Thle. (Berl., D. Ent. Z.) 1899—1901. 8. 46 p. — 1.50

2962 — Coleopt. in Chin. Central-Asien v. Holderer ges. (Wien, Ent. Z.) 1900. 8. 15 p. m. Tfl. — 1.50

2963 — Revis. d. Gattg. Blechrus. (Berl., D. Ent. Z.) 1900. 8. 12 p. — 1.—

2964 — Verschied. üb. Helopina. (Berl., D. Ent. Z.) 1901. 8. 16 p. — 1.—

W. Junk, Berlin, W. 15.

2965 **Reitter.** Übers. d. Gattg. Catops aus d. paläarkt. Fauna. (Berl., D. Ent. Z.) *M*
1901. 8. 10 p.   1.—
2966 — Analyt. Uebers. d. palaearct. Gattgn. u. Arten d. Byrrhidae u. Cioidae.
(Brünn, Nat. V.) 1902. 8. 62 p.   2.—
2967 — Coleopterol. Studien I. (Wien, Ent. Z.) 1902. 8. 15 p.   1.—
2968 — Die Arten d. Gatt. Bothynoderes. Palaearct. Arten d. Gatt. Reichen-
bachia. 2 Abh. (Berl., D. Ent. Z.) 1905. 8. 18 p.   1.—
2969 — Uebers. d. Omophlini. (Brünn, Nat. V.) 1906. 8. 61 p.   1.50
2970 — Fauna Germanica. Die Käfer d. Deutschen Reiches, n. d. analyt.
Methode bearbeitet. (5 Bde. m. ca. 200 color. Tfln.) Bd. I, II (soviel erschien.) Stuttg. 1808—09. 8. m. 80 color. Tfln. Leinbde. (M. 9.)   7.—

Bd. I: Adephaga (Cicindel., Carab., Paussidae, Rhysodid., Haliplid., Pelobiid., Dytiscid., Gyrinid.). 1908. 256 p. m. 40 color. Tfln. u. 60 Fig. Lnb. (M. 4.) M. 3. — Bd. II: Polyphaga I (Staphylinoidea, Lamellicornia, Palpicorn.). 1909. 392 p. m. 40 color. Tfln. u. 70 Fig. Lnb. (M. 5.) M. 4.
Es gibt auch eine Ausgabe auf stärkerem Papier. Preis M. 11.

2971 — Coleopt. d. Süsswasserfauna Deutschlands. Jena 1909. 8. 239 p. m. 101
Fig. (M. 5.)
— Catalogus Coleopterorum Europae — vide nr. 569—572.
— Tableaux d. Coléopt. — voir nr. 3C6 à 315.
2972 **Reitter, Saulcy u. Weise.** Coleopt. Ergebn. ein. Reise nach Südungarn
u. in d. Transsylvan. Alpen. (Brünn, Nat. Ver.) 1877. 8. 28 p. m. Tfl.   1.—
2973 **Reitter u. Simon.** Monogr. Bearbeit. d. Gattg. Leptomastax. (Berl., D.
Ent. Z.) 1881. 8. 20 p. m. 2 Tfln.   1.—
2974 **Reitter u. Tieffenbach.** Forceps-Bildgn. d. Europ. Cistela-Arten u.
exot. Melolonthiden. (Berl., D. Ent. Z.) 1882. 8. 4 p. m. 3 Tfln.   1.50
2975 **Rengel.** Veränder. d. Darmepithels b. Tenebrio molitor währ. d. Metamorphose. Potsd. 1896. 8. 36 p.   1.—
2976 **Report** of the Entomolog. Society of Ontario (on noxious and beneficial
Insects). Year 1—32: 1870—1901, w. general index. Toronto 1872—1902.
8. w. many pl.   150.—
Rare set, as the first parts are out of print.
2977 **Revue Coléoptérologique.** Publ. p. Van den Branden Année I. (4 numéros, tout ce qui a paru). Brux. 1882. 8. 64 p.   2.—
2978 — — Nr. 1 à 3. Brux. 1882. 8. 48 p.   1.—
2979 **Revue** d'Entomologie. Pub. p. la Société Franç. d'Entomol. Réd. p. Fauvel.
Vol. 1 à 25: Années 1882 à 1906. Caën. 8. av. fig.   240.—
Renferme la continuation de la Faune Gallo-Rhénane, p. Fauvel (voir no. 1118 et 853.).
2980 **Revue** d'Entomologie. Pub. p. Silbermann. 5 vols. (tout ce qui a paru).
Straßb. 1833 à 37. 8. av. 38 pl. color. et noir.   130.—
Très-rare.
2981 **Revue Russe** d'Entomologie, publ. p. la Soc. Ent. de Russie. Tomes
I à VIII: 1901 à 1908. St. Pétersb. 8. av. pl.   60.—
2982 **Revue Zoologique** par la Société Cuvierienne. Publ. p. Guérin-Méneville.
Année 1845 à 1848. Paris. 8. av. 7 pl. Toile.   18.—
2983 **Revue et Magasin** de Zoologie. Publ. p. Guérin-Méneville. Années 1852,
1853, 1873 à 78. Paris. 8. av. pl. nombr.
Chaque volume se vend séparément.
2984 **Rey.** Les Habrocériens, Tachyporiens et Trichophyens de France. Paris
1883. 8. av. 4 pl.   9.—
Vol. 29 de l'ouvrage de Mulsant (voir no. 2485.)
2985 — Les Micropéplides et Sténides de France. Paris 1884. 8. av. 3 pl.   6.—
Vol. 30 de l'ouvrage de Mulsant (voir no. 2485.)
2986 — Les Palpicornes de France. 2. éd. Paris 1885. 8. 373 p. av. 2 pl.   7.—
Vol. 3 de l'ouvrage de Mulsant (voir no. 2485.)
2987 **Ribbe.** Anleit. z. Käfersammeln in trop. Ländern. (Berl., Ent. Z.) 1892.
8. 14 p.   1.—
2988 — Entomolog. Sammelaufenthalt in Mioko. (Leipz.) 1897. 8. 15 p.   1.—

2989 **Riley.** Reports on the Noxious, Beneficial and other Insects of the *ℳ*
State of Missouri. 9 parts w. suppl. and gener. Index. Jefferson City and
Wash. 1869—81. 8. w. many fig. — All published. 150.—
  Very rare.

2990 — Larval characters and habits of the Meloidae. 2 pap. (St. Louis, Ac.)
1877. 8. 22 p. w. pl. 2.—

2991 **Ritsema Cz., C.** (Ritzema). 8 nieuwe Oost-Ind. Xylocopa-Soorten. Bijdr.
t. de kenn. d. Coleopt.-Fauna v. Sumatra. (Gravenh., T. Ent.) 1876. 8.
17 p. 1.—

2992 — 9 pap. on new Coleopt. (Leyden, Mus.) 1879—87. 8. 35 p. 2.50

2993 — Bijdr. t. de kennis d. Coleopt.-Fauna v. het eiland Saleijer. (Gravenh.,
T. Ent.) 1884. 8. 12 p. 1.—

2994 — Coleopt. v. Midden-Sumatra. 2 Thle. Leid. 1886—92. 4. 230 p. m.
3 Tfln. (2 color.) 15.—
  — Coleopterorum Catalogus: Helotidae — vide nr. 2064.

2995 **Ritzema Bos, J.** De Mosterdtor of h. Colaspidema Sophiae. (Gravenh.,
T. Ent.) 1880. 8. 13 p. m. color. Tfl. 1.—

2996 — Lasioderma laeve in zijne ontwikkel. toestanden. (Gravenh., T. Ent.)
1881. 8. 10 p. m. color. Tfl. 1.—

2997 **Rivera.** Apuntes acerca de la Biolojia de alg. Coléopteros cuyas Larvan
atacan al Trigo. Santiago 1903. 8. 66 p. 2.—

2998 — Desarrollo i Costumbres de alg. Coleópt. de Chile. (Santiago, Soc. Cient.)
1904. 8. 55 p. c. 4 fig. 1.50

2999 — S. alg. Coleópt. cuyas larvas atacan al Trigo. (Santiago, Soc. Cient.)
1905. 8. 23 p. 1.—

3000 **Rivers.** A new spec. of Calif. Coleopt. — Larval hist. of Pacific Coast
Coleopt. (S. Franc. Ac.) 1886. 8. 12 p. 1.—

3001 **Rivista Coleotterologica Italiana.** Dir. da Porta. Anni I—IX. Camerino
1903—11. 8. 55.—

3002 **Röben.** Nachtrag IV zu d. system. Verzeichn. d. im Herzogt. Oldenburg
gefund. Käferarten. (Brem., Nat. Ver.) 1901. 8. 13 p. 1.—

3003 **Roberts.** The species of Dineutes of America North of Mexico. (Philad.,
Ent. Soc.) 1895. 8. 10 p. w. 2 pl. 1.50

3004 **Rochebrune.** Espèce nouv. de Mylabris. (Paris, S. Phil.) 1883. 8. 7 p. av.
pl. color. 1.—

3005 **Röhler.** Z. Kenntn. d. Sinnesorgane d. Insecten. (Jena, Zool. J.) 1905. 8.
64 p. m. 2 Tfln. 3.50

3006 **Roelofs.** Nouv. g. de Curculionides d'Australie. (Brux., S. Ent.) 1866. 8.
10 p. av. pl. color. 1.—

3007 — S. le g. Acroteriasus. (Brux., S. Ent.) 1868. 8. 8 p. av. pl. color. 1.—

3008 — Curculionides rec. au Japon p. Lewis. 3 parties. (Brux., Soc. Ent.)
1873 à 75. 8. 142 p. av. 4 pl. 6.—

3009 — Curculionides nouv. d. Philippines. (Haag, T. Ent.) 1893. 8. 14 p. 1.—

3010 **Rojas.** S. qu. Coléopt. de Venezuela. 2 mém. (Paris, S. Ent.) 1857. 8.
12 p. 1.—

3011 — S. l'Arescus caudat. (Paris, S. Ent.) 1858. 8. 11 p. 1.—

3012 — Catal. d. Longicornes de Caracas. (Paris, Soc. Ent.) 1865. 8. 13 p. 1.—

3013 **van Roon.** Coleopterorum Catalogus. Pars 8: Lucanidae. Berolini 1910. 8.
70 p. 6.50
  Subscriptionspreis für Abnehmer des ganzen „Coleopterorum Catalogus" (siehe
  No. 721) M. 4.35.

3014 **Roeschke.** Monogr. d. Carabiden-Tribus Cychrini. (Budap., Mus.) 1907.
8. 177 p. m. Tfl. 14.—

3015 — Caraborum Subgenus Imaïbius. (Berl., D. Ent. Z.) 1907. 8. 19 p. 1.—

3016 — Coleopterorum Catalogus: Carabidae.
  In Vorbereitung. — In preparation. — En préparation. — Vide nr. 721.

3017 **Rösel v. Rosenhof.** Insekten-Belustigungen. 4 Bde. Dazu: Kleemann's
Beiträge. 2 Bde. Zusammen 6 Bde. Nürnb. 1746—93. 4. m. 433 color. Tfln.
Ldrbd. 200.—
  Aus dieser Iconographie, von welcher besonders die letzten Bände selten ge-
  worden sind, ist eine große Zahl von Theilen u. Tafeln einzeln vorhanden.

W. Junk, Berlin, W. 15.

3018 **Rösel v. Rosenhof.** Insekten-Belustigungen. Bd. I, II. Nürnb. 1746—49. → *M*
4. m. 2 color. Titelkpfn. u. 216 color. Tfln. Gbdn. — 30.—
3019 **Rosenhauer.** Broscosoma und Laricobius. Erl. 1846. 8. 8 p. m. Tfl. 1.—
3020 — Beitr. z. Insekten-Fauna Europas. Bd. I (soviel erschien.): 60 neue
Käfer. Die Käfer Tyrols. Erlang. 1847. 8. 160 p. m. Tfl. (M. 3.) Cart. 1.—
3021 — Entwickl. u. Fortpflanz. d. Clythren u. Cryptocephalen. Erl. 1852. 8.
34 p. m. Tfl. 1.—
3022 — Käfer-Larven. 2 Thle. (Stett., Ent. Z.) 1882. 8. 73 p. 2.—
3023 **de Rossi.** Die Käfer d. Umgeg. v. Neviges. (Bonn, Nat. Ver.) 1882. 8.
39 p. 1.—
3024 — Z. Käferfauna Westfalens. Münst. 1898. 8. 17 p. 1.—
3025 **Rothe.** Käfer-Etiketten. Wien. 8. 72 Blatt. Cart. 1.—
3026 **Rottenberg.** Beitr. z. Coleopt.-Fauna v. Sicilien. 3 Thle. (Berl., Ent. Z.)
1870—71. 8. 80 p. m. 2 Tfln. 3.—
3027 — Revis. d. Europ. Lacobius-Arten. (Berl., Ent. Z.) 1874. 8. 20 p. 1.—
3028 **Roettgen.** Beitrag z. Käferfauna d. Rheinprovinz. 2 Thle. (Bonn, Ver. Nat.)
1894—1899. 8. 28 p. 1.—
3029 **Roubal.** Prodr. Myrmecophilu ceskych. (Prag) 1905. 8. 44 p. 1.—
3030 **Rousseau, E.** Essai s. l. Malacodermes de Belgique. (Brux., S. Ent.) 1890.
8. 47 p. 1.50
3031 — Contrib. à l'ét. d. Carabides de l'Afrique centr. (Brux., S. Ent.) 1900.
8. 14 p. 1.—
3032 — Anthiinae (e: Genera Insector.). Brux. 1906. 4. 19 p. av. 2 pl. color. 7.—
3033 — Mormolycinae (e: Genera Insector.). Brux. 1906. 4. 5 p. av. pl. color. 3.—
3034 — Omophroninae (e: Genera Insector.). Brux. 1908. 4. 5 p. av. pl. color. 3.—
3035 — Promecognathinae (e: Genera Insector.). Brux. 1908. 4. 4 p. av. pl.
color. 3.—
3036 — Pamborinae (e: Genera Insector.). Brux. 1908. 4. 3 p. av. pl. color. 2.50
3037 — Lorocerinae (e: Genera Insector.). Brux. 1908. 4. 4 p. av. pl. color. 3.—
3038 **Rousseau, Grouvelle et a.** Coléopt. de l'Expéd. Antarct. Belge. Brux.
1907. 4. 76 p. av. pl. color. 7.—
3039 **Rovartani Lapok.** (Ungar. Entomolog. Zeitschrift.) Herausg. v. Horváth.
Band I—XIV. Budap. 1884—1907. 8. m. Tfln. — Magyarisch. 70.—
Die Zeitschrift ist von 1887—96 nicht erschienen.
3040 **Rupertsberger.** Beitr. z. Lebensgesch. d. Käfer. (Wien, Z. b. G.) 1871.
8. 20 p. 1.—
3041 — Catal. d. Europ. Käfer-Larven. (Stettin, Ent. Z.) 1879. 8. 26 p. 1.50
3042 — Biologie d. Käfer Europas. Übersicht d. biolog. Literatur nebst Larven-
Katalog. Linz 1880. 8. 307 p. 6.—
3043 — Die biolog. Literatur üb. d. Käfer Europas v. 1880 an. Linz 1894. 8.
316 p. (M. 10.) 8.50
3044 **Russegger.** Reisen in Europa, Asien u. Afrika 1843—49. Folio. Atlas v.
28 Tfln. Landschaften, 23 Tfln. Fische, 2 Tfln. (color.) Coleopteren u. 20
Tfln. Botanik. Hfzb. — Unvollständig. 13.—
3045 **Rutherford.** New Goliath beetle fr. Tropical West Africa. (Lond., Ent. S.)
1879. 8. 2 p. w. colour. pl. 1.—
3046 **Rybiuski.** Coleopterorum species novae, in Galicia inventae. (Cracov., Ac.)
1902. 8. 3 p. et 2 tab. 1.50
3047 **Rye.** British Beetles. 2. (last) ed. revised by Fowler. Lond. 1890. 8. 300
p. w. colour. pl. Cloth. 9.—
3048 **Sachse.** Neue Käfer. 2 Tle. (Stett., Ent. Z.) 1852. 8. 21 p. 1.—
3049 **Sadeler, Justus.** Tabulae Avium Insectorum et Plantarum. 12 tabulae
in Quarto aeri incisae. (Saec. XVII). 30.—
In keiner naturwissenschaftlichen Bibliographie aufgeführtes, schönes Kupfer-
werk, in Art und Trefflichkeit der Ausführung an Hollar gemahnend.
3050 **Sahlberg, C. R.** Insecta (Coleopt.) Fennica. 2 vol. Aboae 1817—39. 8.
807 p. 30.—
Bibliographische Beschreibung dieses in vollständigem Zustande seltenen Werkes
— siehe Hagen II, 102.
3051 — — Vol. I: Pentamera. Helsingf. 1834. 8. 527 p. Hfzb. 15.—

3052 **Sahlberg, C. R.** Periculus entomograph., species Insector. (Coleopt.) nondum descr. Aboae 1823. 8. 83 p. et 4 tab. color.   *M* 3.—

3053 **Sahlberg, J.** Entomol. resa i S.-O. Karelen. II: Coleopt. (Helsingf., Soc. F. et Fl.) 1871. 8. 58 p.   1.—

3054 — Anteckn. t. Lapplands Coleopt.-Fauna. (Helsingf., Soc. F. et Fl.) 1871. 8. 56 p.   1.50

3055 — Enumer. Coleopter. Fenniae : Amphib. (Helsingf., Soc. F. et Fl.) 1875. 8. 10 p.   1.—

3056 — — Palpicorn. (Helsingf., Soc. F. et Fl.) 1875. 8. 25 p.   1.—

3057 — — Staphylinid. (Helsingf., Soc. F. et Fl.) 1876. 8. 247 p.   5.—

3058 — Bidr. t. Nordvestra Sibiriens Insektfauna. Coleopt. Thl. I (einzig.). (Stockh., Ak.) 1880. 4. 115 p. m. Tfl.   2.—

3059 — Coleopt. och Hemiptera insaml. under Vega-Exped. 3 Thle. (Stockh., Vega) 1885. 8. 68 p.   3.—

3060 — Coleopt. Mediterranea et Rosso-Asiatica nova et minus cognita. 3 partes. (Helsingf., Vet. Soc.) 1900—1908. 8. 170 p.   4.—

3061 — Catalogus Coleopt. Faunae Fennicae geograph. (Helsingf., Soc. F. et Fl.) 1900. 8. 132 p. et 2 mappae.   2.—

3062 — Coleopt. nova vel minus cognita Faunae Fennicae. (Helsingf., Soc. F. et Fl.) 1900. 8. 23 p.   1.—

3063 — Coleopt. Numido-Punica. (Helsingf., Vet. Soc.) 1903. 8. 70 p.   2.—

3064 — Coleopt. Levantina. (Helsingf., Vet. Soc.) 1903. 8. 36 p.   1.—

3065 — Messis hiemalis Coleopt. Corcyraeorum. (Helsingf., Vet. Soc.) 1903. 8. 87 p.   2.—

3066 — Ad cognit. faunae Coleopter. Italicae fragmenta. (Helsingf., Vet. Soc.) 1903. 8. 14 p.   1.—

3067 — Ad cognit. faunae Coleopt. Graecae fragm. (Helsingf., Vet. Soc.) 1903. 8. 9 p.   1.—

3068 — Entomolog. forskningsresor i Medelhafstrakterna inom Europa. (Helsingf., Vet. Soc.) 1903. 8. 34 p.   1.—

3069 — Entomolog. forskningsresor i Medelhafstrakterna och Centralasien företagna. (Helsingf., Vet. Soc.) 1903. 8. 34 p.   1.—

3070 — Entomolog. forskningresor i Palestina, Egypt., Tunisien och Algeriet. (Helsingf., Vet. Soc.) 1903. 8. 39 p.   1.—

3071 — Entomolog. forskningresor i Caucasien, Transcasp. och Turkestan. (Helsingf., Vet. Soc.) 1904. 8. 38 p.   1.—

3072 **Sainte Claire Deville.** Contrib. à la Faune Coléoptér. Française. (Paris, Abeille) 1895. 8. 38 p.   1.—

3073 — Divers Platysma d. Alpes occident. (Paris, S. Ent.) 1902. 8. 32 p.   1.—

3074 — S. l'Entomologie (Coléopt.) de la Haute-Marne. Langres 1905. 8. 18 p.   1.—

3075 **Sajó.** Aus d. Leben d. Käfer. Leipz. 1910. 8. 89 p. m. Fig.   1.—

3076 **Sallé.** Descr. de 10 nouv. Coléopt. rec. d. la Républ. Dominicaine. 2 parties. (Paris, Soc. Ent.) 1855 à 56. 8. 16 p. av. 2 pl. color.   2.—

3077 — Descr. de 5 Coléopt. Mexicains. (Paris, Rev. Z.) 1873. 8. 7 p. av. 2 pl. color.   1.50

3078 — Monogr. du g. Ancistrosoma. (Paris, S. Ent.) 1886. 8. 4 p. av. pl. color.   1.—

3079 **Salvin, Godman and Bates.** Brown's coll. on Duke-of-York-Isl. (Lepidopt., Coleopt.) (Lond., Zool. S.) 1877. 8. 20 p. w. 4 colour. pl.   3.—

3080 **de Saulcy.** S. l. g. Choleva, Catops et Catopsimorph. (Paris, S. Ent.) 1862. 8. 11 p. av. pl.   1.—

3081 — 6 mém. s. Coléopt. nouv. (Paris, Soc. Ent.) 1862 à 65. 8. 30 p. av. 2 pl.   2.—

3082 — Descr. d. espèces nouv. de Coléopt. rec. en Syrie, Égypte et Palestine. 2 parties. (Paris, S. Ent.) 1864. 8. 52 p. av. pl.   1.50

3083 **Saunders, E.** Catal. of Buprestidae coll. in Siam. (Lond., Ent. Soc.) 1866. 8. 26 p. w. colour. pl.   1.50

3084 — Descr. of 6 new Buprestidae. (Lond., Ent. S.) 1867. 8. 5 p. w. colour. pl.   1.—

3085 — On rare and new Buprestidae coll. by Lamb in Penang. (Lond., Ent. S.) 1867. 8. 13 p. w. colour. pl.   1.50

3086 **Saunders, E.** Revis. of the Austral. Buprestidae descr. by Hope. (Lond., Ent. Soc.) 1868. 8. 67 p. w. 4 pl. — *ℳ* 3.50
3087 — Descr. of 50 new spec. of Stigmodera. (Lond., Linn. Soc.) 1868. 8. 23 p. w. 2 pl. — 1.—
3088 — Descr. of 10 new spec. of Paracupta. (Lond., Linn. S.) 1869. 8. 11 p. w. pl. — 1.—
3089 — Descr. of 9 new Buprestidae. (Lond., Ent. S.) 1869. 8. 8 p. w. colour. pl. — 1.—
3090 — Insecta Saundersiana. III: Buprestidae. Lond. 1869. 8. 27 p. w. 2 pl. — 2.—
3091 — Species of the g. Buprestis descr. prev. to 1830. Lond. 1870. 8. 42 p. — 1.50
3092 — Catalogus Buprestidar. synonym. et systemat. Lond. 1871. 8. Cloth. — 5.—
3093 — Descr. of 20 new Buprestidae. (Lond., Ent. S.) 1872. 8. 16 p. w. colour. pl. — 1.—
3094 — Descr. of Buprestidae coll. in Japan. (Lond., Linn. S.) 1873. 8. 14 p. — 1.—
3095 — Descr. of new Buprestidae. (Lond., Cist. Ent.) 1874. 8. 16 p. — 1.—
3096 — On the Buprestidae collect. by Semper in the Philippine Isl. (Lond., Ent. Soc.) 1874. 8. 26 p. — 1.50
3097 **Saunders, S. S.** Descr. of some new Coleopt. fr. Monte Video. (Lond., Ent. S.) 1836. 8. 9 p. w. colour. pl. — 1.50
3098 — Monographia Stylopidarum. (Lond., Ent. Soc.) 1872. 8. 50 p. w. pl. — 2.—
3099 **Saunders, W. W.** On various Austral. Longicorn. (Lond., Ent. S.) 1850. 8. 10 p. w. colour. plate. — 2.—
3100 — Characters of undescr. Coleopt. brought fr. China. (Lond., Ent. Soc.) 1852. 8. 8 p. w. colour pl. — 2.—
3101 — Descr. of some Longicorn. discov. in North. China. (Lond., Ent. Soc.) 1852. 8. 5 p. w. colour. pl. — 2.—
3102 — On the spec. of Catascopus found in the Malay penins. (Lond., Ent. S.) 1863. 8. 15 p. w. 2 pl. — 1.50
3103 **Saunders, W. W., et Jekel.** Descr. de qu. Curculionites. (Paris, S. Ent.) 1855. 8. 18 p. av. pl. color. — 1.50
3104 **Say.** Complete writings on the Entomology of North America. Ed. by Le Conte. 2 vols. New York 1859. 8. 1251 p. w. 54 colour. pl. Cloth. (M. 84.) — 42.—
3105 **Schaeffer.** Synops. of the spec. of Trechus. (N. York, Mus.) 1901. 8. 4 p. w. pl. — 1.—
3106 — 9 pap. on new Coleopt. 1902—08. 8. 68 p. — 3.—
3107 — New genera and spec. of Coleopt. (N. York, Ent. S.) 1904. 8. 40 p. — 2.—
3108 — New genera and species of Coleopt. of the U. S. (Brookl., Mus.) 1905. 8. 39 p. — 1.50
3109 — Additions to the Coleopt. of the U. S. (Brookl., Mus.) 1905. 8. 19 p. — 1.—
3110 — On new and known genera and spec. of Chrysomelidae. (Brookl., Mus.) 1906. 8. 33 p. — 1.—
3111 — New Bruchidae. (Brookl., Mus.) 1907. 8. 16 p. — 1.—
3112 — List of the Longicorn Coleopt. coll. on the exped. to Brownsville, Texas and the Huachuéa Mount., Arizona. (Brookl., Mus.) 1908. 8. 28 p. — 1.—
3113 — New Coleopt. chiefly fr. Arizona. (Brookl., Mus.) 1909. 8. 12 p. — 1.—
3114 — Addit. to the Carabidae of N. A. (Brookl., Mus.) 1910. 8. 15 p. — 1.—
3115 **Schaufuss, C.** Catal. synonym. Pselaphidarum adhuc descript. (Gravenh., T. Ent.) 1888. 8. 104 p. — 3.50
3116 — Preussens Bernstein-Käfer. 2 Thle. (Berl., Ent. Z.) 1892—96. 8. 16 p. — 1.—
3117 — Z. Käferfauna Madagascars. III. (Gravenh., T. Ent.) 1897. 8. 17 p. — 1.—
3118 **Schaufuss, L. W.** Die europ. ungeflüg. Arten d. Gattg. Sphodrus. (Stett., Ent. Z.) 1861. 8. 19 p. — 1.—
3119 — 2 neue Silphiden-Gattgn. (Stett., Ent. Z.) 1861. 8. 6 p. m. Tfl. — 1.—
3120 — Monogr. d. Gattg. Machaerites. (Wien, Z. b. G.) 1863. 8. 10 p. m. Tfl. — 1.—
3121 — Monogr. Bearb. d. Sphodrini. (Dresd., Isis) 1864. 8. 126 p. — 1.50
3122 — Monogr. d. Scydmaeniden Central- u. Südamerika's. (Dresd., Ac. Leop.) 1866. 4. 103 p. m. 4 Tfln. (M. 8.40.) — 3.—
3123 — Nunquam otiosus. Zoolog. Mitteilungen. Bd. I, II, III. Lfg. 1 (soviel erschien.). Dresd. 1870—79. 8. 668 p. m. Portr. u. Fig. (M. 24.40.) — 9.—
Entomologische, vorzugsweise coleopterol. Abhandlungen enthaltend.
3124 — Pselaphiden Siam's. Dresd. 1877. 4. 25 p. — 1.—

W. Junk, Berlin, W. 15.

3125	**Schaufuss, L. W.** Beitr. z. Käfer-Fauna Madagascars. (Dresd., Nunq. otios.) 1879. 8. 38 p.	2.—
3126	— 60 neue Pselaphiden. (Dresd., Nunqu. otios.) 1880. 8. 35 p.	1.—
3127	— Pselaphiden u. Scydmaeniden d. Niederl. Sunda-Inseln. (Gravenh., T. Ent.) 1882. 8. 12 p.	1.—
3128	— Pselaphidarum monogr. (Genua, Mus.) 1882. 8. 38 p.	1.50
3129	— Neue Pselaphiden im Museo zu Genua. (Genua, Mus.) 1883. 8. 51 p.	1.50
3130	— Die Scydmaeniden N. O. Africa's, d. Sunda-Inseln u. Neu-Guinea's. (Genua, Mus.) 1884. 8. 40 p.	1.50
3131	— Beschreib. neuer Pselaphiden d. Samml. d. Museum Ludwig-Salvator. 2 Thle. (Haag, T. Ent.) 1886—87. 8. 126 p. m. 5 Tfln.	3.50
3132	— Reitter. Bemerkgn. zu: Neue Pselaphiden d. Mus. Salvator. (Gravenh., T. Ent.) 18·7. 8. 27 p.	1.—
3133	— Üb. Pselaphiden u. Scydmaeniden d. zool. Museums Berlin. (Berl., Ent. Z.) 1887. 8. 34 p.	1.—
3134	— Reitter. Bemerkgn. zu: Pselaphiden u. Scydmaeniden d. zool. Museums. (Berl., Ent. Z.) 1888. 8. 18 p.	1.—
3135	— Neue Scydmaeniden im Museum Ludw. Salvator. (Berl., Ent. Z.) 1889. 8. 42 p.	1.—
3136	— Preussens Bernstein-Käfer. Pselaphiden. Haag 1890. 4. 62 p. m. 5 Tfln.	6.—
3137	**Schaum.** Catal. d. esp. d. Lamellicornes mélitoph. (Paris, Soc. Ent.) 1845. 8. 20 p.	1.—
3138	— Z. Kenntn. d. v. Sturm beschr. deutsch. Carabicinen. (Stett., Ent. Z.) 1846. 8. 14 p.	1.—
3139	— Ueber Fabrici'sche Käfer. (Stett., Ent. Z.) 1847. 8. 19 p.	1.—
3140	— Ueb. Britische Lauf- u. Wasserkäfer. (Stett., Ent. Z.) 1848. 8. 11 p.	1.—
3141	— Cicindelidae, Carabici, Dytiscidae, Gyrinidae Syriens. (Wien, Ent. Mon.) 1858. 8. 16 p.	1.—
3142	— Catalogus Coleopteror. Europae. Berl. 1859. 8. 126 p.	—.50
3143	— — Ed. II. Berol. 1862. 8. 130 p. Cart.	—.50
3144	— — Reiche. Examen du 'Catalogue' 1862. (Paris, Soc. Ent.) 1863. 8. 12 p.	1.—
3145	— Die Cicindelinen u. Carabicinen Deutschlands. Berl. 1860. 8. 797 p. (M. 13.50.) Ist 1. Hälfte des I. Bandes von Erichson's Naturgesch. d. Insecten.	5.—
3146	— Das System d. Carabicinen. Z. Kenntn. einig. Laufkäfergatt. 2 Abh. (Berl., Ent. Z.) 1860. 8. 43 p. m. color. Tfl.	1.50
3147	— Decade neuer Cicindeliden d. trop. Asien. (Berl., Ent. Z.) 1861. 8. 13 p. m. Tfl.	1.—
3148	— Die Bedeut. d. Paraglossen. (Berl., Ent. Z.) 1861. 8. 11 p.	1.—
3149	— Die Cicindeliden d. Philipp. Inseln. II. (Berl., Ent. Z.) 1862. 8. 13 p.	1.—
3150	— Z. Kenntn. ein. Carabicinengattgn. (Berl., Ent. Z.) 1863. 8. 30 p. m. Tfl.	1.—
3151	— Die Egyptischen Dytisciden. (Berl., Ent. Z.) 1864. 8. 22 p. m. Tfl.	1.—
3152	— Neue Hydroporen. (Berl., Ent. Z.) 1864. 8. 18 p. m. Tfl.	1.—
3153	— Revis. d. Zabroiden. (Berl., Ent. Z.) 1864. 8. 24 p.	1.—
3154	— Kiesenwetter. Necrolog. (Berl., Ent. Z.) 1865. 8. 10 p. m. Portr.	1.—
3155	**Schaum u. Kiesenwetter.** Die Dytiscidae u. Gyrinidae Deutschlands. Berl. 1868. 8. 144 p. (M. 3.) Ist 2. Hälfte des I. Bandes von Erichson's Naturgesch. d. Insecten.	2.—
3156	**Schaum, Kraatz u. Kiesenwetter.** Beitr. z. Käferfauna Griechenlands. 9 Thle. (Berl., Ent. Z.) 1857—64. 8. m. 4 Tfln.	7.—
3157	**Schaupp.** Synopsis of the Cicindelidae of the United States, w. descr. of new sp. Brooklyn 1884. 8. 55 p. w. 5 colour. pl.	7.—
3158	**(Schellenberg u. Clairville.)** Helvetische Entomologie. Entomol. Helvétique. 2 Thle. Zürich 1798—1806. 8. 439 p. m. 48 color. Tfln. (M. 45.) — Text deutsch u. französisch.	14.—
3159	— — Thl. I. 1798. 153 p. m. 16 color. Tfln.	4.—
3160	**Schenk, Petrus.** Icones Insectorum. 5 tabulae aeri incis. (sign. 1—4, 6) in Quarto. Amsterdam, saec. XVII. — Absque titulo et textu.	12.—

3161 **Schenkling, C.** Die deutsche Käferwelt. Leipz. 1885. 8. 474 p. m. 24 co- $\mathscr{M}$
lor. Tfln. (M. 14.) 8.—
3162 — Taschenbuch f. Käfersammler. 3. Aufl. Leipz. (1890). 12. 256 p. m. 12
color. u. 1 schwarz. Tfl. Lnb. (M. 3.) 1.50
3163 — — 6. Aufl. Leipz. 1911. 8. m. 13 (12 color.) Tfln. Lnb. (M. 3.50.)
3164 — Etiketten f. Käfer-Sammlungen. 3. Aufl. Leipz. 8. (M. 1.50.) 1.—
3165 **Schenkling, S.** Nomenclator Coleopterol. Etymolog. Erklärung sämtl.
Gattungs- u. Artnamen d. deutsch. Faunengebietes. Frankf. 1894. 8. 224 p. 7.—
Das beste Werk dieser Art. Vergriffen.
3166 — Revis. d. Cleridengattg. Lemidia. (Berl., D. Ent. Z.) 1898. 8. 14 p. 1.—
3167 — Indo-Austral. Cleriden. (Genua, Mus.) 1899. 8. 33 p. 1.—
3168 — Neue Cleriden d. Museums zu Genua. (Genua, Mus.) 1899. 8. 16 p. 1.—
3169 — 4 Abhdl. üb. exotische Cleriden. 1899—1909. 8. 25 p. 1.50
3170 — Neue Cleriden d. Hamburger Museums. (Hamb., Mus.) 1900. 4. 10 p. 1.—
3171 — Neue Amerik. Cleriden. (Berl., D. Ent. Z.) 1900. 8. 25 p. 1.—
3172 — 6 Abhdl. üb. neue Cleriden. 1901—07. 8. 35 p. 2.—
3173 — Clérides nouv. du Muséum de Paris. (Paris, Mus.) 1902. 8. 16 p. 1.—
3174 — Cleridae (e: Genera Insector.). Brüss. 1903. 4. 124 p. m. 5 Tfln.
(2 color.) 28.—
3175 — Die Cleridengatt. Phloecopus. (Genua, Mus.) 1904. 8. 18 p. 1.—
3176 — Die Cleriden d. Deutsch. Ent. Nat. Museums. Mit 3 Nachträg. (Berlin,
D. Ent. Z.) 1906—08. 8. 105 p. m. color. Tfl. 3.—
3177 — Neue Cleriden v. Zentral-Amerika. (Berl., D. Ent. Z.) 1907. 8. 11 p. 1.—
3178 — Cleridae, Erotyl. u. Endomychidae d. Sjöstedt-Expedit. n. d. Kilimandjaro.
Upsala 1908. 4. 12 p. m. Tfl. 1.50
3179 — Coleopterorum Catalogus. Pars 23: Cleridae. Berolini 1910. 8. 174 p. 16.35
Subscriptionspreis für Abnehmer des ganzen „Coleopterorum-Catalogus" (siehe
No. 721) M. 10.90.
3180 — Coleopterorum Catalogus: Derodontidae, Lymexylonidae.
In Vorbereitung. — In preparation. — En préparation. — Vide nr. 721.

— Coleopterorum Catalogus — vide no. 721.
3181 **Scherdlin.** Die Carabidae d. Umgeb. Strassburgs. (Brux., S. Ent.) 1908.
8. 20 p. 1.50
3182 **Schickendantz.** Burmeisteria, new of g. Melolonth. (Lond., Ent. S.) 1868.
8. 4 p. w. pl. 1.—
3183 **Schilsky.** Systemat. Verzeichn. d. Käfer Deutschlands. Berl. 1888. 8.
167 p. (M. 4.) Lnb. 1.—
3184 — System. Verzeichn. d. Käfer Deutschlands u. Deutsch-Oesterreichs.
Stuttg. 1909. 8. 240 p. (M. 5.50.)
3185 — Z. Kenntn. d. Dasytinen. (Berl., D. Ent. Z.) 1894. 8. 12 p. 1.—
3186 **Schiödte.** Monogr. af de i Danmark opdag. arter af Amara. 3 Thle.
(Kjöb., Kroy. Tidskr.) 1837. 8. 72 p. 1.50
3187 — Genera og Species af Danmarks Eleutherata. Bd. I (einziger). Kjöbenh.
1841. 8. 646 p. m. 25 Tfln. (M. 20.) 6.—
3188 — Ueb. d. Stell. d. Ptilien im Systeme. (Stett., Ent. Z.) 1845. 8. 17 p. 1.—
3189 — Ueb. d. Gattg. Micralymma. (Berlin, Linn. Ent.) 1846. 8. 10 p. m. Tfl. 1.—
3190 — 2 Guineiske Karaber. (Kjöb., Kr. Tidskr.) 1849. 8. 19 p. m. 2 Tfln. 1.50
3191 — Om Bupresternes indre bygning. (Kjöb., Kr. Tidskr.) 1849. 8. 15 p. 1.—
3192 — Corotoca og Spirachtha. Staphyliner. (Kjöbenh., Vid. Selsk.) 1854. 4.
19 p. m. 2 Tfln. Cart. 1.—
3193 — Om slaegt. Broscosoma. (Kjöb., Vid. Selsk.) 1855. 8. 25 p. 1.—
3194 — Übers. d. Land-, Süsswasser- u. Ufer-Athropoden Grönlands. (Berl.,
Ent. Z.) 1859. 8. 24 p. 1.50
3195 — Danmarks Harpaliner. (Kjöbenh., Kr. Tidskr.) 1861. 8. 44 p. 1.—
3196 — De Metamorphosi Eleutheratorum. 12 partes. (Hauniae, Nat. Tidskr.)
1861—83. 8. c. 86 tab. 150.—
Sehr selten. — Viele einzelne Thle., jeder eine Familie umfassend, auf Lager.
— Band I enthält Theil 1—6, Band II Theil 7—12. I: Gyrini, Hydrophili, Silphae.
1861-62. 40 p. et 8 tab. — II: Histri, Dytisci, Gyrini (Suppl.), Staphylin., Oxytelbini.
1864. 94 p. et 12 tab. — III: Carabi. 1867. 138 p. et 11 tab. — IV: Buprestes. 1869.
26 p. et 2 tab. — V: Elateres. 1870. 70 p. et 8 tab. — VI: Carabi (Suppl.), Dytisci (Suppl.),

Gyrini (Suppl.), Hydrophili (Suppl.). 1872. 62 p. et 9 tab. — VII: Stenini, Tachyporini, Homalini. 1873. 20 p. et 3 tab. — VIII: Scarabaei. 1874. 140 p. et 12 tab. — IX: Cerambyces. 1876. 90 p. et 7 tab. — X: Tenebriones. 1877—78. 120 p. et 8 tab. — XI: Lagriae, Pyrochroa, Oedenicerae, Melandryae, Mordellae. 1880. 86 p. et 5 tab. — XII: Rhipicerae. 1883. 12 p. et tab.

3197 **Schiödte.** Danmarks Cerambyces, Buprest. og Elateres. 3 Thle. (Kjöbenh., Nat. Tidskr.) 1864—69. 8. 228 p. m. 2 Tfln. 4.—

3198 — Om slaegt. Stalita. (Kjöb., Nat. Tidskr.) 1865. 8. 13 p. 1.—

3199 — On the classif. of Buprestidae and Elateridae. 2 parts. (Lond., Ann. & M.) 1866. 8. 50 p. 2.—

3200 — De tunnelgrav. Biller, Bledius, Heterocerus, Dyschirius, og deres Danske Arter. (Kjöb., Nat. Tidskr.) 1866. 8. 27 p. 1.—

3201 — Tillaeg t. Danmarks Karaber og Dytisker. (Kjöb., Nat. Tidskr.) 1870. 8. 33 p. 1.—

3202 — Fortegn. ov. de i Danmark lev. Skarabaeer. (Kjöb.. Nat. T.) 1870. 8. 22 p. 1.—

3203 — Fortegn. ov. de i Danmark lev. Silpher, Scaphid., Ptilier, Scydmaen. og Pselaph. (Kjöb., Nat. T.) 1870. 8. 30 p. 1.—

3204 — Herpyllobius og Silenium. (Kjöb., Nat. T.) 1870. 8. 15 p. 1.—

3205 — Fortegn. ov. de i Danmark lev. Hydrophili, Histri, Dytisk. (Kjöb., Nat. T.) 1871. 8. 17 p. 1.—

3206 — Tillaeg t. fortegn. ov. de i Danmark lev. Eleutherater. 2 Thle. (Kjöb., Nat. T.) 1873—75. 8. 17 p. 1.—

3207 **Schlechtendal u. Wünsche.** Die Insekten. 3 Thle. Leipz. 1879. 8. 720 p. m. 15 Tfln. (6 color.) 10.—
 Vergriffen.

3208 **Schlick.** Biolog. Bidrag (Coleopt.). (Kjöb., Ent. Medd.) 1897. 8. 24 p. 1.—

3209 **Schmid, C. A.** Versuche üb. d. Insekten (Coleopt.) Thl. I (einz.). Gotha 1803. 8. 276 p. 1.50

3210 **Schmidt, A.** 12 Abhandl. üb. Aphodiinen. 1900—10. 8. 54 p. 2.—

3211 — Zusammenstell. d. bis 1906 beschrieb. Aphodiinen. (Berl., D. Ent. Z.) 1908. 8. 145 p. (M. 4.50.) 2.50

3212 — Das Genus Aphodius d. Schwed. Exped. n. d. Kilimandscharo. Uppsala 1908. 4. 4 p. 1.—

3213 — Die Gatt. Lorditomaeus. (Stett., Ent. Z.) 1908. 8. 10 p. 1.—

3214 — Neue Aphodiinen. (Leid., Mus.) 1909. 8. 24 p. 1.—

3215 — Coleopterorum Catalogus. Pars 20: Aphodiinae. Berolini 1910. 8. 111 p. 10.50
 Subscriptionspreis für Abnehmer des ganzen „Coleopterorum Catalogus" (siehe No. 721) M. 7.

3216 — Aphodiidae (e: Genera Insector.). Brux. 1910. 4. 155 p. et 3 tab. color. 32.—

3217 **Schmidt, J.** Nachtrag zu Gemminger's Catalog: Histeridae. (Berl., Ent. Z.) 1884. 8. 14 p. 1.50

3218 — Tabellen z. Bestimm. d. Europ. Histeriden. (Berl., Ent. Z.) 1885. 8. 53 p. 3.—
 Ist „Bestimmungs-Tabelle d. Europ. Coleopt." Heft 14. — Traduction française voir no. 313.

3219 — Histeriden aus Tripolitanien, Tunesien u. v. Paraguay. (Berl., Ent. Z.) 1889. 8. 12 p. 1.—

3220 — Neue u. bekannte Histeriden aus d. Europ. u. Asiat. Russland. (Petersb., Horae) 1890. 8. 20 p. 1.—

3221 — Myrmecophile Histeriden aus Amerika. (Berl., D. Ent. Z.) 1893. 8. 19 p. 1.—

3222 — Histeriden v. Sahlberg in Brasilien ges. (Berl., Ent. Z.) 1896. 8. 12 p. 1.—

3223 — Histeriden auf Sumatra ges. v. Modigliani. (Genua, Mus.) 1897. 8. 16 p. 1.—

3224 **Schmidt, J., Grouvelle et a.** Histeridae, Nitidul., Helot., Temnochil., Colyd., Buprest. du voy. de Alluaud dans l'Assinie. (Paris, S. Ent.) 1892. 8. 15 p. 1.—

3225 **Schmidt, W. L. E.** Die Europ. Arten d. Gattg. Anthicus. 4 Thle. (Stett., Ent. Z.) 1842. 8. 55 p. 1.50

3226 — Revis. d. Europ. Oedemeriden. (Berl., Linn. Ent.) 1846. 8. 146 p. 2.—

3227 **Schmidt-Göbel, H. M.** Faunula Coleopteror. Birmaniae. Fasc. I (unicus). Prag. 1846. 4. 102 p. et 3 tab. (2 color.) 15.—

3228 — — Cum tabulis nigris. 5.—

3229 **Schmidt-Göbel, H. M.** Die schädlichen u. nützl. Insekten in Forst, Feld u. Garten. 3 Thle. Wien 1881. 8. m. Atlas v. 14 color. Tfln. in-fol. (M. 25.)   13.—

3230 **Schmidt-Schwedt, E.** Athmung d. Larven u. Puppen v. Donacia crassipes. 2 Thle. (Berl., Ent. Z.) 1887—89. 8. 20 p. m. Tfl.   1.—

3231 **Schneider, J. Sparre-.** De i söndre Bergenhus Amt hidtil observ. Coleopt. og Lepidopt. (Christ., Vid. S.) 1876. 8. 101 p.   1.50

3232 — Nordfuglö, en coleopt. skisse. (Tromsö, Mus.) 1885. 8. 21 p.   1.—

3233 — Entomol. meddel. fra det Arkt. Norge. (Stockh., Ent. T.) 1885. 8. 15 p.   1.—

3234 — Overs. ov. de i Norges arktiske region hidtil fundne Coleopt. (Tromsö, Mus.) 1889. 8. 194 p.   3.—

3235 — Entomol. udflugter i Tromsö omegn. (Stockh., Ent. T.) 1889. 8. 23 p.   1.—

3236 — Insektlivet i Jotunheimen. (Tromsö, Mus.) 1898. 8. 34 p.   1.—

3237 — Insektfaunan paa Kvalöen (Hammerfest). (Tromsö, Mus.) 1899. 8. 15 p.   1.—

3238 — Coleopt. og Lepidopt. ved Bergen og omegn. Mit deutsch. Resumé. (Bergen, Mus.) 1901. 8. 223 p. m. color. Tfl.   4.—

3239 — Maalselvens Insektfauna. I: Coleoptera (Carabidae, Lathriid.). (Tromsö, Mus.) 1910. 8. 180 p.   4.—

3240 **Schneider, O.** Vallombrosa. Mit Coleopt.-Verzeichn. Braunschw. (Globus) 1888. 4. 14 p.   1.—

3241 **Schneider, O., u. Leder.** Beitr. z. Kenntn. d. Kaukas. Käfer-Fauna. 2 Thle. m. 2 Nachträg. (Brünn, Nat. Ver., u. Wien, Z. b. G.) 1878—80. 8. 418 p. m. 6 Tfln.   8.—

3242 **Schoch.** Anleitung z. Bestimmen d. Käfer Deutschlands u. d. Schweiz. Stuttg. 1878. 8. 184 p. m. 10 Tfln. (M. 6.)   4.50

3243 — Catal. sein. Cetoniden-Sammlung. Zürich 1894. 4. 23 p. — Autographiert.   2.—

3244 — Ueb. die Systematik d. Cetoniden. (Bern, Ent. G.) 1894. 8. 62 p.   1.50

3245 — Einiges üb. Cetoniden. I. (Bern, Ent. G.) 1895. 8. 15 p.   1.—

3246 — Die Genera u. Species mein. Cetoniden-Sammlung. 2 Thle. m. 7 Nachtr. (Bern, Ent. Ges.) 1895—99. 4. u. 8. 286 p.   9.—

3247 — Lamellicornia Melitophila. Catal. system. Cetonidarum et Trichiidarum. Zürich 1896. 8. 95 p.   4.—

3248 — Ein. neue Cetoniden. 3 Abhdl. (Berl., Ent. N.) 1896. 8. 12 p.   1.—

3249 **Schönfeldt.** Catal. d. Coleopt. v. Japan. Mit 3 Nachträg. (Wiesb., Nat. Ver.) 1887—97. 8. 266 p.   5.—

3250 — Brenthidae (e: Genera Insector.). Brux. 1908. 4. 88 p. av. 2 pl. color.   17.—

3251 — Coleopterorum Catalogus. Pars 7: Brenthidae. Berolini 1910. 8. 57 p.   5.25
    Subscriptionspreis für Abnehmer des ganzen „Coleopterorum Catalogus" (siehe No. 721) M. 3.50.

3252 **Schönherr.** Synonymia Insector. od. Synonymie aller Insekten (Coleopt.). 3 Thle. m. Append. Stockh. u. Skara 1806—17. 8. m. 6 color. Tfln. (M. 29.)   8.—

3253 — Genera et species Curculionid. 8 tomi seu 16 vol. Paris 1833—45. 8. c. figuris. (M. 128.) Cart.   95.—
    Rare.

3254 — Mannerheim. Not. biogr. (Mosc., Soc. Nat.) 1849. 8. 23 p.   1.—

3255 **Schram.** Der Käfersammler. Brünn 1877. 12. 21 p.   1.—

3256 **Schreiber.** Die Käfer d. Mosigkauer Haide. (Berl., Ent. Z.) 1887. 8. 12 p.   1.—

3257 **Schreiner.** Lebensweise u. Metamorph. d. Lethrus apter. (Petersb., Horae) 1906. 8. 12 p. m. Tfl.   1.—

3258 **Schröder, J.** Der Käfersammler. Plön. 8. 16 p.   1.—

3259 **Schubert.** 4 Abhandl. üb. afrikan. u. indische Staphyliniden. (Berl., D. Ent. Z.) 1902—06. 8. 19 p.   1.—

3260 — Z. Staphylinidenfauna Ostindiens. (Berl., D. Ent. Z.) 1908. 8. 17 p.   1.—

3261 — Neue Mexikan. Staphyliniden. (Berl., D. Ent. Z.) 1909. 8. 11 p.   1.—

3262 **Schultze, A.** Beschreib. neuer Ceuthorrhynchinen. 6 Thle. (Berl., D. Ent. Z.) 1896—1901. 8. 150 p.   4.—

3263 — 15 Abhdl. üb. Ceuthorrhynchinen. 1897—1902. 8. 77 p.   3.—

3264 — Ueb. ein. Ceuthorrhynchiden d. Balkan-Halbinsel. (Sarajevo) 1897. 8. 7 p.   1.—

3265 **Schultze, A.** Beschr. neuer Ceuthorrhynchen u. Baridien aus d. Balkan-   *ℳ*
gebiet. (Wien, Mitth. Bosn.) 1897. 4. 7 p.   1.—
3266 — Generis Ceuthorrhynchi species novae Rossicae et Transcaspicae.
(Petrop., Horae) 1902. 8. 25 p.   1.50
3267 — Krit. Verzeichn. d. palaearct. Ceuthorrhynch. (Berl., D. Ent. Z.) 1902.
8. 38 p.   1.50
3268 — Palaearct. Ceuthorrhynchinen. (Berl., D. Ent. Z.) 1903. 8. 54 p.   2.—
3269 — Z. Kenntn. d. Ceuthorrhynchidius-Arten d. palaearkt. Gebiets. (Münch.,
Koleopt. Z.) 1906. 8. 10 p.   1.—
3270 **Schultze, M.** Z. Kenntn. d. Leuchtorgane v. Lampyris splendid. (Bonn,
Arch. Anat.) 1865. 8. 15 p. m. 2 Tfln.   2.—
3271 **Schwarz, O.** Revis. d. paläarkt. Arten d. Gattg. Agriotes. (Berl., D.
Ent. Z.) 1891. 8. 34 p. m. 2 Tfln.   2.—
3272 — Revis. d. paläarkt. Arten d. Gattg. Melanotus. (Berl., D. Ent. Z.) 1892.
8. 20 p. m. Tfl.   1.—
3273 — Copulationsapparat männl. Coleopt. (Berl., D. Ent. Z.) 1895. 8. 10 p.
m. Tfl.   1.—
3274 — Elateriden aus Afrika. 3 Abhdl. (Berl., D. Ent. Z.) 1896. 8. 16 p.   1.—
3275 — Elateriden aus Usambara. (Berl., D. Ent. Z.) 1898. 8. 10 p.   1.—
3276 — Beschreib. neuer Elateriden. (Berl., D. Ent. Z.) 1898. 8. 27 p.   1.—
3277 — 3 Abhdlg. üb. neue Elateriden v. D.-Ostafrika. (Berl., D. Ent. Z.) 1899.
8. 15 p.   1.—
3278 — Neue Elateriden aus Afrika. (Berl., D. Ent. Z.) 1900. 8. 16 p.   1.—
3279 — Neue exot. Elateriden. (Berl., D. Ent. Z.) 1900. 8. 54 p.   2.—
3280 — Verzeichn. d. v. Schultheiß in N.-O.-Sumatra gesamm. Elateriden. Neue
paläarkt. Elater. 2 Abhdl. (Berl., D. Ent. Z.) 1900. 8. 23 p.   1.—
3281 — Neue Elateriden. (Berl., D. Ent. Z.) 1901. 8. 26 p.   1.—
3282 — Verzeichn. d. v. Horn auf Ceylon gesamm. Elateriden. (Berl., D. Ent. Z.)
1901. 8. 22 p.   1.—
3283 — Neue Elateriden aus Australien. 2 Thle. (Berl., D. Ent. Z.) 1902. 8. 20 p.   1.50
3284 — Neue Elateriden aus d. trop. Asien, d. malay. Inseln u. d. Südsee.
(Berl., D. Ent. Z.) 1902. 8. 46 p.   2.—
3285 — Neue Elateriden. (Stett., Ent. Z.) 1902. 8. 123 p.   3.—
3286 — Die v. Sjöstedt in Kamerun gesamm. Elateriden, Eucnemiden u. Thros-
ciden. (Stockh., Ark. Z.) 1903. 8. 11 p.   1.—
3287 — Neue Elateriden aus S.-Amerika. 3 Thle. (Berl., D. Ent. Z.) 1903—04.
8. 84 p.   2.50
3288 — Neue Elateriden aus Neu-Guinea u. Austral. (Berl., D. Ent. Z.) 1903.
8. 22 p.   1.—
3289 — Neue Elateriden aus Afrika u. Madagask. 2 Thle. (Berl., D. Ent. Z.)
1903—05. 8. 40 p.   1.50
3290 — Neue Elater. d. malayisch. Zone. (Berl., D. Ent. Z.) 1905. 8. 10 p.   1.—
3291 — Neue Elateriden aus Amerika. (Berl., D. Ent. Z.) 1906. 8. 62 p.   2.—
3292 — Elateridae (e: Genera Insector.). 3 Theile. Brüssel 1906—07. 4. 370 p.
m. 6 color. Tfln.   65.—
3293 — Plastoceridae (e: Genera Insector.). Brüss. 1907. 4. 10 p. m. color. Tfl.   3.50
3294 — Dicronychidae (e: Genera Insector.). Brüss. 1907. 4. 5 p. m. color. Tfl.   3.—
3295 **Scriba.** Die Käfer in Hessen. 2 Thle. (Giessen, Ges. Nat.) 1869. 8. 20 p.   1.—
3296 **Scudder, S. H.** Foss. Coleopt. and Orthopt. fr. the Rocky Mountain
Tertiaries. 2 pap. (Wash., Geol. Surv.) 1876. 8. 14 p.   1.—
3297 — Bibliography of fossil Insects. Cambr. 1882. 4. 47 p.   2.—
3298 — Index to the fossil Insects of the world. (Wash., Geol. Surv.) 1891.
8. 744 p.   8.—
3299 — The fossil Insects of North America. 2 vols. N. York 1891. 4. w. 63 pl.   100.—
3300 — Tertiary Rhynchoph. Coleoptera of the U. S. (Wash., Geol. S.) 1893.
4. 182 p. w. 12 pl. Cloth.   5.—
3301 — Adephagous and Clavicorn Coleopt. fr. the tertiary deposits at Florissant,
Color. (Wash., Geol. S.) 1900. 4. 160 p. w. 11 pl. Cloth.   5.—

108

3302 **de Seabra.** S. os Animaes uteis ou nocivos á Agricultura. I e II: Cetoni-   *M*
deos e Platycerideos de Portugal. (Lisboa, Lab. Pathol. veg.) 1905. 8. 57 p.
av. 2 pl. color.   4.—
3303 **Seidlitz.** Monogr. d. Gatt. Peritelus. (Berl., Ent. Z.) 1865. 8. 85 p. m. Tfl.   1.50
3304 — Entomol. Excursionen in d. Castil. Gebirgen. (Berl., Ent. Z.) 1867. 8.
25 p.   1.—
3305 — Die Otiorhynchiden. Berl. 1868. 8. 162 p. (M. 4.)   1.—
3306 — Fauna Baltica. Die Käfer d. Ostseeprovinzen Russlands. Dorp. 1875.
8. 744 p. m. Tfl. (M. 18.) Hfzb.   2.50
3307 — — 2. Aufl. Königsb. 1891. 8. 874 p. m. Tfl. (M. 10.50.)   8.—
3308 — Reitter. Clavicornen in d. Fauna Baltica u. Fauna Transsylvan.
(Berl., D. Ent. Z.) 1889. 8. 30 p.   1.—
3309 — Bestimm.-Tabellen d. Europ. Dytiscidae u. Gyrinidae. (Brünn, Nat. Ver.)
1886. 8. 134 p.   4.—
> Ist „Bestimmungs-Tabelle d. Europ. Coleopt." Heft 15. — Traduction française
> voir no. 314.
3310 — Z. Kenntn. ein. Catops-Arten. (Berl., D. Ent. Z.) 1887. 8. 14 p.   1.—
3311 — Fauna Transsylvanica. Die Käfer Siebenbürgens. Königsb. 1888—91.
8. 960 p. m. Tfl. (M. 12.)   10.—
3312 — Die Allecul., Lagriid., Melandryid., Oedemer. Deutschlands. Berl. 1896—
1899. 8. 968 p. (M. 30.)   24.—
> Ist Liefg. 1—3 der 2. Hälfte des V. Bandes von Erichson's Naturgesch. d.
> Insecten.
3313 — Coleopterorum Catalogus: Oedemeridae.
> In Vorbereitung. — In preparation. — En préparation. — Vide nr. 721.
3314 **Selys-Longchamps.** Dével. embryonn. de l'append. du I. ségm. abdominal
chez Tenebrio Molitor. (Brux., Ac.) 1904. 8. 38 p. av. pl.   1.50
3315 **Sémenow.** S. l. Chléniens Transcaspiennes. (Pétersb., Horae) 1888. 8. 11 p.   1.—
3316 — Diagnoses Coleopt. novor. ex Asia centrali et orientali. II. (Petrop.,
Horae) 1890. 8. 34 p.   1.50
3317 — Symbolae ad cogn. Pimeliidar. (Petrop., Horae) 1893. 8. 16 p.   1.—
3318 — Recensio monogr. specier. subgen. Aphaonus. (Petrop., Horae) 1897. 8.
53 p.   2.—
3319 — Coleopt. nova Rossiae Europ. Caucasique. III—V. (Petrop., Horae) 1898.
8. 32 p.   1.50
3320 — Coleopt. Russlands u. d. Kaukasus. II. (Mosk., Bull.) 1899. 8. 41 p.   1.50
3321 — Symbolae ad cognit. g. Carabus. II—IV. (Petrop., Horae) 1899. 8. 227 p.   4.—
3322 — Coleopt. Asiatica nova. XI. (Petrop., Horae) 1900. 8. 13 p.   1.—
3323 — Nonnull. Oedemeridar. genera. (Petrop., Horae) 1900. 8. 13 p.   1.—
3324 **Sénac.** 3 mém. s. le g. Pimelia. 1880 à 92. 8. 22 p.   1.—
3325 — Essai monogr. s. le g. Pimelia. 2 parties. (Paris, Soc. Ent.) 1884 à 1887.
8. 281 p.   13.—
> Rare.
3326 **Senna.** Contrib. allo studio dei Brentidi. Mem. 1—20. (Genova, Firenze ecc.)
1889—94. 8. c. tav.   30.—
3327 — — I. IV. XXII. (Firenze, S. Ent.) 1889—93. 8. 58 p. c. 3 tav.   2.—
3328 — Escurs. a due Laghi Friulani. (Firenze, S. Ent.) 1891. 8. 16 p.   1.—
3329 — 4 mém. s. Brenthides exot. 1893 à 98. 8. 23 p.   1.50
3330 — Révis. du g. Rhaphidorrhynchus. (Brux., S. Ent.) 1894. 8. 21 p.   1.—
3331 — Brenthides de la Haute Birmanie. (Brux., S. Ent.) 1894. 8. 27 p.   1.—
3332 — Révis. du g. Ulocerus. (Brux., S. Ent.) 1896. 8. 34 p.   1.—
3333 — Antipodi Iperini d. Mus. di Napoli. (Nap., Mus.) 1903. 8. 9 p.   1.—
3334 **Sérizlat.** Hist. d. Coléopt. de France. Paris 1880. 8. 380 p. av. 240 fig.   2.—
3335 **Severin.** Catal. d. Gyrinides. (Brux., S. Ent.) 1890. 8. 31 p.   1.—
3336 — Les collect. d'Articulés du Musée de Belgique. (Brux., S. Ent.) 1892.
8. 10 p.   1.—
3337 **Sharp, D.** On the Brit. spec. of Agathidium. (Lond., Ent. S.) 1866. 8. 8 p.   1.—
3338 — Revis. of the British spec. of Homalota. (Lond., Ent. S.) 1869. 8. 182 p.   4.50
3339 — On the Colydiidae of New Zealand. (Lond., Ann. & M.) 1870. 8. 13 p.   1.—
3340 — 12 papers on new Coleopt. 1871—76. 8. 113 p.   4.—

W. Junk, Berlin, W. 15.

M

3341 **Sharp, D.** Catal. of British Coleopt. Lond. 1871. 8. 37 p.   1.—
3342 — The Water Beetles of Japan. (Lond., Ent. S.) 1873. 8. 24 p.   1.50
3343 — Object and method of zoolog. Nomenclature. Lond. 1873. 8. 39 p.   1.—
3344 — Descript. of new Pselaphidae and Scydmaen. fr. Australia and New Zealand. (Lond., Ent. S.) 1874. 8. 36 p.   1.—
3345 — The Staphylinidae of Japan. (Lond., Ent. S.) 1874. 8. 104 p.   3.—
3346 — The Pselaphidae and Scydmaenidae of Japan. (Lond., Ent. S.) 1874. 8. 26 p.   1.50
3347 — Descript. of new Scarabaeidae fr. trop. Asia and Malesia. 3 parts. (Münch., Col. Hefte) 1875—76. 8. 68 p.   3.—
3348 — Contribut. to an Insect Fauna of the Amazon Valley: Staphylinidae. (Lond., Ent. S.) 1876. 8. 398 p.   9.—
     See also nr. 174—176.
3349 — On the Anthribidae of New Zealand. (Lond., Ann. & M.) 1876. 8. 19 p.   1.—
3350 — On the Colydiidae of New Zealand. (Lond., Ann. & M.) 1876. 8. 13 p.   1.—
3351 — Respiratory Action of the Carnivor. Water-Beetles (Dytiscidae). (Lond., Linn. S.) 1877. 8. 23 p.   1.—
3352 — On the Elateridae of New Zealand. (Lond., Ann. & M.) 1877. 8. 37 p.   1.50
3353 — List of Aquatic Coleopt. coll. by Volxem in Portugal and Morocco. (Bruss., Soc. Ent.) 1877. 8. 10 p.   1.—
3354 — Descr. of new Rhyncophora fr. the Hawaiian Isl. (Lond., Ent. S.) 1878. 8. 22 p.   1.—
3355 — On Nitidulidae fr. the Hawaiian Isl. (Lond., Ent. S.) 1878. 8. 14 p.   1.—
3356 — On Longicorn. fr. the Hawaiian Isl. (Lond., Ent. S.) 1878. 8. 10 p.   1.—
3357 — On the Dascillidae of New Zealand. (Lond., Ann. & M.) 1878. 8. 20 p.   1.—
3358 — 4 pap. on new Australian Coleopt. 1878—84. 8. 29 p.   1.50
3359 — On some Coleopt. fr. the Hawaiian Islands. 2 parts. (Lond., Ent. S.) 1879—80. 8. 50 p.   1.50
3360 — On some new Coleopt. fr. the Hawaiian Isl. (Lond., Ent. S.) 1881. 8. 28 p.   1.—
3361 — On the classificat. of the Adephaga. (Lond., Ent. S.) 1882. 8. 12 p.   1.—
3362 — Aquatic Carnivorous Coleopt., Dytiscidae. Dubl. 1882. 4. 825 p. w. 12 pl. (38 s.)   31.—
3363 — On some New Zealand Coleopt. (Lond., Ent. S.) 1882. 8. 28 p.   1.—
3364 — Revis. of the g. Tropisternus. (Lond., Ent. S.) 1883. 8. 28 p.   1.—
3365 — Revis. of the Pselaphidae of Japan. (Lond., Ent. S.) 1883. 8. 42 p.   1.50
3366 — The water-beetles of Japan. (Lond., Ent. S.) 1884. 8. 26 p.   1.50
3367 — Revis. of the Hydrophilidae of New Zealand. (Lond., Ent. S.) 1884. 8. 16 p.   1.—
3368 — On Colydiidae obt. by Lewis in Ceylon. (Lond., Linn. S.) 1885. 8. 15 p. w. pl.   1.—
3369 — On the Colydidae coll. by Lewis in Japan. (Lond., Linn. S.) 1885. 8. 27 p. w. pl.   1.—
3370 — On New Zealand Coleopt. W. descr. of new gen. and spec. Dublin 1886. 4. 106 p. w. 2 pl.   6.—
3371 — Account of Plateau's experim. on the vision of Arthropods. (Lond., Ent. S.) 1889. 8. 16 p. w. pl.   1.—
3372 — On some aquat. Coleopt. fr. Ceylon. (Lond., Ent. S.) 1890. 8. 22 p.   1.—
3373 — The g. Criocephalus. (Lond., Ent. Soc.) 1905. 8. 32 p. w. pl.   1.50
3374 **Sharp and Blandford.** The Rhynchophorous Coleopt. of Japan. 4 parts. (Lond., Ent. S.) 1889—96. 8. 200 p.   10.—
3375 **Sharp, Champion, Blandford and Jordan.** Coleopt. Rhynchophora, Curculionidae, Centrali-Americana. Vol. I. p. 1—240 w. pl. 1—9; Vol. II. 758 p. w. 35 pl.; Vol. III. 521 p. w. 23 pl.; Vol. IV. 402 p. w. 14 pl.; Vol. V. 227 p. w. 9 pl. (Lond., Biol.) 1884—1911. 4. — Plates mostly colour. — As far as published.   550.—
     The continuation will be supplied as soon as published. The purchaser is bound to take it.

3376 **Sharp, Matthews and Lewis.** Pselaphidae. Silphidae, Histeridae, Scaphididae, Nitidulidae etc. Centrali-Americanae. (Lond., Biol.) 1887—1905. 4. 729 p. w. 19 pl.   *ℳ* 110.—

3377 **Sharp, Perkins and Scott.** The Coleopt. of the Sandwich (Hawaiian) Islands. Parts I—III (all published). Cambr. 1900—08. 4. 579 p. w. 11 pl.   60.—

3378 — — Part II: Caraboidea. 1903. 4. 120 p. w. 2 pl. (16 s.)   12.—

3379 **Shelford.** On some mimetic Insects (Coleopt.) and Spiders fr. Borneo and Singapore. (Lond., Zool. Soc.) 1902. 8. 54 p. w. 5 colour. pl.   6.—

3380 **Shuckard.** Elements of British Entomology. Part I: Coleopt. Lond. 1839. 8. 240 p. w. 50 woodcuts.   1.50

3381 — Descr. of some new genera of Coleopt. (Lond., Ent. Mag.). 8. 8 p. w. colour. pl.   1.50

3382 **Sicard.** Révis. d. Coccinellides de la faune Malgache. I, II. (Paris, Soc. Ent.) 1907 à 1909. 8. 161 p. av. beauc. de fig.   5.—

3383 — Coleopterorum Catalogus: Coccinellidae.
    In Vorbereitung. — In preparation. — En préparation. — Vide nr. 721.

3384 **Siebke.** Catalogus Coleopter. Norvegiae. Christ. 1875. 8. 270 p.   2.—

3385 **Siebold.** Die Preuß. Käfer. 3 Tle. (Königsb.) 1847. 8. 68 p.   2.—

3386 **Silvestri.** Contrib. alla conosc. d. metamorf. e d. costumi d. Lebia scapul. (Firenze, Redia) 1904. 8. 17 p. c. 5 tav.   5.—

3387 — Dispense di Entomologia Agraria. Parte speciale. Portici 1911. 8. 575 p. c. 474 fig.   12.—

3388 **Simon.** Faune entomolog. du Vénézuela. (Par Lefèvre, Emery, Raffray, Simon et beaucoup d'a.) 27 parties. (Paris, Soc. Ent.) 1889 à 99. 8. av. 26 pl. color. et noir.   52.—
    Très-rare.

3389 **Sirodot.** Rech. s. l. sécrétions chez l. Insectes. Paris 1859. 4. 136 p. av. 12 pl.   8.—

3390 **Slingerland.** Wireworms and the Bud Moth. Ithaca 1895. 8. 30 p.   1.—

3391 — The Grape-Vine Flea-Beetle (Haltica chalybea). Ith. 1898. 8. 25 p. w. 4 pl.   2.—

3392 — The Quince Curculio. Ith. 1898. 8. 21 p. w. 4 pl.   2.—

3393 — The Grape Root-Worm. Ith. 1900. 8. 18 p. w. 2 pl.   1.—

3394 — The Bronze Birch Borer. Ith. 1906. 8. 16 p. w. 2 pl.   1.50

3395 **Slingerland and Craig.** The Grape Root-Worm. Further experim. and cultur. suggestions. Ithaca 1902. 8. 26 p. w. 8 plates and fig.   2.—

3396 **Sloane.** On the Carenides, w. descr. of new spec. (Sydney, Linn. Soc.) 1888. 8. 22 p.   1.50

3397 — Studies in Australian Entomology III: Carabidae. (Sydney, Linn. S.) 1890. 8. 54 p.   2.50

3398 — Revis. of the Austral. spec. of g. Clivina. 2 parts. (Sydney, Linn. S.) 1896. 8. 119 p.   5.—

3399 — New Carabidae fr. German New Guinea. 2 parts. (Berl., D. Ent. Z.) 1907. 8. 17 p.   1.—

3400 **Smith, F.** Descr. of new Cryptoceridae. (Lond., Ent. S.) 1876. 8. 10 p. w. pl.   1.—

3401 **Smith, H. G., and Bates.** List of Butterflies and Coleopt. coll. by Bonny on the Aruwimi River, Africa. (Lond., Zool. S.) 1890. 8. 30 p.   1.—

3402 **Smith, J. B.** Synopsis of the Mordellidae of the U. S. (Philad., Ent. Soc.) 1882. 8. 28 p. w. 3 pl.   2.—

3403 — Synopsis of the Apioninae of N. A. (Philad., Ent. S.) 1884. 8. 28 p. w. pl.   2.—

3404 — On the spec. of Lachnosterna of temperate North Amer. (Wash., Mus.) 1889. 8. 45 p. w. 13 pl.   3.—

3405 — Report of the Entomol. Dept. of the New Jersey Agricult. Experim. Station, for 1900—08. 9 parts. Trenton 1901—09. 8. w. many pl.   15.—

3406 **Snellen v. Vollenhoven, S. C.** Naamlijst v. Nederlandsche schildvleugel. Insekten (Coleopt.) (Amsterd. 1854.) 8. 70 p. Cart.   1.—

3407 **Snellen v. Vollenhoven, S. C.** De Gelede Dieren (Arthropoda) v. Nederland. ℳ
2 Bde. Haarl. 1861. 8. 560 p. m. 35 Tfln. Cart.   7.—
3408 — Descr. de qu. espèces nouv. de Coléopt. (Gravenh., T. Ent.) 1864. 8.
26 p. av. 4 pl. color.   2.—
3409 — S. qu. Lucanides du Musée à Leide. (Gravenh., T. Ent.) 1865. 8. 20 p.
av. 2 pl. (1 color.)   1.50
3410 — Een. nieuwe Soort. v. h. Gesl. Dalcantha. Nieuwe Soort. v. Coleopt.
v. Oost-Indie. 2 Abh. (Gravenh., T. Ent.) 1866. 8. 14 p. m. 2 Tfln.
(1 color.)   1.50
3411 — Laatste Lijst v. Nederlandsche Coleopt. Haarl. 1870. 4. 146 p.   1.50
3412 — v. d. W u l p. Snellen v. Vollenh. (Gravenh., T. Ent.) 1881. 8. 20 p.
m. Portr.   1.—
3413 **Snow.** Lists of Coleopt. and Lepidopt. coll. in Hamilton, Morton and
Clark Cties., Kansas. (Lawr., Univ.) 1903. 4. 18 p.   1.—
3414 — Lists of Coleopt. Lepidopt., Dipt. and Hemipt. collect. in Arizona.
(Lawr., Univ.) 1904. 4. 29 p.   1.—
3415 **Societas Entomologica.** Organ d. internat. Entomolog.-Vereins. Red.
v. Rühl. Jahrg. I—XXI: 1886—1907. Zürich. 4.   110.—
Fast alle Bände sind vergriffen.

3416 **Solari, A. e F.** Descriz. di alc. nuove specie di Curculionidi. (Firenze,
Soc. Ent.) 1903. 8. 24 p.   1.—
3417 — Curculionidi d. Fauna paleart. (Genova, Mus.) 1905. 8. 14 p.   1.—
3418 — Materiali p. lo studio d. Barini I. (Genova, Mus.) 1906. 8. 47 p.   1.50
3419 — Studi s. Acalles. (Genova, Mus.) 1907. 8. 71 p.   2.—
3420 **Solier.** S. l. Collaptérides (Suite). (Paris, Soc. Ent.) 1841. 8. 23 p. av. pl.   1.—
3421 — Essai s. l. Blapsites. Turin 1848. 8. 224 p. av. 12 pl.   10.—
3422 **Solsky.** Descr. de qu. Staphylinides nouv. (Mosc., Soc. Nat.) 1864. 8.
19 p.   1.—
3423 — S. qu. Coléopt. nouv. (Pétersb., Horae) 1867. 8. 18 p.   1.—
3424 — Matériaux p. s. à l'ét. d. Insectes (Coléopt.) de la Russie. I, II, V.
(Pétersb. et Mosc.) 1867 à 69. 8. 33 p.   1.—
3425 — Staphylins de l'Amérique mérid. et du Mexique. II. (Moscou, Soc. Nat.)
1869. 8. 11 p.   1.—
3426 — Coléopt. de la Sibérie orientale. 2 parties. (Pétersb., Horae) 1871 à 72.
8. 119 p.   4.—
3427 — Staphylinides rec. d. l'Amérique du Sud. (Pétersb., Horae) 1872. 8.
26 p.   1.—
3428 — Matér. p. l'Entomologie de la Russie. (Pétersb., Horae) 1872. 8. 10 p.   1.—
3429 — Prémices d'une faune entomol. de la vallée de Zaravschan, Asie centr.
(Pétersb., Horae) 1872. 8. 33 p. av. pl. color.   1.50
3430 — Coleoptera coll. in expedit. Turkestaniensi a Fedtschenko. 2 partes.
Mosqu. 1874—76. 4. c. 2 tab. color. et nigr. — Rossice conscr.   14.—
3431 — Coléopt. nouv. ou peu connus de l'empire Russe. 2 parties. (Pétersb.,
Horae) 1881. 8. 89 p. — En l. Russe.   2.—
3432 **Spaneg.** Z. Biol. uns. einheim. Rosskäfer. (Berl., D. Ent. Z.) 1910. 8.
10 p. m. 2 Tfln.   1.50
3433 **Spaeth.** Beschr. einig. neu. Cassididen. 7 Thle. (Wien, Z. b. G.) 1898
—1909. 8. 100 p. m. Tfl.   4.—
3434 — Uebers. d. palaearkt. Arten d. G. Notiophilus. (Wien, Z. b. G.) 1899. 8.
14 p.   1.—
3435 — 4 Abhandl. üb. Cassiden. 1900—10. 8. 26 p.   1.50
3436 — Neue Cassiden aus Sumatra. (Stett., Ent. Z.) 1901. 8. 13 p.   1.—
3437 — Neue Cassiden aus Peru. (Berl., D. Ent. Z.) 1902. 8. 22 p.   1.—
3438 — Beschr. neu. Centralafrikan. Cassiden. (Brux., S. Ent.) 1902. 8. 17 p.   1.—
3439 — Verzeichn. d. v. Sjöstedt in Kamerun ges. Cassiden. (Stockh., Ak.)
1903. 8. 10 p.   1.—
3440 — Zusammenstell. d. Cassiden v. Neu-Guinea. (Budap., Mus.) 1903. 8. 52 p.   2.—
3441 — Z. Kenntn. d. Cassiden d. Ostind. Archipels. (Genua, Mus.) 1904. 8.
11 p.   1.—

112

3442 **Spaeth.** Krit. Studien üb. Chelymorpha. (Berl., D. Ent. Z.) 1909. 8. 18 p.   1.—
3443 — Coleopterorum Catalogus: Cassidinae.
    In Vorbereitung. — In preparation. — En préparation. — Vide nr. 721.
3444 **Spence.** Monograph of the Brit. spec. of the g. Choleva. (Lond., Linn. S.) 1813. 4. 38 p.   1.—
3445 **Spencer and o.** Reports on the Horn Scientific Expedit. to Central Australia: Zoology, Geology, Botany and Anthropol. 4 vols. Lond. 1896. 4. 1292 p. w. 81 (15 colour. pl. and map. Cloth. (4 £ 10 s.)   50.—
3446 **Spinola.** S. un groupe de Buprestides. (Paris, Soc. Ent.) 1836. 8. 24 p.   1.—
3447 — Essai monogr. s. les Clérites. 2 vols. Gênes 1844. 8. 616 p. av. 47 pl. color. D.-rel. veau.   55.—
    Rare.
3448 **Spry and Shuckard.** The British Coleoptera delineated. Figures of all the genera. London 1861. 8. w. 93 pl. Cloth. (25 s.)   8.—
    Stainton's Entomologist's Annual — see nr. 911.
3449 **Stal.** T. kännedomen om Chrysomelidae. 3 Thle. (Kjöbenh., Ak.) 1858 —1860. 8. 48 p.   2.—
3450 — Monogr. d. Chrysomélides de l'Amérique. Upsal. 1862. 4. 365 p. D.-rel. veau.   7.—
3451 **Staphylinidae.** 10 Abhandl. v. Bernhauer, Eppelsheim, M. Quedenfeldt, Solsky u. a. 1862—1907. 8. 53 p. m. Tfl.   3.—
3452 **Staudinger & Bang-Haas.** Coleopt.-Liste No. 30 A: Palaearct. Arten. Blasew. 1909. 8. 78 p.   1.—
3453 **Stebbing.** Manual of element. Forest Zoology for India. Calcutta 1908. 8. 287 p. w. 120 pl. Cloth.   16.—
3454 **Stein.** Die weiblich. Geschlechtsorgane d. Käfer. Berl. 1847. 4. 147 p. m. 9 Tfln. (M. 30.)   9.—
    — Catalogus Coleopt. Europae — vide nr. 567 et 568.
3455 **Steinheil.** Symbolae ad historiam Coleopt. Argentiniae merid. (Milano, Soc. Nat.) 1869. 8. 23 p.   1.50
3456 — Z. Kenntn. d. Fauna v. Neu-Granada. (Münch., Col. Hefte) 1875. 8. 30 p.   1.—
3457 **Stephens.** Illustrations of British Entomology. 12 vols. Lond. 1828—46. 8. w. 95 colour. pl. (21 £) Half bd. morocco.   130.—
    Vol. I—V: Coleopt.; VI: Dermapt., Orthopt., Neuropt., Trichopt.; VII: Hymenopt.; VIII—XII: Haustellata (Lepid.). — Rare and beautiful work; some of the volumes also separately in stock.
3458 — Manual of British Coleopt. Lond. 1839. 8. 455 p. Cloth.   2.—
3459 **Sternberg.** Z. Gattg. Aegopsis. Neue Anthia-Arten. 2 Abh. (Berlin, D. Ent. Z.) 1904—06. 8. 26 p.   1.—
3460 — Ueb. Afrikan. Coleopt. — Xylotropes inarmatus nov. sp. 2 Abh. (Berl., D. Ent. Z.) 1906. 8. 12 p.   1.—
3461 — Z. Gattung Anthia. I. (Berl., D. Ent. Z.). 1907. 8. 28 p.   1.—
3462 — Neue Arten aus d. Gattg. Tefflus. 2 Thle. (Stett., Ent. Z.) 1909—10. 8. 148 p.   4.—
3463 **(Stettiner) Entomologische Zeitung.** Hrsg. v. d. Entomol. Verein zu Stettin. Jahrg. 1—71: 1840—1910. Stett. 8. m. Tfln. (M. 699.) Gbdn. u. brosch.   370.—
    Alle Jahrgänge auch einzeln vorrätig.
3464 **Steven.** (Tentyriae et Opatra collection. Stevenianae. (Mosquae, Soc. Nat.) 1829. 4. 20 p.   1.—
3465 **Stierlin.** Die Schweizer. Otiorhynchen. (Berl., Ent. Z.) 1858. 8. 61 p.   1.50
3466 — Revis. d. Europ. Otiorhynchus-Arten. Mit 4 Nachtr. (Berl., Ent. Z.) 1861 —1875. 8. 438 p.   5.—
3467 — — Monogr. d. Otiorhynchus d'Europe. Trad. p. Baer. (Paris, Soc. Ent.) 1864. 8. 22 p.   1.—
3468 — Neue Insecten d. Geg. v. Sarepta. (Mosk., Soc. Nat.) 1863. 8. 14 p.   1.—
3469 — Verzeichn. d. im Engadin ges. Käfer. 2 Thle. (Bern, Ent. Ges.) 1863. 8. 20 p.   1.50
3470 — Ein neuer Europ. Athous. (Bern, Ent. Ges.) 1863. 8. 10 p.   1.—

W. Junk, Berlin, W. 15.

3471 **Stierlin.** Zusammenstell. d. in Tessin u. Ober-Engadin ges. Coleopt. 2 Thle. (Bern, Ent. Ges.) 1863—64. 8. 17 p. — *M* 1.—

3472 — Monogr. du g. Calathus carabid. VI. (Bern, Ent. Ges.) 1867. 8. 44 p. 1.50

3473 — Beschreib. ein. neuer Käferarten. 3 Thle. (Bern, Ent. Ges.) 1867—88. 8. 46 p. 1.50

3474 — Analyt. Uebers. d. Arten d. Gatt. Otiorhynchus. (Berl., Ent. Z.) 1873. 8. 32 p. 1.—

3475 — Ein. neue Kaukas. Otiorhynchus-Arten. 2 Abhandl. (Bern, Ent. Ges.) 1877—79. 8. 16 p. 1.—

3476 — Beschr. einig. Kaukas. Rüsselkäfer. (Bern, Ent. Ges.) 1877. 8. 20 p. 1.—

3477 — Revis. d. Dichotrachelus-Arten. (Bern, Ent. Ges.) 1878. 8. 33 p. 1.—

3478 — Beschreib. neuer Otiorhynchus-Arten. 3 Thle. (Bern, Ent. Ges.) 1880 —1881. 8. 33 p. 1.50

3479 — Z. Kenntn. d. Käfer-Fauna d. Wallis. (Bern, Ent. Ges.) 1880. 8. 11 p. 1.—

3480 — Z. Kenntn. der Tropiphorus-Arten. (Bern, Ent. Ges.) 1880. 8. 9 p. 1.—

3481 — Beschr. neuer Otiorhynchusarten. (Bern, Ent. Ges.) 1881. 8. 10 p. 1.—

3482 — Beschr. ein. neuer Rüsselkäfer. 10 Tle. (Bern, Ent. Ges.) 1881—99. 8. 79 p. 4.—

3483 — Bestimm.-Tabellen d. Europ. Curculionidae. (Theil I.) (Bern, Ent. Ges.) 1883. 8. 243 p. 8.—
   Vergriffen. — Ist „Bestimmungs-Tabelle d. Europ. Coleopt." Heft 9.

3484 — — Theil II: Brachyderidae (in 2 Theilen). (Bern, Ent. Ges.) 1885. 8. 102 p. 5.—
   Ist „Bestimmungs-Tabelle d. Europ. Coleopt." Heft 13.

3485 — — Tableaux analyt.'p. la détermin. d. Coléopt. Européennes: Curculionidae. Trad. p. Marchal. (Narbonne, Misc. Ent.) 1894 à 96. 8. 56 p. 5.—

3486 — Zur Klassifikat. d. Liophloeus-Arten. (Bern, Ent. Ges.) 1893. 8. 10 p. 1.—

3487 — Fauna Coleopteror. Helvetica. Die Käfer-Fauna d. Schweiz n. d. analyt. Methode bearb. Bd. I. Bern 1900. 8. 679 p. 8.—
   Auch viele Bruchstücke vorhanden.

3488 — Coleopt.-Fauna d. Gegend v. Schaffhausen. 2 Thle. (Bern, Ent. Ges.) 1905. 8. 54 p. 2.—

3489 **Stierlin et Gautard.** Fauna Coleopt. Helvetica. 2 Thle. Zürich 1869—1871. 4. 10.—

3490 **Strand.** Fortegn. ov. Coleopt. saml. i Frederikstads omegn. (Krist., Nyt Mag.) 1900. 8. 22 p. 1.—

3491 — 5 Abh. üb. Coleopt. 1901. 8. 19 p. 1.—

3492 — Faunist. not. om Staphylin., Cassidin. og Coccinellider. Trondhj. 1902. 8. 16 p. 1.—

3493 — Mindre meddel. redr. Norges Coleopt. Fauna. (Krist., Arch. Nat.) 1904. 8. 31 p. 1.—

3494 — Coleopt., Hymenopt., Lepidopt. and Araneae of the 2. Norweg. Arctic Exped. Kristiania 1905. 4. 30 p. 2.—

3495 **Strauch.** Catal. systém. de tous l. Coléopt. décrits dans l. 'Annales d. la Soc. Entomol. de France', 1832 à 1859. Halle 1861. 8. 164 p. 1.—

3496 **Strauss-Durckheim.** Considérations génér. s. l'anatomie comp. des Animaux Articulés, et anat. descr. du Melolontha vulg. Paris 1828. 4. 488 p. av. atlas de 19 pl. 60.—

3497 **Strohmeyer.** Biologie, Schädlichk. u. Vorkomm. d. Eichenkernkäfers. (Stuttg., Nat. Z.). 1906 8. 30 p. m. 2 Tfln. 1.50

3498 — Borkenkäfer d. Philippinen. (Manila, Journ. Sc.) 1911. 4. 13 p. m. Tfl. 1.50

3499 — Coleopterorum Catalogus: Platypodidae.
   In Vorbereitung. — In preparation. — En préparation. — Vide nr. 721.

3500 **Ström.** Beschreib. Norweg. Insecten. 2 Tle. (Leipz.) 1767. 8. 105 p. m. 2 Tfln. Cart. 7.—

3501 **Strübing.** Epitomat. Uebers. d.'Monogr. du g. Cis p. Mellié'. 2 parties. (Stett., Ent. Z.) 1851. 8. 22 p. 1.—

W. Junk, Berlin, W. 15.

3502 **Sturm.** Verzeichn. mein. (Coleopt.-)Insecten-Sammlung. Heft I (einzig.).   *M*
Nürnb. 1800. 8. 132 p. m. 4 color. Tfln. Cart.   2.—
Ueber die bibliographisch interessanten Verschiedenheiten der Ausgaben dieses
Werkes siehe die ausführliche Notiz in Hagen's Bibliotheca II p. 203, 204.
3503 — Deutschlands Käfer. (Coleopt.) 23 Bde. m. Register. Nürnb. 1805—77.
8. m. 424 color. Tafeln. (M. 196.)   70.—
3504 — — Vollständ. Exemplar mit s c h w a r z e n Tafeln o h n e Text, aber mit
Register.   20.—
3505 — — Bd. I—V. Nürnb. 1805—24. 8. m. 137 c o l o r. Tfln. Cart. — Text f e h l t.   10.—
3506 — — Bd. I—IV. Nürnb. 1805—18. 8. m. 104 c o l o r. Tfln. Cart.— Mit Text.
Jeder Band à M. 5.
3507 — — Cetonidae. 10 c o l o r. Tafeln m. Text.   2.—
— Abbildgn. zu Illiger's Uebersetz. v. Olivier's Naturgesch. — siehe Nr. 2548.
3508 **Stussiner.** Coleopt. Streifzüge in Istrien. (Berl., D. Ent. Z.) 1881. 8.
23 p.   1.—
3509 The **Substitute;** or Entomological Exchange Facilitator, for 1856—57.
(Ed. by Stainton). Lond. 1857. 8. 247 p. Cloth. — All pub.   7.—
3510 **Suffrian.** Fragmente z. Kenntn. deutscher Käfer. 5 Tle. (Stett., Ent. Z.)
1841—42. 8. 70 p.   1.50
3511 — Revis. d. Europ. Arten d. Gtt. Cryptocephalus. 2 Thle. (Berl., Linnaea
Ent.) 1847—48. 8. 346 p.   6.—
3512 — — Monogr. d. espèces Europ. du g. Cryptocephalus. Trad. p. Fairmaire. (Paris, Soc. Ent.) 1848. 8. 10 p.   1.—
3513 — Z. Kenntn. d. Europ. Chrysomelen. (Berl., Linn. Ent.) 1851. 8. 280 p.   2.50
3514 — — Monogr. d. Chrysomèles d'Europe. Trad. p. Fairmaire. Partie II à
IV. (Paris, Soc. Ent.) 1854 à 65. 99 p.   1.50
3515 — Monogr. u. bericht. Verzeichniss d. Nordamerik. Cryptocephalen. 3 Tle.
(Berlin, Linn. Eht.) 1852—58. 8. 433 p. Hfzb.   7.—.
3516 — Berichtigt. Verzeichn. d. Europ. Cryptocephalen. 2 Thle. (Berl., Linn.
Ent.) 1853. 8. 68 p.   2.—
3517 — Verzeichn. d. Asiatisch. Cryptocephalen. 2 Thle. (Berl., Linn. Ent.)
1855—60. 8. 241 p.   3.—
3518 — Z. Kenntn. d. African. Cryptocephalen. (Berl., Linn. Ent.) 1857. 8.
204 p.   3.—
3519 — Z. Kenntn. d. Cryptocephalen Austral. (Berl., Linn. Ent.) 1859. 8.
171 p. Hfzb.   3.—
3520 — Z. Kenntn. d. Südamerik. Cryptocephalen. 2 Bde. (Berl., Linn. Ent.)
1865. 8. 756 p. Hfzb.   10.—
3521 — Verzeichn. d. Asiat. Cryptocephalen. 2 Thle. (Berl., Linn. Ent.) 1865
—1868. 8. 241 p. Hfzb.   3.—
3522 **Sukow.** Naturgesch. d. Maikäfers. Carlsr. 1824. 8. 36 p. m. 3 Tfln.   1.—
3523 **Sumakow.** Fauna d. Coleopt. v. Turkestan. 1908. 8. 16 p.   1.—
3524 **Swammerdam.** Biblia Naturae sive Historia Insectorum. 2 vol. Leydae
1737—38. fol. 7C8 p. et 53 tab. Frzb.   35.—
Die selten gewordene Originalausgabe des berühmten Buches.
3525 **Tappes.** Cryptocéphalides d'Europe et d. pays limitrophes. 2 parties.
(Paris, Soc. Ent.) 1868 à 71. 8. 34 p. av. 2 pl. color.   1.50
3526 **Targioni-Tozzetti.** Composiz. d. Zampe d. Gyrinus natator. (Firenze, Soc.
Ent.) 1869. 8. 10 p. c. tav.   1.—
3527 — Organo di lume n. Lucciole. (Firenze, Soc. Ent.) 1870. 8. 13 p. c. tav.   1.—
3528 (—) Catal. d. Coleotteri Ital. d. Museo di Firenze. 2 parti. Firenze 1876
—1879. 8. 80 p.   1.50
3529 — Myxolecanium Kibarac. (Firenze, S. Ent.) 1877. 8. 4 p. c. tav.   1.—
3530 **Tarnani.** Rebenschneider (Lethrus apterus). (Warschau, Ak.) 1900. 8. 39 p.
— Russisch m. deutsch. Resumé.   1.50
3531 **Taschenberg, E.** Die Rüsselkäfer d. Zool. Museums Halle. (Halle, Z.Nat.)
1869. 8. 118 p.   3.—
3532 — Neue Käfer aus Columbien u. Ecuador. (Halle, Z. Nat.) 1870. 8. 24 p.   1.—
3533 — Entomologie f. Gärtner u. Gartenfreunde. Leipz. 1871. 8. 586 p. m.
123 Fig. (M. 8.)   4.—

W. Junk, Berlin, W. 15.

3534 **Taschenberg, E.** Forstwirtschaftl. Insekten-Kunde. Leipz. 1874. 8. 548 p. m. Fig. (M. 8.) 4.—

3535 — Praktische Insektenkunde. 5 Thle. Brem. 1879—80. 8. 1410 p. m. viel. Fig. (M. 23.) 15.—
Jeder Theil, eine Insektenklasse enthaltend, auch einzeln.

3536 — — Käfer. 18 Ausschnitte aus d. Werke. (Brem. 1880.) 8. 120 p. m. viel. Figuren. 2.—

3537 **Theobald.** The Insect and other allied Pests of Orchard, Bush and Hothouse Fruits. Wye 1909. 8. 566 p. w. 328 fig. Cloth. 32.—

3538 **Therese v. Bayern.** Auf e. Reise in Südamerika ges. Coleopteren. (Berl., Ent. Z.) 1901. 8. 24 p. m. color. Tfl. 2.—

3539 **Théry.** 10 mém. s. Coléopt. nouv. 1896 à 1909. 8. 63 p. 2.—

3540 — Buprestides rec. p. Horn à Ceylan. (Brux., Soc. Ent.) 1904. 8. 10 p. 1.—

3541 — Révis. d. Buprestides de Madagascar. Paris 1905. 8. 186 p. av. 7 pl. 7.—

3542 **Thevenet.** S. la Corticaria Pharaonis. (Paris, S. Ent.) 1874. 8. 5 p. av. pl. 1.—

3543 **Thieme.** Analogieen im Habitus zwisch. Coleopterenspec. (Berl., Ent. Z.) 1884. 8. 12 p. 1.—

3544 **Thion.** Organes de la manducation d. Stènes. (Paris, S. Ent.) 1834. 8. 13 p. av. pl. 1.—

3545 **Thomson, C. G.** Skandinaviens Coleoptera, synopt. bearb. 10 Bde. Lund 1859—1868. 8. 3506 p. (M. 55.) 40.—

3546 — Opuscula Entomolog. 22 Fascic. Lundae 1869—97. 8. c. tabulis. — Quantum prodiit. 90.—

3547 — Skandinaviens Insecter. 2. Aufl. Bd. I: Coleopt. Lund 1885. 8. 211 p. 5.—

3548 **Thomson, J.** Descr. de 3 Carabes. (Paris, S. Ent.) 1856. 8. 5 p. av. pl. color. 1.—

3549 — Descr. de qu. Coléopt. nouv. ou peu connus. (Paris, Soc. Ent.) 1856. 8. 18 p. av. 2 pl. color. 1.50

3550 — Archives Entomologiques. Insectes (Coléopt.) nouv. ou rares. 2 vols. Paris 1857 à 58. 8. 985 p. av. 37 pl. (fr. 60.) 12.—
Le 2. volume est: Voyage au Gabon.

3551 — — Aux planches coloriées. (fr. 75.) 28.—

3552 — De Guérin-Méneville et de 3 Eumorphides. (Paris, Arch. Ent.) 1858. 8. 27 p. 1.—

3553 — Arcana Naturae ou recueil d'hist. nat. (Coléopt., principal. Longicornes). Paris 1859. fol. 134 p. av. 13 pl. (11 color.) (fr. 75.) 12.—

3554 — Coléopt. de la région du Nil Blanc. Descr. de 2 espèces nouv. de Carabidae. (Paris, Arcana Nat.) 1859. 4. 9 p. av. pl. color. Cart. 2.50

3555 — Monogr. d. Cicindélides. Paris 1859. 4. 85 p. av. 10 pl. color. 13.—
Exemplaires aux planches coloriées sont rares.

3556 — Musée Scientifique (Coléoptérolog.). Paris 1860 à 68. 8. 96 p. av. 7 pl. color. et noir. 10.—
Cont.: Monogr. d. Nilionides, Parandrides, Paussid., Clérid.; Coléopt. nouv. du Soudan etc. — Les mémoires se vendent séparément.

3557 — Classific. d. Cérambycides. Paris 1860. 8. 396 p. av. 3 pl. (fr. 30.) 7.—

3558 — Monogr. d. Monommides. (Paris, Soc. Ent.) 1860. 8. 34 p. av. 3 pl. color. 2.—

3559 — Catal. d. Lucanides de sa Collect. (Paris, S. Ent.) 1862. 8. 48 p. 1.50

3560 — Parry. On Thomson's Catal. of Lucan. (Lond., Ent. Soc.) 1863. 8. 11 p. 1.—

3561 — Systema Cerambycidarum. (Leodii, Soc. Sc.) 1866. 8. 538 p. 12.—
Rare.

3562 — Physis. Recueil d'Histoire Naturelle (Coléopt.). 3 vols. Paris 1867 à 69. 8. 877 p. 15.—

3563 — — Vol. I et II. 1867. 380 p. 6.—

3564 — Matér. p. s. à une révis. d. Lamites. (Paris, Physis) 1867. 4. 55 p. 3.50

3565 — Typi Cerambycidarum Musaei Thomsoniani. II. III. (Paris, Rev. Zool.) 1878. 8. 57 p. 2.—

W. Junk, Berlin, W. 15.

116

3566 **Thomson, J.** Typi Buprestidarum Musaei Thomsoniani. Cum Appendice.   *M*
Paris 1878—1879. 8. 195 p.   8.—
3567 — — Appendix. Paris 1879. 8. 87 p.   2.—
3568 — Buprestides Polybothroides. (Paris, Rev. Zool.) 1879. 8. 43 p.   1.—
3569 — Révis. du g. Steraspis. (Paris, Rev. Zool.) 1879. 8. 14 p.   1.—
3570 — Revue d. Psiloptérites. (Paris, Rev. Zool.) 1880. 8. 20 p.   1.—
3571 **Thon u. Reichenbach.** Die Insekten, Krebs- u. Spinnentiere. Leipz. 1838.
4. 500 p. m. 131 color. Tfln. (M. 42.) Cart.   18.—
3572 **Tijdschrift** voor Entomologie. Uitg. d. de Nederlandsche Entomolog. Vereeniging. Bd. 1—53: Jahrg. 1858—1910. Mit allen Registern. Haag. 8. m.
vielen color. u. schwarzen Tfln. Gbd. u. brosch.   500.—
    Bd. VII, dessen Auflage nach Erscheinen durch Brand vollständig vernichtet
wurde, ist später nachgedruckt worden.
3573 **Tomicidae.** 10 Abhandl. v. Eichhoff, Hagedorn, Lindemann u. a. 1868
—1909. 8. 42 p. m. Tab.   3.—
3574 **Tornier.** Das Entstehen v. Käfermissbildgn. (Leipz., Arch. Entw.) 1900.
8. 62 p.   1.50
3575 **Tournier.** Qu. nouv. Coléopt. d'Europe et d'Algérie. (Paris, S. Ent.) 1867.
8. 10 p. av. pl.   1.—
3576 — Descr. d. Dascillides du bassin du Léman. Genève 1868. 8. 96 p. av.
4 pl. (3 color.)   5.—
3577 — S. l. esp. Europ. et Circumeurop. d. Tychiides. (Paris, Soc. Ent.) 1873.
8. 74 p.   2.—
3578 — Curculionides nouv. (Bern, Ent. Ges.) 1874. 8. 22 p.   1.—
3579 — Matér. p. s. à la monogr. d. Erirrhinides. (Brux., S. Ent.) 1874. 8. 54 p.   1.50
3580 — ıtude d. esp. Europ. et Circumeurop. du g. Cneorhinus. (Brux., Soc. Ent.)
1876. 8. 39 p.   1.—
3581 — Qu. nouv. esp. de Phyllobius. (Bern, Ent. G.) 1877. 8. 9 p.   1.—
3582 — 3 mém. s. Curculionid. nouv. (Brux., S. Ent.) 1879. 8. 14 p.   1.—
3583 — Matér. p. s. à une monogr. d. esp. Europ. et Circumeurop. du g. Myllo-
cerus. (Brux., Soc. Ent.) 1879. 8. 15 p.   1.—
3584 — S. le g. Sibinia. (Brux., S. Ent.) 1895. 8. 10 p.   1.—
3585 **Tower.** Origin and developm. of the Wings of Coleopt. (Jena, Z. Jahrb.)
1903. 8. 56 p. w. 7 pl. (2 colour.)   8.—
3586 — Developm. of the Colours and Colour-patterns of Coleopt. (Chicago,
Univ.) 1903. 4. 38 p. w. 3 pl. (1 colour.)   4.—
3587 — Investigat. of evolut. in the g. Leptinotarsa. Wash. 1907. 8. 330 p. w.
30 pl. (10 colour.)   16.—
3588 **Trägårdh.** Descr. of Termitomimus. Ups. 1907. 8. 19 p. w. pl.   1.—
3589 **Transactions** of the Entomological Society of London. Complete copy fr.
the beginning in 1834 till 1910 incl. 58 volumes. Lond. 8. w. very many
colour. and black plates. Cloth and in parts.   1400.—
    Complete sets, especially those embracing series I and vol. 4 of series II are now
very rare.
3590 — — Series I and II. 10 vols. Lond. 1834—62. 8. w. many colour. and black
pl. — Vol. 5 of series I wanting.   250.—
3591 **Transactions** of the City of London Entomol. and Natur. Hist. Society.
Parts I—XVII (1890—1907). Lond. 1890—1908. 8. w. pl.   20.—
3592 **Transactions** of the American Entomolog. Society. Vol. 1—35. Philad.
1867—1909. 8. w. many pl. Cloth and in parts.   750.—
    Vol. 1—4 are out of print. See also nr. 2712.
3593 **Transactions** of the Entomological Society of New South Wales. 2 vols.
(all pub.) Sydney 1866—73. 8. w. 17 pl.   50.—
    Very rare, as volume I is out of print since long.
3594 — — Vol. II. 1873. 380 p. w. pl.   20.—
3595 **Trédl.** Normalpräparation v. Käfern. Schwabach 1908. 8. 8 p. m. 13 Fig.   1.—
3596 **Tschitschérine.** 4 mém. s. qq. Coléopt. nouv. (Pétersb., Horae) 1887
à 1897. 8. 22 p.   1.50
3597 — Matér. p. s. à l'ét. d. Féroniens. 4 parties. (Pétersb., Horae) 1893 à 98.
8. 431 p.   10.—

W. Junk, Berlin, W. 15.

M

3598 **Tschitschérine.** Matér. p. s. à l'ét. d. Féroniens. Partie IV. 1898. 8. 224 p.   3.—
3599 — S. le g. Trichocellus. (Pétersb., Horae) 1897. 8. 69 p.   2.—
3600 — Drimostomides et Abacétides du Congo. (Petersb., Horae) 1897. 8. 32 p.   1.50
3601 — S. divers Harpalini paléarct. (Paris, Soc. Ent.) 1898. 8. 21 p.   1.—
3602 — S. l. Platysmatini du Muséum d'Hist. Natur. de Paris. 10 fascic. (Pétersb., Horae) 1899 à 1900. 8. 223 p.   5.—
3603 — Descr. de qu. nouv. Platysmatini. (Pétersb., Horae) 1900. 8. 16 p.   1.—
3604 — Genera d. Harpalini d. régions paléarct. et paléanarctique. (Pétersb., Ac.) 1901. 8. 35 p.   1.—
3605 — Platysmatini nouv. de l'Asie orient. et de l'Australie. (Pétersb., Horae) 1902. 8. 40 p.   1.50
3606 — S. le g. Eucamptognathus. (Pétersb., Horae) 1903. 8. 26 p.   1.—
3607 — Notes détach. s. l. Harpalini de l'Asie orient. (Pétersb., Horae) 1906. 8. 46 p.   1.50
3608 **Uhagon.** Espec. nuev. d. g. Bathyscia. (Madrid, Soc. Nat.) 1881. 8. 14 p.   1.—
3609 — S. l. espec. Españolas d. grupo "Cholevae". (Madrid, Soc. Nat.) 1890. 8. 82 p.   2.—
3610 **Uittenboogaart.** List of Beetles coll. in Surinam and on Barbados. (Gravenh., T. Ent.) 1903. 8. 11 p.   1.—
3611 **Ulke.** List of the Beetles of the district of Columbia. (Wash., Mus.) 1903. 8. 57 p.   1.—
3612 **Van d. Branden.** Enumérat. d. Phytophages décr. postérieur. au Catal. Coleopt.: Hispides et Cassidides. (Brux., Soc. Ent.) 1884. 8. 16 p.   1.50
3613 — Catal. d. Coléopt. Carnassiers aquat. Brux. 1884. 8. 118 p.   3.—
Van Roon — siehe: van Roon (Nr. 3013).
3614 **Vauloger.** Helopini du Nord de l'Afrique. (Paris, Soc. Ent.) 1899. 8. 54 p.   2.—
3615 **Verhandlungen** der deutsch. Zoolog. Gesellschaft. 1.—19. Jahresversammlung, hrsg. v. Spengel u. a. Leipzig 1891—1909. 8. m. Tfln. (M. 126.40.)   100.—
3616 **Verhandlungen** d. Zoologisch-Botanischen Gesellschaft in Wien. Jahrg. 1—57: 1851—1907 m. 3 Registerbdn. u. mit 2 Festschriften. Wien. 8. m. sehr viel. Tfln. (M. 1180.)   280.—
   Die ersten 8 Bände sind selten.
3617 **Verhoeff.** Vergleich. Unters. üb. d. Abdominalsegmente u. d. Copulationsorgane d. männl. u. weibl. Coleopt. 2 Thle. (Berl., D. Ent. Z.) 1893. 8. 110 p. m. 6 Tfln.   4.50
3618 — 8 Abh. z. Anat. u. Physiol. d. Coleopt. 1894—1900. 8. 64 p.   2.50
3619 — Z. Kenntn. d. vergl. Morphol. d. Abdomens d. weibl. Coleopt. (Berl., Ent. Z.) 1894. 8. 12 p.   1.—
3620 — Copulationsapparat männl. Coleopt. (Berlin, D. Ent. Z.) 1895. 8. 14 p.   1.—
3621 — Verfärb. d. Coleopt.-Nymphen u. Imagines. (Wien, Z. b. G.) 1897. 8. 10 p.   1.—
3622 **Verslag** van de Wintervergadering d. Nederlandsche Entomolog. Vereeniging. 1—37. Gravenh. 1867—1904. 8.   8.—
3623 **Verslag** van de Zomervergadering d. Nederlandsche Entomolog. Vereeniging. 3—61. Gravenh. 1847—1906. 8.   8.—
3624 **Verzeichniss** d. Käfer, w. um d. Urspr. d. Donau u. d. Neckars vork. Tübing. 1801. 8. 68 p.   1.50
3625 **Victor.** Coléopt. du Caucase et d. prov. Transcaucasiennes. 6 parties. (Mosc., Soc. Nat.) 1835 à 40. 8. et 4. 102 p. av. 8 pl. color.   10.—
3626 **Villa, A.** S. Curculioniti d. agro Pavese. (Milano, Soc. Nat.) 1860. 8. 10 p.   1.—
3627 **Villa, A. et J. B.** Coleopt. Europae. Cum supplem. Mediol. 1833—38. 8. 66 p.   1.—
3628 — Coleopteror. diagnoses. Mediol. 1868. 8. 28 p.   1.—
3629 — Riproduz. d. diagnosí di Coleott. (Milano, Soc. Nat.) 1868. 8. 24 p.   1.—
3630 **Vinson.** Voyage (Entomolog.) à Madagascar. Paris 1865. 8. 646 p. av. 7 pl. color. D.-rel. maroqu.   14.—
3631 **Vitale.** Brachycer., Tropiphorini, Rhytirrh., Hylobini Messinesi. (Palermo, Natural.) 1893. 4. 16 p.   1.50

W. Junk, Berlin, W. 15.

118

ℳ

3632 **Vitale.** I Rincofori Messinesi. Messina 1901. 8. 37 p. 2.—
3633 — Su alc. spec. di Rincofori Messinesi. 2 parti. (Siena, Palermo) 1902
  —1905. 4. et 8. 36 p. 1.—
3634 — Di alc. nuove forme specif. di Curculionidi Sicil. (Messina, Acc.) 1905.
  8. 23 p. 1.—
3635 — Supplem. al catal. d. Curculionidae. (Messina, Acc.) 1905. 8. 14 p. 1.—
3636 **Viturat.** Catal. d. Coléopt. du dép. de Saone-et-Loire. Moulins 1903. 8.
  54 p. 1.50
3637 **Viturat et Fauconnet.** Catal. analyt. et raisonné d. Coléopt. de Saône-
  et-Loire et d. départ. limitrophes. Autun 1898. 8. 350 p. 7.50
3638 **Voet.** Beschreib. u. Abbildungen hartschaliger Insecten (Coleopt.). Fortgesetzt v. Panzer. 5 Thle. Erlang. 1793—1802. 4. m. 112 color. Tfln.
  (M. 90.) 35.—
3639 — — Mit schwarzen Tafeln. 12.—
3640 — Catalogus systemat. Coleopteror. 2 vol. (6 partes). Hagae 1806. 4. c.
  105 tab. color. (M. 80.) 20.—
3641 **Vogel, E.** Beitr. z. Chrysomelinen-Fauna v. Mittel- u. Süd-Afrika. (Dresd.,
  Numqu. otios.) 1871. 8. 91 p. 2.—
3642 **Vogler.** Die Schuppen d. Anthrenen. 2 Thle. (Neudamm, Z. Ent.) 1885.
  8. 11 p. m. Tfl. 1.—
3643 — Die Schuppen d. Pelzkäfer-Larve. (Neudamm, Z. Ent.) 1885. 8. 4 p.
  m. Tfl. 1.—
3644 **Vosseler.** Untersuchungen üb. Muskeln d. Arthropoden. Tübgn. 1891. 8.
  m. 6 Tfln. (M. 6.) 3.—
3645 **Wachtl.** Die krummzähn. Europäischen Borkenkäfer. Wien 1895. 4. 31 p.
  m. 6 Tfln. (M. 8.) 6.—
3646 **Wagener.** Die Cassididae. I. (Münch., Ent. Ver.) 1877. 8. 31 p. 1.—
3647 — — IV. (Münch., Ent. Ver.) 1881. 8. 69 p. 1.50
3648 **Wagner, H.** Z. Kenntn. d. Gattg. Apion. II—IV. (München, Kol. Z.) 1906
  —1908. 8. 56 p. 1.50
3649 — Neue Apioniden aus Afrika. (Brüssel, Soc. Ent.) 1907. 8. 10 p. m. Tfl. 1.—
3650 — 7 Abh. üb. Apioniden. Berl. u. Brüssel 1907—09. 8. 30 p. 1.50
3651 — Apioninae d. Exped. nach d. Kilimandscharo. Upps. 1908. 4. 10 p. 1.—
3652 — Neue central- u. südafrikan. Apionen. (Stett., Ent. Z.) 1908. 8. 34 p. 1.—
3653 — Die südafrikan. Apioniden v. Marshall im Mashonalande und in Natal
  ges. (Brüss., Soc. Ent.) 1908. 8. 62 p. m. 6 Tfln. 3.—
3654 — Z. Kenntn. d. Central- u. Südafrik. Apioniden. 2 Thle. (Brüss., Soc.
  Ent.) 1908—09. 8. 27 p. m. Tfl. 1.50
3655 — Z. Biol. d. Apionen d. Mitteleurop. Faunengebietes. 3 Tle. (Berl., Z.
  Insbiol.) 1909. 8. 16 p. 1.—
3656 — Coleopterorum Catalogus. Pars 6: Curculionidae: Apioninae. Berolini
  1910. 8. 81 p. 7.50
  Subscriptionspreis für Abnehmer des ganzen „Coleopterorum Catalogus" (siehe
  No. 721) M. 5.
3657 **Wagner, M.** Reisen in Algier. Nebst naturhist. Anhang (Insekten von
  Erichson). 3 Bde. Leipz. 1841. 8. 1196 p. m. Atlas v. 18 color. Tfln.
  in-fol. (M. 36.) Cart. 18.—
3658 **Walker, F.** List of Coleopt. coll. by Lord in Egypt, Arabia and the
  Afric. Shore of the Red Sea. Lond. 1871. 8. 19 p. 1.—
3659 **Walker, F. A.** On Oriental Entomology. 2 parts. (Lond., Vict. Inst.) 1887
  —1888. 8. 65 p. 3.50
3660 **Walker, J.** On the Heteromerous Coleopt. collect. in Australia and Tasmania. (Lond., Ent. Soc.) 1895. 8. 64 p. w. colour. pl. 3.—
3661 **Wallace.** Catal. of the Cetoniidae of the Malay. Archipel. (Lond., Ent. S.)
  1868. 8. 83 p. w. 4 colour. pl. 6.—
3662 — The Malay Archipelago. 2 vols. Lond. 1869. 8. 819 p. w. 8 pl. and
  9 maps. Cloth. 23.—
  First and best edition, rare.
3663 — Contrib. to the theory of Natural Selection. Lond. 1870. 8. 395 p.
  Cloth. 8.—

W. Junk, Berlin, W. 15.

3664 **Wallace.** Beitr. z. Theorie d. natürl. Zuchtwahl. Deutsch v. A. B. Meyer. *M*
Erl. 1870. 8. 452 p. (M. 6.)   4.—

3665 — Die geograph. Verbreit. d. Thiere. Deutsch v. A. B. Meyer. 2 Bde.
Dresd. 1876. 8. 1276 p. m. 7 Ktn. u. Tfln. (M. 36.)   10.—

3666 **Waltl.** Coléopt. de la Turquie. (Paris, Abeille) 1869. 8. 33 p.   1.50

3667 — Coléopt. d'Espagne. (Paris, Abeille) 1869. 8. 32 p.   1.50

3668 — Coléopt. de Passau. (Paris, Abeille) 1869. 8. 16 p.   1.—

3669 **Walton.** Ueb. d. Synonymie der G. Apion. 3 Thle. (Stett., Ent. Z.) 1845.
8. 30 p.   1.—

3670 — Ueb. d. Gattgn. Phyllobius, Polydrosus u. Metallites. (Stett., Ent. Z.)
1846. 8. 10 p.   1.—

3671 — Ueb. d. Brittischen Arten v. 15 Gattungen. 3 Thle. (Stett., Ent. Z.)
1848—49. 8. 34 p.   1.—

3672 — List of Brit. Curculionidae. Lond. 1856. 8. 46 p.   1.50

3673 **Wandolleck.** Fühler v. Onychocerus albitars. (Berl., Nat. Fr.) 1896.
8. 5 p.   —.50

3674 — Z. vergl. Morphol. d. Abdomens d. weibl. Käfer. (Jena, Z. Jahrb.) 1905.
8. 100 p. m. Tfl.   3.—

3675 **Ward, J.** The Sacred Beetle. Popul. treat. on Egyptian Scarabs in Art
and Hist. London 1901. 8. w. fig. Cloth.   10.—

3676 **Warnier.** Catal. d. Coléopt. de la faune Gallo-Rhénane. Reims 1901. 8.
191 p. (fr. 3.50.)   2.—

3677 **Wasmann.** Ueb. d. Lebensweise einig. Ameisengäste. 2 Thle. (Berl., Ent. Z.)
1886—87. 8. 44 p.   1.50

3678 — Neue Brasil. Staphylinid. (Berl., D. Ent. Z.) 1887. 8. 14 p. m. Tfl.   1.50

3679 — Z. Lebensweise d. Gatt. Atemeles u. Lomechusa. Haag 1888. 8. 86 p.   2.—

3680 — Neue Eciton-Gäste aus Südbrasilien. (Berl., Ent. Z.) 1889. 8. 6 p. m. Tfl.   1.—

3681 — Vergleich. Stud. üb. Ameisengäste u. Termitengäste. Haag 1890. 8.
73 p. m. Tfl.   2.50

3682 — Neue Clavigeride a. Madagask. (Stett., Ent. Z.) 1891. 8. 8 p. m. Tfl.   1.—

3683 — Neue Myrmekophilen (Staphylin., Clavigeridae). I. (Berl., D. Ent. Z.)
1893. 8. 13 p. m. Tfl.   1.—

3684 — Kritisches Verzeichn. d. myrmekophilen u. termitophilen Arthropoden.
Berl. 1894. 8. 350 p. (M. 12.)   10.—

3685 — Die Ameisen- u. Termitengäste v. Brasil. Thl. I. (soviel erschien.)
(Wien, Z. b. G.) 1895. 8. 43 p. m. 7 Fig.   1.50

3686 — Revis. d. Lomechusa-Gruppe. (Berl., D. Ent. Z.) 1896. 8. 13 p.   1.—

3687 — Neue Myrmekophilen aus Madagascar. (Berl., D. Ent. Z.) 1897. 8. 16 p.
m. 2 Tfln.   2.—

3688 — Die Gäste d. Ameisen u. Termiten. (Neudamm, Z. Ent.) 1898. 8. 5 p.
m. Tfl.   1.—

3689 — Nachtrag zu d. Ameisengästen v. Holländ. Limburg. (Gravenh., T. Ent.)
1899. 8. 19 p.   1.—

3690 — Neue Termito- u. Myrmecophilen aus Indien. (Berl., D. Ent. Z.) 1899.
8. 26 p. m. 2 Tfln.   2.—

3691 — Z. Kenntn. d. termitoph. u. myrmekoph. Cetoniden Südafrikas. (Neudamm, Ent. Z.) 1900. 8 p. m. Tfl.   1.—

3692 — Species novae Insectorum Termitophilorum ex America meridion.
(Gravenh., T. Ent.) 1903. 8. 13 p. et tab.   1.50

3693 — Z. Kenntn. d. Gäste d. Treiberameisen u. ihrer Wirthe am obern Congo.
(Jena, Zool. J.) 1904. 8. 72 p. m. 3 Tfln.   3.—

3694 — Ueb. ein. Afrikan. Paussiden. 2 Abh. (Berl., D. Ent. Z.) 1907. 8. 13 p.
m. Tfl.   1.—

3695 — Z. Kenntn. d. Ameisen u. Ameisengäste v. Luxemburg. (Lux., Inst.)
1907. 4. 17 p. m. 2 Tfln.   4.—

3696 **Waterhouse, C. O.** New genus and some new sp. of Lucanidae. (Lond.,
Ent. Soc.) 1869. 8. 8 p. w. pl.   1.—

3697 — On Australian Coleopt. (Lond., Ent. S.) 1874. 8. 14 p.   1.—

3698 — Descr. of new Coleopt. fr. Australia. (Lond., Ent. Soc.) 1875. 8. 16 p.   1.—

120

3699 **Waterhouse, C. O.** On the Lamellicorn. of Japan. (Lond., Ent. S.) 1875. ℳ
8. 46 p. w. pl. | 2.—
3700 — 4 pap. on new exotic Coleopt. 1875—81. 8. 24 p. | 1.50
3701 — On var. new gen. and spec. of Coleopt. (Lond., Ent. S.) 1876. 8. 15 p. | 1.—
3702 — Descr. of 20 new Coleopt. (Lond., Ent. S.) 1877. 8. 13 p. | 1.—
3703 — Descr. of new Callirrhipis. (Lond., Ent. S.) 1877. 8. 15 p. | 1.—
3704 — Monogr. of the Austral. Lycidae. (Lond., Ent. S.) 1877. 8. 14 p. w. 2 pl. | 2.—
3705 — New Coleopt. fr. Australia and Tasmania. (Lond., Ent. S.) 1878. 8.
13 p. | 1.—
3706 — On the differ. forms of Lycidae. (Lond., Ent. S.) 1878. 8. 24 p. | 1.—
3707 — Collect. of Coleopt. fr. Jamaica. (Lond., Ent. S.) 1878. 8. 10 p. | 1.—
3708 — Illustrations of typical specimens of Coleopt. in the British Museum.
I (all publ.): Lycidae. Lond. 1879. 8. 93 p. w. 18 colour. pl. Cloth. (16 s.) | 15.—
3709 — Aid to the Identification of Insects. 2 vols. (all pub.) Lond. 1880—91.
8. w. 189 colour. pl. | 115.—
3710 — New South American Coleopt. (Lond., Ann. & Mag.) 1880. 8. 18 p. | 1.—
3711 — On the Buprestidae fr. Madagascar. (Lond., Ent. S.) 1880. 8. 22 p. | 1.—
3712 — New genera and spec. of Coleopt. fr. Madagascar. (Lond., Ann. & Mag.)
1880. 8. 11 p. | 1.—
3713 — New species of the g Polyctenes. (Lond., Ent. S.) 1880. 8. 2 p. w. pl. | 1.—
3714 — On some South Americ. Rutelidae. (Lond., Ent. S.) 1881. 8. 20 p. | 1.—
3715 — On the Hispidae coll. by Buckley in Ecuador. (Lond., Zool. Soc.) 1881.
8. 10 p. w. colour. pl. | 1.—
3716 — On the Coleopt. coll. by Balfour in Socotra. (Lond., Zool. S.) 1881. 8.
10 p. w. pl. | 1.—
3717 — Descr. of new Melolonthidae fr. Madagascar. (Lond., Ent. S.) 1882.
8. 10 p. | 1.—
3718 — On the Coleopt. coll. by Forbes in the Timor-Laut Isl. (Lond., Zool.
Soc.) 1884. 8. 7 p. w. pl. | 1.—
3719 — New genera and spec. of Buprestidae. (Lond., Ent. S.) 1887. 8. 8 p. | 1.—
3720 — The Labium and Submentum in cert. Mandibulate Insects. Lond. 1895.
8. 12 p. w. 4 colour. pl. | 3.50
3721 **Waterhouse, C. O., Gahan and Arrow.** Coleopt. of the Christmas Island.
(Lond.). 1900. 8. 39 p. | 1.50
3722 **Waterhouse, C. O., Godman and o.** Coleopt. and Lepidopt. coll. by
Forbes in Timor-Laut and the Lower Niger. (Lond., Zool. S.) 1884. 8.
17 p. w. 2 colour. pl. | 2.—
3723 **Waterhouse, C. O., G. Horn, Champion and Gorham.** Coleopt. Serricornia and Malacodermata Centrali-Americana. 2 vols. Lond. (Biol.) 1880—
1897. 4. 1090 p. w. 40 colour. pl. | 250.—
3724 **Waterhouse, C. O., and Janson.** Brit. species of the g. Stenus. (Lond.,
Ent. Soc.) 1855. 8. 21 p. | 1.50
3725 **Waterhouse, C. O., and Westwood.** Descr. of 2 new Curculionida. On
the g. Maechidius. (Lond., Ent. Soc.) 1845. 8. 9 p. w. colour. pl. | 1.—
3726 **Waterhouse, G. R.** Descr. of the Larva and Pupa of Raphidia Ophiopsis
and of various Coleopt. (Lond., Ent. Soc.) 1836. 8. 11 p. w. 3 partly
colour. pl. | 2.50
3727 — Monogr. on the g. Diphucephala. (Lond., Ent. S.) 1836. 8. 12 p. w.
colour. pl. | 1.50
3728 — 6 pap. on new exotic Coleopt. 1836—61. 8. 26 p. w. colour. pl. | 2.—
3729 — Descr. of the male of Goliathus torquat. (Lond., Ann. & M.) 1838. 8.
4 p. w. pl. | 1.—
3730 — Carabid. coll. by Darwin on the 'Beagle'. 5 pap. (Lond.) 1840. 8. 40 p.
w. pl. | 2.—
3731 — Descr. of the spec. of the g. Pachyrhynchus coll. in the Philippine
Isl. (Lond., Ent. Soc.) 1841. 8. 20 p. | 1.50
3732 — Descr. of new spec. of the g. Apocyrtus coll. in the Philippine Isl.
(Lond , Ann. & M.) 1842. 8. 10 p. | 1.—

3733 **Waterhouse, G. R.** Descr. of a sub-genus of g. Carabus. 2 pap. (Lond., Ent. Soc.) 1842. 8. 11 p. w. pl.   *ℳ* 1.50

3734 — Descr. of Coleopt. coll. by Darwin in the Galapagos Isl. (Lond., Ann. & M.) 1845. 8. 23 p.   1.50

3735 — New sp. of Tupala fr. India. (Lond., Zool. Soc.) 1849. 8. 3 p. w. colour. pl.   1.—

3736 — Descr. of new gen. and spec. of Curculionid. (Lond., Ent. S.) 1853. 8. 36 p.   1.50

3737 — 7 pap. on Brit. Coleopt. 1853—61. 8. 40 p.   1.50

3738 — Catal. of British Coleopt. Lond. 1858. 8. 117 p.   2.50

3739 — On the Brit. spec. of Cissidae. (Lond., Ent. S.) 1859. 8. 10 p.   1.—

3740 — Revis. of the Brit. spec. of Corticaria. (Lond., Ent. S.) 1859. 8. 12 p.   1.—

3741 — On Chrysomelidae in the Linnean and Banksian collect. (Lond., Ent. Soc.) 1860. 8. 11 p.   1.—

3742 — Descr. of the Brit. spec. of the g. Gyrophaena. (Lond., Ent. S.) 1862. 8. 12 p.   1.—

3743 — Upon the nomenclature adopt. in the "Catal. of Brit. Coleopt." (Lond., Ent. Soc.) 1862. 8. 12 p.   1.—

3744 — Descr. of some new Heteromera. (Lond., Ann. & M.). 8. 8 p.   1.—

3745 **Weber, L.** Verzeichn. d. b. Cassel aufgef. Coleopteren. (Cassel, Ver. Nat.) 1903. 8. 112 p.   2.50

3746 **Webster.** Life hist., habits, and taxonomic relat. of a new Oberea (Oberea ulmicola Chittenden). (Wash.) 1904. 8. 14 p. w. 2 pl. (1 colour.)   1.50

3747 **Weidenbach u. Petry.** System. Uebers. d. Käfer um Augsburg. (Augsb., Nat. Ver.) 1859. 8. 54 p.   1.—

3748 **Weise.** 8 Abh. über Coccinellid. u. Chrysomeliden. 1872—1905. 8. 56 p.   2.—

3749 — Coleopterolog. Ergebn. e. Bereisung der Czernahora. (Brünn, Nat. Ver.) 1876. 8. 30 p.   1.—

3750 — Bestimm.-Tabellen d. Europ. Coccinellidae. (Bresl., Z. Ent.) 1879. 8. 69 p.   2.50
    Ist „Bestimmungs-Tabelle d. Europ. Coleopt." Heft 2.

3751 — — 2. Aufl. Mödling 1885. 8. 83 p.
    Ganz vergriffen, einzeln nicht lieferbar. — Siehe Nr. 305.

3752 — Die Chrysomeliden Deutschlands. Berl. 1882—93. 8. 1161 p. (M. 33.)   28.—
    Ist der VI. Band von Erichson's Naturgesch. d. Insecten.

3753 — Bestimmgs.-Tab. d. blauen Ceutorrhynchus-Arten. (Berl., D. Ent. Z.) 1883. 8. 12 p.   1.—

3754 — 4 neue Pachybrachys-Arten. (Berl., D. Ent. Z.) 1886. 8. 4 p. m. Tfl.   1.—

3755 — Beschr. ein. Coccinelliden. (Stett., Ent. Z.) 1885. 8. 15 p.   1.—

3756 — Chrysomel. et Coccinell. a Potanin in China et in Morgolia lecta. Appendix. (Petrop., Horae) 1890. 8. 16 p.   1.—

3757 — Z. Coleopt.-Fauna v. Turkestan. (Berl., D. Ent. Z.) 1892. 8. 10 p.   1.—

3758 — Chrysomeliden u. Coccinell. v. Nias. (Berl., D. Ent. Z.) 1892. 8. 16 p.   1.—

3759 — Les Coccinellides du Chota-Nagpore. (Brux., S. Ent.) 1892. 8. 15 p.   1.—

3760 — Z. Gattg. Liophloeus. (Berl., D. Ent. Z.) 1894. 8. 10 p.   1.—

3761 — Neue Chrysomeliden. (Berl., D. Ent. Z.) 1895. 8. 26 p.   1.—

3762 — Neue Coccinelliden. 2 Thle. (Brux., S. Ent.) 1895—1901. 8. 45 p.   1.50

3763 — Beschr. neuer Cassida-Arten. (Berl., D. Ent. Z.) 1896. 8. 18 p.   1.—

3764 — Krit. Verzeichn. d. v. Andrews eingesandt. Cassidinen u. Hispinen aus Indien. 2 Thle. (Berl., D. Ent. Z.) 1897—1905. 8. 87 p.   3.—

3765 — Coccinellen aus Usambara. 2 Thle. (Berl. u. Brüss.) 1897—98. 8. 27 p.   1.—

3766 — Coccinelliden aus Kamerun. (Berl., Ent. Z.) 1898. 8. 29 p. m. Tfl.   1.50

3767 — Coccinelliden aus Süd-Amerika. 3 Thle. (Berl., D. Ent. Z.) 1899—1902. 8. 50 p.   2.—

3768 — Coccinelliden aus Ceylon ges. v. Horn. (Berl., D. Ent. Z.) 1900. 8. 29 p.   1.—

3769 — Ueb. Ostafrican. Coccinelliden. (Berl., D. Ent. Z.) 1900. 8. 19 p.   1.—

3770 — Z. Kenntn. d. Afrikan. Galerucinen. (Berl., D. Ent. Z.) 1901. 8. 28 p.   1.50

3771 — Afrikan. Hispinen. (Berl., D. Ent. Z.) 1901. 8. 16 p.   1.—

3772 — Ein. neue Afrikan. Chrysomeliden. (Berl., D. Ent. Z.) 1901. 8. 10 p.   1.—

122

3773 **Weise.** Verzeichn. d. v. Horn auf Ceylon ges. Chrysomeliden. I. (Berl.,
D. Ent. Z.) 1903. 8. 14 p.   1.—
3774 — Afrikan. Galerucinen. 2 Thle. (Berl., D. Ent. Z.) 1903. 8. 36 p. m. Tfl. 1.50
3775 — Coccinellid. u. Hispid. aus Kamerun. (Stockh., Ark. Zool.) 1903. 8. 8 p.
m. Tfl.   1.—
3776 — Ueb. ein. Endomychiden. (Berl., D. Ent. Z.) 1903. 8. 10 p.   1.—
3777 — Ein. neue Cassidinen u. Hispinen. (Berl., D. Ent. Z.) 1904. 8. 20 p.   1.—
3778 — Neue Afrikan. Chrysomeliden u. Coccinelliden. (Berl., D. Ent. Z.) 1905.
8. 22 p.   1.—
3779 — Beschreibung ein. Hispinen. (Berl., Arch. Nat.) 1905. 8. 56 p.   2.50
3780 — Ostafrikan. Chrysomeliden u. Coccinelliden. (Berl., D. Ent. Z.) 1906. 8.
30 p.   1.50
3781 — Afrikan. Chrysomeliden. (Brux., Soc. Ent.) 1907. 8. 13 p.   1.—
3782 — Chrysomelidae u. Coccinellidae Südwestaustraliens. Jena 1907—08. 8.
68 p m. 10 Tfln. (M. 12.)
3783 — Ueb. Chrysomeliden u. Coccinell. d. Phillippin. (Manila, Journ. Sc.)
1910. 4. 10 p.   1.50
3784 — Verzeichn. v. Coleopt. d. Philippinen. (Manila, Journ. Sc.) 1910. 4. 10 p. 1.—
3785 — Chrysomeliden u. Coccinelliden. (Brünn, Nat. Ver.) 1910. 8. 29 p.   1.—
3786 — Beitrag II. z. Kenntn. d. Hispinen. (Brünn, Nat. Ver.) 1910. 8. 48 p.   1.50
3787 — Coleopterorum Catalogus. Pars 35: Chrysomelidae: Hispinae. Berolini
1911. 8. 94 p.   8.85
    Subscriptionspreis für Abnehmer des ganzen „Coleopterorum Catalogus" (siehe
No. 721) M. 5.90.
3787 a — Coleopterorum Catalogus: Galerucinae.
    In Vorbereitung. — In preparation. — En préparation. — Vide nr. 721.
3788 **Weise and Schultze.** New Cassididae and life hist. of Philippine Cassididae.
2 pap. (Manila, Journ. Sc.) 1908. 4. 14 p. w. 6 pl.   3.—
3789 **Wellman.** Coleopterorum Catalogus: Meloidae.
    In Vorbereitung. — In preparation. — En préparation. — Vide nr. 721.
3790 **Wellman and Horn.** On the Cicindelinae of Angola. (Philad., Ac.) 1908.
8. 12 p.   1.—
3791 **Wencker.** Monogr. d. Apionides. (Paris, Abeille) 1864. 8. 162 p.   1.50
3792 **Wencker et Silbermann.** Catal. d. Coléopt. de l'Alsace et des Vosges.
Strasb. 1866. 8. 148 p.   2.50
3793 — Claudon. Supplém. au Catal. de Wencker et Silbermann. Colmar
1889—90. 8. 31 p.   1.—
3794 **Wessel.** Z. Käferfauna Ostfrieslands. (Brem., Nat. Ver.) 1877. 8. 28 p.   1.—
3795 **Westfal.** Das A B C d. Käfer-Sammlers. Leipz. 1910. 8. 106 p. m.
80 Fig.   1.50
3796 **Westhoff.** Die Käfer Westfalens. 2 Thle. Bonn 1881—82. 8. 323 p. (M. 8.) 2.—
3797 — Farben- u. Behaarungs-Varietäten d. Melolontha vulg. u. Hippo-
castani. (Berl., Ent. Z.) 1884. 8. 21 p.   1.—
3798 **Westwood.** On the Paussidae. (Lond., Linn. S.) 1833. 4. 80 p. w. pl.   2.—
3799 — Descr. of a new subg. allied to Tomicus. (Lond., Ent. S.) 1836. 8.
3 p. w. colour. pl.   1.—
3800 — Introduction to the modern Classificat. of Insects. 2 vols. Lond. 1839
—1840. 8. 1072 p. w. colour. pl. and more than 150 woodcuts. Cloth.   30.—
3801 — Monstrosity occurr. in a Dytiscus margin. (Lond., Ent. S.) 1842. 8. 4 p.
w. pl.   1.—
3802 — Synops. of the Paussidae. (Lond., Linn. S.) 1842. 4. 8 p.   1.—
3803 — Arcana Entomologica. Illustr. of new, rare and interest. Exotic Insects. 2 vol. Lond. 1845. 8. 379 p. w. 96 colour. pl. Cloth.   75.—
3804 — On the g. Cryptodus. (Lond., Ent. S.) 1845. 8. 12 p. w. 3 pl.   1.50
3805 — On the Asiatic g. Trigonophorus and Rhomborhina. (Lond., Ent. S.)
1845. 8. 11 p. w. pl.   1.—
3806 — Descr. of some Coprophag. Lamellicorn. fr. N. Holland. (Lond., Ent.
Soc.) 1845. 8. 5 p. w. pl.   1.—
3807 — 5 pap. on new exotic Coleopt. 1845—75. 8. 25 p. w. 3 (1 colour.) pl.   2.—

W. Junk, Berlin, W. 15.

3808 **Westwood.** Cabinet of Oriental Entomology. Rarer and more beautiful species *M*
natives of India and the adjacent islands. Lond. 1848. 4. 88 p. w. 42 colour.
pl. Cloth. 100.—
  Only a small edition came out, the zincs of the plates having been destroyed by neglect.
3809 — The g. Diphyllocera. (Lond., Ent. Soc.) 1849. 8. 1 p. w. pl. 1.—
3810 — Descr. of new Cetoniidae coll. in India. (Lond., Ent. S.) 1849. 8. 7 p.
w. pl. 1.—
3811 — Descr. of some new Athyreus. (Lond., Linn. S.) 1851. 4. 15 p. w. pl. 1.50
3812 — Descr. of some new Paussidae. (Lond., Ent. S.) 1852. 8. 13 p. 1.—
3813 — On the Lamellicorn. possess. exsert. mandibles and labrum. (Lond.,
Ent. S.) 1852. 8. 16 p. w. pl. 1.—
3814 — Descr. of the Austral. Cryptodus. (Lond., Ent. S.) 1856. 8. 8 p. w. pl. 1.—
3815 — Descr. of Pselaphidae of N. S. Wales and S. Amer. (Lond., Ent. S.)
1856. 8. 13 p. w. 2 pl. 2.—
3816 — New g. of Coleopt. inhab. Ants' nests in Brazil. (Lond., Ent. S.) 1858. 8.
5 p. w. pl. 1.50
3817 — Descr. of a new g. of Carabid. fr. the Upper Amazon. (Lond., Ent. Soc.)
1859. 8. 4 p. w. pl. 1.—
3818 — Descr. of 2 new Austral. Lucanidae. (Lond., Ent. S.) 1863. 8. 4 p. w. pl. 1.—
3819 — Descr. of new exot. Lucanidae. 2 parts. (Lond., Ent. S.) 1863—71. 8.
31 p. w. 5 pl. 3.—
3820 — Descr. of new Eupodous Phytophaga. (Lond., Ent. S.) 1864. 8. 10 p. 1.—
3821 — Illustr. of sever. Lucanidae. (Lond., Ent. S.) 1874. 8. 7 p. w. pl. 1.—
3822 — Descr. of new exot. Cetoniidae. (Lond., Ent. S.) 1874. 8. 9 p. w. 2 pl. 1.50
3823 — Thesaurus Entomologicus Oxoniensis (Hopeianus). Descr. of the rarest
Insects in the collect. Oxf. 1875. fol. with 40 plain pl. Half bd. morocco. 45.—
3824 — — With c o l o u r e d plates. Half bd. morocco. 160.—
  Out of print.
3825 — Descr. of new Heteromera. (Lond., Ent. S.) 1875. 8. 10 p. w. 2 pl. 1.50
3826 — On the Rutelidae of East. Asia. (Lond., Ent. S.) 1875. 8. 10 p. w. pl. 1.—
3827 — Descr. of some exot. Lamellicorn. (Lond., Ent. S.) 1878. 8. 11 p. w.
2 pl. (1 colour.) 1.50
3828 — Decade of new Cetoniidae. (Lond., Ent. S.) 1879. 8. 10 p. w. 2 pl. 1.50
3829 — — With the plates coloured. 2.50
3830 — On some unusual monstr. Insects. (Lond., Ent. S.) 1879. 8. 10 p. w.
2 pl. (1 colour.) 1.50
3831 — Descr. of some new exotic Coleopt. (Gravenh., T. Ent.) 1883. 8. 17 p.
w. 3 pl. (1 colour.) 1.50
3832 — On Curculionidae injur. to Cycadeae. (Brux., S. Ent.) 1886. 8. 6 p.
w. pl. 1.—
3833 — On cert. Goliathid. (Lond., Ent. S.) 1890. 8. 6 p. w. pl. 1.—
3834 — Descr. of some new exot. Coleopt. fr. the coll. of Walker. (Lond., Ann.
& Mag.) 18 . . 8. 7 p. w. colour. pl. 1.—
3835 — W a n d o l l e c k. Nekrolog. (Berl., Ent. Z.) 1893. 8. 5 p. m. Portr. 1.—
3836 **Westwood and Saunders.** New exotic spec. of Longicorn. New Coleopt.
fr. Monte Video. 2 pap. (Lond., Ent. S.) 1836. 8. 10 p. w. 2 colour. pl. 1.50
3837 **White, A.** Descr. of 2 new Cetoniidae. (Lond., Ann. & M.) 1839. 8. 13 p. 1.—
3838 — On some Insects (chiefly Coleopt.) fr. King George's Sound. (Lond.)
1841. 8. 24 p. 2.—
3839 — Nomenclat. of the Cetoniadae in the Brit. Museum. Lond. 1847. 8.
56 p. 3.—
  Out of print.
3840 — Nomenclat. of Hydrocanthari in the Brit. Museum. Lond. 1847. 8.
63 p. 3.—
  Out of print.
3841 — Nomenclat. of the Buprestidae in the Brit. Museum. Lond. 1848. 8.
52 p. Boards. 3.—
  Out of print.
3842 — Nomenclat. of the Cleridae in the Brit. Museum. Lond. 1849. 8. 72 p. 3.—
  Out of print.

3843 **White, A.** Catal. of Longicornia in the Brit. Museum. 2 parts. Lond.   *M*
1853—55. 8. 417 p. w. 10 pl. Half bd. calf. (6 s.)   4.—
2844 **White and Butler.** Insects coll. dur. the voyage of the "Erebus" and
"Terror". Lond. 1874. 4. w. 10 pl.   20.—
3845 **White, Smith and Boheman.** Nomenclature of Coleopt. in the British
Museum. 9 parts. Lond. 1847—56. 8. w. 11 pl.   25.—
> Parts 1—5 are out of print. Part I see **nr.** 3839, II nr. 3840, III nr. 3841, IV nr.
> 3842, V: Smith, Cucujidae. 1851. 29 p., VI: Smith, Passalidae. 1852. 27 p. w. pl.
> M. 1., VII and VIII see nr. 3843, IX nr. 359.

3846 **Wickham.** . Descr. of the early stages of several N. American Coleopt.
(Iowa, Lab.) 1893. 8. 15 p. w. pl.   1.—
3847 — The Coccinellidae of Ontario and Quebec. (Lond., Canad. Ent.) 1894.
8. 10 p.   1.50
3848 — The Haliplidae, Dytiscidae and Hydrophil. of Ontario and Quebec.
(Lond., Canad. Ent.) 1895. 8. 28 p.   1.50
3849 — Larvae of Lucidota, Sinoxylon and Spermophagus. (Iowa, Lab.) 1895.
8. 5 p. w. pl.   1.—
3850 — List of some Coleopt. fr. New Mexico and Arizona. (Iowa, Lab.) 1896.
8. 19 p.   1.—
3851 — List of Coleopt. fr. the Lake Superior. (Davenp., Ac.) 1896. 8. 45 p.   1.50
3852 — The Coleopt. of the Lower Rio Grande Valley. I. (Iowa, Lab.) 1897.
8. 20 p.   1.—
3853 — The Beetles of S. Arizona. (Iowa, Lab.) 1898. 8. 18 p.   1.—
3854 — The Coleopt. of Colorado. (Iowa, Lab.) 1902. 8. 94 p.   3.—
3855 — List of the Coleopt. of Iowa. (Iowa, Lab.) 1909. 8. 40 p.   2.—
3856 **Wielowiejski.** Studien üb. d. Lampyriden. Leipz. 1882. 8. 80 p. m. 2 Tfln.   1.50
3857 **Wiener Entomologische Monatsschrift.** Hrsg. v. Lederer u. Miller. 8 Bde.
Wien 1857—64. 8. m. 62 Tfln.   45.—
> Jeder Band auch einzeln.

3858 **Wiener Entomologische Zeitung.** Hrsg. v. Reitter, Wachtl, Hetschko
u. a. Jahrg. I—XXVII: 1882—1908. Wien. 8. m. viel. Tfln. (M. 232.)   150.—
3859 **Wiepken u. Röben.** System. Verzeichnis d. Oldenburg. Käferarten. Mit
5 Nachtr. (Bremen, Nat. Ver.) 1883—87. 8.   4.—
3860 **Wilken.** Käfer-Fauna Hildesheims. Hild. 1867. 8. 131 p.   1.50
3861 **Wilkins.** Les Cicindèles Touraniennes. (Pétersb., Horae) 1890. 8. 34 p.
av. carte et pl. color.   2.—
3862 **Willey.** Zoological results based on mater. fr. New Britain, New Guinea,
Loyalty Isl. 6 parts. Cambr. 1898—1902. 4. w. map and 83 pl. (4 *£* 12 s.)   45.—
3863 **Wilton, Pirie and R. Brown.** Zoological Log of the Scottish Antartic
Exped. Edinb. 1908. 4. 117 p. w. 33 partly colour. pl. and 2 maps. Cloth.
(13 s.)   10.—
3864 **Witlaczil.** Der Polymorphismus v. Chaetophorus populi. (Wien, Ak.) 1884.
4. 8 p. m. 2 Tfln.   1.50
Wochenschrift f. Entomologie — siehe No. 33.
3865 **Wolcott.** On some Cleridae of Middle and North America. (Chicago, Field
Mus.) 1910. 8. 63 p. w. 2 pl.   2.—
3866 **Wollaston.** Insecta Maderensia. The Insects (Coleopt.) of the Madeiran
Islands. Lond. 1854. 4. 677 p. w. 13 colour. pl. Cloth. (2 *£* 2 s.)   25.—
3867 — — Eucerata, Phytophaga. (Lond.) 1854. 4. 40 p. w. colour. pl.   2.—
3868 — — Introduct., familiar. diagnoses and Catal. topograph. 35 p. Cloth.   2.50
3869 — Catal. of the Coleopt. of Madeira in the Brit. Museum. Lond. 1857. 8.
250 p. w. pl.   3.50
3870 — On the Atlant. Cossonides. (Lond., Ent. S.) 1861. 8. 46 p. w. 2 colour. pl.   2.—
3871 — On Tarphii. (Lond., Journ. Ent.) 1862. 8. 17 p. w. 2 pl.   2.—
3872 — On additions to the Madeiran Coleopt. 2 parts. (Lond., Ann. & M.) 1862.
8. 17 p.   1.—
3873 — On the Canarian Longicorns. (Lond., Journ. Ent.) 1863. 8. 12 p.   1.50
3874 — Catal. of the Coleoptera of the Canaries in the British Museum. Lond.
1864. 8. 661 p. Cloth.   9.—

3875 **Wollaston.** Coleoptera Atlantidum. Enumer. of the Coleopt. of the Madeiras, ℳ
Salvages and Canaries. London 1865. 8. 713 p. (1 £ 1 s.) — 6.—
3876 — Coleoptera Hesperidum. Enumer. of the Coleopt. of the Cape Verde
Archipel. Lond. 1867. 8. 324 p. w. map. Cloth. — 10.—
3877 — On the Coleopt. of St. Helena. (Lond., Ann. & M.) 1869. 8. 61 p. — 2.50
3878 — On addit. to the Atlantic Coleopt. (Lond., Ent. S.) 1871. 8. 112 p. — 3.—
3879 — Genera of the Cossonidae. (Lond., Ent. S.) 1873. 8. 230 p. — 6.—
3880 — On the Cossonidae of Japan. (Lond., Ent. S.) 1873. 8. 40 p. — 2.—
3881 — Coleopt. Sanctae Helenae. Lond. 1877. 8. w. pl. Cloth. (9 s.) — 4.50
3882 **Woodworth.** The Wing Veins of Insects. Sacram. 1906. 8. 152 p. w.
101 fig. — 7.—
    Out of print.
Wünsche. Die verbreitetsten Käfer Deutschlands. Leipz. 1895. 8. 228 p.
3883 m. 2 Tfln. Lnb. (M. 2.) — 1.50
3884 **Xambeu.** Moeurs et Métamorphoses d'Insectes (surtout Coléopt.).
Mém. I à XII, XIV, XVI (tout ce qui a paru). Lyon, Paris etc. 1892 à 1906.
8. av. pl. — 60.—
    Mémoires III, IV, IX, XII sont épuisés.
3885 — — IV: Ptinides. (Paris, S. Ent.) 1894. 8. 46 p. — 1.50
3886 — — IX (3 parties). (Caen, Rev. Ent.) 1898 à 1901. 8. 181 p. — 3.—
3887 **Zaitzev.** Notizen üb. Wasserkäfer. 2 Thle. (Petersb., Rev. Ent.) 1905.
8. 11 p. — 1.—
3888 — Haliplidae, Dytiscidae et Gyrinidae du gouv. de Pétersbourg. (Pétersb.,
Mus.) 1907. 8. 46 p. — En l. Russe. — 1.50
3889 — Les Hydrophilidae, Georyssidae, Dryopidae et Heterocer. du gouv. de
Pétersbourg. (Pétersb., Mus.) 1907. 8. 33 p. — En l. Russe. — 1.50
3890 — Catal. d. Dryopidae, Georyssidae, Cyathocer., Heterocer. et Hydrophil.
(Petersb., Horae) 1908. 8. 138 p. — 3.—
3891 — Z. Kenntn. d. Wasserkäfer d. Ostens v. Nordsibirien. (Petersb , Ak.)
1910. 4. 42 p. m. color. Tfl. — 3.—
3892 — Coleopterorum Catalogus. Pars 17: Dryopidae, Cyathoceridae, Georyssidae, Heteroceridae. Berolini 1910. 8. 68 p. — 6.35
    Subscriptionspreis für Abnehmer des ganzen „Coleopterorum Catalogus" (siehe
No. 721) M. 4.25.
3893 — Coleopterorum Catalogus: Hydrophilidae.
    In Vorbereitung. — In préparation. — En préparation. — Vide nr. 721.
3894 **Zang.** 7 Abh. üb. Passaliden. 1903—05. 8. 55 p. — 1.50
3895 — Longicornia d. Berendtschen Bernsteinsamml. (Berl., Nat. Fr.) 1905. 8.
13 p. m. Tfl. — 1.—
3896 — Ueb. Lamellic. d. balt. Bernstein. (Berlin, Nat. Fr.) 1905. 8. 9 p. m. Tfl. — 1.—
3897 **Zehe.** Synops. d. in Deutschland aufgefund. Coleopt. 13 Thle. (Stett.,
Ent. Z.) 1852—53. 8. 140 p. — 2.—
3898 **Zeitschrift** für Entomologie. Hrsg. v. Verein f. Schlesische Insektenkunde zu Breslau. Serie I. 15 Hefte. (Heft 7 ist nie erschienen) u. Serie II.
Heft 1—28 m. Festschrift. Bresl. 1847—1903. 8. m. Tfln. (M. 128.) — 70.—
    Siehe auch No. 1148.
Zeitschrift f. Entomologie (Germar) — siehe No. 1326.
Zeitschrift, Allgemeine, f. Entomologie — siehe No. 33.
3899 **Zeitschrift**. f. wissenschaftl. Insektenbiologie. Hrsg. v. Schröder. Bd. 1—6:
1905—10. Husum u. Berlin. 8. m. Tfln. (M. 85.60) — 48.—
    Die Fortsetzung der „Allgemeinen Zeitschrift" (No. 33), also deren Band 10—15.
3900 **Zeitschrift** f. d. gesammt. Naturwissenschaften. Redig. v. Giebel u.
Siewert. Bd. 1—50: Jahrg. 1853—77. Halle u. Berl. 8. m. viel. Tfln.
(M. 610.) Gebdn. u. brosch. — 100.—
    Fast ausschliesslich zoologisch.
3901 **Zetterstedt.** Insecta Lapponica. Lips. 1840. 4. 1140 p. (M. 27.) — 16.—
    Selten.
3902 **Zimmermann, C.** S. le g. Amara. (Strasb., Rev. Ent.) 1834. 8. 44 p. — 1.50
3903 **Zimmermann, C., and Le Conte.** Synopsis of the Scolytidae of America
North of Mexico. (Philad., Ent. Soc.) 1867. 8. 38 p. — 2.—

3904 **Zimmermann, H.** Die Obstbauschädlinge a. d. Familie d. Rüsselkäfer. *ℳ*
(Brünn, Blätt. Obstbau) 1905. 8. 20 p. m. Tfl. 1.50
3905 **Zoubkoff.** Nouv. g. et qu. nouv. esp. d. Coléopt. (Mosc., Soc. Nat.) 1829.
8. 22 p. av. 2 pl. color. 1.50
3906 — Nouv. Coléopt. rec. en Turcménie. 2 mém. (Mosc., Soc. Nat.) 1833—37.
8. 45 p. av. 2 pl. color. 2.—
3907 **Zoufal.** Bestimm.-Tabelle d. Bostrychidae aus Europa u. d. angrenz.
Ländern. (Wien, Ent. Z.) 1894. 8. 12 p. 1.—
Ist „Bestimmungs-Tabelle d. Europ. Coleopt." Heft 26.

3908 **Baly.** Descr. of new Phytophag. Coleopt. (Lond., Linn. S.) 1878. 8. 21 p. 1.—
3909 **Du Buysson, H.** Docum. sur qu. Élatérides d'Égypte ou d'Afrique. (Le
Caire, Soc. Ent.) 1911. 8. 13 p. 1.50
3910 **Fricken.** Naturgesch. der in Deutschland einheim. Käfer. 4. Aufl. Werl
1885. 8. 518 p. m. 91 Fig. (M. 5.) Hfzb. 3.—
3911 — Die Borkenkäfer. 3 Tle. (Münster) 1889. 8. 41 p. m. 12 Fig. 1.50
3912 **Fuchs.** Morpholog. Stud. üb. Borkenkäfer. I. Münch. 1911. 8. 45 p. m. Fig. 2.—
3913 **Gavoy.** Faunule Coléopter. du Mont-Alaric (Aude). Av. supplém. Car-
cassonne 1893 à 1903. 8. 59 p. 1.50
3914 — 6 jours d'excurs. dans les Grottes du pays de Sault. (Coléoptères). Carcass.
1905. 8. 21 p. 1.—
3915 **Gestro.** Nuovi mater. per lo studio d. Anophthalmus Ital. (Genova, Mus.)
1891. 8. 7 p. c. tav. 1.—
3916 **Gillet.** Coleopterorum Catalogus. Pars 38: Scarabaeidae: Coprinae I.
Berolini 1911. 8. 100 p. 9.40
Subscriptionspreis für Abnehmer des ganzen „Coleopterorum Catalogus" (siehe
No. 721) M. 6.25. — Pars II (unter der Presse) wird die „Coprinae" abschliessen.
3917 **Konwiczka.** Etiketten f. Käfer-Sammlungen. Stuttg. 1911. 8. 195 p. 4.—
3918 **Lövendal.** Fortegn. ov. de i Danmark lev. Cryptophagidae og Lathridiidae.
(Kjöbenh., Ent. Medd.) 1892. 8. 44 p. 1.50
3919 **Mühl.** 7 kleine coleopt. Abhandl. 1888—1911. 8. 10 p. 1.—
3920 **Porta.** Révis. du sous-g. Hoplydraena. Narb. 1900. 8. 3 p. av. pl. 1.—
3921 **Reich.** Mantissa Insectorum. Fasc. I (quantum prodiit): Curculion. Norib.
1797. 8. 16 p. et tab. color. Cart. 2.—
3922 **Strohmeyer.** Lebensweise u. Schädlichk. v. Hylecoetus dermest. (Stuttg.)
1907. 8. 11 p. m. 2 Tfln. 1.50
3923 — Neue exot. Borkenkäfer. 5 Abhandl. 1908—10. 8. 25 p. m. Fig. 2.—
3924 **Timm u. Wimmel.** Neue u. seltene Käfer d. Hamburger Geg. (Hamb.,
Ver. Nat.) 1893. 8. 11 p. 1.—
3925 **Trédl.** Nahrungspflanzen u. Verbreitungsgeb. d. Borkenkäfer Europas.
(Schwabach, Ent. Bl.) 1907. 8. 20 p. 1.—
3926 **Vitale.** Studii s. Entomol. (Coleott.) Messinese. 2 parti. (Firenze, Soc. Ent.)
1890—91. 8. 32 p. 1.50
3927 — Gl' Hyperini Messinesi. (Palermo, Nat. Sicil.) 1892. 4. 15 p. 1.—
3928 **Wimmel u. Niemeyer.** Neue u. selt. Käfer d. Niederelbgegend. (Hamb.)
8. 11 p. 1.—

Deutsche Entomologische Gesellschaft, E. V

Die Gesellschaft bezweckt das Studium und die Förderung der entomologischen Wisser
schaft im weitesten Sinne. Die von der Gesellschaft herausgegebene

═══════ Deutsche Entomologische Zeitschrift ═══════

erscheint jährlich in 6 Heften mit 700—800 Seiten Text, Tafeln und zahlreichen Abbildungen im
Text. Außerdem steht den Mitgliedern die sehr reichhaltige Bibliothek gegen Erstattung die
Portokosten zur Verfügung.

Zusammenkünfte **jeden Montag** Abend 9 Uhr im Hotel **Altstädter Hof, Berlin C.,** Neus
Markt 8—12. Gäste sind stets willkommen.

Der jährliche Mitgliedsbeitrag beträgt **10 Mark** Um weitere Auskunft wende man sid
an den Bibliothekar, Herrn **P. Kuhnt, Friedenau-Berlin,** Handjery-Str. 14.

Alii Insectorum Ordines.

3929 **Albin.** Natural history of English Insects (Lepidopt.) with notes by
Derham. Lond. 1724. 4. 242 p. w. 100 colour. pl. Calf. — Good copy. 40.—

3930 **André.** Spécies d. Hyménoptères d'Europe et d'Algérie. Fasc. 1 à 110
(tout ce qui a paru). Paris 1882 à 1911. 8. av. beauc. de pl. color. 330.—

3931 **Atkinson.** Notes on Indian Rhynchota Heteroptera. Nr. 2—4. Calc. 1887
—1888. 8. 200 p. Cloth. — With very many pages of written additions. 15.—

3932 **Aurivillius.** Rhopalocera Aethiopica. Stockh. (Ac.) 1898. 4. 561 p. m. 6
color. Tfln. 30.—

3933 **Austen.** Illustr. of British Blood-Sucking Flies. Lond. 1906. 8. 74 p. w.
34 colour. pl. Cloth. 24.—

3934 — Illustr. of African Blood-Sucking Flies other than Mosquitoes and
Tsetse-Flies. Lond. 1909. 8. 236 p. w. 13 colour. pl. Cloth. 24.—

3935 **Baker, G. T. Bethune-.** Revis. of the Amblypodia group of the Lycae-
nidae. Lond. (Zool. S.) 1903. 4. 164 p. w. 5 pl. (3 colour.) (31 s.) 20.—

3936 **Becker.** Revis. d. Gattg. Chilosia. Halle 1894. 4. 327 p. m. 13 Tfln.
(M. 20.) 13.—

3937 **Berge.** Schmetterlingsbuch. Bearb. v. Heinemann. 8. Aufl. Stuttg. 1899.
4. 314 p. m. 50 color. Tfln. Origbd. (M. 24.) 13.—

3938 — — 9. Aufl., bearb. v. Rebel. Stuttg. 1910. 4. 620 p. m. 53 color. Tfln.
u. 219 Fig. Hfzb. (M. 32.) 28.—

3939 **Berthoumieu.** Fam. Ichneumonidae. Subfam. Ichneumoninae (e: Genera
Insectorum). Brux. 1904. 4. 87 p. av. 2 pl. color. 16.—

3940 **Beutenmüller.** Monogr. of the Sesiidae of America, North of Mexico.
N. York (Mus.) 1901. 4. 138 p. w. 8 colour. pl. (M. 30.) 18.—

3941 **Boisduval.** Faune Entomolog. (Lépidopt., Coléopt.) du Voyage de l'"Astro-
labe'. 2 vols. Paris 1832 à 35. 8. 990 p. av. atlas in-fol. de 12 pl. 28.—

3942 **Boisduval, Rambur, Graslin.** Collection iconogr. et histor. d. Chenilles
d'Europe. Paris 1832 à 1837. 8. 237 p. av. 126 pl. color. D.-rel. vélin. 60.—

3943 **British Lepidoptera.** — Neatly written manuscript from the 18. cen-
tury, being a list of 'Flys' and 'Moths' with description of their food,
time and way of change, habitat, phaenology. (In all 353 species). 131 pages
in-Quarto. Morocco. 15.—

3944 **Brunner v. Wattenwyl.** Observations on the Coloration of Insects (Butterfl.,
Orthopt.). Transl. by Bless. Leipsic 1897. fol. 16 p. letterpress w. 9 colour.
pl. (36 s.) In portfolio. 22.—

3945 **Buckler and Stainton.** The Larvae of the British Butterflies and Moths.
Vol. III, IV. Lond. 1889—91. 8. 220 p. w. 34 colour. pl. Cloth. 25.—

3946 **Butler.** Revision of the Sphingidae. (Lond., Zool. S.) 1877. 4. 134 p. w.
5 colour. pl. (30 s.) 16.—

3947 **Carrière.** Die Entwicklungsgesch. d. Mauerbiene (Chalicodoma muraria)
im Ei. Halle (Ac. Leop.) 1898. 4. 167 p. m. 13 Tfln. (8 color.) (M. 30.) 18.—

3948 **Cotes and Swinhoe.** Catal. of the Moths of India. 7 parts. Calc. 1887
—1889. 8. 812 p. 10.—

3949 **Curó.** Saggio di un Catal. dei Lepidotteri d'Italia. 24 parti. Firenze (Soc.
Ent.) 1874—89. 8. 542 p. 12.—

3950 **Dahlbom.** Hymenoptera Europaea praec. borealia. 2 vol. Lundae et Berol.
1843 —45. 8. 1008 p. et 13 tab. 16.—

3951 **Dalla Torre.** Catalogus Hymenopterorum. 10 vol. (in 11 partibus). Lips.
1892 —1903. 8. (M. 212.) 125.—
     Alle Bände auch einzeln.

3952 **Dalla Torre et Kieffer.** Fam. Cynipidae. (e: Genera Insect.). 2 fascic.
Brux. 1902. 4. 84 p. av. 3 pl. color. 19.—

3953 — Cynipidae. (Aus „Tierreich"). Berl. 1910. 8. 891 p. m. 422 Fig. (M. 56.) 45.—

3954 **Disqué.** Verzeichnis der in d. Pfalz vorkomm. Kleinschmetterlinge (Micro-   *M*
Lepidoptera). Dresd. (Iris) 1906. 8. 73 p.   2.—
3955 **Distant and Fowler.** Hemiptera Homopt. Centrali-Americana. All pub'd.:
Vol. I complete (147 p. w. 13 colour. pl.), Vol. II Part I p. 1—316 w. 21
colour. pl., Vol. II Part II p. 1—33. (Lond., Biologia C.-A.) 1881—1905. 4. 150.—
3956 **Dyar.** List of N. American Lepidopt. Wash. 1902. 8. 742 p. Cloth.   10.—
3957 **Eimer.** Die Artbildung u. Verwandtsch. b. d. Schmetterlingen. 2 Thle.
Jena 1889—95. 8. 416 p. m. 8 color. Tfln. i. fol. (M. 28.)   21.—
3958 — Orthogenesis d. Schmetterlinge. Leipz. 1898. 8. 539 p. m. 2 Tfln. u.   •
352 Fig. (M. 18.)   14.—
3959 **Elwes and Edwards.** Revision of the Oriental Hesperiidae. (Lond., Zool.
Soc.) 1897. 4. 124 p. w. 10 pl. (4 colour.) (2 *£*)   16.—
3960 **Fawcett.** On the Transformat. of some S. Afric. Lepidopt. 2 parts. (Lond.,
Zool. S.) 1901—03. 4. 58 p. w. 7 colour. pl. (33 s.)   13.—
3961 **Fischer de Waldheim.** Lépidoptères de la Russie. Partie I (tout ce qui
a paru): Les Nymphalides. Moscou 1851. 4. 151 p. av. 18 pl. color.   30.—
3962 **Freyer.** Beiträge z. Geschichte Europ. Schmetterlinge. 3 Bde. Augsb.
1828—30. 8. 498 p. m. 144 color. Tfln. Cart.   40.—
3963 **Genera Insectorum.** Publ. p. Wytsman.
    Je possède un exemplaire complet sauf les Coléoptères et Lépidoptères et je
vends chaque partie des Hyménoptères, Diptères, Neuroptères, Hemiptères, Orthoptères etc. au prix de souscription moins 20%.
3964 **Goeldi.** Os Mosquitos no Pará. Pará (Mus.) 1905. 4. 154 p. av. 20 pl.
(5 color.)   10.—
3965 **Grassi.** Studi di uno Zoologo s. Malaria. (Roma, Linc.) 1900. 4. 245 p.
c. 5 tav.   10.—
3966 **Gravenhorst.** Ichneumonologia Europaea. 3 vol. Vratisl. 1829. 8. 2950 p.
et 2 tab. (M. 45.) Hfzb.   16.—
3967 **Haase.** Untersuch. üb. d. Mimicry auf Grundl. e. natürl. Syst. d. Papi-
lioniden. 2 Thle. Stuttg. 1893. 4. 282 p. m. 14 color. Tfln. (M. 92.)   30.—
3968 **Hampson.** The Moths of British India, includ. Ceylon and Burma. 4 vols.
Lond. 1893—96. 8. 2460 p. w. 1171 figur. Cloth.   75.—
3969 — Catal. of the Phalaenae in the Brit. Museum. Vol. I—IX. London 1898
—1910. 8. w. 174 colour. pl. Cloth.   170.—
3970 **Harris.** The English Lepidoptera or the Aurelian's Pocket Companion.
Lond. 1775. 8. 82 p. w. colour. pl.   10.—
3971 **Hartmann.** Die Kleinschmetterlinge (Micro-Lepidoptera) d. Europ. Faunengebietes. Erscheinungszeit der Raupen u. Falter, Nahrung u. biolog. Notizen. Münch. 1880. 8. 182 p. (M. 4.20.)   2.50
3972 **Heinemann.** Die Schmetterlinge Deutschlands u. d. Schweiz, systemat.
bearb. 2 Bde. (in 5 Thln.) Braunschw. 1859—76. 8. m. Fig. Gebdn.   120.—
3973 **Hill.** Decade of curious Insects: some of them not descr. before. Lond.
1773. 4. 26 p. w. 10 colour. pl. Half bd. calf.   20.—
3974 **Holmgren.** Ichneumonologia Suecica. 3 partes. Holm. 1864—89. 8. 474 p.
et tab.   14.—
3975 — Termiten-Studien. Teil I (soviel erschienen): Anatom. Untersuchungen.
Uppsala (Vet. Akad.) 1909. 4. 215 p. m. 3 Tfln. u. 76 Fig. (M. 10.50.)   5.—
3976 **Hübner et Geyer.** Lépidoptères exotiques (1806 à 37). Nouv. éd. p. Kirby
et Wytsman. Livrais. 1 à 62. Brux. 1894 à 1910. 4. 208 p. av. 620 pl. color. (fr. 620). — Tout ce qui a paru.   280.—
3977 **Jacobs.** Diptères du voy. Antarctique du S. Y. 'Belgica', 1897 à 99. Anvers
1906. 4. 12 p. av. 3 pl. (1 color.)   2.50
3978 **Jahresbericht** d. Wiener Entomolog. (Lepidopt.) Vereins. I—X. Wien 1891
—1900. 8. m. 10 color. Tfln.   12.—
3979 **Janet.** Etudes s. l. Fourmis, l. Guêpes et l. Abeilles. Notes 1 à 26.
Paris 1893 à 1907. 8. av. 63 pl. et fig. nombr.   35.—
3980 **Kayser.** Deutschlands Schmetterlinge. Leipz. 1860. 8. 608 p. m. Atlas v.
153 color. Tfln. (M. 38.) Cart.   15.—

W. Junk, Berlin, W. 15.

3981 **Kirby, W.** Monographia Apum Angliae. 2 vols. Ipswich 1802. 8. 668 p. w. 18 pl. (4 colour.) Cloth. — *ℳ* 10.—

3982 **Kirby, W. F.** Synonymic Catalogue of Diurnal Lepidopt. With Supplement. 2 vols. Lond. 1871—77. 8. 883 p. Half bd. calf. — 80.—

3983 **Konow.** Systematische Zusammenstellung der bisher bekannt gewordenen Chalastogastra (Hymenopterorum subordo tertius). 2 Bde. Teschendorf (u. Berlin) 1901 (—08). 8. — 6.—
    Bd. I: Fam. 1 (Lydidae) u. 2 (Siricidae). Teschend. (Zeitschr. Hym.) 1901. 11 u. 376 p. — Bd. II: Fam. 3 (Tenthredinidae). Teschend. (Z. Hym.) u. Berl. (Deutsche Ent. Z.) (1902—08). 232 p. [Dieser zweite Band, dessen letzter Theil nicht mehr in Konow's Zeitschrift erscheinen konnte, ist durch den Tod des Verf. unvollendet geblieben, hat also auch kein Titelblatt u. Register. Einzeln kann nichts abgegeben werden.]

3984 — Fam. Tenthredinidae (e: Genera Insectorum). Brüss. 1905. 4. 176 p. m. 3 color. Tfln. — 28.—

3985 **Korb.** Die Schmetterlinge Mittel-Europas. Nürnb. 4. 364 p. m. 30 color. Tfln. Origb. (M. 17.) — 11.—

3986 **Lederer.** Beitrag z. Kenntn. d. Pyralidinen. Wien 1863. 8. 209 p. m. 17 Tfln. — 10.—

3987 **Leech.** Lepidopt. Heterocera fr. China, Japan and Corea. 5 parts. (Lond., Ent. S.) 1898—1901. 8. 676 p. w. 2 colour. pl. — 20.—

3988 **Lepidopterorum Catalogus,** editus a Ch. Aurivillius et H. Wagner. Pars 4: H. Wagner et R. Pfitzner, Hepialidae. Berolini 1911. 8. 26 p. — 2.50
    Subscriptionspreis für Abnehmer des ganzen „Lepidopterorum Catalogus" (siehe No. 2209) M. 1.65.

3989 **Lewin.** Natur. history of the Lepidopt. of New South Wales. Lond. 1822. 4. 26 p. w. 19 colour. pl. (2 £ 2 s.) Boards. — 41.—

3990 **Lubbock.** Monogr. of the Collembola and Thysanura. Lond. 1873. 8. 275 p. w. 78 mostly colour. pl. Cloth. — 30.—

3991 **Lucas, H.** Histoire natur. d. Lépidoptères d'Europe. Paris 1834. 8. 216 p. av. 79 pl. color. D.-rel. veau. — 2.—

3992 — Hist. natur. d. Lépidoptères exotiques. Paris 1835. 8. 156 p. av. 80 pl. color. D.-rel. veau. — 22.—

3993 **Lucas, R.** Die Pompiliden-Gatt. Pepsis. (Berl., Ent. Z.) 1894. 8. 392 p. m. 12 Tfln. (M. 48.) — 12.—

3994 — Bericht üb. d. wissenschaftl. Leistungen in d. Entomologie währ. d. J. 1903: Hymenopt., Lepidopt. Berl. 1908. 8. 570 p. (M. 50.) — 25.—

3995 **Lundbeck.** Diptera Danica 3 partes. Hauniae 1907—1910. 8. 661 p. et 236 fig. — 22.—

3996 **Marshall, T. A.** Monogr. of British Braconidae. 8 parts. (Lond., Ent. Soc.) 1885—99. 8. 668 p. w 15 colour. pl. — 35.—

3997 **Mayr, G.** Die Mittel-Europaeischen Eichen-Gallen in Wort u. Bild. 2 Thle. Wien 1870—71. 8. 74 p. m. 7 Tfln. — 40.—
    Die sehr seltene Original Ausgabe.

3998 — — 2. (durch ein Vorwort des Autors und einen Index) vermehrte (Facsimile-)Ausgabe. Hrsg v. W. Junk. 2 Theile. (Wien 1870—71). Berl. 1907. 8. 76 p. m. 7 Tfln. — 15.—

3999 **Meigen.** System. Beschreib. d. Europaeisch. Dipteren. 7 Bde. Aachen u. Hamm 1818—38. 8. m. 74 (schwarzen) Tfln. (M. 84.) — 75.—

4000 — — Bd. VIII - X (Supplement) von H. Löw. Halle 1869—73. 6. (M. 27.) — 18.—

4001 **Merian, M. J.** Der Raupen wunderbare Verwandlung u. sonderbare Blumen-Nahrung. Tl. I. Nürnb. 1679. kl. 4. 100 p. m 50 Tfln. Cart. — Fehlt Titelblatt. — 30.—
    Rarissimum. Ich habe von dieser deutschen Original-Ausgabe niemals ein Exemplar gesehen.

4002 **Mitterberger.** Verzeichnis der im Kronl. Salzburg bisher beobacht. Mikrolepidopteren (Kleinschmetterlinge). Berlin 1909. 8. 358 p. — 10.—
    Die wichtigste Erscheinung der letzten Jahre auf dem Gebiete der Mikro-Lepidopterologie. Von der Fachpresse glänzend recensirt.

4003 **Morley.** Ichneumonologia Britannica. The Ichneumons of Great Britain. 3 vols. Plymouth and Lond. 1908. 8. 1078 p. w. 3 pl. and fig. Cloth. — 75.—

4004 **Möschler.** Beitr. z. Schmetterl.-Fauna v. Surinam. 5 Thle. (Wien, Zool. b. G.) 1876—83. 8. 550 p m. 11 Tfln. — 11.—

W. Junk, Berlin, W. 15.

130

4005 **Oberthür.** Études d'Entomologie. III: Lépidopt. de l'Afrique orient. et d'Algérie. Rennes 1878. 4. 48 p. av. 5 pl. color. 20.—

4006 — — IV: Catal. rais. d. Papilionidae de la collect. d'Oberthür. Rennes 1880. 4. 117 p. av. 6 pl. color. 28.—

4007 — — V: Faune d. Lépidopt. de l'île Askold. I. Rennes 1880. 4. 88 p. av. 9 pl. color. 50.—

4008 — — VI: Lépidopt. de Chine, d'Amérique, d'Algérie. — Le g. Ecpanthera. Rennes 1881. 4. 115 p. av. 20 pl. color. 75.—

4009 — — IX: Lépidopt. du Thibet, de Mandschourie, d'Asie-Mineure et d'Algérie. Rennes 1884. 4. 40 p. av. 3 pl. color. 18.—

4010 — — X: Lépidopt. de l'Asie orient. Rennes 1894. 4. 35 p. av. 3 pl. color. 18.—

4011 — — XIII: Lépidopt. d. Iles Comores, d'Algérie et du Thibet. Rennes 1890. 4. 50 p. av. 10 pl. color. 55.—

4012 — — XV: Lépidopt. d'Asie. Rennes 1891. 4. 26 p. av. 3 pl. color. 20.—

4013 — — XVI: Lépidopt. du Pérou, du Thibet et du Yunnan. Rennes 1892. 4. 19 p. av. 2 pl. color. 18.—

4014 — — XVIII: Lépidopt. d'Afrique et d'Asie. Rennes 1893. 4. 57 p. av. 6 pl. color. 30.—

4015 **Oshanin.** Verzeichn. der paläarkt. Hemipteren m. bes. Berücks. ihrer Verteil. in Russland. Bd. I u. II. St. Petersb. 1908—09. 8. 1599 p. — Russisch. 40.—

4016 **Packard.** Monogr. of the Geometrid Moths or Phalaenidae of the U. S. Wash. 1876. 4. 607 p. w. 13 pl. Cloth. (M. 65.) 10.—

4017 — Monogr. of the Bombycine Moths of America. 2 vols. Wash. (Ac.) 1895 — 1905. 4. 600 p. w. 120 partly colour pl. 60.—

4018 **Pagenstecher.** Beiträge z. Lepidopt.-Fauna d. Malay. Archipels. 14 Thle. (Wiesb., Ver. Nat.) 1884—1901. 8. m. 17 z. Thl. color. Tfln. 25.—

4019 **Panzer.** Diptera Faunae Germaniae (e: Fauna Insector.). 188 tabulae coloratae et textus. 35.—

4020 — Hemiptera Faunae Germaniae (e: Fauna Insector.). 132 tabulae coloratae et textus. 20.—

4021 — Hymenoptera Faunae Germaniae (e: Fauna Insector.). 534 tabulae coloratae et textus. 45.—

4022 — Lepidoptera Faunae Germaniae (e: Fauna Insector.). 176 tabulae coloratae et textus. 10.—

4023 **Piaget.** Les Pédiculines. 2 vols. et supplém. Leide 1880 à 85. 4. 927 p. av. 73 pl. Toile. (M. 132.) 88.—

4024 **Pictet et Saussure.** Iconographie de quelques Sauterelles vertes. Genève 1892. 4. 26 p. av. 3 pl. 4.—

4025 **Praun.** Abbild. u. Beschreib. Europaeischer Schmetterlinge. 42 Hefte. Nürnb. 1858—69. 4. m. 171 color. Tfln. (M. 117.60.) 70.—

4026 — Abbild. u. Beschreib. Europaeisch. Schmetterlings-Raupen. Hrsg. v. E. Hofmann. 9 Hefte. Nürnb. 1874—76. 4. m. 35 color. Tfln. (M. 54.) 30.—

4027 **Ribbe.** Anleitung z. Sammeln v. Schmetterlingen in tropischen Ländern. Dresden (Iris) 1907. 8. 44 p. 1.50

4028 **Kühl, Heyne u. Bartels.** Die palaearkt. Gross-Schmetterlinge u. ihre Naturgesch. Bd. I (= Liefg. 1—17): Tagfalter. Leipz. 1895. 8. 858 p. (M. 19.20.) 15.—

4029 — — Bd. II: Nachtfalter, fortges. v. Bartels. Liefg. 1—6 (im ganzen: 18 —23) (soviel erschien.). Leipzig 1897—1902. 8. 338 p. (M. 10.50.) 8.50

4030 **Ruszky.** Formicariae Imperii Rossici. 2 Bde. Kazan 1905—07. 8. 929 p. m. 176 Fig. — Russisch. 18.—

4031 **Saussure et Humbert.** Études s. l. Orthoptères et l. Myriapodes de l'Amérique centr. et du Mexique. 2 parties. Paris 1870. fol. 744 p. av. 14 pl. color. et noires. D.-rel. maroq. — Bel exempl. 90.—

4032 **Saussure, Bormans, Brüner and o.** Orthoptera Centrali-Americana. All pub'd.: Vol. I (468 p. w. 22 pl., partly colour.), Vol. II p. 1—256 w. 3 pl. (Lond., Biologia C.-A.) 1893—1908. 4. 150.—

4033 **Schiner.** Fauna Austriaca. Die Fliegen Oesterreichs Diptera). 2 Bde. Wien 1862—64. 8. m. 2 Tfln. (M. 42.) 30.—

W. Junk, Berlin, W. 15.

4034 **Schouteden.** Rhynchota Aethiopica. 3 parties. Brux. 1903 à 05. fol. 297 p. av. 5 pl. color. et 135 fig. **25.—**

4035 — Fam. Pentatomidae. Subfam. Scutellerinae (e: Genera Insectorum). Brux. 1904. 4. 98 p. av. 5 pl. color. **22.—**

4036 — — Subfam. Graphosomatinae (e: Genera Insectorum). Brux. 1905. 4. 46 p. av. 3 pl. color. **14.—**

4037 — — Subfam. Asopinae (e: Genera Insect.). Brux. 1907. 4. 82 p. av. 5 pl. color. **20.—**

4038 — Pentatomidae du Congo Belge. Brux. 1909. 4. 87 p. av. 2 pl. color. **10.—**

4039 **Scott.** Australian Lepidoptera w. their transformations. 3 parts. Lond. 1864. fol. 30 p. w. 9 black plates. (63 s.) **12.—**

4040 **Sepp.** Nederlandsche Insekten (Lepidoptera). 8 Bde. Amsterd. 1762—1860. 4. m. 400 color. Tfln. u. 8 color. Titelkupfern. — Fortsetz.: Snellen v. Vollenhoven, Brants en Snellen. Beschr. en Afbeeld. d. Nederl. Vlinders. Bd. 1—4 (soviel erschien.) Amsterd. 1860—1900. 4. m. 200 color. Tfln. **550.—**
Sehr gutes und absolut vollständiges Exemplar, bis auf den letzten Band gebunden; eines der prächtigsten Abbildungswerke der Lepidopterologie.

4041 **Signoret.** Revue iconogr. d. Tettigonides. 11 parties. (Paris, Soc. Ent.) 1853 à 55. 8. 310 p. av. 19 pl. color. et noires. **60.—**

4042 — Essai s. l. Cochenilles ou Gallinsectes. 18 parties. (Paris, Soc. Ent.) 1868 à 1876. 8. 514 p. av. 21 pl. en partie color. **75.—**

4043 — Essai s. l. Jassides et plus partic. s. l. Acocéphalid. 5 parties. (Paris, Soc. Ent.) 1879 à 1880. 8. 142 p. av. 10 pl. **10.—**

4044 — Révis. du groupe d. Cydnides. 13 parties. (Paris, Soc. Ent.) 1881 à 84. 8. 279 p. av. 26 pl. **25.—**

4045 **Smith, J. B., and Dyar.** Contrib. towards a monogr. of the Noctuidae of Boreal (Temperate) N. America. 13 parts. Wash. (Mus.), Brookl. (Ent. Amer.), Philad. (Ent. S.) 1889—1902. 8. 927 p. w. 53 pl. (7 colour.) **40.—**

4046 **Species novae Hymenopterorum.** 46 pap. by André, Ashmead, Cameron, Ducke, Friese, Kieffer, Schletterer and o. 1852—1908. 8. 247 p. w. pl. **10.—**

4047 **Spuler.** Die Schmetterlinge Europas. 3 Bde. Stuttg. 1901—10. 4. 1043 p. m. 505 Fig. u. 95 color. Tfln. (35.00 Fig.) Origbde. (M. 57.50.) **42.—**

4048 — — Bd. IV: Die Raupen der Schmetterlinge Europas. (Ausgabe f. Abnehmer d. Schmetterlingswerkes). Stuttg. 1903—10. 4. 17 p. m. 60 color. Tfln. (üb. 2000 Fig.) Origbd. (M. 24.) **18.—**

4049 **Stichel.** Fam. Nymphalidae, subfam. Brassolinae (e: Genera Insector.). Brux. 1904. 4. 48 p. av. 5 pl. (3 color.) **20.—**

4050 — — Subfam. Amathusiinae (e: Genera Insectorum). Brux. 1905. 4. 67 p. av. 6 pl. (5 color.) **18.—**

4051 **Swinhoe.** On the Lepidopt. of Bombay and the Deccan. 4 parts. (Lond., Zool. S.) 1885. 8. 109 p. w. 7 colour. pl. **10.—**

4052 — List of the Lepidopt. and descr. of new species of the Khasia Hills. 5 parts. (Lond., Ent. S.) 1891—95. 8. 266 p. w. 4 colour. pl. **10.—**

4053 — Catal. of Eastern and Austral. Lepidopt. Heterocera in the Oxford Museum. 2 vols. Oxford 1892—1900. 8. w. 16 colour. pl. Cloth. (3 £.) **42.—**

4054 **Szépligeti.** Braconidae (e: Genera Insectorum). 2 fasc. Brux. 1904. 4. 253 p. m. 3 color. Tfln. **46.—**

4055 — Ichneumonidae. Subfam. Pharsaliinae-Porizontinae (e: Genera Insectorum). Brux. 1905. 4. 71 p. m. 2 color. Tfln. **15.—**

4056 **Theobald.** Monogr. of the Culicidae. Vol. IV. Lond. 1907. 8. 658 p. w. 16 tograph. plates and 297 fig. Cloth. **30.—**

4057 **Thomson, C. G.** Hymenoptera Scandinaviae. 5 vol. Lund. 1871—1878. 8. 1509 p. et 2 tab. **30.—**

4058 **Trimen.** Rhopalocera Africae australis. With not. of their larvae, habits, geogr. distrib. etc. Capetown 1862—66. 8. 353 p. w. 7 pl. Cloth. **14.—**

4059 **Tümpel.** Die Geradflügler Mitteleuropas. Eisenach 1901. 4. 312 p. m. 23 Tfln. (20 color.) (M. 20.) **13.—**

W. Junk, Berlin, W. 15.

4060 **Tutt.** Natural hist. of the British Lepidoptera. Vol. I—V, VIII—X (all *M* pub'd.). Lond. 1899—1909. 8. w. portr. and 110 pl. Cloth. 140.—

4061 **Ulmer.** Trichoptera (aus: Genera Insectorum). Brüssel 1907. 4. 259 p. m. 13 color. u. 28 schwarz. Tfln. (fr. 132.35.) 75.—

4062 — System. u. beschr. Katalog d. Trichopteren d. Sammlgn. v. Sélys-Longchamps. 2 Tle. Brüssel 1907. 4. 221 p. m. 10 color. Tfln. u. 251 Fig. (fr. 100.) 65.—

4063 **Walker.** Notes on Chalcidiae. 7 parts. Lond. 1871—72. 8. 140 p. w. many fig. 15.—

4064 **Weeks.** Illustrat. of Diurnal Lepidoptera. Boston 1905. 8. 129 p. w. portr. and 51 plates (45 colour.). Boards. 60.—

4065 **Zeitschrift** f. systemat. Hymenopterologie u. Dipterologie. Hrsg. v. F. W. Konow. Jahrg. I—VIII. Teschendorf 1901—08. 8. m. 7 Tfln. (M. 80.) 45.—

Alles, was von dieser Zeitschrift erschienen, welche durch den plötzlichen Tod ihres verdienstvollen Herausgebers unterbrochen wurde und von der die 3. Nummer des 8. Bandes die letztveröffentlichte ist. Von der nächsten Nummer ab ist sie mit der „Deutschen Entomologischen Zeitschrift" verschmolzen. Der Inhalt der 8 Bände ist, speciell vom systematischen Standpunkte, ein ausserordentlich reicher, so dass der Besitz der bisher noch wenig verbreiteten Zeitschrift für den Hymenopterologen und Dipterologen unerlässlich ist.

Ernst A. Böttcher

Brüderstraße 15   **BERLIN C2**   Fernspr. Zentrum 6246

KÄFER

aller Erdteile in vorzüglicher Qualität und sorgfältigster Etikettierung in einzelnen Exemplaren sowie in Kollektionen beliebigen Umfanges, desgleichen **SCHMETTERLINGE**, andere Insekten, lebende Raupen und Puppen sowie alle sonstigen zoologischen, botanischen und mineralogischen Objekte.

Enormes Lager
aller Utensilien für Insektensammler,

zum Beispiel:

Insektennadeln	Insektenkasten	Insektenleim
Torfplatten	Schachteln	Sonnenblumenmarkklötzchen
Pinzetten	Schöpfnetze	Namenetiketten
Präpariernadeln	Wassernetze	Nummernetiketten
Fangnetze	Zuchtkästen	Lupen
Tötungsgläser	Gläser	Mikroskope
Käfersiebe	Aufklebeplättchen	usw. usw.

Alle Materialien und Utensilien
für Mikroskopie

Leser dieser Anzeige erhalten auf Verlangen kostenlos folgende Preislisten:

A   Coleoptera palaearctica
B   Coleoptera exotica
D I   Utensilien für Insektensammler
D II Utensilien für Dermoplastik, Oologie, Mineralogie, Mikroskopie usw.

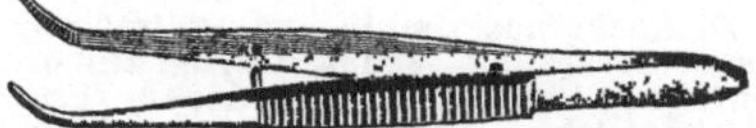

Verlag von GUSTAV FISCHER in Jena.

Soeben erschien:

Zoologisches Wörterbuch. Erklärung der zoologischen Fachausdrücke.

Zum Gebrauch beim Studium zoologischer, anatomischer, entwicklungsgeschichtlicher u. naturphilosophischer Werke.

Verfaßt von Prof. Dr. E. BRESSLAU in Straßburg i. E. und Prof. Dr. H. E. ZIEGLER in Stuttgart, unter Mitwirkung von Prof. J. Eichler in Stuttgart, Prof. Dr. E. Fraas in Stuttgart, Prof. Dr. K. Lampert in Stuttgart, Dr. Heinrich Schmidt in Jena u. Dr. J. Wilhelmi in Berlin, revidiert und herausgegeben von Prof. Dr. **H. E. Ziegler** in Stuttgart.

Zweite vermehrte und verbesserte Auflage.

Erste Lieferung. (Aal—Elapiden). Mit 188 Abbildungen im Text 1911. Preis 5 Mark. Viele Leser zoologischer Bücher haben wohl die Schwierigkeiten unangenehm empfunden, welche durch unbekannte Fachausdrücke entstehen. Die Zahl der Termini technici ist in der Zoologie ziemlich groß und ihre Kenntnis zum vollen Verständnis zoologischer Werke unerläßlich. Es bestand also ein Bedürfnis nach einem nicht allzu umfangreichen und nicht allzu kostspieligen Wörterbuch, in welchem die zoologischen Fachausdrücke in einer möglichst kurzen und möglichst treffenden Weise erklärt sind.

Die erste Auflage des „Wörterbuchs" erschien in drei Lieferungen 1907—1910. Wenige Monate nach der Vollendung war das Werk im Buchhandel schon vergriffen. Diese Tatsache beweist die Brauchbarkeit und Nützlichkeit des Buches; sie zeigt auch, daß der von F. A. Krupp stammende Grundgedanke dem praktischen Bedürfnis in vorzüglicher Weise entsprach.

Für die neue Auflage sind alle Artikel nochmals durchgesehen und auch viele Ausdrücke aus neuen Werken eingefügt.

Die zweite Auflage erscheint wiederum in drei Lieferungen,

Naturwissensch. Wochenschrift Nr. 44 vom 3. November 1907:

In der Tat erscheint uns das Buch für diesen Zweck ganz vorzüglich geeignet: Es wird handlich sein und doch findet der Lehrer der Naturwissenschaften, der nicht speziell Zoologe ist und sein kann, der Studierende der Zoologie, der Arzt etc. in demselben alles, was beim Studium allgemein zoologischer Bücher als bekannt vorausgesetzt wird. Auch der belesenste Zoologe wird übrigens vieles aus dem Buche ersehen können. Dahl.

Die Süßwasserfauna Deutschlands.

Eine Exkursionsfauna. Herausgegeben v. Prof. Dr. **A. Brauer,** Berlin.

Heft 3/4: **Coleoptera.** Von Edmund Reitter (Paskau). Mit 101 Abbildungen im Text. 1909. Preis 5 Mark, geb. 5 Mark 50 Pf.

Zoologisches Zentralblatt 1910, Nr. 13/14:

Für den Gebrauch auf Exkursionen und m Laboratorium fehlte bisher ein alle Insektenordnungen umfassendes handliches Werk für die Bestimmung der Imagines und Entwicklungszustände. Die Namen der Bearbeiter der vorliegenden Heftchen bürgen von vornherein für den wissenschaftlichen Wert des Werkes, und auch in praktischer Beziehung ist allen Anforderungen Genüge geleistet worden, indem die Bestimmungstabellen übersichtlich, die Diagnosen sehr ausführlich verfaßt sind. Eine große Menge im Text zerstreuter Abbildungen geben ein gutes Bild von dem ganzen Habitus, wie auch von den systematisch wichtigen Einzelheiten des Baues, namentlich von den sekundären Geschlechtsmerkmalen. . . . Der Preis der einzelnen Hefte ist allgemein zugänglich, die Ausstattung gut und bequem (Taschenformat).

Die „Süßwasserfauna Deutschlands" soll eine vollständige Exkursionsfauna der deutschen Binnengewässer darstellen. Jedes Heft ist zur bequemeren Benutzung auf Exkursionen in Taschenformat auf besonders dünnem (Baedeker-) Papier gedruckt und einzeln käuflich. — Verzeichnis aller Hefte kostenfrei.

Verlag von Carl Gerold's Sohn
Wien I., Barbaragasse 2.

Brauer, Fr., u. Fr. **Löw,** Neuroptera austriaca. Die im Erzherzogtum Österreich bis jetzt aufgefundenen Neuropteren nach der analytischen Methode zusammengestellt, nebst einer kurzen Charakteristik aller europäischen Neuropteren-Gattungen. Mit 5 lithogr. Tafeln. kl. 4⁰.   M. 3.20

Ferrari, Graf J. A., die forst- und baumzuchtschädlichen Borkenkäfer (Tomicides Lac.) aus der Familie der Holzverderber (Scolytides Lac.), mit besonderer Berücksichtigung vorzüglich der europäischen Formen und der Sammlung des k. k. zoolog. Cabinets in Wien. Mit eingedruckten Holzschnitten.   M. 2.—

Fieber, Katalog der europäischen Cicadinen nach Originalien mit Benützung der neuesten Literatur. 8⁰.   M. 0.60

Ganglbauer, Ludwig, Die Käfer von Mitteleuropa.

    I. Band: Familienreihe Caraboidea. Mit 55 Holzschnitten.
        Brosch. M. 20.—, Halbfrzbd. M. 22.—

    II. Band: Familienreihe Staphylinoidea, I. Teil: Staphylinidae, Pselaphidae. Mit 38 Holzschnitten.   Brosch. M. 25.—, Halbfrzbd. M. 28.—

    III. Band: Familienreihe Staphylinoidea. II. Teil und Familienreihe Clavicornia. Mit 46 Holzschnitten. Brosch. M. 38.—, Halbfrzbd. M. 41.—

    IV. Band, erste Hälfte: Dermestidae, Byrrhidae, Nosodendridae, Georyssidae, Dryopidae, Heteroceridae, Hydrophilidae. Mit 12 Holzschnitten.
        Broschiert M. 11.—.

Mayr, Dr. Gustav L., die europäischen Formiciden (Ameisen). Nach der analytischen Methode bearb. Mit 1 lithogr. Tafel.   M. 3.—

Redtenbacher, Prof. Josef, Die Dermatopteren und Orthopteren (Ohrwürmer und Geradflügler) von Österreich-Ungarn und Deutschland. Mit 1 lithogr. Tafel.   M. 3.20.

— Systematisches Verzeichnis der deutschen Käfer. Als Tauschkatalog eingerichtet. Aus dessen Käfersammlung besonders abgedruckt.   M. 0.80.

Schiner, J. Rudolph, Fauna austriaca. Die Fliegen (Diptera). Nach der analytischen Methode bearbeitet, mit der Charakteristik sämtlicher europäischer Gattungen, der Beschreibung aller in Deutschland vorkommenden Arten und der Aufzählung aller bisher beschriebenen europäischen Arten. 2 Bände. Mit 2 Steindrucktafeln.   M. 42.—

 **Zu beziehen durch alle Buchhandlungen.** 

Buchdruckerei Robert Noske, Borna-Leipzig.